中国国家标准汇编

2012年修订-2

中国标准出版社　编

中国标准出版社
北　京

图书在版编目(CIP)数据

中国国家标准汇编:2012年修订.2/中国标准出版社编.—北京:中国标准出版社,2013.9

ISBN 978-7-5066-7234-4

Ⅰ.①中… Ⅱ.①中… Ⅲ.①国家标准-汇编-中国-2012 Ⅳ.①T-652.1

中国版本图书馆CIP数据核字(2013)第186455号

中国标准出版社出版发行
北京市朝阳区和平里西街甲2号(100013)
北京市西城区三里河北街16号(100045)

网址 www.spc.net.cn
总编室:(010)64275323 发行中心:(010)51780235
读者服务部:(010)68523946

中国标准出版社秦皇岛印刷厂印刷
各地新华书店经销

*

开本 880×1230 1/16 印张 36.75 字数 1 138 千字
2013年9月第一版 2013年9月第一次印刷

*

定价 220.00 元

出 版 说 明

1.《中国国家标准汇编》是一部大型综合性国家标准全集。自1983年起，按国家标准顺序号以精装本、平装本两种装帧形式陆续分册汇编出版。它在一定程度上反映了我国建国以来标准化事业发展的基本情况和主要成就，是各级标准化管理机构，工矿企事业单位，农林牧副渔系统，科研、设计、教学等部门必不可少的工具书。

2.《中国国家标准汇编》收入我国每年正式发布的全部国家标准，分为“制定”卷和“修订”卷两种编辑版本。

“制定”卷收入上一年度我国发布的、新制定的国家标准，顺延前年度标准编号分成若干分册，封面和书脊上注明“20××年制定”字样及分册号，分册号一直连续。各分册中的标准是按照标准编号顺序连续排列的，如有标准顺序号缺号的，除特殊情况注明外，暂为空号。

“修订”卷收入上一年度我国发布的、被修订的国家标准，视篇幅分设若干分册，但与“制定”卷分册号无关联，仅在封面和书脊上注明“20××年修订-1，-2，-3，……”字样。“修订”卷各分册中的标准，仍按标准编号顺序排列(但不连续)；如有遗漏的，均在当年最后一分册中补齐。需提请读者注意的是，个别非顺延前年度标准编号的新制定的国家标准没有收入在“制定”卷中，而是收入在“修订”卷中。

读者配套购买《中国国家标准汇编》“制定”卷和“修订”卷则可收齐由我社出版的上一年度我国制定和修订的全部国家标准。

3. 由于读者需求的变化，自1996年起，《中国国家标准汇编》仅出版精装本。

4. 2012年我国制修订国家标准共2 101项。本分册为“2012年修订-2”，收入新制修订的国家标准27项。

中国标准出版社
2013年7月

目　　录

ICS 71.080.99
G 18

中华人民共和国国家标准

GB/T 2290—2012
代替 GB/T 2290—1994

煤沥青

Coal tar pitch

2012-11-05 发布　　　2013-06-01 实施

中华人民共和国国家质量监督检验检疫总局
中国国家标准化管理委员会　发布

前　言

本标准按照 GB/T 1.1—2009 给出的规则起草。

本标准代替 GB/T 2290—1994《煤沥青》。

本标准与 GB/T 2290—1994 相比，主要变化如下：

——增加了前言、规范性引用文件；

——增加了中温沥青结焦值指标；

——增加了高温沥青 1 号品种及指标；

——增加了数值修约规则的内容；

——去掉了挥发分指标；

——删除了表注“落地 2 号中温沥青灰分允许不大于 1%”。

本标准由中国钢铁工业协会提出。

本标准由全国煤化工标准化技术委员会炼焦化学分技术委员会(SAC/TC 469/SC 3)归口。

本标准起草单位：鞍钢股份有限公司、冶金工业信息标准研究院。

本标准主要起草人：关永毅、张明明、孙伟、于梅春、王丽红、王晓楠。

本标准所代替标准的历次版本发布情况为：

——GB/T 2290—1994。

煤 沥 青

1 范围

本标准规定了煤沥青的技术要求、试验方法、检验规则、标志、包装、运输、贮存和质量证明书。

本标准适用于高温煤焦油经加工所得的低温、中温及高温煤沥青。

2 规范性引用文件

下列文件对于本文件的应用是必不可少的。凡是注日期的引用文件，仅注日期的版本适用于本文件。凡是不注日期的引用文件，其最新版本(包括所有的修改单)适用于本文件。

GB/T 2000 焦化固体类产品取样方法

GB/T 2288 焦化产品水分测定方法

GB/T 2291 煤沥青试验室试样的制备方法

GB/T 2292 焦化产品甲苯不溶物含量的测定

GB/T 2293 焦化沥青类产品喹啉不溶物试验方法

GB/T 2294—1997 焦化固体类产品软化点 测定方法

GB/T 2295 焦化固体类产品灰分测定方法

GB/T 8170 数值修约规则与极限数值的表示和判定

GB/T 8727 煤沥青类产品结焦值的测定方法

3 技术要求

煤沥青的技术要求应符合表1的规定。

表 1

指标名称	低温沥青		中温沥青		高温沥青	
	1号	2号	1号	2号	1号	2号
软化点/℃	35～45	46～75	80～90	75～95	95～100	95～120
甲苯不溶物含量/%	—	—	15～25	≤25	≥24	—
灰分/%	—	—	≤0.3	≤0.5	≤0.3	—
水分/%	—	—	≤5.0	≤5.0	≤4.0	≤5.0
喹啉不溶物/%	—	—	≤10	—	—	—
结焦值/%	—	—	≥45	—	≥52	—

注1：水分只作生产操作中控制指标，不作质量考核依据。

注2：沥青喹啉不溶物含量每月至少测定一次。

4 试验方法

4.1 软化点的测定按GB/T 2294—1997规定进行，发生争议时按方法A环球法规定进行仲裁。

4.2 甲苯不溶物含量的测定按 GB/T 2292 规定进行。

4.3 灰分的测定按 GB/T 2295 规定进行。

4.4 水分的测定按 GB/T 2288 规定进行。

4.5 喹啉不溶物含量的测定按 GB/T 2293 规定进行。

4.6 结焦值的测定按 GB/T 8727 规定进行。

5 检验规则

5.1 煤沥青的质量检验和验收由质量技术监督部门进行，用户有权按本标准规定验收产品。

5.2 试样的采取和制备按 GB/T 2000 和 GB/T 2291 规定进行。

5.3 数值修约的规则按 GB/T 8170 的规定进行。

6 标志、包装、运输、贮存和质量证明书

6.1 煤沥青需装入洁净的槽车、编织袋或其他包装中发给需方，槽车及包装上还应标明：产品名称、产品标准编号、商标、净重、供方名称和地址。

6.2 煤沥青需存放在室外或带有通风口的库房内，液态沥青及低温沥青需存放在贮槽内。

6.3 每批出厂的产品都应附有质量证明书，证明书的内容包括：供方名称、产品名称、批号、毛重、净重、商标、发货日期和本标准规定的各项检验结果、质量等级、本标准编号等。

ICS 71.100.01;87.060.10
G 55

中华人民共和国国家标准

GB/T 2378—2012
代替 GB/T 2378—2003

酸性染料　染色色光和强度的测定

Acid dyes—Determination of dyeing shade and relative strength

2012-06-29 发布　　2012-12-01 实施

中华人民共和国国家质量监督检验检疫总局
中国国家标准化管理委员会　发布

前　言

本标准按照 GB/T 1.1—2009 给出的规则起草。

本标准代替 GB/T 2378—2003《酸性染料　染色色光和强度的测定》。

本标准与 GB/T 2378—2003 相比,除编辑性修改外主要技术变化如下:

——把结果评定内容合并为一条,并明确了结果评定的两种方法(见 6.3,2003 年版的 6.1.5 和 6.2.5);

——修改了试验报告的内容(见第 7 章,2003 年版的第 7 章)。

请注意本文件的某些内容可能涉及专利。本文件的发布单位不承担识别这些专利的责任。

本标准由中国石油和化学工业联合会提出。

本标准由全国染料标准化技术委员会(SAC/TC 134)归口。

本标准起草单位:金华双宏化工有限公司、沈阳化工研究院有限公司。

本标准主要起草人:陈惠如、王勇、章国栋、毛法明。

本标准所代替标准的历次版本发布情况为:

——GB 2378—1980、GB/T 2378—2003。

酸性染料　染色色光和强度的测定

1　范围

本标准规定了酸性染料染色色光和强度的测定方法。

本标准适用于酸性染料染色色光和强度的测定。

2　规范性引用文件

下列文件对于本文件的应用是必不可少的。凡是注日期的引用文件，仅注日期的版本适用于本文件。凡是不注日期的引用文件，其最新版本(包括所有的修改单)适用于本文件。

GB/T 2374—2007　染料　染色测定的一般条件规定

GB/T 6688—2008　染料　相对强度和色差的测定　仪器法

3　原理

用酸性染料试样与同品种的标准样品于同一条件下，在适当的纤维(羊毛、锦纶)上进行染色。然后以标准样品的染色强度为100分，以标准样品的色光为标准，进行目测比较，评定试样的色光和强度。或用测色仪进行测色，然后计算出试样的色光和强度。

4　试剂和材料

试剂和材料应符合GB/T 2374—2007中第3章的有关规定。

5　仪器和设备

仪器和设备应符合GB/T 2374—2007中第4章的有关规定。

6　试验方法

6.1　羊毛染色方法

6.1.1　一般条件

染色一般条件应符合GB/T 2374—2007的有关规定。染色方法的选择须根据具体品种、性能，以给色力最高为原则。染色深度根据具体品种选定，以符合分档清晰为原则。

6.1.2　染色条件

染色条件见表1。

表 1 酸性染料染羊毛染色条件

纤维和助剂	方法和用量		
	强酸性染色法	弱酸性染色法	中性染色法
纤维(羊毛凡立丁或毛线)/g	4	4	4
染色深度/%(owf)	0.5～3	0.5～3	0.5～3
染色浴比	1∶50	1∶50	1∶50
无水硫酸钠/%(owf)	5～10	10	10
硫酸/%(owf)	2～4	—	—
30%乙酸/%(owf)	—	1～2	—
乙酸铵/%(owf)	—	—	5～8
染色温度/℃	100	90～95	100
保温染色时间/min	45	30	45

6.1.3 染液配方

根据染料的性质,选定染色方法,按表 1 的要求配制染浴。以染色深度为 1%(owf)的强酸性染色法为例,染浴配方如表 2。

表 2 染浴配方

单位为毫升

染浴组分	染样编号及染浴中各组分的体积				
	1	2	3	4	5
1 g/L 标样溶液	38	40	42	—	—
1 g/L 试样溶液	—	—	—	38	40
10 g/L 硫酸溶液	8	8	8	8	8
100 g/L 硫酸钠溶液	4	4	4	4	4
蒸馏水	150	148	146	150	148

6.1.4 染色过程

按表 2 规定配制染浴,在室温下,把已编号并经煮沸的纤维顺序投入到各染浴中进行染色,染色过程中不断翻动。染浴于 30 min～60 min 内升温到表 1 规定的温度,并按表 1 规定在此温度下保温染色一段时间,把染缸从加热浴中取出,冷却到 50 ℃～60 ℃后,把纤维从染浴中取出,用流水洗净,晾干或于 60 ℃以下烘干。

6.2 锦纶染色方法

6.2.1 一般条件

染色一般条件应符合 GB/T 2374—2007 的有关规定。染色深度根据具体品种选定,以符合分档清晰为原则。

6.2.2 染色条件

酸性染料在锦纶织物上染色，一般条件如下：

——纤维：锦纶织物，4 g；

——染色深度：0.5%(owf)～3%(owf)；

——染色浴比：1∶50；

——乙酸铵：2%(owf)～5%(owf)；

——染色温度：90 ℃～95 ℃；

——保温染色时间：30 min。

6.2.3 染浴配方

以染色深度为1%(owf)为例，染浴配方如表3。

表3 染浴配方

单位为毫升

染浴组分	染样编号及染浴中各组分的体积				
	1	2	3	4	5
1 g/L 标样溶液	38	40	42	—	—
1 g/L 试样溶液	—	—	—	38	40
50 g/L 乙酸铵溶液	4	4	4	4	4
蒸馏水	158	156	154	158	156

6.2.4 染色过程

按表3规定配制染浴，在室温下，把已编号并经煮沸的纤维顺序投入到各染浴中进行染色，染色过程中不断翻动。染浴于30 min～60 min内升温到90 ℃～95 ℃，并在此温度下保温染色30 min，把染缸从加热浴中取出，冷却到50 ℃～60 ℃后，把纤维从染浴中取出，用流水洗净，晾干或于60 ℃以下烘干。

6.3 色光和强度的评定

6.3.1 目测评定

按GB/T 2374—2007中7.1的有关规定对各染样进行评定。

6.3.2 仪器测定

按GB/T 6688—2008中5.4.2的有关规定测定强度，按GB/T 6688—2008中6.4的规定测定色差和评定色光。

7 试验报告

试验报告包括以下内容：

a) 被测染料的名称；

b) 本标准编号、年代号；

c) 染色方法及染色深度；

d） 使用仪器的名称、型号；

e） 结果评定方法；

f） 测试结果；

g） 在测试过程中的特殊情况；

h） 与本方法的差异；

i） 试验日期。

ICS 71.100.01;87.060.10
G 55

中华人民共和国国家标准

GB/T 2397—2012
代替 GB/T 2397—2003

分散染料　提升力的测定

Disperse dyestuffs—Determination of built up

2012-06-29 发布　　2012-12-01 实施

中华人民共和国国家质量监督检验检疫总局
中国国家标准化管理委员会　发布

前　言

本标准按照 GB/T 1.1—2009 给出的规则起草。

本标准代替 GB/T 2397—2003《分散染料　提升力的测定》。

本标准与 GB/T 2397—2003 相比，除编辑性修改外主要技术变化如下：

——增加了评级方法(见 7.3.2)。

请注意本文件的某些内容可能涉及专利。本文件的发布单位不承担识别这些专利的责任。

本标准由中国石油和化学工业联合会提出。

本标准由全国染料标准化技术委员会(SAC/TC 134)归口。

本标准起草单位：浙江恒生印染有限公司、沈阳化工研究院有限公司。

本标准主要起草人：许校康、马君庆、班辉。

本标准所代替标准的历次版本发布情况为：

——GB 2397—1980、GB 2397—1986、GB/T 2397—2003。

分散染料　提升力的测定

1　范围

本标准规定了分散染料在高温高压染色或热熔染色时提升力的测定方法。

本标准适用于分散染料在高温高压染色或热熔染色时提升力的测定。

2　规范性引用文件

下列文件对于本文件的应用是必不可少的。凡是注日期的引用文件，仅注日期的版本适用于本文件。凡是不注日期的引用文件，其最新版本(包括所有的修改单)适用于本文件。

GB/T 250—2008　纺织品　色牢度试验　评定变色用灰色样卡(ISO 105-A02:1993,IDT)

GB/T 2374—2007　染料　染色测定的一般条件规定

GB/T 2394—2006　分散染料　色光和强度的测定

GB/T 4841.1—2006　染料　染色标准深度色卡　1/1

FZ/T 01024—1993　试样变色程度的仪器评级方法

3　术语和定义

下列术语和定义适用于本文件。

3.1

提升力　build up

染料染在纤维上的颜色深度随所使用量的增加而提升的能力。

[GB/T 6687—2006，定义 6.14]

注：提升力用级表示。

4　原理

在分散染料的染色中，随着染色深度的提高，染料利用率逐渐降低，表现为提升力方面的差异，即在较高的染色浓度下，染色物深度的增加趋势减少，以致不再加深。本标准以达到 GB/T 4841.1—2006 的染色深度为 C。分别染制 C、2C、4C 三档深度的染样，按 GB/T 250—2008 的有关规定来评定各染样间颜色变化情况，根据变化的大小来评定分散染料提升力。根据染料的用途不同，测定可按热熔法或高温高压法进行。

5　试剂和材料

试剂和材料应符合 GB/T 2374—2007 中第 3 章的有关规定。

6　仪器和设备

仪器和设备应符合 GB/T 2374—2007 中第 4 章的有关规定。

7 分析步骤

7.1 1/1 染色标准深度的确定

根据染料的不同用途和要求，可采用 GB/T 2394—2006 中 6.2 规定的高温高压染色法或 GB/T 2394—2006 中 6.3 规定的热熔染色法进行染色。采用高温高压染色法时，染色深度在 6%(owf)以内；采用热熔染色法时，染料用量在 60 g/L 以内，以一定深度间隔进行染色。将不同染色深度的染样用“染色标准深度色卡”评定或用测色仪测定。按 GB/T 4841.1—2006 确定染制 1/1 标准深度所用的染色深度，并将这一染色深度值定为 C(该数值应在具体品种的产品标准中予以规定)。

7.2 染色

以 1/1 染色标准深度 C 为基准，分别配制 C、2C、4C 三档染色深度的染浴，按 GB/T 2394—2006 中 6.2 规定的高温高压染色法或 GB/T 2394—2006 中 6.3 规定的热熔染色法进行染色。

7.3 染样评级

7.3.1 目测评级(仲裁法)

按 GB/T 250—2008 中的有关变色卡评级的规定，分别评定并记录 C 与 4C、2C 与 4C 染样间的变色级别。

7.3.2 测色评级

在测色仪上分别测定 C 与 4C、2C 与 4C 染样间的色差 ΔL、ΔC_{ab}、ΔH_{ab}。按 FZ/T 01024—1993 中 6.4 规定计算 ΔE_F，并按 FZ/T 01024—1993 中第 7 章的有关规定进行评级。

7.4 提升力评定

提升力的评定方法见表 1。

表 1 提升力的评定方法

提升力/级	描 述	评定标准
A	优	C 与 4C 染样变色≤2 级，且 2C 与 4C 染样变色<3 级
B	良	C 与 4C 染样变色≤2 级，且 2C 与 4C 染样变色≥3 级
C	一般	C 与 4C 染样变色>2 级
D	差	在规定浓度内染不到 1/1 染色标准深度

8 试验报告

试验报告包括以下内容：

a) 被测染料的名称；

b) 本标准编号、年代号；

c) 使用仪器的名称、型号；

d) 染色方法；

e） 评级方法；

f） 测试结果；

g） 在测试过程中的特殊情况；

h） 与本方法的差异；

i） 试验日期。

参 考 文 献

[1] GB/T 6687—2006 染料名词术语

ICS 71.100.01;87.060.10
G 55

中华人民共和国国家标准

GB/T 2398—2012
代替 GB/T 2398—2003

分散染料　对棉沾色性能的测定

Disperse dyestuffs—Determination of property of staining cotton

2012-06-29 发布　　2012-12-01 实施

中华人民共和国国家质量监督检验检疫总局
中国国家标准化管理委员会　发布

前　言

本标准按照 GB/T 1.1—2009 给出的规则起草。

本标准代替 GB/T 2398—2003《分散染料　对棉沾污性能的测定》。

本标准与 GB/T 2398—2003 相比，除编辑性修改外主要技术变化如下：

——标准名称修改为《分散染料　对棉沾色性能的测定》(见标准名称，2003 版的标准名称)；

——增加了评级方法(见 6.2.2)。

请注意本文件的某些内容可能涉及专利。本文件的发布单位不承担识别这些专利的责任。

本标准由中国石油和化学工业联合会提出。

本标准由全国染料标准化技术委员会(SAC/TC 134)归口。

本标准起草单位：浙江龙盛染料化工有限公司、沈阳化工研究院有限公司。

本标准主要起草人：何旭斌、杨振梅、欧其、宫国梁、汪仁良。

本标准所代替标准的历次版本发布情况为：

——GB 2398—1980、GB/T 2398—2003。

分散染料　对棉沾色性能的测定

1　范围

本标准规定了分散染料在涤纶织物上用高温高压法和热熔法染色，对棉沾色性能的测定方法。

本标准适用于分散染料在涤纶织物上用高温高压法和热熔法染色对棉沾色性能的测定。

2　规范性引用文件

下列文件对于本文件的应用是必不可少的。凡是注日期的引用文件，仅注日期的版本适用于本文件。凡是不注日期的引用文件，其最新版本(包括所有的修改单)适用于本文件。

GB/T 251—2008　纺织品　色牢度试验　评定沾色用灰色样卡(ISO 105-A03:1993,IDT)

GB/T 2374—2007　染料　染色测定的一般条件规定

GB/T 2394—2006　分散染料　色光和强度的测定

FZ/T 01023—1993　贴衬织物沾色程度的仪器评级方法

3　原理

将棉布附于或连接在涤纶织物上，在一定的染色工艺条件下进行染色，把染色后的棉织物对比原白棉织物，按相关规定来评定用分散染料染色后对棉织物的沾色级别。

4　试剂和材料

试剂和材料应符合 GB/T 2374—2007 中第 3 章的有关规定。其中试验用棉布规定为 18/18($32^{S}\times 32^{S}$ 精练漂白平纹细布)。

5　仪器和设备

仪器和设备应符合 GB/T 2374—2007 中第 4 章的有关规定。

6　分析步骤

6.1　染色

6.1.1　高温高压染色法

6.1.1.1　组合织物准备

涤纶织物质量:2 g，棉布质量:1 g。

将棉布附于涤纶织物上，四周用白棉线缝好(针距为 2 cm～3 cm)，组成组合织物一份。

6.1.1.2　染色操作

染色深度:3%(owf)，浴比:1∶100(按涤纶织物质量计)，染色操作按 GB/T 2394—2006 中的 6.2

的有关规定进行。

6.1.2 热熔染色法

6.1.2.1 试样准备

将棉布织物与染色用涤纶织物平针缝接，组成试样一份。

6.1.2.2 染色操作

轧染液浓度：30 g/L，染色操作按 GB/T 2394—2006 中 6.3 的有关规定进行。

6.2 评级

6.2.1 目测评级（仲裁法）

将经染色处理的棉布试样，选取中间部位，裁取约 20 mm×40 mm 的面积贴样。按 GB/T 251—2008 中的有关沾色卡评级的规定进行。

6.2.2 测色评级

在测色仪上分别测定原白棉织物与沾色棉织物的色差 ΔE_{CIELAB} 和明度差 ΔL_{CIELAB}，按 FZ/T 01023—1993 中 6.4 和 6.5 的规定计算沾色牢度级数（SSR），并按 FZ/T 01023—1993 中 6.6 的有关规定进行评级。

7 试验报告

试验报告包括以下内容：

a) 被测染料的名称；
b) 本标准编号、年代号；
c) 染色方法；
d) 使用仪器的名称、型号；
e) 评级方法；
f) 测试结果；
g) 在测试过程中的特殊情况；
h) 与本方法的差异；
i) 试验日期。

ICS 71.100.01;87.060.10
G 55

中华人民共和国国家标准

GB/T 2402—2012
代替 GB/T 2402—2003

阳离子染料 染腈纶时对其他各种织物沾色的测定

Cationic dyes—Determination of staining other fibers at polyacrylonitrile fiber dyeing

2012-06-29 发布

2012-12-01 实施

中华人民共和国国家质量监督检验检疫总局
中国国家标准化管理委员会 发布

前　言

本标准按照 GB/T 1.1—2009 给出的规则起草。

本标准代替 GB/T 2402—2003《阳离子染料　染腈纶时对其他各种织物污染的测定》。

本标准与 GB/T 2402—2003 相比，除编辑性修改外主要技术变化如下：

——标准名称修改为《阳离子染料　染腈纶时对其他各种织物沾色的测定》(见标准名称，2003 版的标准名称)；

——明确了使用的织物要求(见第 4 章)；

——增加了评级方法(见 6.3.2)；

——修改了试验报告内容(见第 7 章，2003 版的第 7 章)。

请注意本文件的某些内容可能涉及专利。本文件的发布单位不承担识别这些专利的责任。

本标准由中国石油和化学工业联合会提出。

本标准由全国染料标准化技术委员会(SAC/TC 134)归口。

本标准起草单位：蚌埠市永丰染料化工有限责任公司、沈阳化工研究院有限公司。

本标准主要起草人：邱勇、董仲生、蔡瑞琳。

本标准所代替标准的历次版本发布情况为：

——GB 2402—1980、GB/T 2402—2003。

阳离子染料 染腈纶时对其他各种织物沾色的测定

1 范围

本标准规定了阳离子染料染腈纶时对其他各种织物沾色的测定方法。

本标准适用于阳离子染料染腈纶时对其他各种织物沾色程度的测定。

2 规范性引用文件

下列文件对于本文件的应用是必不可少的。凡是注日期的引用文件，仅注日期的版本适用于本文件。凡是不注日期的引用文件，其最新版本(包括所有的修改单)适用于本文件。

GB/T 251—2008 纺织品 色牢度试验 评定沾色用灰色样卡(ISO 105-A03:1993,IDT)

GB/T 2374—2007 染料 染色测定的一般条件规定

GB/T 2399—2003 阳离子染料 染色色光和强度的测定

GB/T 4841.1—2006 染料 染色标准深度色卡 1/1

GB/T 7568.1—2002 纺织品 色牢度试验 毛标准贴衬织物规格(ISO 105-F01:2001,MOD)

GB/T 7568.2—2008 纺织品 色牢度试验 标准贴衬织物 第2部分:棉和粘胶纤维

GB/T 7568.3—2008 纺织品 色牢度试验 标准贴衬织物 第3部分:聚酰胺纤维(ISO 105-F03:2001,MOD)

GB/T 7568.4—2002 纺织品 色牢度试验 聚酯标准贴衬织物规格(ISO 105-F04:2001,MOD)

GB/T 7568.5—2002 纺织品 色牢度试验 聚丙烯腈标准贴衬织物规格(ISO 105-F05:2001,MOD)

GB/T 7568.6—2002 纺织品 色牢度试验 丝标准贴衬织物规格(ISO 105-F06:2000,MOD)

GB/T 7568.7—2008 纺织品 色牢度试验 标准贴衬织物 第7部分:多纤维(ISO 105-F10:1989,MOD)

FZ/T 01023—1993 贴衬织物沾色程度的仪器评级方法(ISO 105-A04:1989,NEQ)

3 原理

将腈纶平纹织物与质量相同的多纤维标准贴衬织物在同一染缸中进行染色，按 GB/T 251—2008 的有关规定来评定用阳离子染料染色后对其他各种纤维织物的沾色情况。

4 试剂和材料

试剂和材料应符合 GB/T 2374—2007 中第3章的有关规定。

染色织物应满足如下内容：

a) 毛织物:符合 GB/T 7568.1—2002 的要求；

b) 棉织物:符合 GB/T 7568.2—2008 中 4.1 的要求；

c) 粘胶织物:符合 GB/T 7568.2—2008 中 4.2 的要求；

d) 聚酰胺织物:符合 GB/T 7568.3—2008 的要求;
e) 聚酯织物:符合 GB/T 7568.4—2002 的要求;
f) 腈纶织物(聚丙烯腈):符合 GB/T 7568.5—2002 的要求;
g) 丝织物:符合 GB/T 7568.6—2002 的要求;
h) 多纤维标准贴衬织物:符合 GB/T 7568.7—2008 中 DW 型的要求。

5 仪器

所用仪器应符合 GB/T 2374—2007 中第 4 章的有关规定。

6 分析步骤

6.1 染色配方和条件的规定

6.1.1 染色深度

按腈纶织物质量计算,以达到 GB/T 4841.1—2006 中的 1/1 染色标准深度为宜。

6.1.2 复合织物

腈纶织物与单一的其他种类织物或多纤维标准贴衬织物以相同质量组成复合织物。

6.1.3 染色配方

染色深度(对腈纶织物):0.2%(owf)~3.0%(owf),相当于 1/1 染色标准深度。
腈纶织物质量:2 g。
单一的其他种类织物或多纤维标准贴衬织物质量:2 g。
冰乙酸:1%(owf)。
结晶乙酸钠:1%(owf)。
无水硫酸钠:10%(owf)。
浴比:1∶100(按腈纶平纹织物质量计)。
染浴 pH 值:4.5±0.2。

6.1.4 染色升温曲线图

染色升温曲线图见图 1。

6.2 染浴的配制及染色操作

染浴的配制按 GB/T 2399—2003 中 6.1.2 的规定配制。
复合织物的染色操作按 GB/T 2399—2003 中 6.1.3 的有关规定进行。

6.3 评级

6.3.1 目测评级(仲裁法)

按 GB/T 251—2008 中的有关沾色卡评级的规定进行。

6.3.2 测色评级

在测色仪上分别测定原白织物与同种类沾色织物的色差 $\Delta E_{\mathrm{CIELAB}}$ 和明度差 $\Delta L_{\mathrm{CIELAB}}$,按 FZ/T 01023—

1993 中 6.4 和 6.5 的规定计算沾色牢度级数(SSR),并按 FZ/T 01023—1993 中 6.6 的有关规定进行评级。

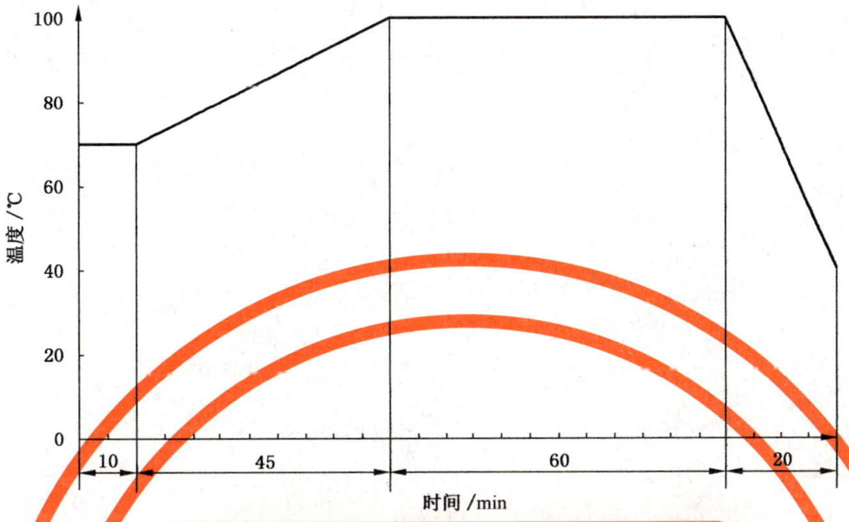

图 1 染色升温曲线图

7 试验报告

试验报告包括以下内容:

a) 被测染料的名称;

b) 本标准编号、年代号;

c) 沾色织物及染色深度;

d) 使用仪器的名称、型号;

e) 评级方法;

f) 测试结果;

g) 在测试过程中的特殊情况;

h) 与本方法的差异;

i) 试验日期。

ICS 19.020
A 21

中华人民共和国国家标准

GB/T 2422—2012/IEC 60068-5-2:1990
代替 GB/T 2422—1995

环境试验 试验方法编写导则 术语和定义

Environmental testing—Guide to drafting of test methods—Terms and definitions

(IEC 60068-5-2:1990,Environmental testing—Part 5:Guide to drafting of test methods—Terms and definitions,IDT)

2012-11-05 发布 2013-02-01 实施

中华人民共和国国家质量监督检验检疫总局
中国国家标准化管理委员会 发布

前　言

本标准按照 GB/T 1.1—2009 给出的规则起草。

本标准代替 GB/T 2422—1995《电工电子产品环境试验　术语》，与 GB/T 2422—1995 相比，主要变化如下：

——增加了第 2 章“规范性引用文件”和第 3 章“环境试验术语”两章，后续的章条号相应变动；

——第 4 章“通用术语”中删除了“初始检测”和“最后检测”，增加了“环境条件”和“环境参数”；

——第 5 章“冲击、振动和稳态加速度”中删除了“振动周期、振动频率、角频率、位移幅值、速度幅值、加速度幅值、复合振动、方均加速度、方均根加速度、推力、空载最大加速度、满载最大加速度、台面位移幅值均匀度、台面加速度幅值均匀度、横向振动、压电加速度传感器、传感器电压灵敏度和传感器电荷灵敏度”；

——增加了附录 NA(资料性附录)。

本标准使用翻译法等同采用国际电工委员会 IEC 60068-5-2:1990(第一版)《环境试验　第 5 部分：试验方法编写导则　术语和定义》，本标准做了以下的编辑性修改：

——“IEC 60068-5-2 的本部分”修改为“本标准”；

——删除了 IEC 60068-5-2:1990 的前言和引言；

——增加了国家标准的前言；

——引用了与国际标准有对应关系的国家标准；

——将第 4 章“通用术语”下方的注，改为脚注；

——增加了中文索引，而把 IEC 60068-5-2:1990 的附录 A(英文索引)改为了英文索引；

——增加了附录 NA(资料性附录)；

——增加了参考文献。

本标准由全国电工电子产品环境条件与环境试验标准化技术委员会(SAC/TC 8)提出并归口。

本标准起草单位：中国电器科学研究院有限公司、信息产业部电子工业标准化研究所、信息产业部电子第五研究所。

本标准主要起草人：胡利芬、李正、纪春阳、陈心欣。

本标准所代替标准的历次版本发布情况为：

——GB 2422—1981、GB/T 2422—1995。

环境试验　试验方法编写导则　术语和定义

1　范围与目的

本标准给出了电工电子产品环境试验中使用的术语及其定义，如：元件、分组件、组件和装置。

环境条件包括：冲击，振动，气候(温度、湿度和气压)，密封(防止固体、液体、气体浸入或维持压差)，焊接热(包括焊接产生的热冲击)。

本标准没有涉及着火危险试验的有关术语，其相关术语在GB/T 5169标准中列出。没有考虑如下条件：太阳辐射，长霉，腐蚀，引出端强度，标记的耐久性，尘，沙和降水，核辐射，声振。

注1：IEC 60068-1:1988的第2章讲述了环境试验的范围。在环境试验的其他标准里，第1章都是讲述应用的目的和领域。

注2：该导则主要介绍环境试验中依据环境条件分类列举出的术语和定义，这些环境条件与环境条件分类分级标准中的条件不一样，但更满足环境试验方法的要求。

注3：介绍了一些环境试验中没有的专用词汇，如来自ISO 2041和IEC 60721-1:1981标准中的词汇，并给出了词汇与其他出处词汇之间的关系。

2　规范性引用文件

下列文件对于本文件的应用是必不可少的。凡是注日期的引用文件，仅注日期的版本适用于本文件。凡是不注日期的引用文件，其最新版本(包括所有的修改单)适用于本文件。

IEC 60068(所有部分)　环境试验(Environmental testing)

IEC 60068-1:1988　环境试验　第1部分：概述和指南(Environmental testing—Part 1:General and guidance)

IEC 60721-1:1981　环境条件分类　第1部分：环境参数及其严酷程度(Classification of environmental conditions—Part 1: Environmental parameters and their severities)

ISO/IEC 指南2　标准化及相关活动的通用术语(General terms and their definitions concerning standardisation and related acticities)

ISO 2041　振动和冲击　词汇(Vibration and shock—Vocabulary)

3　环境试验术语

术语和定义依据下面每一章的主题进行分配。

章	主题	识别字母(参考自GB/T 2421.1—2008的1.3)
4	通用术语	—
5	冲击、振动和稳态加速度	E,F,G
6	气候试验	A,B,C,D,M,N
7	密封试验	Q
8	可焊性试验	T

4 通用术语[1)]

4.1

试验　test

一项完整的环境试验操作顺序，必要时通常包括：

a) 预处理；

b) 初始检测；

c) 条件试验；

d) 恢复；

e) 最后检测。

注：在条件试验和(或)恢复期间可能要求中间检测。

4.2

条件试验　testing/conditioning

把试验样品暴露到试验环境中，以确定这种环境条件对试验样品的影响。

4.3

环境条件　environmental conditions

在特定时间内，产品所经受的外部的物理、化学和生物条件。

注：环境条件一般包括自然环境条件和产品本身或外源产生的环境条件。

[IEC 60721-1:1981,3.1]

4.4

环境参数　environmental parameters

描述环境因素的一个或多个物理、化学或生物的特性(如：温度、湿度、加速度)。

示例：环境参数"振动"是由振动类型（正弦、随机)、加速度和频率等参数来表征。

[IEC 60721-1:1981,3.3]

4.5

试验样品　specimen

根据 IEC 60068 进行环境试验的指定产品的样本。

注："试验样品"一词包括使该产品功能完整的任何辅助部件和系统，如致冷、加热和机械减震器等。

4.6

预处理　pre-conditioning

为消除或部分抵消试验样品以前经历的各种效应，在条件试验前对试验样品所做的处理。

4.7

恢复　recovery

在条件试验之后，检测之前为使试验样品的性能稳定所做的处理。

4.8

相关规范　relevant specification

产品或材料要满足的一组技术要求及用来判定这些要求是否被满足的检测的方法。

4.9

严酷等级　severity

试验样品进行条件试验所用的一组参数值。

---

1) IEC 60068-2 系列标准一般提及的术语"条件试验"在 ISO/IEC 指南 2 当中用"试验"代替。在本标准中，使用术语"试验/条件试验"作为定义这种试验方法的词语。

4.10

综合试验　combined test

两种或多种试验环境同时作用于试验样品的试验。

4.11

组合试验　composite test

把试验样品依次连续暴露到两种或多种试验环境中的试验。

注1：各次暴露之间的时间间隔可能对试验样品有显著影响，应予以准确规定。

注2：各次暴露之间一般不进行预处理、恢复和稳定。

注3：检测工作通常在第一次暴露前和最后暴露结束后进行。

4.12

试验顺序　sequence of testing

试验样品被依次暴露到两种或两种以上试验环境中的顺序。

注1：各次暴露之间的时间间隔通常对试验样品不产生明显影响。

注2：各次暴露之间通常要进行预处理和恢复。

注3：通常在每次暴露之前和之后进行检测，前一项暴露的最后检测就是下项暴露的初始检测。

4.13

基准大气　reference atmosphere

在任何条件下测得的大气值通过计算、修正后的大气。

4.14

仲裁测量　referee measurements

当用以调节大气条件敏感参数达到标准的基准大气的校正系数时，以及在推荐的周围大气条件范围内进行的测量未达到满意效果时，在精密控制的大气条件下进行的重复测量。

5　冲击、振动和稳态加速度

5.1

重力加速度　acceleration of gravity

g_n

由地球引力引起的标准加速度，其值随海拔高度和地球纬度而变化。

注：在环境试验中，其值圆整为 10 m/s^2。

5.2

临界频率　critical frequencies

由于振动导致试验样品的功能异常和(或)性能退化；或产生机械共振和(或)其他响应效应如震颤的频率。

5.3

交越频率　crossover frequency

振动特征量由一种关系变为另一种关系时的频率。

注：如试验的振幅或方均根值(r.m.s.)由恒定位移-频率函数关系变为恒加速度-频率函数关系的频率。

[ISO 2041]

5.4

阻尼　damping

描述系统中大量能量耗散机理的常用术语。实际上，阻尼取决于许多参数，如结构系统、振动模式、应变、作用力、速度、材料和连接滑移等。

注：与 ISO 2041 的定义不同。

5.4.1

临界阻尼　critical damping

使一位移系统无摆动地返回其起始位置的最小粘滞阻尼。

5.4.2

阻尼比　damping ratio

在一粘滞阻尼系统中实际阻尼与临界阻尼之比。

5.5

失真度　distortion

d

$$d=\frac{(a_{tot}^2-a_1^2)^{\frac{1}{2}}}{a_1}\times 100\%$$

式中：

a_1——驱动频率的加速度均方根值；

a_{tot}——外加加速度的总的均方根值(包括 a_1 的值)。

注：与 ISO 2041 的定义不同。

5.6

固定点　fixing point

试验样品与安装夹具、振动台或冲击台台面相接触的部分，样品在该点被固定。

注：如一部分真正的安装结构被用作夹具，则将固定点看作是安装结构的一部分而不是试验样品的一部分。

5.7

测量点　measuring point

可获得指导试验用数据的特定点。分为检查点和基准点两种。

注：为评价试验样品的性能，可在试验样品某些点进行测量，但不能把这些点看作是测量点。

5.7.1

检查点　check point

位于夹具、振动台、冲击台或试验样品上最接近固定点的测量点。在任何情况下，检查点都与夹具、振动台或试验样品刚性连接。

5.7.2

基准点　reference point

由检查点选出、其信号用来控制试验以满足标准要求的点。

5.8

优先试验轴　preferred testing

与试验样品最弱轴相对应的三个互相垂直的轴。

5.9

正弦拍频　sine beat

由较低频率正弦调制的单一频率连续正弦波。一个正弦拍频的周期是调制频率周期的一半。

5.10

调制频率　modulating frequency

调制试验频率的频率。

5.11

试验频率　test frequency

试验进行期间激励试验样品的频率。试验频率有如下定义的两种类型：

5.11.1

预定试验频率　predetermined test frequency

相关规范规定的振动频率。

5.11.2

研究试验频率　investigated test frequency

由研究振动特性得到的需对试验样品进行试验的频率。

5.12

扫频循环　sweep cycle

在每一方向上横越规定的频率范围一次，如 1 Hz—35 Hz—1 Hz。

5.13

时间历程　time-history

作为时间函数的加速度、速度或位移的记录。

5.14

合成时间历程　synthesized time-history

人工模拟产生的、其响应频谱包络要求的响应频谱的时间历程。

5.15

时间历程的主要部分　strong part of the time-history

从曲线首次达到最大值的 25%的时间到最后一次下降到 25%的时间的这部分时间历程。

5.16

振动器　oscillator

用来产生或维持机械振动的单自由度系统。

5.17

响应谱(与 ISO 2041 的定义不同)　response spectrum

一组具有规定阻尼比的单自由度系统在给定输入激励下的最大响应曲线图。

5.18

试验响应谱　test response spectrum

用分析法或频谱分析装置从振动台台面的真实运动得到的响应谱。

5.19

零周期加速度　zero period acceleration

响应谱的加速度的高频渐近值。

注：由于零周期加速度代表加速度的最大峰值，如在一个时间历程中，因而具有实际意义。

5.20

高应力循环　high stress cycles

导致试验样品产生疲劳应力值的响应循环。

5.21

试验量值　test level

试验波的最大峰值。

6　气候试验

6.1

自由空气条件　free air conditions

无限大空间内的条件，在该空间内，空气的运动只受散热试验样品本身的影响，试验样品辐射的能量由周围空气全部吸收。

注：理论上，本定义不能用于直接辐射加热的试验样品，但实际上也可用于直接辐射加热试验样品的场合。

6.2

散热试验样品　heat-dissipating specimen

在自由空气条件和试验用标准大气条件规定的大气压力(86 kPa～106 kPa)下，在温度稳定后测得的表面最热点温度与环境温度之差大于5 ℃的试验样品。

6.3

非散热试验样品　non-heat-dissipating specimen

在自由空气条件和试验用标准大气条件规定的大气压力(86 kPa～106 kPa)下，在温度稳定后测得的表面最热点温度与环境温度之差小于5 ℃的试验样品。

6.4

环境温度　ambient temperature

根据以下两种情形定义的空气温度。

注：应用这些定义时，可参考GB/T 2424.1—2005。

6.4.1

非散热试验样品的环境温度　ambient temperature of non-heat-dissipating specimens

非散热试验样品周围空气的温度。

6.4.2

散热试验样品的环境温度　ambient temperature of heat-dissipating specimens

在自由空气条件下，散热试验样品周围可忽略其散热影响处的空气的温度。

注：实际上，环境温度是采用在试验样品之下0 mm～50 mm的一个水平面上距试验样品1 m处或在试验样品与试验箱(室)内壁之间距离的一半处(二者以小者为准)的温度平均值作为环境温度。

6.5

表面温度(壳体温度)　surface temperature(case temperature)

在试验样品表面规定点(一个或多个)上测得的温度。

6.6

试验箱(室)　chamber

能够达到规定的试验条件的某部分封闭体或空间。

6.7

工作空间　working space

试验箱(室)中能将规定的试验条件维持在规定的容差范围内的那部分空间。

6.8

温度稳定　temperature stability

试验样品各部分的温度与其最后温度之差在3 ℃(或相关规范规定的其他值)以内时的状态。

注1：非散热试验样品的最后温度就是放置有试验样品的试验箱当时的平均温度。散热试验样品的最后温度需要重复测量，以确定温度变化3 ℃(或相关规范规定的其他值)的时间间隔，当相邻两段时间间隔之比大于1.7时，则认为达到了温度稳定状态。

注2：当试验样品的热时间常数小于在给定温度中暴露的持续时间时，则不需要测量；当试验样品的热时间常数与暴露持续时间为同一数量时，则应进行检查，以确定：

a)　非散热试验样品是否处于放置试验样品的平均温度范围内；

b)　对散热试验样品，重复测量温度变化3 ℃(或相关规范规定的其他值)所需要的时间间隔，确定相邻两段时间间隔之比是否大于1.7。

注3：实践中，或许不可能直接测量试验样品的内部温度，此时，可测量某些与温度有已知函数关系的其他参数进行检查。

6.9

凝露 condensation

试验样品的表面温度低于周围空气的露点温度时，水蒸气在该表面上析出的现象，即水由汽态转变为聚集的液态。

6.10

吸附 adsorption

试验样品的表面温度高于空气露点温度时，水气分子附着在试验样品表面上的现象。

6.11

吸收 absorption

水分子在材料内的聚集。

6.12

扩散 diffusion

由分压力差引起的水分子穿过材料迁移的现象。

注：扩散导致分压力平衡，流动（如水分子穿过足够大缝隙时形成的粘滞流或层流）最终导致总压力平衡。

6.13

呼吸 breathing

由温度变化引起的空腔内的空气与空腔外的空气之间的交换现象。

7 密封试验

7.1

漏率 leak rate

已知漏泄处两侧的压力差时，温度已知的干燥气体在单位时间的漏泄量。

注：漏率的基本国际单位制单位是“Pa・m^3/s”，实际上使用其导出单位“bar・cm^3/s”和“Pa・cm^3/s”与工业上常用的量级更一致，换算关系是：1 Pa・m^3/s=10^6 Pa・cm^3/s=10 bar・cm^3/s。

7.2

标准漏率 standard leak rate

在标准温度和标准压差下的漏率。

注：对环境试验来说，标准温度是 25 ℃、标准压差是 10^5 Pa(1 bar)。

7.3

测量漏率 measured leak rate

R

在规定条件下，用规定的试验气体所测得的给定试验样品的漏率。

注 1：通常用氦作为试验气体，在 25 ℃、压差为 10^5 Pa(1 bar)条件下确定测量漏率。

注 2：为了与使用其他试验方法确定的漏率比较，必须将测量漏率换算成等效标准漏率。

7.4

等效标准漏率 equivalent standard leak rate

以空气作为试验气体时，给定试验样品的标准漏率。

7.5

（漏泄）时间常数 time constant (of leakage)

θ

假设保持压力差的初始变化率不变，使漏泄处两侧的分压力差达到平衡所需的时间。

注 1：对环境试验来说，时间常数等于试验样品的内腔容积与等效标准漏率的商。

注 2：见 7.1 的注。

7.6

粗漏　gross leak

等效标准漏率大于 1 Pa·cm^3/s(10^{-5} bar·cm^3/s)。

7.7

细漏　fine leak

等效标准漏率小于 1 Pa·cm^3/s(10^{-5} bar·cm^3/s)。

7.8

虚漏　virtual leak

由试验样品吸收、吸附或夹藏的气体缓慢释放所引起的类似漏泄的现象。

8　可焊性试验

8.1

松香　colophony

从松树的含油树脂中提出松节油后的剩余物,主要由松香酸和同类的树脂酸组成,还包括少量的树脂酸脂类。

注:树脂是松香的同义词,由于它与常用的化工术语"树脂"混淆不清,因此不赞成使用。

8.2

接触角　contact angle

通常是指在液面和固体表面的相交处液体表面的切面和液/固界面的切面之间的夹角(图 1)。尤指液态焊锡与固态金属表面接触时的接触角。

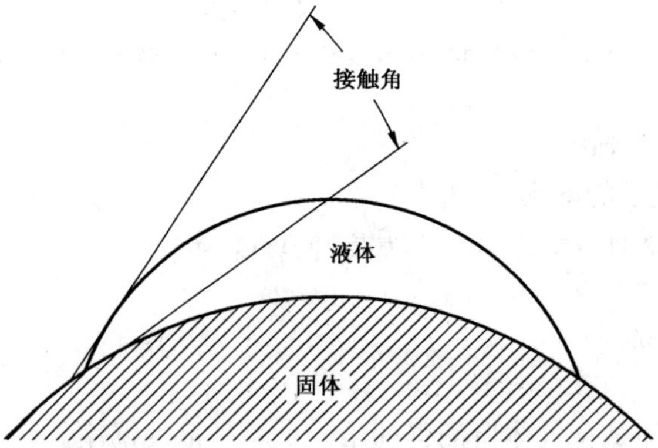

图 1　接触角示意图

8.3

润湿　wetting

在表面上形成焊锡粘附层。

注:接触角小是润湿良好的特征。

8.4

不润湿　non-wetting

表面上无法形成焊锡粘附层。

注:在此情况下,接触角远大于 90°。

8.5

弱润湿　de-wetting

熔化的焊锡在开始曾润湿过的固体表面区域回缩(在某些情况下,可能仍保留一层极薄的锡膜)。

注:锡焊回缩,接触角增大。

8.6

可焊性　solderability

表面易被熔融锡焊润湿的特征。

8.7

焊接时间　soldering time

在规定条件下润湿规定表面所需的时间。

8.8

耐焊接热　resistance to soldering heat

试验样品承受焊接产生的热应力的能力。

附 录 NA
（资料性附录）
我国国家标准与 IEC 标准的对应关系

与本标准引用的 IEC 标准有一致性对应关系的我国国家标准如下：

GB/T 2421.1—2008 电工电子产品环境试验 概述和指南(IEC 60068-1:1988,IDT)

GB/T 2421.2—2008 电工电子产品环境试验 规范编制者用信息 试验概要(IEC 60068-4:1987,IDT)

GB/T 2422—2012 环境试验 试验方法编写导则 术语和定义(IEC 60068-5-2:1990,IDT)

我国 GB/T 2423、GB/T 2424 系列与 IEC 60068-2、IEC 60068-3 系列各部分对应关系如下：

——GB/T 2423.1—2008 电工电子产品环境试验 第 2 部分：试验方法 试验 A：低温(IEC 60068-2-1:2007,IDT)

——GB/T 2423.2—2008 电工电子产品环境试验 第 2 部分：试验方法 试验 B：高温(IEC 60068-2-2:2007,IDT)

——GB/T 2423.3—2006 电工电子产品环境试验 第 2 部分：试验方法 试验 Cab：恒定湿热试验(IEC 60068-2-78:2001,IDT)

——GB/T 2423.4—2008 电工电子产品环境试验 第 2 部分：试验方法 试验 Db 交变湿热(12 h+12 h 循环)(IEC 60068-2-30:2005,IDT)

——GB/T 2423.5—1995 电工电子产品环境试验 第二部分：试验方法 试验 Ea 和导则：冲击(idt IEC 60068-2-27:1987)

——GB/T 2423.6—1995 电工电子产品环境试验 第二部分：试验方法 试验 Eb 和导则：碰撞(idt IEC 60068-2-29:1987)

——GB/T 2423.7—1995 电工电子产品环境试验 第二部分：试验方法 试验 Ec 和导则：倾跌与翻倒(主要用于设备型样品)(idt IEC 60068-2-31:1982)

——GB/T 2423.8—1995 电工电子产品环境试验 第二部分：试验方法 试验 Ed：自由跌落(idt IEC 60068-2-32:1990)

——GB/T 2423.10—2008 电工电子产品环境试验 第 2 部分：试验方法 试验 Fc：振动(正弦)(IEC 60068-2-6:1995,IDT)

——GB/T 2423.15—2008 电工电子产品环境试验 第 2 部分：试验方法 试验 Ga 和导则：稳态加速度(IEC 60068-2-7:1986,IDT)

——GB/T 2423.16—2008 电工电子产品环境试验 第 2 部分：试验方法 试验 J 和导则：长霉(IEC 60068-2-10:2005,IDT)

——GB/T 2423.17—2008 电工电子产品环境试验 第 2 部分：试验方法 试验 Ka：盐雾(IEC 60068-2-11:1981,IDT)

——GB/T 2423.18—2012 环境试验 第 2 部分：试验方法 试验 Kb：盐雾，交变(氯化钠溶液)(IEC 60068-2-52:1996,IDT)

——GB/T 2423.21—2008 电工电子产品环境试验 试验 M：低气压试验方法(IEC 60068-2-13:1983,IDT)

——GB/T 2423.22—2002 电工电子产品环境试验 第 2 部分：试验方法 试验 N：温度变化(idt IEC 60068-2-14:2009)

——GB/T 2423.23—1995　电工电子产品环境试验　试验Q:密封

——GB/T 2423.24—1995　电工电子产品环境试验　第二部分:试验方法　试验Sa:模拟地面上的太阳辐射(idt IEC 60068-2-5:1975)

——GB/T 2423.26—2008　电工电子产品环境试验试验　Z/BM:高温/低气压综合试验(IEC 60068-2-41:1976,NEQ)

——GB/T 2423.27—2005　电工电子产品环境试验　第2部分:试验方法　试验Z/AMD:低温/低气压/湿热连续综合试验(IEC 60068-2-39:1976,IDT)

——GB/T 2423.28—2005　电工电子产品环境试验　第2部分:试验方法　试验T:锡焊(IEC 60068-2-20:1979,IDT)

——GB/T 2423.30—1999　电工电子产品环境试验　第2部分:试验方法　试验XA和导则:在清洗剂中浸渍(idt IEC 60068-2-45:1993)

——GB/T 2423.32—2008　电工电子产品环境试验　第2部分:试验方法　试验Ta:润湿称量法可焊性(IEC 60068-2-54:2006,IDT)

——GB/T 2423.33—2005　电工电子产品环境试验　第2部分:试验方法　试验Kca:高浓度二氧化硫试验(DIN 50018:1997,MOD)

——GB/T 2423.34—2005　电工电子产品环境试验　第2部分:试验方法　试验Z/AD:温度/湿度组合循环试验(IEC 60068-2-38:1974,IDT)

——GB/T 2423.35—2005　电工电子产品环境试验　第2部分:试验方法　试验Z/AFc:散热和非散热试验样品的低温/振动(正弦)综合试验(IEC 60068-2-50:1983,IDT)

——GB/T 2423.36—2005　电工电子产品环境试验　第2部分:试验方法　试验Z/BFc:散热和非散热试验样品的高温/振动(正弦)综合试验(IEC 60068-2-51:1983,IDT)

——GB/T 2423.37—2006　电工电子产品环境试验　第2部分:试验方法　试验L:沙尘试验(IEC 60068-2-68:1994,IDT)

——GB/T 2423.38—2008　电工电子产品环境试验　第2部分:试验方法　试验R:水试验方法和导则(IEC 60068-2-18:2000,IDT)

——GB/T 2423.39—2008　电工电子产品环境试验　第2部分:试验方法　试验Ee:弹跳(IEC 60068-2-55:1987,IDT)

——GB/T 2423.40—1997　电工电子产品环境试验　第2部分:试验方法　试验Cx:未饱和高压蒸汽恒定湿热(idt IEC 60068-2-66:1994)

——GB/T 2423.41—1994　电工电子产品环境试验　风压试验方法

——GB/T 2423.43—2008　电工电子产品环境试验　第2部分:试验方法　振动、冲击和类似动力学试验样品的安装(IEC 60068-2-47:2005,IDT)

——GB/T 2423.45—1997　电工电子产品环境试验　第2部分:试验方法　试验Z/ABDM:气候顺序(idt IEC 60068-2-61:1991)

——GB/T 2423.47—1997　电工电子产品环境试验　第2部分:试验方法　试验Fg:声振(idt IEC 60068-2-65:1993)

——GB/T 2423.48—2008　电工电子产品环境试验　第2部分:试验方法　试验Ff:振动-时间历程法(IEC 60068-2-57:1999,IDT)

——GB/T 2423.49—1997　电工电子产品环境试验　第2部分:试验方法　试验Fe:振动——正弦拍频法(idt IEC 60068-2-59:1990)

——GB/T 2423.50—2012　电工电子产品环境试验　第2部分:试验方法　试验Cy:恒定湿热主

要用于元件的加速试验(IEC 60068-2-67:1995,IDT)

——GB/T 2423.51—2012 环境试验 第2部分:试验方法 试验Ke:流动混合气体腐蚀试验(IEC 60068-2-60:1995,IDT)

——GB/T 2423.52—2003 电工电子产品环境试验 第2部分:试验方法 试验77:结构强度与撞击(IEC 60068-2-27:1999,IDT)

——GB/T 2423.53—2005 电工电子产品环境试验 第2部分:试验方法 试验Xb:由手的摩擦造成标记和印刷文字的磨损(IEC 60068-2-70:1995,IDT)

——GB/T 2423.54—2005 电工电子产品环境试验 第2部分:试验方法 试验Xc:流体污染(IEC 60068-2-74:1999,IDT)

——GB/T 2423.55—2006 电工电子产品环境试验 第2部分:环境测试 试验Eh:锤击试验(IEC 60068-2-75:1997,IDT)

——GB/T 2423.56—2006 电工电子产品环境试验 第2部分:试验方法 试验Fh:宽带随机振动(数字控制)和导则(IEC 60068-2-64:199,IDT)

——GB/T 2423.57—2008 电工电子产品环境试验 第2部分:试验方法 试验Ei:冲击 冲击响应谱合成(IEC 60068-2-81:2003,IDT)

——GB/T 2423.58—2008 电工电子产品环境试验 第2部分:试验方法 试验Fi:振动 混合模式(IEC 60068-2-80:2005,IDT)

——GB/T 2423.59—2008 电工电子产品环境试验 第2部分:试验方法 试验Z/ABMFh:温度(低温、高温)/低气压/振动(随机)综合

——GB/T 2423.60—2008 电工电子产品环境试验 第2部分:试验方法 试验U:引出端及整体安装件(IEC 60068-2-21:2006,IDT)

——GB/T 2423.101—2008 电工电子产品环境试验 第2部分:试验方法 试验:倾斜和摇摆

——GB/T 2423.102—2008 电工电子产品环境试验 第2部分:试验方法 试验:温度(低温、高温)/低气压/振动(正弦)综合

——GB/T 2424.1—2005 电工电子产品环境试验 高温低温试验导则(IEC 60068-3-1:1974,IDT)

——GB/T 2424.2—2005 电工电子产品环境试验 湿热试验导则(IEC 60068-3-4:2001,IDT)

——GB/T 2424.5—2005 电工电子产品环境试验 温度试验箱性能确认(IEC 60068-3-5:2001,IDT)

——GB/T 2424.6—2006 电工电子产品环境试验 温度/湿度试验箱性能确认(IEC 60068-3-6:2001,IDT)

——GB/T 2424.7—2006 电工电子产品环境试验 试验A和B(带负载)用温度试验箱的测量(IEC 60068-3-7:2001,IDT)

——GB/T 2424.10—1993 电工电子产品环境试验规程 大气腐蚀加速试验的通用导则

——GB/T 2424.13—2002 电工电子产品环境试验 第2部分:试验方法 温度变化试验导则(idt IEC 60068-2-33:1971)

——GB/T 2424.14—1995 电工电子产品环境试验 第二部分:试验方法 太阳辐射试验导则(idt IEC 60068-2-9:1975)

——GB/T 2424.15—2008 电工电子产品环境试验 温度/低气压综合试验导则(IEC 60068-3-2:1976,IDT)

——GB/T 2424.17—2008 电工电子产品环境试验 第2部分:试验方法 试验T:锡焊试验导

则(IEC 60068-2-44:1995,IDT)

——GB/T 2424.19—2005 电工电子产品环境试验 模拟贮存影响的环境试验导则(IEC 60068-2-48:1982,IDT)

——GB/T 2424.22—1986 电工电子产品基本环境试验规程 温度(低温、高温)和振动(正弦)综合试验导则(eqv IEC 60068-2-53:1984)

——GB/T 2424.25—2000 电工电子产品环境试验 第3部分:试验导则 地震试验方法(idt IEC 60068-3-3:1991)

——GB/T 2424.26—2008 电工电子产品环境试验 第3部分 支持文件和导则 振动试验选择(IEC 60068-3-8:2003,IDT)

GB/T 4797.1—2005 电工电子产品自然环境条件 温度和湿度(IEC 60721-2-1:2002,MOD)

参 考 文 献

[1] GB/T 5169(所有部分) 电工电子产品着火危险试验[IEC 60695(所有部分)]

索　引

汉语拼音索引

英文索引

A

B

C

D

E

F

T

V

W

Z

ICS 19.040
K 04

GB

中华人民共和国国家标准

GB/T 2423.18—2012/IEC 60068-2-52:1996
代替 GB/T 2423.18—2000

环境试验 第2部分:试验方法 试验 Kb:盐雾,交变(氯化钠溶液)

Environmental testing—Part 2:Test methods—Test Kb:Salt mist,cyclic(sodium chloride solution)

(IEC 60068-2-52:1996,Environmental testing—Part 2:Tests—Test Kb:Salt mist,cyclic(sodium chloride solution),IDT)

2012-11-05 发布　　2013-02-01 实施

中华人民共和国国家质量监督检验检疫总局
中国国家标准化管理委员会　发布

前　言

本部分为 GB/T 2423 的第 18 部分。GB/T 2423 标准的组成部分见资料性附录 NA。

本部分按照 GB/T 1.1—2009 给出的规则进行起草。

本部分代替 GB/T 2423.18—2000《电工电子产品环境试验　第 2 部分：试验方法　试验 Kb：盐雾，交变（氯化钠溶液）》。本部分与 GB/T 2423.18—2000 相比主要变化如下：

——根据 GB/T 2423.3—2006，将湿热贮存的相对湿度由原来的“$(93^{-3}_{+2})\%$”改为“$(93\pm3)\%$”；

——为与 IEC 原文一致，本部分的 6.2 增加了一个注；

——为与 IEC 原文一致，本部分的第 10 章规定了可按有关规范指定的其他方法对试样进行清洗和干燥。

本部分使用翻译法等同采用 IEC 60068-2-52:1996《环境试验　第 2 部分：试验　试验 Kb：盐雾，交变（氯化钠溶液）》。

与本部分中规范性引用的国际文件有一致性对应关系的我国文件如下：

——GB/T 2424.10—1993　电工电子产品基本环境试验规程　大气腐蚀加速试验的通用导则（eqv IEC 60355:1971）

本部分与 IEC 60068-2-52:1996 相比，主要做了以下编辑性修改：

——删除了 IEC 60068-2-52:1996 前言，增加了国家标准前言；

——将第 2 章的标题由“引用标准”改为“规范性引用文件”；

——将第 10 章的标题由“恢复（在试验末尾）”改为“恢复（试验结束）”；

——将第 12 章的标题由“有关规范应给出的资料”改为“有关规范应给出的信息”；

——增加资料性附录 NA。

本部分由全国电工电子产品环境条件与环境试验标准化技术委员会（SAC/TC 8）提出并归口。

本部分由中国电器科学研究院有限公司起草。

本部分主要起草人：车汉生。

本部分所代替标准的历次版本发布情况为：

——GB/T 2423.18—1985、GB/T 2423.18—2000。

环境试验　第2部分:试验方法
试验Kb:盐雾,交变(氯化钠溶液)

1　范围

本试验适用于预定耐受含盐大气的元件或设备,试验时依据其耐受程度选用相应的严酷等级。

盐能降低金属材料和(或)非金属材料的性能。金属材料盐腐蚀的机理是电化学腐蚀,而非金属材料的劣化却是由盐与材料的综合化学反应所引起的。腐蚀速率在很大程度上取决于对试样表面供应的含氧盐溶液的量、试样的温度和环境的温度、湿度。

本试验除了显示腐蚀效果,还可以显示某些非金属材料因吸收盐而劣化的程度。在下述试验方法中,喷射盐溶液的时间是足以充分润湿整件试样。由于这种润湿在湿热条件下贮存之后重复进行(严酷等级(1)和(2)),在某些场合下还要补充在试验标准大气下贮存(严酷等级(3)至(6)),因此可以较有效地重现自然环境的效应。

严酷等级(1)和(2)适用于试验在海洋环境或在近海地区使用的产品。严酷等级(1)适用于试验在大部分使用寿命期间暴露于这种环境的产品(例如船用雷达、甲板设备)。严酷等级(2)适用于试验可能经常暴露于海洋环境、但通常会受封闭物保护的产品(例如通常在船桥或在控制室内使用的航海设备)。

此外严酷等级(1)和(2)通常在元件质量保证程序中用作普通腐蚀试验。

严酷等级(3)至(6)适用于通常在含盐大气与干燥大气之间频繁交替使用的产品,例如汽车及其零部件。

因此,严酷等级(3)至(6)与严酷等级(1)和(2)相比含有一个在试验标准大气条件下的附加贮存。

实际上,在中断工作的期间,例如在周末,可能出现干燥大气。在严酷等级(3)至(6)中包含的这一干燥阶段导致了可能与恒定湿热条件下完全不同的腐蚀机理。

试验方法与使用条件相比较是加速的。但这种试验方法不可能为各种不同类型的试样建立一个综合加速系数(参见IEC 60355:1971)。

2　规范性引用文件

下列文件对于本文件的应用是必不可少的。凡是注日期的引用文件,仅注日期的版本适用于本文件。凡是不注日期的引用文件,其最新版本(包括所有的修改单)适用于本文件。

GB/T 2421.1—2008　电工电子产品环境试验　概述和指南(IEC 60068-1:1988,IDT)

GB/T 2423.3—2006　电工电子产品环境试验　第2部分:试验方法　试验Cab:恒定湿热试验(IEC 60068-2-78:2001,IDT)

IEC 60355:1971　大气腐蚀加速试验问题评定(An appraisal of the problems of accelerated testing for atmospheric corrosion)

3　试验的一般说明

严酷等级(1)和(2)将试验程序分成若干个规定的喷雾周期,每个喷雾周期之后接一个湿热贮存周期,喷雾温度在15 ℃～35 ℃之间,贮存条件为温度(40±2)℃,相对湿度(93±3)%。

严酷等级(3)、(4)、(5)和(6)将试验程序分若干规定的试验循环。每个试验循环的组成为:先是四个喷雾周期，每个喷雾周期之后都紧跟着一个湿热贮存周期，在喷雾和湿热贮存之后再在试验标准大气条件下贮存一个周期。喷雾的温度在 15 ℃～35 ℃之间；湿热贮存条件为：温度(40±2)℃，相对湿度(93±3)%；试验标准大气条件为：温度(23±2)℃，相对湿度 45%～55%。

如果在不同的试验箱中进行喷雾与贮存，在转移试样时应注意避免损失附着在试样上的盐溶液和对试样造成损害。

在喷雾期间不应给试样通电，在贮存期间通常也不通电。

4 试验设备

4.1 盐雾箱

试验箱应由不影响盐雾腐蚀效果的材料构成。

试验箱的结构以及产生盐雾的方法可以任选，但要满足以下条件：

a) 试验箱内的条件应维持在规定的范围内；

b) 试验箱应具备足够大的容积，能提供稳定的、均一的试验条件(不受湍流的影响)，且在试验过程中这些条件不受试样的影响；

c) 盐雾不能直接喷射到试样上；

d) 箱顶、箱壁或其他部位集聚的液滴不能滴落到试样上；

e) 试验箱应排气良好，以防止箱内压力升高并使盐雾分布均匀。排气孔末端应能避免强抽风，以免在试验箱内产生强气流。

4.1.1 喷雾器

喷雾器的设计和结构应能产生微小分散、湿润、浓密的雾。制造喷雾器的材料不应与盐溶液产生任何反应。

4.1.2 喷雾用过的盐溶液不应重复使用。

4.1.3 气源

如用压缩空气，则进入喷雾器的空气应不含任何杂质，如油、灰尘等。

应采取措施使压缩空气的湿度满足试验条件的要求。空气的压力应适于产生细小、分散、密集的雾。

为了防止盐沉积堵塞喷雾器，推荐喷嘴处的空气相对湿度应不低于 85%。一种可行的方法是使空气以细小的气泡形式通过一个自动保持水位的水塔。水温不应低于试验箱的温度。

空气压力应能调节，以保证 9.2 所规定的收集率。

4.2 湿热箱

试验箱应符合 GB/T 2423.3—2006 的要求，应能保持相对湿度为(93±3)%，温度为(40±2)℃。

4.3 标准大气箱

试验箱应符合 GB/T 2421.1—2008 中 5.2 中表 1 的要求，即在(23±2)℃的温度下保持 45%～55%的相对湿度。

5 盐溶液

5.1 5%氯化钠溶液(NaCl)

5.1.1 试验所用的盐应为高质量的氯化钠(NaCl)，干燥时，碘化钠的含量不超过 0.1%，杂质的总含量不超过0.3%。

盐溶液的质量百分比浓度应为(5±1)%。

溶液应通过以下的方法制备，将质量为(5±1)份的盐溶解在质量为95份的蒸馏水或者去离子水中。

注：有关规范可以要求其他盐溶液，其成分与特性(浓度、pH值等)应在该规范中清楚说明，如模拟海洋环境的特殊效应。

5.1.2 盐溶液的pH值在温度为(20±2)℃时应在6.5～7.2之间。条件试验时，pH值应保持在该范围内。为此，在保证氯化钠浓度的前提下，可以使用稀盐酸或者氢氧化钠溶液调节pH值。每一批新配置的溶液都应测量pH值。

6 严酷等级

6.1 试验的严酷等级定义如下：

严酷等级(1)和(2)：

喷雾周期次数和紧接着每个喷雾周期之后的湿热贮存持续时间的组合。

严酷等级(3)至(6)：

试验包括若干循环。每个试验循环由四个喷雾周期和紧接着每个喷雾周期之后的湿热贮存，以及在四个喷雾周期和湿热贮存之后的一个在试验标准大气条件下的附加贮存周期组成。

6.2 有关规范应指定使用下述六种严酷等级中的一种。

严酷等级(1)：四个喷雾周期，每个2 h，每个喷雾周期之后紧接着一个为期7 d的湿热贮存周期。

注：湿热贮存周期可适当缩短，使每个喷雾周期加上湿热贮存周期总共为7 d。

严酷等级(2)：三个喷雾周期，每个2 h，每个喷雾周期之后紧接着一个为期20 h～22 h的湿热贮存周期。

严酷等级(3)：一个试验循环包括四个喷雾周期，每个2 h，每个喷雾周期之后紧接着一个为期20 h～22 h的湿热贮存周期，此后，再进行一个在试验标准大气条件(温度为(23±2)℃，相对湿度为45%～55%)下为期3 d的贮存周期。

严酷等级(4)：严酷等级(3)所规定的两个试验循环。

严酷等级(5)：严酷等级(3)所规定的四个试验循环。

严酷等级(6)：严酷等级(3)所规定的八个试验循环。

6.3 图1给出了所有试验严酷等级的综合时标示意图。

7 初始检测

试样应进行目视检查，如必要，应按有关规范的要求进行电性能和机械性能检测。

8 预处理

有关规范应规定在试验前立即进行的清洁程序，也应说明是否需要移除临时性表面保护层。

注：清洁方法不应影响盐雾对试样的作用，更不能引起二次腐蚀。试验前应尽量避免用手接触试样表面。

9 试验

9.1 将试样放入盐雾箱，在15 ℃～35 ℃下喷盐雾2 h。

9.2 所有的暴露区域都应维持盐雾条件，用水平收集面积为 80 cm^2 的洁净收集器放置于暴露区域内任意一点，在收集周期内平均每小时收集 1.0 mL～2.0 mL 溶液。至少应采用两个收集器。收集器应放置在不被试样遮蔽的位置，并避免收集到各类冷凝水。

注：为得到精确的测量结果，在校准试验箱的喷雾速率时，喷雾周期不应少于 8 h。

9.3 严酷等级(1)和(2)

每次喷雾周期结束后，将试样转移到湿热箱中贮存，贮存条件按照 GB/T 2423.3—2006 的规定：温度为(40±2)℃，相对湿度为(93±3)%。

按 9.1 的规定喷雾，并按 9.3 的规定贮存，组成一个循环。

严酷等级所要求的循环次数与贮存时间按照 6.2 的规定。

9.4 严酷等级(3)至(6)

每次喷雾周期结束后，将试样转移到湿热箱中贮存 20 h～22 h，贮存条件按照 GB/T 2423.3—2006 的规定：温度为(40±2)℃，相对湿度为(93±3)%。将这一循环再重复三次。

然后，试样应在试验标准大气条件(温度为(23±2)℃，相对湿度为 45%～55%)下贮存 3 d。

每个试验循环由四个喷雾周期(见 9.1)和 9.4 规定的湿热贮存及之后在试验标准大气条件下贮存 3 d 所组成。

严酷等级所要求的试验循环次数按照 6.2 的规定。

9.5 将试样从盐雾箱转移到湿热箱时应尽量减少试样上盐溶液的损失。

注：如果盐雾箱能保持 GB/T 2423.3—2006 规定的温、湿度条件，则在贮存阶段试样可继续保留在盐雾箱内。

9.6 如果试样由不止一个零件组成，则这些零件之间或这些零件与其他金属零件之间不得相互接触，并且它们的排列不应互相影响。

10 恢复(试验结束)

有关规范应说明是否清洗试样，如要清洗，则应在流动的自来水中清洗 5 min，再用蒸馏水或去离子水漂洗，用手摇晃或用气流吹去水珠，然后在温度(55±2)℃的条件下干燥 1 h，接着在规定的恢复条件下(GB/T 2421.1—2008 中的 5.4.1)冷却 1 h～2 h。

如必要，有关规范应指定清洗和干燥试样的其他方法，并在规定的恢复条件下(GB/T 2421.1—2008 中的 5.4.1)贮存 1 h～2 h。清洗用水的温度不应超过 35 ℃。

11 最后检测

试样应按照有关规范进行目视、尺寸和功能检测。

有关规范应提供可接受或不可接受的试样的判据。

12 有关规范应给出的信息

有关规范采用本试验时，应对下述各项作出适当的规定。有关规范应提供下列条款所要求的信息，特别是标记(*)的条款，因为这些条款是必需的。

	条款号
a) 盐溶液，如果与 5.1.1 所述不同*	5
b) 适当的严酷等级*	6
c) 初始检测	7
d) 预处理	8

e) 恢复　　10

f) 最后检测*　　11

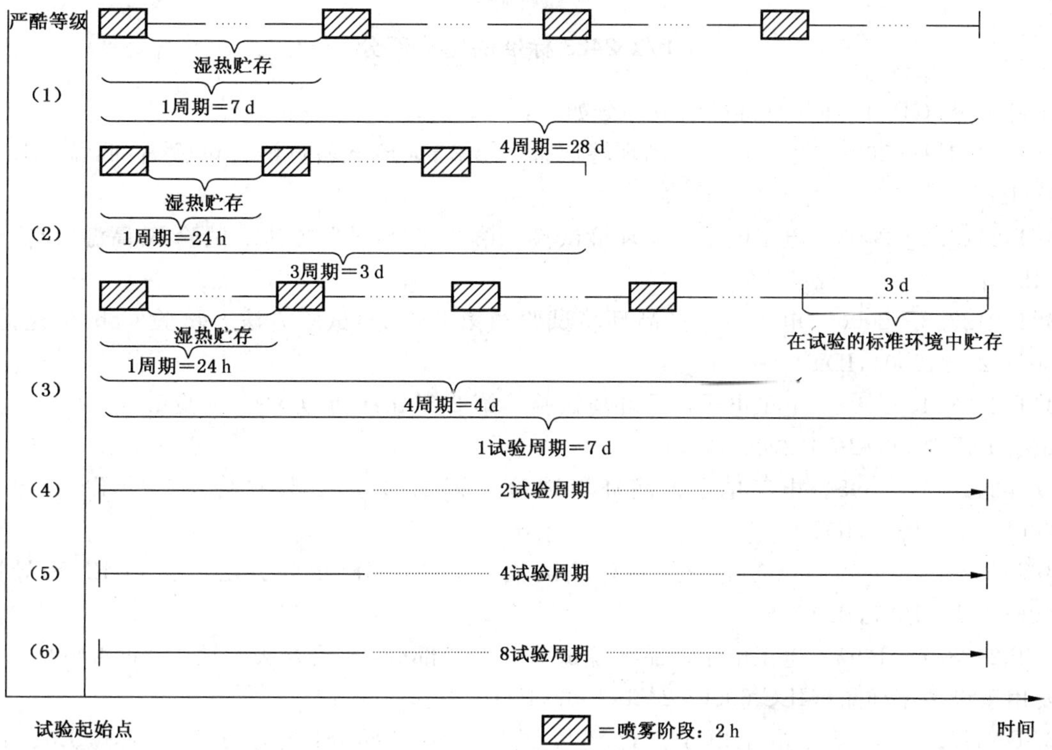

图 1　不同试验严酷等级(1)～(6)的时标示意图

附 录 NA
（资料性附录）
GB/T 2423 标准的组成部分

除本部分外，GB/T 2423 标准的组成部分如下：

GB/T 2423.1—2008 电工电子产品环境试验 第 2 部分：试验方法 试验 A：低温（IEC 60068-2-1:2007,IDT）

GB/T 2423.2—2008 电工电子产品环境试验 第 2 部分：试验方法 试验 B：高温（IEC 60068-2-2:2007,IDT）

GB/T 2423.3—2006 电工电子产品环境试验 第 2 部分：试验方法 试验 Cab：恒定湿热试验（IEC 60068-2-78:2001,IDT）

GB/T 2423.4—2008 电工电子产品环境试验 第 2 部分：试验方法 试验 Db：交变湿热（12 h+12 h 循环）（IEC 60068-2-30:2005,IDT）

GB/T 2423.5—1995 电工电子产品环境试验 第二部分：试验方法 试验 Ea 和导则：冲击（IEC 60068-2-27:1987,IDT）

GB/T 2423.6—1995 电工电子产品环境试验 第二部分：试验方法 试验 Eb 和导则：碰撞（IEC 60068-2-29:1987,IDT）

GB/T 2423.7—1995 电工电子产品环境试验 第二部分：试验方法 试验 Ec 和导则：倾跌与翻倒（主要用于设备型样品）（IEC 60068-2-31:1982,IDT）

GB/T 2423.8—1995 电工电子产品环境试验 第二部分：试验方法 试验 Ed：自由跌落（IEC 60068-2-32:1990,IDT）

GB/T 2423.10—2008 电工电子产品环境试验 第 2 部分：试验方法 试验 Fc：振动（正弦）（IEC 60068-2-6:1995,IDT）

GB/T 2423.15—2008 电工电子产品环境试验 第 2 部分：试验方法 试验 Ga 和导则：稳态加速度（IEC 60068-2-7:1986,IDT）

GB/T 2423.16—2008 电工电子产品环境试验 第 2 部分：试验方法 试验 J 和导则：长霉（IEC 60068-2-10:2005,IDT）

GB/T 2423.17—2008 电工电子产品环境试验 第 2 部分：试验方法 试验 Ka：盐雾（IEC 60068-2-11:1981,IDT）

GB/T 2423.21—2008 电工电子产品环境试验 试验 M：低气压试验方法（IEC 60068-2-13:1983,IDT）

GB/T 2423.22—2002 电工电子产品环境试验 第 2 部分：试验方法 试验 N：温度变化（IEC 60068-2-14:2009,IDT）

GB/T 2423.23—1995 电工电子产品环境试验 试验 Q：密封

GB/T 2423.24—1995 电工电子产品环境试验 第二部分：试验方法 试验 Sa：模拟地面上的太阳辐射（IEC 60068-2-5:1975,IDT）

GB/T 2423.25—2008 电工电子产品环境试验 第 2 部分：试验方法 试验 Z/AM：低温/低气压综合试验（IEC 60068-2-40:1976,IDT）

GB/T 2423.26—2008 电工电子产品环境试验 第 2 部分：试验方法 试验 Z/BM：高温/低气压综合试验（IEC 60068-2-41:1976,IDT）

GB/T 2423.27—2005 电工电子产品环境试验 第 2 部分：试验方法 试验 Z/AMD：低温/低气压/湿热连续综合试验（IEC 60068-2-39:1976,IDT）

GB/T 2423.28—2005　电工电子产品环境试验　第2部分:试验方法　试验T:锡焊(IEC 60068-2-20:1979,IDT)

GB/T 2423.30—1999　电工电子产品环境试验　第2部分:试验方法　试验XA和导则:在清洗剂中浸渍(IEC 60068-2-45:1993,IDT)

GB/T 2423.32—2008　电工电子产品环境试验　第2部分:试验方法　试验Ta:润湿称量法可焊性(IEC 60068-2-54:2006,IDT)

GB/T 2423.33—2005　电工电子产品环境试验　第2部分:试验方法　试验Kca:高浓度二氧化硫试验

GB/T 2423.34—2005　电工电子产品环境试验　第2部分:试验方法　试验Z/AD:温度/湿度组合循环试验(IEC 60068-2-38:1974,IDT)

GB/T 2423.35—2005　电工电子产品环境试验　第2部分:试验方法　试验Z/AFc:散热和非散热试验样品的低温/振动(正弦)综合试验(IEC 60068-2-50:1983,IDT)

GB/T 2423.36—2005　电工电子产品环境试验　第2部分:试验方法　试验Z/BFc:散热和非散热试验样品的高温/振动(正弦)综合试验(IEC 60068-2-51:1983,IDT)

GB/T 2423.37—2006　电工电子产品环境试验　第2部分:试验方法　试验L:沙尘试验(IEC 60068-2-68:1994,IDT)

GB/T 2423.38—2008　电工电子产品环境试验　第2部分:试验方法　试验R:水试验方法和导则(IEC 60068-2-18:2000,IDT)

GB/T 2423.39—2008　电工电子产品环境试验　第2部分:试验方法　试验Ee:弹跳(IEC 60068-2-55:1987,IDT)

GB/T 2423.40—1997　电工电子产品环境试验　第2部分:试验方法　试验Cx:未饱和高压蒸汽恒定湿热(IEC 60068-2-66:1994,IDT)

GB/T 2423.41—1994　电工电子产品基本环境试验规程　风压试验方法

GB/T 2423.43—2008　电工电子产品环境试验　第2部分:试验方法　振动、冲击和类似动力学试验样品的安装(IEC 60068-2-47:2005,IDT)

GB/T 2423.45—1997　电工电子产品环境试验　第2部分:试验方法　试验Z/ABDM:气候顺序(IEC 60068-2-61:1991,IDT)

GB/T 2423.47—1997　电工电子产品环境试验　第2部分:试验方法　试验Fg:声振(IEC 60068-2-65:1993,IDT)

GB/T 2423.48—2008　电工电子产品环境试验　第2部分:试验方法　试验Ff:振动-时间历程法(IEC 60068-2-57:1999,IDT)

GB/T 2423.49—1997　电工电子产品环境试验　第2部分:试验方法　试验Fe:振动——正弦拍频法(IEC 60068-2-59:1990,IDT)

GB/T 2423.50—2012　电工电子产品环境试验　第2部分:试验方法　试验Cy:恒定湿热主要用于元件的加速试验(IEC 60068-2-67:1995,IDT)

GB/T 2423.51—2012　电工电子产品环境试验　第2部分:试验方法　试验Ke:流动混合气体腐蚀试验(IEC 60068-2-60:1995,IDT)

GB/T 2423.52—2003　电工电子产品环境试验　第2部分:试验方法　试验77:结构强度与撞击(IEC 60068-2-27:1999,IDT)

GB/T 2423.53—2005　电工电子产品环境试验　第2部分:试验方法　试验Xb:由手的摩擦造成标记和印刷文字的磨损(IEC 60068-2-70:1995,IDT)

GB/T 2423.54—2005　电工电子产品环境试验　第2部分:试验方法　试验Xc:流体污染(IEC 60068-2-74:1999,IDT)

GB/T 2423.55—2006 电工电子产品环境试验 第2部分：环境测试 试验Eh：锤击试验(IEC 60068-2-75:1997,IDT)

GB/T 2423.56—2006 电工电子产品环境试验 第2部分：试验方法 试验Fh：宽带随机振动(数字控制)和导则(IEC 60068-2-64:2008,IDT)

GB/T 2423.57—2008 电工电子产品环境试验 第2-81部分：试验方法 试验Ei：冲击 冲击响应谱合成(IEC 60068-2-81:2003,IDT)

GB/T 2423.58—2008 电工电子产品环境试验 第2-80部分：试验方法 试验Fi：振动 混合模式(IEC 60068-2-80:2005,IDT)

GB/T 2423.59—2008 电工电子产品环境试验 第2部分：试验方法 试验Z/ABMFh：温度(低温、高温)/低气压/振动(随机)综合(IEC 60068-2-80:2005,IDT)

GB/T 2423.60—2008 电工电子产品环境试验 第2部分：试验方法 试验U：引出端及整体安装件强度(IEC 60068-2-21:2006,IDT)

GB/T 2423.101—2008 电工电子产品环境试验 第2部分：试验方法 试验：倾斜和摇摆

GB/T 2423.102—2008 电工电子产品环境试验 第2部分：试验方法 试验：温度(低温、高温)/低气压/振动(正弦)综合

ICS 19.040
K 04

中华人民共和国国家标准

GB/T 2423.22—2012/IEC 60068-2-14:2009
代替 GB/T 2423.22—2002,GB/T 2424.13—2002

环境试验 第2部分:试验方法 试验N:温度变化

Environmental testing—Part 2:Test methods—
Test N:Change of temperature

(IEC 60068-2-14:2009,Environmental testing—
Part 2-14:Tests—Test N:Change of temperature,IDT)

2012-12-31 发布 2013-06-01 实施

中华人民共和国国家质量监督检验检疫总局
中国国家标准化管理委员会 发布

前　言

本部分是 GB/T 2423 标准的第 22 部分，GB/T 2423 标准的组成部分见资料性附录 NA。

本部分按照 GB/T 1.1—2009 给出的规则起草。

本部分代替 GB/T 2423.22—2002《电工电子产品环境试验　第 2 部分：试验方法　试验 N：温度变化》和 GB/T 2424.13—2002《电工电子产品环境试验　第 2 部分：试验方法　温度变化试验导则》。本部分以 GB/T 2423.22—2002 为主，整合了 GB/T 2424.13—2002 的部分内容，与 GB/T 2423.22—2002 和 GB/T 2424.13—2002 相比，主要技术变化和编辑性修改如下：

——试验 Na 和试验 Nb 中，删除了对试验箱的绝对湿度、箱壁温度和空气流速的有关要求（见 7.2.1、8.2.1）；

——试验 Na 中，增加了允许采用一台快速温度变化速率的试验箱进行试验的规定（见 7.2.1）；

——试验 Na 和试验 Nb 的严酷等级，增加了“暴露持续时间”这一参数（见 7.2.3、8.2.3）；

——试验 Na 中，删除了“转换时间应为：(2～3)min、(20～30)s、<10 s”的规定，代之以“转换时间 t_2 不宜超过 3 min”（见 7.2.5）；

——试验 Nb 中，增加了温度变化速率的两个优选值：(10±2)K/min 和(15±3)K/min(见 8.2.3)；

——试验 Nc 中，删除了两组标准化的持续时间参数；

——温度偏差的单位用“K”取代“℃”；

——删除了 GB/T 2424.13—2002 的 3.4.2 和第 4 章的内容；

——更新了 GB/T 2424.13—2002 的 3.3 的内容；

——更新了所有的示图；

——将试验 Na、试验 Nb、试验 Nc 中共同的内容“初始和最后检测”编为单独的第 6 章；

——增加了第 10 章“试验报告中应给出的信息”；

——描述试验 Na、试验 Nb、试验 Nc 的各章结构上作了调整（见第 7 章、第 8 章、第 9 章）。

本部分使用翻译法等同采用 IEC 60068-2-14:2009《环境试验　第 2-14 部分：试验方法　试验 N：温度变化》。

与本部分中规范性引用的国际文件有一致性对应关系的我国文件如下：

GB/T 2423.1　电工电子产品环境试验　第 2 部分：试验方法　试验 A：低温（GB/T 2423.1—2008，IEC 60068-2-1:2007，IDT）

GB/T 2423.2　电工电子产品环境试验　第 2 部分：试验方法　试验 B：高温（GB/T 2423.2—2008，IEC 60068-2-2:2007，IDT）

本部分与 IEC 60068-2-14:2009 相比，主要做了下列编辑性修改：

——本部分的名称改为《环境试验　第 2 部分：试验方法　试验 N：温度变化》；

——第 9 章中，IEC 原编号有误，本部分将条 9.3 的编号改为“9.2.4”，条 9.4 的编号改为“9.3”，条 9.5 的编号改为“9.4”；

——图 2 中，IEC 原图中表达式有误，本部分将两处“$<t_1/10$”改为“$\leqslant t_1/10$”；

——增加了资料性附录“GB/T 2423 标准的组成部分”（见附录 NA）。

本部分由全国电工电子产品环境条件与环境试验标准化技术委员会(SAC/TC 8)提出并归口。

本部分起草单位：中国电器科学研究院有限公司、深圳市计量质量检测研究院、浙江省计量科学研究院、重庆四达试验设备有限公司、北京航空航天大学、上海工业自动化仪表研究院、上海市质量监督检验技术研究院。

本部分主要起草人：张志勇、朱建华、张红雨、陈云生、姚军、胡红晖、卢兆明。

本部分所代替标准的历次版本发布情况为：

——GB/T 2423.22—1981、GB/T 2423.22—1987、GB/T 2423.22—2002；

——GB/T 2424.13—1981、GB/T 2424.13—2002。

引　言

温度变化试验用来确定一次或连续多次的温度变化对试验样品的影响。

温度变化试验不用来确定仅由于高温或低温产生的影响。要确定这类影响，宜采用高温或低温试验。

温度变化试验的影响取决于：

——条件试验的高温值和低温值，温度在这两个值之间变化；

——试验样品保持在高温或低温下的持续时间；

——温度从高温到低温或从低温到高温的变化速率；

——条件试验的循环次数；

——传递给试验样品的热量或从试验样品传递出的热量。

详细规范包含合适的试验参数，GB/T 2423 的本部分内容中给出了这些参数的选择导则。

环境试验　第2部分:试验方法
试验N:温度变化

1　范围

GB/T 2423的本部分规定的试验用来确定元器件、设备或其他产品耐受环境温度快速变化的能力。实现这一目的所需的各温度下的暴露持续时间取决于试验样品的特性。

2　规范性引用文件

下列文件对于本文件的应用是必不可少的。凡是注日期的引用文件,仅注日期的版本适用于本文件。凡是不注日期的引用文件,其最新版本(包括所有的修改单)适用于本文件。

IEC 60068(所有部分)　环境试验(Environmental testing)

IEC 60068-2-1　环境试验　第2-1部分:试验方法　试验A:低温(Environmental testing—Part 2-1:Tests—Test A:cold)

IEC 60068-2-2　环境试验　第2-2部分:试验方法　试验B:高温(Environmental testing—Part 2-2:Tests—Test B:dry heat)

IEC 60068-2-17　环境试验　第2-17部分:试验方法　试验Q:密封(Environmental testing—Part 2-17:Tests—Test Q:sealing)

IEC Guide 104　安全出版物的编写及基础安全出版物和专业安全出版物的应用(The preparation of safety publications and the use of basic safety publications and group safety publications)

3　温度变化的现场条件

电子设备和元器件中发生温度变化的情况很普遍。当设备未通电时,其内部零件要比其外表面上的零件经受的温度变化慢。

下列情况下,可预见快速的温度变化:

——当设备从温暖的室内环境转移到寒冷的户外环境,或相反情况时;

——当设备遇到淋雨或浸入冷水中而突然冷却时;

——安装于外部的机载设备中;

——在某些运输和贮存条件下。

通电后设备中会产生高的温度梯度,由于温度变化,元器件会经受应力,例如,在大功率的电阻器旁边,辐射会引起邻近元器件表面温度升高,而其他部分仍然是冷的。

当冷却系统通电时,人工冷却的元器件会经受快速的温度变化。在设备的制造过程中同样可引起元器件的快速温度变化。温度变化的次数和幅度以及时间间隔都是很重要的。

4　总则

4.1　温度变化试验的设计

试验Na、Nb和Nc包括交替的高温期和低温期,从一个温度到另一个温度的转换也有明确定义。

从试验室环境温度到第一个条件试验温度，然后到第二个条件试验温度，再返回到试验室环境温度的调节过程被视为一个试验循环。

4.2 试验参数

试验参数包括下列各项：

——试验室环境温度；

——高温；

——低温；

——暴露持续时间；

——转换时间或变化速率；

——试验循环数。

高温和低温是指周围环境温度，这些温度大多数试验样品会达到，但时间有所滞后。

只有在例外情况下，才可规定高温或低温为试验样品正常贮存或工作温度范围之外的温度。

因为在给定时间内温度急剧变化的次数大于现场条件发生的次数，所以试验是加速的。

4.3 试验的目的和试验方法选择

推荐按下列情况选择温度变化试验：

——评价温度变化条件下的电气性能，选择试验 Nb；

——评价温度变化条件下的机械性能，选择试验 Nb；

——评价规定次数的快速温度变化后的电气性能，选择试验 Na 或试验 Nc；

——评价机械零部件、材料和材料组合是否适合耐受温度快速变化，选择试验 Na 或试验 Nc；

——评价元器件的结构是否适合耐受人工应力，选择试验 Na 或试验 Nc。

GB/T 2423 标准规定的温度变化试验不是用来评价试验样品在两个极端温度的稳定状态下工作时的材料稳定性或电气性能差异。

4.4 暴露持续时间的选择

暴露持续时间宜根据 7.2.3、8.2.3 或 9.2.2 的要求，或相关规范的要求，注意下面几点：

a) 试验样品一旦置于新环境，暴露就马上开始。

b) 当试验样品和试验介质的温差 ΔT 在 3 K～5 K 的范围内，或试验规范规定的范围时，温度即达到稳定。温度稳定期 t_s 是从暴露开始到温度达到规定的温度差异范围内的时间。可选择试验样品上有代表性的一点或几点来测量。

c) 暴露持续时间 t_1 应比试验样品温度稳定时间 t_s 长。这一过程的图示见图 1。这可能不适合于发热试验样品。

4.5 转换时间的选择

在两箱法的情况下，如果由于样品尺寸大，不能在 3 min 内完成转换，那么只要不对试验结果产生可察觉的影响，可按下式增加转换时间：

$$t_2 \leqslant 0.05\ t_s$$

式中：

t_2——转换时间；

t_s——试验样品的温度稳定时间。

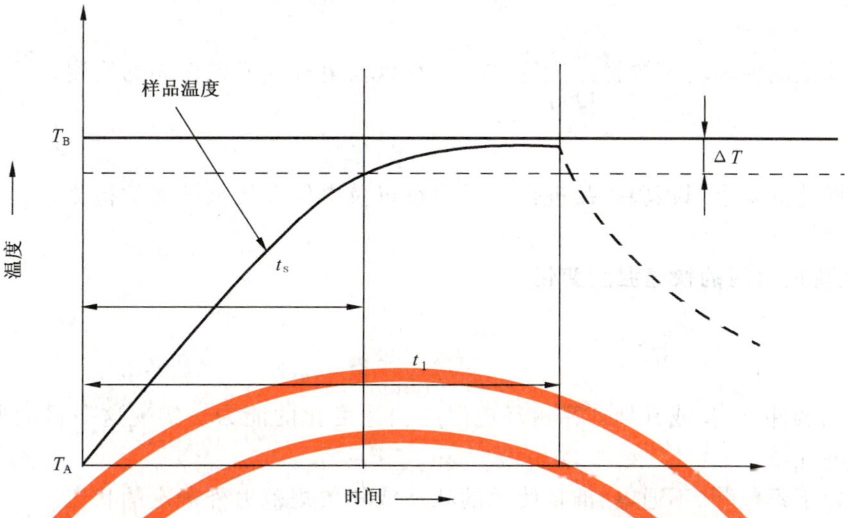

图 1　暴露持续时间(t_1)的确定

4.6　温度变化试验的应用限制

在试验样品内部，温度变化速率取决于试验样品材料的导热性、试验样品热容量的空间分布和试验样品尺寸。

试验样品表面上某点的温度变化大致遵循指数规律。在大型试验样品内部，这样交替的指数上升和下降会导致周期性的近似正弦的温度变化，其幅度会远低于所施加的温度交替变化的幅度。

宜考虑试验样品与箱体或液槽内调节介质之间的热传递机理。流动的液体导致试验样品表面很高的温度变化速率，而静止的空气则引起非常低的变化速率。

以水为调节介质的两液槽法(试验 Nc)，宜限用于密封的试验样品或具有对水不敏感特性的试验样品，因为试验样品的性能和特性可能由于浸水而劣化。

在特定情况下，例如试验样品对水敏感，有必要规定使用非水的其他液体进行试验。当设计这种试验时，应考虑所采用液体的热传递特性可能与水不同。

注：从试验 Q：密封(IEC 60068-2-17)得到的评价结果可能有助于评价两液槽方法的适用性。

5　试验种类选择指南

试验的严酷等级会随着温度差异、温度变化速率和传递给试验样品的热量的增大而增大。

试验 N 优先用作序列试验的一部分。有些类型的损害在试验 N 的最后检测中也许并不明显，而只会出现在后续试验中(例如，试验 Q：密封，试验 Fc：振动或试验 Db：交变湿热[1])。

温度变化试验 Nc(两液槽法)不宜用来代替试验 Q(密封)。

当规定一个温度变化试验时，宜注意试验样品受温度变化条件影响的特性，以及它们可能的失效机理。初始检测和最后检测宜据此进行相应的规定。

6　初始检测和最后检测

试验 Na、Nb 和 Nc 对初始检测和最后检测的要求如下：

---

1)　IEC 60068-2-14:2009 原文为“试验 F：振动或试验 D：加速湿热”，但在 IEC 60068 规定的试验方法中，并无“试验 D：加速湿热”，“试验 F”也分多种方法，所以此处仍更正为 IEC 60068-2-33:1971 的有关内容。

6.1 初始检测

应按照相关规范的要求对试验样品进行目视检查以及电气和机械性能的检测。

6.2 最后检测

应按照相关规范的要求对试验样品进行目视检查以及电气和机械性能的检测。

7 试验 Na:规定转换时间的快速温度变化

7.1 试验概述

本试验确定元器件、设备或其他产品耐环境温度快速变化的能力。实现这一目的所需的暴露时间取决于试验样品的性质。

试验样品应处于不包装、不通电、准备使用的状态或相关规范另外规定的状态。

试验样品暴露在温度快速变化的空气或合适的惰性气体中,交替暴露于高温和低温下。

7.2 试验程序

7.2.1 试验箱

可使用两个独立的温度试验箱或一个快速温度变化速率的试验箱。如果使用两个试验箱,一个试验箱用于低温,一个试验箱用于高温,两试验箱的位置应使得试验样品从一个试验箱转换到另一个试验箱能在规定的时间内完成。可采用人工或自动转换方法。

试验箱中放置试验样品的任何区域应能保持试验规定的空气温度。

在放入试验样品后,空气温度应在暴露持续时间的10%以内达到规定的容差范围。

7.2.2 试验样品的安装或支撑

除非相关规范另有规定,安装或支撑架应具有低导热性,以使得试验样品实际上是绝热的。当几个试验样品同时试验时,放置试验样品时应使得试验样品之间、试验样品和试验箱内表面之间的空气自由流通。

7.2.3 严酷等级

试验的严酷等级由两个温度、转换时间、暴露持续时间和循环数的组合决定。

相关规范应规定低温 T_A,并宜从 IEC 60068-2-1 和 IEC 60068-2-2 规定的试验温度中选取。

相关规范应规定高温 T_B,并宜从 IEC 60068-2-1 和 IEC 60068-2-2 规定的试验温度中选取。

两个温度下的暴露持续时间 t_1,取决于试验样品的热容量。暴露持续时间可为 3 h、2 h、1 h、30 min、10 min 或相关规范规定的时间。当相关规范没有规定暴露持续时间时,则该时间为 3 h。

除非相关规范另有规定,优先采用的试验循环数为 5。

注:10 min 的暴露时间适用于小试验样品的试验。

7.2.4 条件试验初始状态

试验样品和试验箱内的温度应处于试验室环境温度,25 ℃±5 K。如果相关规范要求,应使试验样品开始进入运行状态。

7.2.5 试验循环

将试验样品暴露于低温 T_A 下。

温度 T_A 应保持规定的时间 t_1。t_1 包括箱内空气的温度稳定时间，该时间不长于 0.1 t_1（见 7.2.1）。

注 1：暴露持续时间从试验样品放入温度箱的瞬间开始计算。

然后将试验样品转换到暴露于高温 T_B 下，转换时间 t_2 不宜超过 3 min。

t_2 应包括试验样品从一个试验箱取出的时间、放入第二个试验箱的时间以及在试验室环境温度下停留的时间。

注 2：对于质量大的试验样品，从一个试验箱到另一个试验箱的转换时间可按相关标准或规范的规定增加。

温度 T_B 应保持规定的时间 t_1。t_1 包括箱内空气的温度稳定时间，该时间不长于 0.1t_1（见 7.2.1）。

注 3：暴露持续时间从试验样品放入温度箱的瞬间开始计算。

对于下一个循环，试验样品应转换到暴露于低温 T_A 下，转换时间 t_2 不宜超过 3 min。

第一循环包括 2 个暴露时间 t_1 和 2 个转换时间 t_2（见图 2）。

在最后一个循环结束时，试验样品应经受恢复程序。

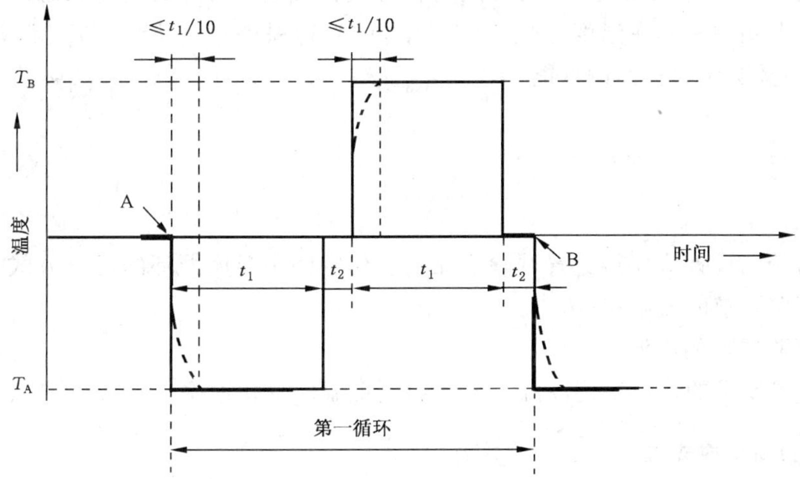

说明：

A——第一循环开始；

B——第一循环结束和第二循环开始。

注 1：虚线部分前面已有解释。

注 2：图中“≤t_1/10”在 IEC 60068-2-14:2009 中为“<t_1/10”，但后者显然与 7.2.5 中的文字陈述不符，该问题 IEC TC 104 已经确认，此处予以更正。

图 2 Na 试验循环

7.3 恢复

在试验循环结束后，试验样品应在试验标准大气条件下保留足够长时间以达到温度稳定。

对于特定类型的试验样品，相关规范可规定一个特定的恢复时间。

7.4 相关规范应给出的信息

当相关规范包含本试验时，应给出下列任何适用的细节：

a) 试验类型；

b) 预处理；

c) 初始检测；

d) 安装和支撑细节；

e) 低温 T_A、高温 T_B；

f) 暴露持续时间 t_1；

g) 循环数；

h) 条件试验期间的检测和(或)负载；

i) 恢复；

j) 最后检测；

k) 客户和供方商定的对程序的任何偏离。

8 试验 Nb:规定变化速率的温度变化

8.1 试验概述

本试验确定元器件、设备或其他产品在环境温度变化下的耐受能力和正常功能。

试验样品应处于不包装、不通电、准备使用的状态或相关规范另外规定的状态。

试验样品在试验箱中暴露在温度变化的空气中，试验箱保持在规定的温度值，并以控制的速率变化。在暴露期间，可监测试验样品的性能。

8.2 试验程序

8.2.1 试验箱

本试验用试验箱的设计应使得放置试验样品的工作空间中温度循环的运行方式：

a) 能保持试验要求的低温；

b) 能保持试验要求的高温；

c) 能满足试验要求的从低温到高温或从高温到低温的变化速率。

8.2.2 试验样品的安装或支撑

除非相关规范另有规定，安装或支撑架应具有低导热性，以使得试验样品实际上是绝热的。当几个试验样品同时试验时，放置试验样品时应使得试验样品之间、试验样品和试验箱内表面之间的空气自由流通。

8.2.3 严酷等级

试验的严酷等级由两个温度、温度变化速率、暴露持续时间和循环数的组合决定。

相关规范应规定低温 T_A，并宜从 IEC 60068-2-1 和 IEC 60068-2-2 规定的试验温度中选取。

相关规范应规定高温 T_B，并宜从 IEC 60068-2-1 和 IEC 60068-2-2 规定的试验温度中选取。

在试验温差 $D(=T_B-T_A)$ 的 90% 和 10% 之间的范围内，空气温度降低或升高速率的容差应在规定速率的 20% 以内。除非相关规范另有规定，温度变化速率的优选值为：

(1±0.2)K/min；

(3±0.6)K/min；

(5±1)K/min；

(10±2)K/min；

(15±3)K/min。

两个温度下的暴露持续时间 t_1，取决于试验样品的热容量。暴露持续时间可为 3 h、2 h、1 h、30 min、10 min 或相关规范规定的时间。当相关规范没有规定暴露持续时间时，则该时间为 3 h。

除非相关规范另有规定，试验样品应连续试验 2 个循环。

8.2.4 条件试验初始状态

试验样品和试验箱内的温度应处于试验室环境温度，25 ℃±5 K。如果相关规范要求，应使试验样品开始进入运行状态。

8.2.5 试验循环

将试验箱中空气温度以规定的速率降低到规定的低温 T_A（见图 3）。

在箱内温度达到稳定后，试验样品应在低温条件下暴露规定的时间 t_1。

然后将试验箱中空气温度以规定的速率升高到规定的高温 T_B（见图 3）。

在箱内温度达到稳定后，试验样品应在高温条件下暴露规定的时间 t_1。

然后将试验箱中空气温度以规定的速率降低到试验室环境温度，25 ℃±5 K（见图 3）。

上述过程构成一个循环。

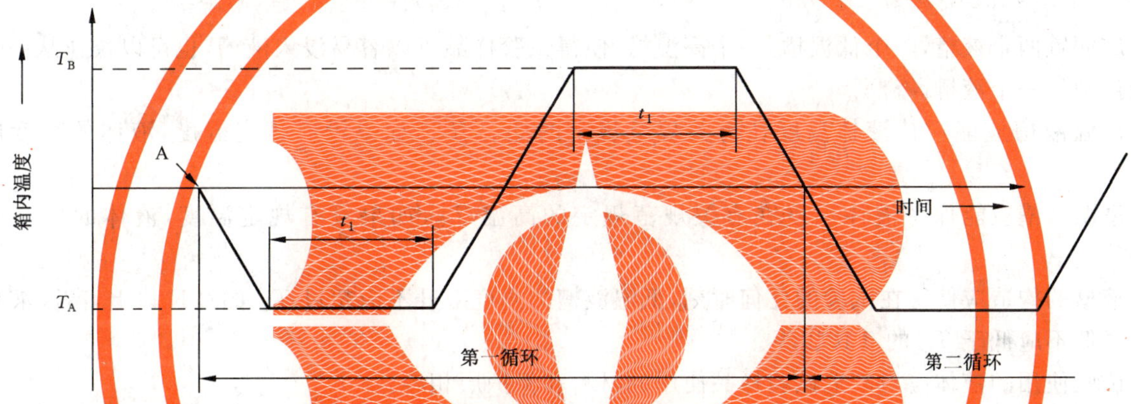

说明：

A——第一循环开始。

图 3 Nb 试验循环

8.3 恢复

在试验循环结束后，试验样品应在试验标准大气条件下保留足够长时间以达到温度稳定。

对于特定类型的试验样品，相关规范可规定一个特定的恢复时间。

8.4 相关规范应给出的信息

当相关规范包含本试验时，应给出下列任何适用的细节：

a) 试验类型；

b) 预处理；

c) 初始检测；

d) 安装和支撑细节；

e) 低温 T_A、高温 T_B；

f) 暴露持续时间 t_1；

g) 温度变化速率；

h) 循环数；

i) 条件试验期间的检测和(或)负载；

j) 恢复；

k) 最后检测；

l) 客户和供方商定的对程序的任何偏离。

9 试验 Nc:两液槽法快速温度变化

9.1 试验概述

本试验确定元器件、设备或其他产品耐温度快速变化的能力。

本试验程序导致剧烈的热冲击，适用于玻璃-金属组成的密封件和类似试验样品。

试验样品交替浸没于两个液槽中，一个液槽装有低温 T_A 的液体，一个液槽装有高温 T_B 的液体。

9.2 试验程序

9.2.1 试验设备

应配置两个液槽，一个低温槽，一个高温槽，使得试验样品可以容易浸入液槽，也可以快速从一个液槽转换到另一个液槽。

低温液槽应能保持液体温度在有关规范规定的低温 T_A，如果没有规定温度，液体的温度应为0 ℃。

高温液槽应能保持液体温度在有关规范规定的高温 T_B，如果没有规定温度，液体的温度应为100 ℃。

液槽的构造应使得在试验的任何时刻，低温液槽的温度上升不应超过 T_A 的 2 K 以上，高温液槽的温度降低不应低于 T_B 的 5 K 以下。

试验使用的液体应与制造试验样品使用的材料和保护层相容。

注：热传递率取决于使用的液体，并会影响一个给定温度范围试验的严酷等级。在特殊情况下，相关规范宜指定使用的液体。

9.2.2 严酷等级

试验的严酷等级由规定的两个液槽温度、从一个液槽到另一个液槽的转换时间 t_2 和循环数决定。

相关规范应规定使用的持续期参数和 t_1 的选择值。

除非相关规范另有规定，试验循环数为 10。

9.2.3 条件试验初始状态

试验样品应在不包装的状态下进行试验。

9.2.4 试验循环

将处于实验室环境温度下的试验样品浸入低温液槽中，槽中液体温度为相关规范规定的温度 T_A。

试验样品应保持浸没在低温液槽中规定的时间 t_1。

然后将试验样品从低温液槽中取出并浸入高温液槽中，槽中液体温度为相关规范规定的温度 T_B。转换时间 t_2 应符合相关规范的规定。

试验样品应保持浸没在高温液槽中规定的时间 t_1。

然后将试验样品从高温液槽中取出。试验样品从高温液槽中取出并浸入低温液槽中的转换时间 t_2 应符合相关规范的规定。

一个循环包括 2 个浸没时间 t_1 和 2 个转换时间 t_2(见图 4)。

在最后一个循环结束时，试验样品应经受恢复程序。

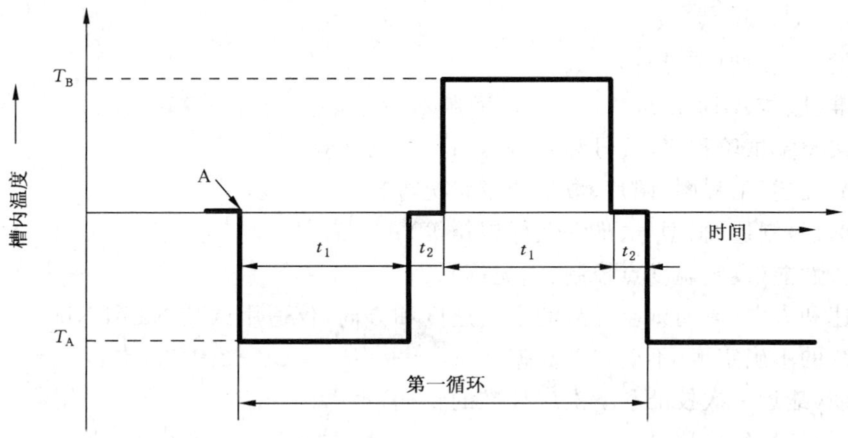

说明：

A——第一循环开始。

图 4 Nc 试验循环

9.3 恢复

在试验循环的结束，试验样品应保留在试验室环境温度下。应去除液滴。如果需要清洁，那么相关规范应规定清洁方法。

对于特定类型的试验样品，相关规范可规定一个特定的恢复时间。

9.4 相关规范应给出的信息

当相关规范包含本试验时，应给出下列任何适用的细节：

a) 试验类型；

b) 预处理；

c) 初始检测；

d) 安装和支撑细节；

e) 低温液槽温度 T_A、高温液槽温度 T_B；

f) 暴露持续时间 t_1；

g) 循环数；

h) 使用的液体；

i) 条件试验期间的检测和(或)负载；

j) 清洁方法(如需要)；

k) 恢复；

l) 最后检测；

m) 客户和供方商定的对程序的任何偏离。

10 试验报告中应给出的信息

试验报告应至少给出下列信息：

a) 客户(名称和地址)；

b) 检测实验室(名称和地址,如果有,还包括认可的详细信息);
c) 试验日期(试验进行的日期);
d) 试验类型(Na、Nb或Nc);
e) 试验目的(开发、鉴定等);
f) 试验标准、版本(GB/T 2423.22、使用的版本);
g) 相关的实验室试验程序(代号和发行号);
h) 试验样品描述(工程图、照片、数量构成状况等);
i) 试验箱标识(制造商、型号、唯一性标识符等);
j) 试验设备性能(设定温度点控制、气流等);
k) 空气流速和方向(流向试验样品的空气速度和方向,仅适用试验Na和Nb);
l) 测量系统的不确定度(不确定度数据);
m) 校准日期(最近一次校准和下次应校准的日期);
n) 初始、中间和最后检测;
o) 要求的严酷等级(来自相关规范);
p) 试验的严酷等级(测量点、数据等);
q) 试验样品的性能(功能试验结果等);
r) 试验期间的观察结果和采取的措施(任何相关的观察结果);
s) 试验总结;
t) 分发(分发清单)。

附　录　NA
（资料性附录）
GB/T 2423 标准的组成部分

除本部分外，GB/T 2423 标准的其他组成部分如下：

GB/T 2423.1—2008　电工电子产品环境试验　第2部分：试验方法　试验A：低温(IEC 60068-2-1：2007，IDT)

GB/T 2423.2—2008　电工电子产品环境试验　第2部分：试验方法　试验B：高温（IEC 60068-2-2：2007，IDT)

GB/T 2423.3—2006　电工电子产品环境试验　第2部分：试验方法　试验Cab：恒定湿热试验(IEC 60068-2-78：2001，IDT)

GB/T 2423.4—2008　电工电子产品环境试验　第2部分：试验方法　试验Db：交变湿热(12 h+12 h循环)(IEC 60068-2-30：2005，IDT)

GB/T 2423.5—1995　电工电子产品环境试验　第2部分：试验方法　试验Ea和导则：冲击(IEC 60068-2-27：1987，IDT)

GB/T 2423.6—1995　电工电子产品环境试验　第2部分：试验方法　试验Eb和导则：碰撞(IEC 60068-2-29：1987，IDT)

GB/T 2423.7—1995　电工电子产品环境试验　第2部分：试验方法　试验Ec和导则：倾跌与翻倒(主要用于设备型样品)(IEC 60068-2-31：1982，IDT)

GB/T 2423.8—1995　电工电子产品环境试验　第2部分：试验方法　试验Ed：自由跌落(IEC 60068-2-32：1990，IDT)

GB/T 2423.10—2008　电工电子产品环境试验　第2部分：试验方法　试验Fc：振动(正弦)(IEC 60068-2-6：1995，IDT)

GB/T 2423.15—2008　电工电子产品环境试验　第2部分：试验方法　试验Ga和导则：稳态加速度(IEC 60068-2-7：1986，IDT)

GB/T 2423.16—2008　电工电子产品环境试验　第2部分：试验方法　试验J及导则：长霉(IEC 60068-2-10：2005，IDT)

GB/T 2423.17—2008　电工电子产品环境试验　第2部分：试验方法　试验Ka：盐雾(IEC 60068-2-11：1981，IDT)

GB/T 2423.18—2012　环境试验　第2部分：试验方法　试验Kb：盐雾，交变(氯化钠溶液)(IEC 60068-2-52：1996，IDT)

GB/T 2423.21—2008　电工电子产品环境试验　第2部分：试验方法　试验M：低气压(IEC 60068-2-13：1983，IDT)

GB/T 2423.23—1995　电工电子产品环境试验　试验Q：密封

GB/T 2423.24—1995　电工电子产品环境试验　第2部分：试验方法　试验Sa：模拟地面上的太阳辐射(IEC 60068-2-5：1975，IDT)

GB/T 2423.25—2008　电工电子产品环境试验　第2部分：试验方法　试验Z/AM：低温/低气压综合试验(IEC 60068-2-40：1976，IDT)

GB/T 2423.26—2008　电工电子产品环境试验　第2部分：试验方法　试验Z/BM：高温/低气压综合试验(IEC 60068-2-41：1976，IDT)

GB/T 2423.27—2005　电工电子产品环境试验　第2部分：试验方法　试验Z/AMD：低温/低气压/湿热连续综合试验(IEC 60068-2-39：1976，IDT)

GB/T 2423.28—2005 电工电子产品环境试验 第2部分:试验方法 试验T:锡焊(IEC 60068-2-20:1979,IDT)

GB/T 2423.30—1999 电工电子产品环境试验 第2部分:试验方法 试验XA和导则:在清洗剂中浸渍(IEC 60068-2-45:1993,IDT)

GB/T 2423.32—2008 电工电子产品环境试验 第2部分:试验方法 试验Ta:润湿称量法可焊性(IEC 60068-2-54:2006,IDT)

GB/T 2423.33—2005 电工电子产品环境试验 第2部分:试验方法 试验Kca:高浓度二氧化硫试验

GB/T 2423.34—2012 环境试验 第2部分:试验方法 试验Z/AD:温度/湿度组合循环试验(IEC 60068-2-38:2009,IDT)

GB/T 2423.35—2005 电工电子产品环境试验 第2部分:试验方法 试验Z/AFc:散热和非散热试验样品的低温/振动(正弦)综合试验(IEC 60068-2-50:1983,IDT)

GB/T 2423.36—2005 电工电子产品环境试验 第2部分:试验方法 试验Z/BFc:散热和非散热试验样品的高温/振动(正弦)综合试验(IEC 60068-2-51:1983,IDT)

GB/T 2423.37—2006 电工电子产品环境试验 第2部分:试验方法 试验L:沙尘试验(IEC 60068-2-68:1994,IDT)

GB/T 2423.38—2008 电工电子产品环境试验 第2部分:试验方法 试验R:水试验方法和导则 (IEC 60068-2-18:2000,IDT)

GB/T 2423.39—2008 电工电子产品环境试验 第2部分:试验方法 试验Ee:弹跳(IEC 60068-2-55:1987,IDT)

GB/T 2423.40—1997 电工电子产品环境试验 第2部分:试验方法 试验Cx:未饱和高压蒸汽恒定湿热(IEC 60068-2-66:1994,IDT)

GB/T 2423.41—1994 电工电子产品基本环境试验规程 风压试验方法

GB/T 2423.43—2008 电工电子产品环境试验 第2部分:试验方法 振动、冲击和类似动力学试验样品的安装(IEC 60068-2-47:2005,IDT)

GB/T 2423.45—2012 环境试验 第2部分:试验方法 试验Z/ABDM:气候顺序(IEC 60068-2-61:1991,MOD)

GB/T 2423.47—1997 电工电子产品环境试验 第2部分:试验方法 试验Fg:声振(IEC 60068-2-65:1993,IDT)

GB/T 2423.48—2008 电工电子产品环境试验 第2部分:试验方法 试验Ff:振动——时间历程法(IEC 60068-2-57:1999,IDT)

GB/T 2423.49—1997 电工电子产品环境试验 第2部分:试验方法 试验Fe:振动——正弦拍频法(IEC 60068-2-59:1990,IDT)

GB/T 2423.50—2012 环境试验 第2部分:试验方法 试验Cy:恒定湿热 主要用于元件的加速试验(IEC 60068-2-67:1995,IDT)

GB/T 2423.51—2012 环境试验 第2部分:试验方法 试验Ke:流动混合气体腐蚀试验(IEC 60068-2-60:1995,IDT)

GB/T 2423.52—2003 电工电子产品环境试验 第2部分:试验方法 试验77:结构强度与撞击(IEC 60068-2-27:1999,IDT)

GB/T 2423.53—2005 电工电子产品环境试验 第2部分:试验方法 试验Xb:由手的摩擦造成标记和印刷文字的磨损(IEC 60068-2-70:1995,IDT)

GB/T 2423.54—2005 电工电子产品环境试验 第2部分:试验方法 试验Xc:流体污染(IEC 60068-2-74:1999,IDT)

GB/T 2423.55—2006 电工电子产品环境试验 第2部分:环境测试 试验Eh:锤击试验(IEC 60068-2-75:1997,IDT)

GB/T 2423.56—2006 电工电子产品环境试验 第2部分:试验方法 试验Fh:宽带随机振动(数字控制)和导则(IEC 60068-2-64:1993,IDT)

GB/T 2423.57—2008 电工电子产品环境试验 第2部分:试验方法 试验Ei:冲击 冲击响应谱合成(IEC 60068-2-81:2003,IDT)

GB/T 2423.58—2008 电工电子产品环境试验 第2部分:试验方法 试验Fi:振动 混合模式(IEC 60068-2-80:2005,IDT)

GB/T 2423.59—2008 电工电子产品环境试验 第2部分:试验方法 试验Z/ABMFh:温度(低温、高温)/低气压/振动(随机)综合

GB/T 2423.60—2008 电工电子产品环境试验 第2部分:试验方法 试验U:引出端及整体安装件强度(IEC 60068-2-21:2006,IDT)

GB/T 2423.101—2008 电工电子产品环境试验 第2部分:试验方法 试验:倾斜和摇摆

GB/T 2423.102—2008 电工电子产品环境试验 第2部分:试验方法 试验:温度(低温、高温)/低气压/振动(正弦)综合

ICS 19.040
K 04

中华人民共和国国家标准

GB/T 2423.34—2012/IEC 60068-2-38:2009
代替 GB/T 2423.34—2005

环境试验　第2部分:试验方法 试验 Z/AD:温度/湿度组合循环试验

Environmental testing—Part 2:Test methods—Test Z/AD:Composite temperature/humidity cyclic test

(IEC 60068-2-38:2009,Environmental testing—Part 2-38:Tests—Test Z/AD:Composite temperature/humidity cyclic test,IDT)

2012-12-31 发布　　　　2013-06-01 实施

中华人民共和国国家质量监督检验检疫总局
中国国家标准化管理委员会　发布

前　言

本部分为 GB/T 2423 标准的第 34 部分，GB/T 2423 系列标准的组成部分见资料性附录 NA。

本部分按照 GB/T 1.1—2009 给出的规则起草。

本部分代替 GB/T 2423.34—2005《电工电子产品环境试验　第 2 部分：试验方法　试验 Z/AD：温度/湿度组合循环试验》。

本部分与 GB/T 2423.34—2005 相比主要变化如下：

——增加了第 2 章"规范性引用文件"和第 8 章"试验报告中应给出的信息"；

——原来的第 2 章"目的"改为本部分的第 1 章"范围"；

——原来的第 1 章"导则"改为本部分的第 3 章"一般说明"，并且文字叙述与原来有所不同；

——将温度容差单位"℃"改为"K"；

——在 6.3 中增加了对试验箱温度容差的要求；

——对第 7 章"相关规范应给出的信息"进行了修改，增加了相关规范应给出的内容信息。

本部分使用翻译法等同采用 IEC 60068-2-38:2009(第 2 版)《环境试验　第 2-38 部分：试验方法　试验 Z/AD：温度/湿度组合循环试验》。

与本部分中规范性引用的国际文件有一致性对应关系的我国文件如下：

GB/T 2421.1　电工电子产品环境试验　概述和指南(GB/T 2421.1—2008，IEC 60068-1:1988，IDT)

GB/T 2423.3　电工电子产品环境试验　第 2 部分：试验方法　试验 Cab：恒定湿热试验(GB/T 2423.3—2006，IEC 60068-2-78:2001，IDT)

GB/T 2423.4　电工电子产品环境试验　第 2 部分：试验方法　试验 Db：交变湿热(12 h＋12 h 循环)(GB/T 2423.4—2008，IEC 60068-2-30:2005，IDT)

本部分与 IEC 60068-2-38:2009(第 2 版)相比，主要做了以下编辑性修改：

——删除了 IEC 60068-2-38:2009(第 2 版)的前言，增加了国家标准的前言；

——增加了资料性附录"GB/T 2423 标准的组成部分"(见附录 NA)。

本部分由全国电工电子产品环境条件与环境试验标准化技术委员会(SAC/TC 8)提出并归口。

本部分主要起草单位：中国电器科学研究院有限公司、深圳市计量质量检测研究院、上海市质量监督检验技术研究院、上海工业自动化仪表研究院、重庆四达试验设备有限公司、北京航空航天大学。

本部分主要起草人：许雪冬、朱建华、卢兆明、胡红晖、陈云生、吴飒。

本部分所代替标准的历次版本发布情况为：

——GB/T 2423.34—2005；

——GB/T 2423.34—1986。

环境试验 第2部分:试验方法 试验Z/AD:温度/湿度组合循环试验

1 范围

GB/T 2423的本部分提供了一种组合试验方法,主要用于元器件类试验样品,以加速方式来确定试验样品在高温/高湿和低温条件劣化作用下的耐受性能。

2 规范性引用文件

下列文件对于本文件的应用是必不可少的。凡是注日期的引用文件,仅注日期的版本适用于本文件。凡是不注日期的引用文件,其最新版本(包括所有的修改单)适用于本文件。

IEC 60068-1 环境试验 第1部分:概述和指南(Environmental testing—Part 1:General and guidance)

IEC 60068-2-30 环境试验 第2-30部分:试验方法 试验Db:交变湿热(12 h+12 h循环)[Environmental testing—Part 2-30:Tests—Test Db:damp heat,cyclic (12 h+12 h cycle)]

IEC 60068-2-78 环境试验 第2-78部分:试验方法 试验Cab:恒定湿热试验(Environmental testing—Part 2-78:Tests—Test Cab:damp heat,steady state)

3 一般说明

3.1 试验概述

试验Z/AD是温度/湿度组合的循环试验,用来揭示试验样品由不同于吸湿的"呼吸"作用导致的缺陷。

本试验与其他湿热循环试验不同,由于下列原因提高了本试验的严酷等级:

a) 在给定的时间内有更多次数的温度变化或"呼吸"作用;

b) 温度循环变化范围更大;

c) 温度循环变化的速率更高;

d) 包含多次0 ℃以下的温度变化。

加速的"呼吸"以及吸附在试验样品缝隙中水分的结冰效应是本试验的基本特点。

但要强调的是,只有缝隙足够大以致附着的水分能够渗入时,结冰效应才会出现,这种情形通常发生在金属组件密封处或引线端的密封处。

冷凝的程度主要取决于试验样品表面的热时间常数。对于很小的试验样品冷凝可忽略不计,但对于大试验样品则是显著的。

同样,具有较大带空气或气体空隙的试验样品,其"呼吸"作用将更明显,但同时试验的严酷程度一定程度上也取决于试验样品的热特性。

3.2 试验的应用

由于上述原因,推荐本试验方法只限于样品结构会产生湿热试验的"呼吸"和结冰效应,并且其热特性与本 Z/AD 试验温度变化速率相适应的元器件类试验样品。

对于存在细小裂纹或含有多孔材料的固体试验样品，例如塑料封装的试验样品，水汽的吸收或扩散起主导作用，最好采用恒定湿热，如 IEC 60068-2-78 试验 C 进行试验。

对于较大的试验样品，例如设备，或在循环的各阶段应保持热稳定的元器件，尽管 IEC 60068-2-30 试验 Db 在给定时间内循环次数少了以致加速程度没那么高，也应采用试验 Db。在这种情况下，试验 Db 通常构成 IEC 60068-1 规定的试验顺序的一部分。

与其他湿热试验一样，本试验对试验样品可施加极化电压或电负载。在施加电负载时，不能因试验样品的温度升高而影响试验箱的条件。

综上所述，本试验显然不能和恒定湿热试验或交变湿热试验进行互换，也不能代替它们。试验程序的选择宜适当考虑试验样品的物理性能、热特性以及每一种特定情形下的主要失效机理类型。

4 试验箱的描述

试验样品暴露于湿热后，接着暴露于低温，两种暴露可在一个试验箱或在两个试验箱内进行。

4.1 湿热试验箱

湿热试验箱应满足下列规定：

a) 在 1.5 h ～2.5 h 内，温度可在 25 ℃±2 K 至 65 ℃±2 K 间上升或下降。

b) 在恒温或升温期间，相对湿度能保持为 (93±3)％，在降温期间能保持为 80％～96％。

c) 应注意确保工作空间内各点的温湿度均匀，并且应尽可能与适当安置的温湿度传感器紧邻处的条件相同。试验箱内的空气应按一定的速率不断地流动，以保持规定的温湿度条件。

d) 试验样品在试验过程中不应受到试验箱内条件控制产生的热辐射影响。

e) 用于产生箱内湿度的水，其电阻率不应小于 500 Ω·m。

f) 冷凝水应能不断地从箱内排出，未经净化不得再用。应采取措施确保箱壁和箱顶上的冷凝水不滴落在试验样品上。

4.2 低温试验箱

低温试验箱应满足下列规定：

a) 温度能保持在－10 ℃±2 K；

b) 应注意确保工作空间内各点的温度均匀，并且应尽可能与适当安置的温度传感器紧邻处的条件相同。试验箱内的空气应按一定的速率不断流动，以保持规定的温度条件。应注意试验样品的热容量不能明显影响箱内条件。

用湿热试验箱做低温试验，湿热试验箱应满足 4.1 的要求，且还应满足下列规定：

1) 在不超过 30 min 内，温度能从 25 ℃±2 K 降至－10 ℃±2 K；

2) 试验样品的温度在－10 ℃±2 K 能保持 3 h；

3) 在不超过 90 min 内，温度能从－10 ℃±2 K 升至 25 ℃±2 K。

5 严酷程度

除非另有规定，24 h 循环的次数应为 10 次。如果不是 10 次，相关规范应规定循环次数。

6 试验程序

6.1 预处理(见图 1)

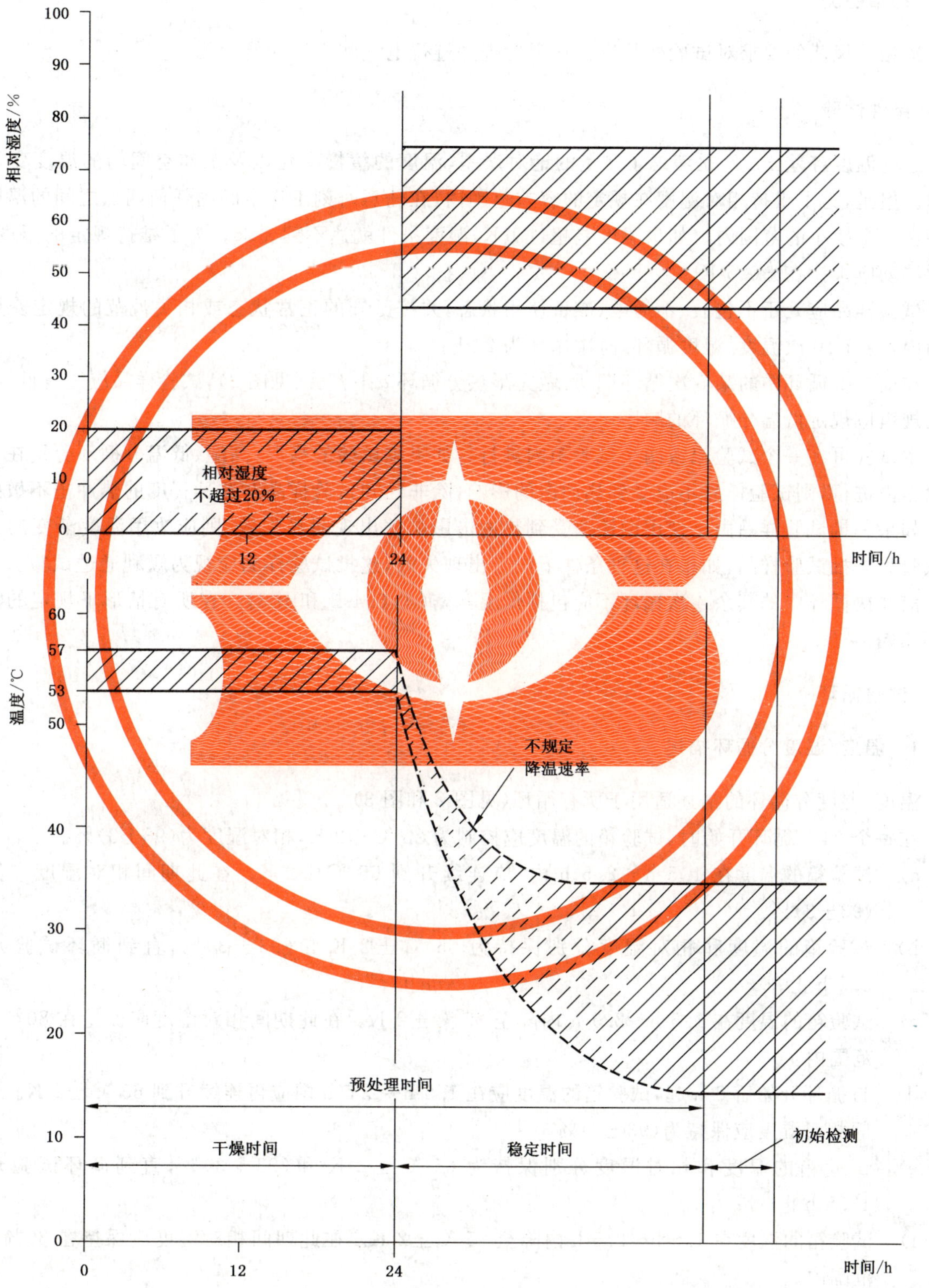

图 1 预处理

除非另有规定，在湿热试验的第一次循环前，试验样品应处于不包装、不通电、准备使用状态，在IEC 60068-1 规定的“标准干燥条件”下（温度 55 ℃±2 K，相对湿度不超过 20%）放置 24 h。在初始检测前试验样品应在标准大气条件或相关规范规定的条件下达到温度稳定。

6.2 初始检测

按相关规范的要求对试验样品进行外观检查并进行电气和机械性能检测。

6.3 条件试验

总的温度容差±2 K 是考虑了测量的绝对误差、温度的缓慢变化以及工作空间内的温度变化而确定的。但是，为了维持相对湿度在规定的容差范围内，在任意时刻工作空间内任何两点之间的温度差应维持在一个较小的范围内。如果温度差超过 1 K，湿度条件就达不到要求。为了维持规定的湿度，温度短时波动应维持在±0.5 K。

试验样品应处于不包装、不通电、准备使用状态，并按已知的正常状态或相关规范的规定安放于湿热箱内，进行 10 次温度/湿度循环，每次循环为 24 h。

在前 9 次循环中的某 5 次循环期间，做完湿热分循环 a～f 后（见图 2），试验样品应进行低温循环。有关规范应规定低温分循环的顺序位置。

本试验可在一个试验箱或两个试验箱内进行。如果本试验的高温/高湿、低温分循环分别在不同的试验箱内进行，则试验样品不应受到热冲击的影响，除非已知试验样品对这种程度的热冲击不敏感。

如果一批试验样品由于使用两箱法受到热冲击影响并出现明显失效，则应改用温度渐变的方法重新试验另一批试验样品，如果在这种条件下没有出现失效，这批试验样品应视为顺利通过试验。

前 9 次循环中的其余 4 次循环不应包括低温暴露（见 6.4.3 和图 3）。在所有情形下规定的湿热循环都相同。

6.4 试验循环

6.4.1 温度/湿度分循环描述

温度/湿度分循环的描述适用于所有循环（见图 2 和图 3）。

在每个 24 h 循环开始时，试验箱的温度应控制为 25 ℃±2 K，相对湿度为（93±3）%。

a) 试验箱的温度在 1.5 h～2.5 h 内，应连续升到 65 ℃±2 K。在此期间相对湿度应保持在（93±3）%。

b) 试验箱的温度和相对湿度分别保持为 65 ℃±2 K 和（93±3）%，直到循环试验开始后 5.5 h 止。

c) 试验箱的温度在 1.5 h～2.5 h 内降至 25 ℃±2 K。在此期间相对湿度应保持在 80%～96% 范围内。

d) 自循环开始后 8 h 起，试验箱的温度应在 1.5 h～2.5 h 内应再连续升到 65 ℃±2 K。在此期间相对湿度应保持为（93±3）%。

e) 试验箱的温度和相对湿度分别保持为 65 ℃±2 K 和（93±3）%，直到循环试验开始后 13.5 h 止。

f) 试验箱的温度在 1.5 h～2.5 h 内降至 25 ℃±2 K。在此期间相对湿度应保持在 80%～96% 范围内。

g) 试验箱继续稳定保持为温度 25 ℃±2 K，相对湿度（93±3）%，直到低温分循环开始或 24 h 循环结束。

6.4.2 低温分循环描述

适用于前 9 次循环中的某 5 次循环，如图 2 所示。

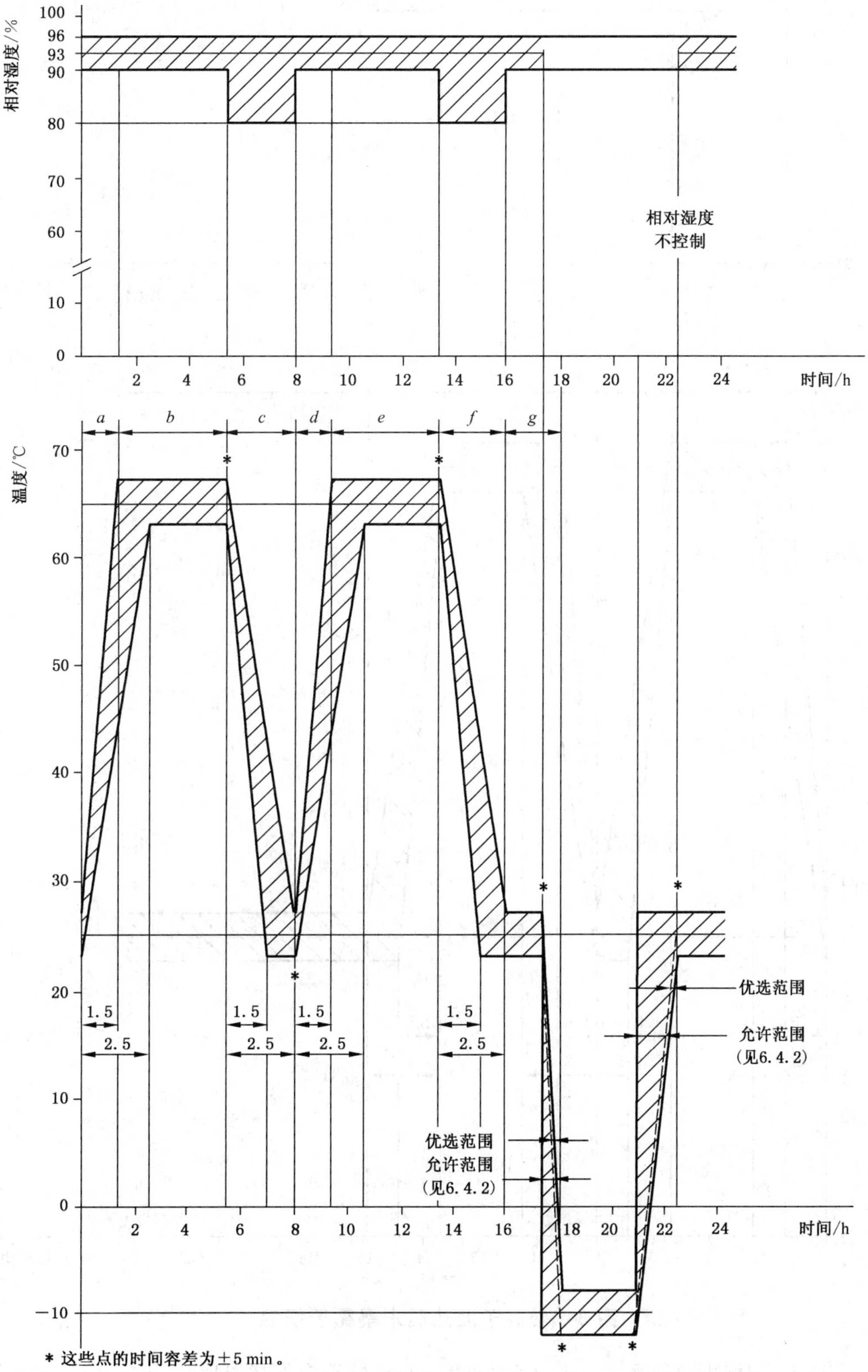

图 2　暴露于湿热后暴露于低温

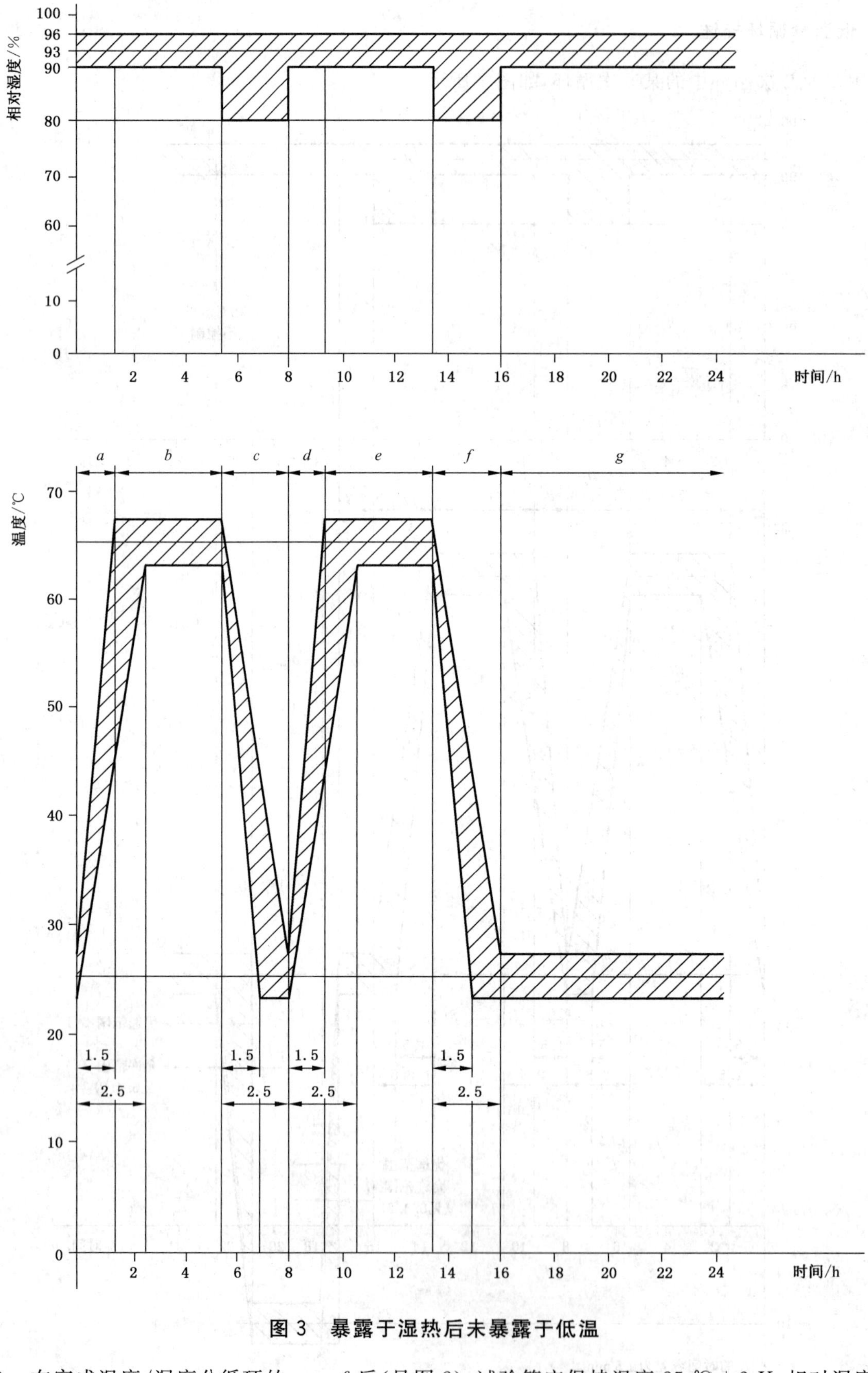

图 3　暴露于湿热后未暴露于低温

a)　在完成温度/湿度分循环的 $a\sim f$ 后(见图 2),试验箱应保持温度 25 ℃±2 K、相对湿度(93±3)%,时间至少 1 h,最多不超过 2 h。

b) 然后降低箱温或将试验样品转移至另一低温试验箱内。如果采用两箱法，则转移时间应在 5 min 内。从循环开始后 17.5 h 起，箱内温度应开始降温，并在循环开始后 18 h 内降到 −10 ℃±2 K。

c) 从循环开始后 18 h 起，箱内温度保持为 −10 ℃±2 K，持续时间 3 h。在整个低温分循环期间不规定相对湿度的要求。

d) 从循环开始后 21 h 起，箱内温度开始升温，并在循环开始后 22.5 h 内升至 25 ℃±2 K（见图 2）。如果采用两箱法，则试验样品的转移应在 10 min～15 min 内完成。

e) 箱内温度保持为 25 ℃±2 K，直到 24 h 循环结束。在此期间相对湿度应为(93±3)%。

6.4.3 无低温暴露的 24 h 循环描述

适用于前 9 次循环中其余的 4 次循环(见图 3)。

温度/湿度分循环后，不包括低温分循环的循环试验与 6.4.1 的规定相同，但在 *g* 段时箱内温度保持为 25 ℃±2 K、相对湿度为(93±3)%，直到 24 h 循环结束。

6.4.4 最后循环描述

在最后一次循环中，在湿度和温度分循环结束后，试验箱应保持温度为 25 ℃±2 K，相对湿度为(93±3)%，持续时间 3.5 h，然后进行最后检测。

6.5 最后检测

6.5.1 概要

电性能和机械性能可在下列条件下检测：

a) 高湿时；

b) 紧接试验样品从箱内取出后；

c) 干燥后；

d) 按有关规范要求。

高湿条件下获得的许多检测结果不能和初始检测或样品取出箱外后获得的检测结果做直接比较。

6.5.2 在高湿条件下的检测

在 6.4.4 描述的 3.5 h 期间的最后 2 h 内进行检测。

相关规范应规定在高湿条件下进行检测时应遵守的特别注意事项，包括在需要时除去试验样品表面水滴所采取的方法。

所有检测完成后，应将试验样品取出箱外。

6.5.3 试验样品从箱内取出后立即进行的检测

最后循环一结束，将试验样品取出箱外并在实验室环境温度条件下进行检测。

如果初始检测不是在实验室环境温度条件下进行则本次检测采用的环境条件应与初始检测的相同。

已做规定的电性能和机械性能的检测应在试验样品取出箱外后 1 h ～2 h 内进行。

在此期间的早期所进行的检测，可在此期间的后期仅再重复 1 次，后期所测结果将作为失效判定的依据。

6.5.4 干燥恢复后的检测

最后循环一结束，应将试验样品取出箱外，并在标准大气条件下保持 24 h 后再进行规定的最后检测。

如果初始检测不是在标准大气条件下进行则本次检测采用的环境条件应与初始检测的相同。

最后检测可在 24 h 内进行，但只有在 24 h 快结束前获得的检测结果才作为失效判定的依据。

7 相关规范应给出的信息

当相关规范包含本试验时，应尽可能根据适用的程度作出以下详细规定：

a） 试验类型（分循环）；
b） 预处理；
c） 初始检测；
d） 安装架或支撑物的详细描述；
e） 循环数；
f） 低温分循环的顺序位置；
g） 条件试验期间的测量和/或负载；
h） 恢复；
i） 最终检测；
j） 供需双方同意的对试验程序的任何偏离。

8 试验报告中应给出的信息

试验报告至少应给出下列信息：

a） 客户（名称和地址）；
b） 检测实验室（名称和地址，如果有，还包括认可的详细信息）；
c） 检测日期（检测进行的日期）；
d） 试验类型（Z/AD）；
e） 试验目的（研发、鉴定等）；
f） 试验标准、版本（注日期对本部分的引用）；
g） 相关试验室检测程序（代号和发行号）；
h） 试验样品描述（工程图、照片、数量、结构、状态等）；
i） 试验箱标识（制造商、型号、唯一性标识符等）；
j） 试验设备性能（设定温度点控制、气流等）；
k） 气流速度和方向（流向试验样品的空气流速和方向）；
l） 测量系统的不确定度（不确定度数据）；
m） 校准数据（最近一次校准和下一次应校准的日期）；
n） 初始、中间和最终检测（初始、中间和最终检测）；
o） 要求的严酷等级（从相关规范中）；
p） 试验的严酷等级（测量点、数据等）；
q） 试验样品的性能（功能检测的结果等）；
r） 试验期间的观察结果及采取的措施（所有相关的观察结果）；
s） 试验的总结（试验总结）；
t） 分发（分发清单）。

注：宜为每一项试验填写一份日志，该日志可附在报告中。

附　录　NA
（资料性附录）
GB/T 2423 标准的组成部分

除本部分外，GB/T 2423 标准的组成部分如下：

GB/T 2423.1—2008　电工电子产品环境试验　第 2 部分：试验方法　试验 A：低温（IEC 60068-2-1:2007，IDT）

GB/T 2423.2—2008　电工电子产品环境试验　第 2 部分：试验方法　试验 B：高温（IEC 60068-2-2:2007，IDT）

GB/T 2423.3—2006　电工电子产品环境试验　第 2 部分：试验方法　试验 Cab：恒定湿热试验（IEC 60068-2-78:2001，IDT）

GB/T 2423.4—2008　电工电子产品环境试验　第 2 部分：试验方法　试验 Db 交变湿热（12 h＋12 h 循环）（IEC 60068-2-30:2005，IDT）

GB/T 2423.5—1995　电工电子产品环境试验　第 2 部分：试验方法　试验 Ea 和导则：冲击（IEC 60068-2-27:1987，IDT）

GB/T 2423.6—1995　电工电子产品环境试验　第 2 部分：试验方法　试验 Eb 和导则：碰撞（IEC 60068-2-29:1987，IDT）

GB/T 2423.7—1995　电工电子产品环境试验　第 2 部分：试验方法　试验 Ec 和导则：倾跌与翻倒（主要用于设备型样品）（IEC 60068-2-31:1982，IDT）

GB/T 2423.8—1995　电工电子产品环境试验　第 2 部分：试验方法　试验 Ed：自由跌落（IEC 60068-2-32:1990，IDT）

GB/T 2423.10—2008　电工电子产品环境试验　第 2 部分：试验方法　试验 Fc：振动（正弦）（IEC 60068-2-6:1995，IDT）

GB/T 2423.15—2008　电工电子产品环境试验　第 2 部分：试验方法　试验 Ga 和导则：稳态加速度（IEC 60068-2-7:1986，IDT）

GB/T 2423.16—2008　电工电子产品环境试验　第 2 部分：试验方法　试验 J 及导则：长霉（IEC 60068-2-10:2005，IDT）

GB/T 2423.17—2008　电工电子产品环境试验　第 2 部分：试验方法　试验 Ka：盐雾（IEC 60068-2-11:1981，IDT）

GB/T 2423.18—2012　环境试验　第 2 部分：试验方法　试验 Kb：盐雾，交变（氯化钠溶液）（IEC 60068-2-52:1996，IDT）

GB/T 2423.21—2008　电工电子产品环境试验　第 2 部分：试验方法　试验 M：低气压（IEC 60068-2-13:1983，IDT）

GB/T 2423.22—2012　环境试验　第 2 部分：试验方法　试验 N：温度变化（IEC 60068-2-14:2009，IDT）

GB/T 2423.23—1995　电工电子产品环境试验　试验 Q：密封

GB/T 2423.24—1995　电工电子产品环境试验　第 2 部分：试验方法　试验 Sa：模拟地面上的太阳辐射（IEC 60068-2-5:1975，IDT）

GB/T 2423.25—2008　电工电子产品环境试验　第 2 部分：试验方法　试验 Z/AM：低温/低气压综合试验（IEC 60068-2-40:1976，IDT）

GB/T 2423.26—2008　电工电子产品环境试验　第 2 部分：试验方法　试验 Z/BM：高温/低气压综合试验（IEC 60068-2-41:1976，IDT）

GB/T 2423.27—2005 电工电子产品环境试验 第2部分:试验方法 试验Z/AMD:低温/低气压/湿热连续综合试验(IEC 60068-2-39:1976,IDT)

GB/T 2423.28—2005 电工电子产品环境试验 第2部分:试验方法 试验T:锡焊(IEC 60068-2-20:1979,IDT)

GB/T 2423.30—1999 电工电子产品环境试验 第2部分:试验方法 试验XA和导则:在清洗剂中浸渍(IEC 60068-2-45:1993,IDT)

GB/T 2423.32—2008 电工电子产品环境试验 第2部分:试验方法 试验Ta: 润湿称量法可焊性(IEC 60068-2-54:2006,IDT)

GB/T 2423.33—2005 电工电子产品环境试验 第2部分:试验方法 试验Kca:高浓度二氧化硫试验

GB/T 2423.35—2005 电工电子产品环境试验 第2部分:试验方法 试验Z/AFc:散热和非散热试验样品的低温/振动(正弦)综合试验(IEC 60068-2-50:1983,IDT)

GB/T 2423.36—2005 电工电子产品环境试验 第2部分:试验方法 试验Z/BFc:散热和非散热试验样品的高温/振动(正弦)综合试验(IEC 60068-2-51:1983,IDT)

GB/T 2423.37—2006 电工电子产品环境试验 第2部分:试验方法 试验L:沙尘试验(IEC 60068-2-68:1994,IDT)

GB/T 2423.38—2008 电工电子产品环境试验 第2部分:试验方法 试验R:水试验方法和导则(IEC 60068-2-18:2000,IDT)

GB/T 2423.39—2008 电工电子产品环境试验 第2部分:试验方法 试验Ee:弹跳(IEC 60068-2-55:1987,IDT)

GB/T 2423.40—1997 电工电子产品环境试验 第2部分:试验方法 试验Cx:未饱和高压蒸汽恒定湿热(IEC 60068-2-66:1994,IDT)

GB/T 2423.41—1994 电工电子产品基本环境试验规程 风压试验方法

GB/T 2423.43—2008 电工电子产品环境试验 第2部分:试验方法 振动、冲击和类似动力学试验样品的安装(IEC 60068-2-47:2005,IDT)

GB/T 2423.45—2012 环境试验 第2部分:试验方法 试验Z/ABDM:气候顺序(IEC 60068-2-61:1991,MOD)

GB/T 2423.47—1997 电工电子产品环境试验 第2部分:试验方法 试验Fg:声振(IEC 60068-2-65:1993,IDT)

GB/T 2423.48—2008 电工电子产品环境试验 第2部分:试验方法 试验Ff:振动——时间历程法(IEC 60068-2-57:1999,IDT)

GB/T 2423.49—1997 电工电子产品环境试验 第2部分:试验方法 试验Fe:振动——正弦拍频法(IEC 60068-2-59:1990,IDT)

GB/T 2423.50—2012 环境试验 第2部分:试验方法 试验Cy:恒定湿热 主要用于元件的加速试验(IEC 60068-2-67:1995,IDT)

GB/T 2423.51—2012 环境试验 第2部分:试验方法 试验Ke:流动混合气体腐蚀试验(IEC 60068-2-60:1995,IDT)

GB/T 2423.52—2003 电工电子产品环境试验 第2部分:试验方法 试验77:结构强度与撞击(IEC 60068-2-27:1999,IDT)

GB/T 2423.53—2005 电工电子产品环境试验 第2部分:试验方法 试验Xb:由手的摩擦造成标记和印刷文字的磨损(IEC 60068-2-70:1995,IDT)

GB/T 2423.54—2005 电工电子产品环境试验 第2部分:试验方法 试验Xc:流体污染(IEC 60068-2-74:1999,IDT)

GB/T 2423.55—2006 电工电子产品环境试验 第2部分:环境测试 试验Eh:锤击试验(IEC 60068-2-75:1997,IDT)

GB/T 2423.56—2006 电工电子产品环境试验 第2部分:试验方法 试验Fh:宽带随机振动(数字控制)和导则(IEC 60068-2-64:1993,IDT)

GB/T 2423.57—2008 电工电子产品环境试验 第2部分:试验方法 试验Ei:冲击 冲击响应谱合成(IEC 60068-2-81:2003,IDT)

GB/T 2423.58—2008 电工电子产品环境试验 第2部分:试验方法 试验Fi:振动 混合模式(IEC 60068-2-80:2005,IDT)

GB/T 2423.59—2008 电工电子产品环境试验 第2部分:试验方法 试验Z/ABMFh:温度(低温、高温)/低气压/振动(随机)综合

GB/T 2423.60—2008 电工电子产品环境试验 第2部分:试验方法 试验U:引出端及整体安装件强度(IEC 60068-2-21:2006,IDT)

GB/T 2423.101—2008 电工电子产品环境试验 第2部分:试验方法 试验:倾斜和摇摆

GB/T 2423.102—2008 电工电子产品环境试验 第2部分:试验方法 试验:温度(低温、高温)/低气压/振动(正弦)综合

ICS 19.040
K 04

中华人民共和国国家标准

GB/T 2423.45—2012
代替 GB/T 2423.45—1997

环境试验　第2部分：试验方法　试验 Z/ABDM：气候顺序

Environmental testing—Part 2: Test methods—Test Z/ABDM: Climatic sequence

(IEC 60068-2-61:1991, MOD)

2012-12-31 发布　　2013-06-01 实施

中华人民共和国国家质量监督检验检疫总局
中国国家标准化管理委员会　发布

前　言

本部分为 GB/T 2423 的第 45 部分，GB/T 2423 标准的组成部分见资料性附录 NA。

本部分按照 GB/T 1.1—2009 给出的规则起草。

本部分代替 GB/T 2423.45—1997《电工电子产品环境试验　第 2 部分：试验方法　试验 Z/ABDM：气候顺序》，与之相比，主要变化如下：

——一致性程度不同(1997 版为等同采用，这一版为修改采用)；

——第 1 章的第一段进行了编辑性的调整；

——关于规范性引用文件，具体调整如下：

- 用 GB/T 4797 代替了 IEC 60721-2；
- 用 GB/T 4798 代替了 IEC 60721-3；

——第 2 章中引用了采用国际标准的国家标准；

——第 4 章"在使用能逐步建立该顺序中……的专用试验箱时"改成了"在使用能满足该顺序中的……单一试验箱时"；

——第 5 章中"严酷等级主要由……气压和试验持续时间决定，如要求选用低气压试验(IEC 68-2-3 第 4 章)，严酷等级最后一项则是本标准 8.2.5 的湿热试验周期数"改成了"严酷等级主要由……气压和试验持续时间[如要求选用低气压试验(GB/T 2423.21—2008 第 4 章)]决定，最后一项是本部分 8.2.5 的湿热试验周期数"；

——将本部分中"试验 Aa""试验 Ba"改为"试验 Ab""试验 Bb"；

——第 7 章中"接受"改成了"进行"；

——将 8.2.5 中的"尺寸检测和功能检测"全部改成了"尺寸检查和功能检查"；

——将 8.3.1 中的"(含 8.2.1 和 8.2.4)"和 8.4.1 中的"(含 8.2.1 和 8.2.3)"去掉；

——图 1、图 2、图 3 中"非强制"改成了"选用"；

——将图 3 的"IEC 标准"一栏改为"GB/T 标准"；

——图 4 中"1 h 30"改成了"1.5 h"；

——附录 A.1 中的"……末尾"改成"……结束时"；

——附录 B.3 中的"专用试验箱"改成"单一试验箱"；

——增加了资料性附录"GB/T 2423 标准的组成部分"(见附录 NA)。

本部分使用重新起草法修改采用 IEC 60068-2-61:1991《环境试验　第 2 部分：试验方法　试验 Z/ABDM：气候顺序》。

本部分与 IEC 60068-2-61:1991 的技术性差异及其原因如下：

——关于规范性引用文件，本部分做了具有技术性差异的调整，以适应我国的技术条件，具体调整如下：

- 用等同采用 IEC 60068-2-1:2007 的 GB/T 2423.1—2008，代替了 IEC 60068-2-1:1990；
- 用等同采用 IEC 60068-2-2:2007 的 GB/T 2423.2—2008，代替了 IEC 60068-2-2:1974 及 IEC 60068-2-2A:1976 第 1 次补充；
- 用等同采用 IEC 60068-2-30:2005 的 GB/T 2423.4—2008，代替了 IEC 60068-2-30:1980；
- 用等同采用 IEC 60068-3-4:2001 的 GB/T 2424.2—2005，代替了 IEC 60068-2-28:1980；
- 用 GB/T 4797 代替了 IEC 60721-2；
- 用 GB/T 4798 代替了 IEC 60721-3；

——将国际标准中的“试验 Aa”“试验 Ba”改为本部分的“试验 Ab”“试验 Bb”,“试验 Aa”“试验 Ba”在现行标准中已删除;

——将图 3 的“IEC 标准”一栏改为“GB/T 标准”。

本部分与 IEC 60068-2-61:1991 相比,主要做了下列编辑性修改:

——“本国际标准”一词改为“本部分”;

——删除了 IEC 60068-2-61:1991 的前言和引言,增加了国家标准前言;

——将国际标准的第 1 章的标题“目的”改成了本部分的第 1 章“范围”;

——引用了采用国际标准的国家标准;

——第 5 章中“如要求选用低气压试验”这句移到了“气压和试验持续时间”之后。

本部分由全国电工电子产品环境条件与环境试验标准化技术委员会(SAC/TC 8)提出并归口。

本部分由中国电器科学研究院有限公司、北京航空航天大学负责起草。

本部分主要起草人:李婵、王俊、吴飒、许雪冬。

本部分所代替标准的历次版本发布情况为:

——GB/T 2423.45—1997。

环境试验 第2部分:试验方法 试验Z/ABDM:气候顺序

1 范围

GB/T 2423的本部分给出了确定试验样品在承受依次由温度、湿热和低气压(必要时)等环境应力组成的环境条件时的环境适应性的一种标准的组合试验方法。

施加应力的次序与试验步骤转换时的环境条件已经选定,以便加速并强化与自然气候条件相同的劣化机理。

注:自然界环境条件的分类分级见GB/T 4797和GB/T 4798。

当劣化机理相同且满足规定的试验要求时,本部分也可作为编写类似试验方法的基础。

在本试验中,试验样品按标准顺序接受环境试验,并按GB/T 2421.1—2008附录A规定的代号分类,只是第3组数字用于表示第5步:交变湿热试验Db的周期数(见GB/T 2423.4—2008第5章)。在本部分中,-/-/56、40/-/-等气候类型中的短划线可用55/100/56、25/085/56、40/085/21等组合中适合于该位置的任何标准值代替,如需要改变,有关规范应为所选试验方法的每个步骤提供所需的资料(见第8章)。

本试验常被安排在与机械应力有关的其他试验如端子强度试验、可焊性试验和振动试验之后进行,以作为确定试验样品的密封性是否损坏的方法。

2 规范性引用文件

下列文件对于本文件的应用是必不可少的。凡是注日期的引用文件,仅注日期的版本适用于本文件。凡是不注日期的引用文件,其最新版本(包括所有的修改单)适用于本文件。

GB/T 2421.1—2008 电工电子产品环境试验 概述和指南(IEC 60068-1:1988,IDT)

GB/T 2422—2012 环境试验 试验方法编写导则 术语和定义(IEC 60068-5-2:1990,IDT)

GB/T 2423.1—2008 电工电子产品环境试验 第2部分:试验方法 试验A:低温(IEC 60068-2-1:2007,IDT)

GB/T 2423.2—2008 电工电子产品环境试验 第2部分:试验方法 试验B:高温(IEC 60068-2-2:2007,IDT)

GB/T 2423.4—2008 电工电子产品环境试验 第2部分:试验方法 试验Db:交变湿热(12 h+12 h循环)(IEC 60068-2-30:2005,IDT)

GB/T 2423.21—2008 电工电子产品环境试验 第2部分:试验方法 试验M:低气压(IEC 60068-2-13:1983,IDT)

GB/T 2424.1—2005 电工电子产品环境试验 高温低温试验导则(IEC 60068-3-1:1974,IDT)

GB/T 2424.2—2005 电工电子产品环境试验 湿热试验导则(IEC 60068-3-4:2001,IDT)

GB/T 4797(所有部分) 电工电子产品自然环境条件

GB/T 4798(所有部分) 电工电子产品应用环境条件

3 定义

GB/T 2422—2012界定的术语和定义适用于本文件。

4 试验设备

试验设备就是进行每种单项试验所需要的(包括试验方法和试验方式)、具有该顺序所要求的严酷等级的设备。

在使用能满足该顺序中不同试验步骤所规定的试验条件的单一试验箱时,需要特别注意(见 B.3)。

一般来说,可以认为使用使试验样品在不同工作空间之间自动转换的专用试验箱与使用分立试验箱的效果是一样的。但具有自动转换装置的试验箱,则要保证满足每一试验步骤结束时(特别是方法 1 的试验步骤 2 结束时)的恢复条件(见 8.2.2)。

5 严酷等级

严酷等级主要由高温试验温度(GB/T 2423.2—2008 中 6.5.2)、低温试验温度(GB/T 2423.1—2008 中 6.6.1)、气压和试验持续时间[如要求选用低气压试验(GB/T 2423.21—2008 第 4 章)]决定,最后一项是本部分 8.2.5 的湿热试验周期数。

6 预处理

除非相关规范另有规定,一般均要求预处理。预处理应在试验的标准大气条件下(GB/T 2421.1—2008 中 5.3.1)持续放置至少 1 h。

7 初始检测

试验样品应进行相关规范规定的目视检查、尺寸检查和功能检查。

8 试验

8.1 概述

有 3 种标准化的试验方法。其中方法 1 最佳,应一直使用,除非相关规范另有规定。

在方法 1 中,先将试验样品暴露于高温,然后在湿热条件下暴露 1 个周期,之后立即进行低温试验,使进入样品内或进入样品密封表面裂纹中的水汽结冰,引起样品进一步损坏。然后,在低气压试验(供选用)之后再暴露于交变湿热条件下(气候类型-/-/04 和-/-/10 除外)以完成对试验样品密封的检查。

方法 2 是一种更严酷的试验,这种试验在最后 5 个湿热循环的各循环之间插进一次低温试验(仅适用于气候类型-/-/56)。

方法 3 为批量验收试验提供了一种较短的气候顺序,当相关规范有规定时,可适用于验收已评审质量的电子元件。

当规定有恢复阶段时,应在试验的标准大气条件下进行,除非相关规范另有规定。

8.2 方法 1

本方法包含 5 个试验步骤,其中 8.2.4 步骤 4 是非强制性的。

8.2.1 步骤 1:高温

a) 将试验样品暴露于 GB/T 2423.2—2008 第 5 章高温试验 Bb 的条件下,持续时间为 16 h±

0.5 h，试验温度应由相关规范规定，最好是气候类型规定的温度。

相关规范可以规定在高温试验结束时进行中间检测（GB/T 2423.2—2008 中 6.9），所花的时间不计入暴露持续时间。

b） 将试验样品移出试验箱，恢复时间至少 1 h，结束步骤 1。步骤 1 的总持续时间为 24 h±0.5 h。

c） 进行步骤 2 之前的时间间隔不允许长于 72 h（3 d），在此期间的条件就是恢复条件，即试验用标准大气条件。

8.2.2 步骤 2：湿热

a） 按 GB/T 2423.4—2008 中第 7 章的规定将试验样品在交变湿热条件下暴露 1 个周期。如相关规范无特别规定，一般应使用交变方法 1。除相关规范另有规定者外，高温温度应为 55 ℃。

b） 然后，按 GB/T 2423.4—2008 第 9 章规定的进行恢复。

c） 在恢复之后，应立即使试验样品接受步骤 3 的试验。

8.2.3 步骤 3：低温

a） 将试验样品暴露于 GB/T 2423.1—2008 第 5 章规定的低温试验 Ab 的条件下，持续时间为 120 min±5 min，试验温度由相关规范规定，最好是气候类型指定的温度。

相关规范可以规定在低温试验结束时进行中间检测（GB/T 2423.1—2008 中 6.10），所花的时间不计入暴露持续时间。

b） 将试验样品移出试验箱，按 GB/T 2423.1—2008 中 6.12 规定的进行恢复。

c） 进行步骤 5 之前的时间间隔不允许长于 72 h（3 d），这段时间的条件是恢复条件。但是，当相关规范选用步骤 4 时，则应在该间隔期内予以实施。

8.2.4 步骤 4（供选用）：低气压

a） 当相关规范规定有低气压试验时，气候类型为 40/-/-、55/-/-和 65/-/-的试验样品应暴露于符合 GB/T 2423.21—2008 试验 M 的条件下，严酷等级应是相关规范规定的严酷等级。

除相关规范另有规定者外，试验应在 15 ℃～35 ℃的温度下进行，试验持续时间为 60 min±5 min。

当相关规范规定有电气强度试验时，应在暴露的最后 5 min 内按规定的试验电压和程序进行。

b） 恢复时间应在 1 h～2 h。

8.2.5 步骤 5：湿热

a） 试验条件与 8.2.2 a）相同，除相关规范另有规定者外，试验循环次数应按以下气候类型确定：

气候类型：-/-/04 和-/-/10	不适用
-/-/21	循环 1 次
-/-/56	循环 5 次

b） 相关规范有规定时，在完成规定的循环次数后应立即从试验箱中取出按 8.2.5a）试验的样品，除去水滴，然后应在样品离开试验箱后的 15 min 内，对其进行相关规范规定的目视检查、尺寸检查和功能检查。

c） 在恢复 1.5 h～2 h 之后，试验样品应进行相关规范规定的目视检查、尺寸检查和功能检查。

d） 当相关规范规定有延长的恢复阶段时，应允许对试验样品再恢复 24 h±0.5 h，然后进行相关规范规定的目视检查、尺寸检查和功能检查。

8.3 方法 2

相关规范在采用方法 2 时，要注意本方法仅适用于气候类型为-/-/56 的试验样品。

8.3.1 应按 8.2.1～8.2.4 对试验样品进行试验(见图 2)。

8.3.2 然后,对试验样品进行一周期交变湿热试验 Db,接着按 8.2.2 b)恢复。

8.3.3 恢复之后,应立即按 8.2.3 对试验样品进行低温试验 Ab。

8.3.4 再重复 3 次 8.3.2 和 8.3.3 所描述的试验,即总共进行 4 个试验周期,最后按 8.3.2 再进行一周期交变湿热试验 Db,接着进行恢复。

允许有一次不超过 72 h(3 d)的时间间隔,而且只应安排在低温试验和随后的湿热循环之间。

8.3.5 然后,应按相关规范规定的,对试验样品进行 8.2.5b)、8.2.5c)和 8.2.5d)中的各种检测。

8.4 方法 3

该方法仅在相关规范有此规定时才可应用(见图 1)。

8.4.1 按 8.2.1～8.2.3 对试验样品进行试验。

8.4.2 当相关规范有规定时,试验样品应进行本部分 8.2.4 所描述的试验 M:低气压(GB/T 2423.21—2008)。

8.4.3 对于气候类型为-/-/21 和-/-/56 的试验样品,应按 8.2.2 进行 1 周期的湿热试验 Db。

8.4.4 然后,应按相关规范规定的,对试验样品进行 8.2.5b)、8.2.5c)和 8.2.5d)中的各种检测。

9 恢复

第 8 章中 3 种试验方法的恢复条件和恢复要求按 8.1 规定。

10 最后检测

试验样品应按第 8 章进行相关规范规定的目视检查、尺寸检查和功能检查。相关规范应提供接收或拒收该样品的判据。

11 相关规范应给出的信息

当相关规范中包含本试验时,应按其适用性给出下述细节,特别注意,标有(*)号的项目是始终需要给出的信息。

	章条号
a) 不要求预处理时	6
b) 初始检测(*)	7
c) 试验方法(不是方法 1 时需给出)	8.1
d) 恢复	8.1
e) 高温试验温度(*)	8.2.1a)
f) 中间检测	8.2.1a)
	8.2.3a)
	8.2.5b)
	8.3.5
	8.4.1
	8.4.4

g) 湿热试验的要求,交变方式和交变温度	8.2.2a)
h) 低温试验温度(*)	8.2.3a)
i) 要求低气压试验时	8.2.3c) 8.2.4a)
j) 低气压试验的严酷等级	8.2.4a)
k) 要求电气强度试验时,试验条件	8.2.4a)
l) 湿热试验周期数	8.2.5a)
m) 最后检测(*)	8.2.5c) 8.2.5d) 8.3.5 8.4.4
n) 延长恢复时间	8.2.5d) 8.3.5 8.4.4

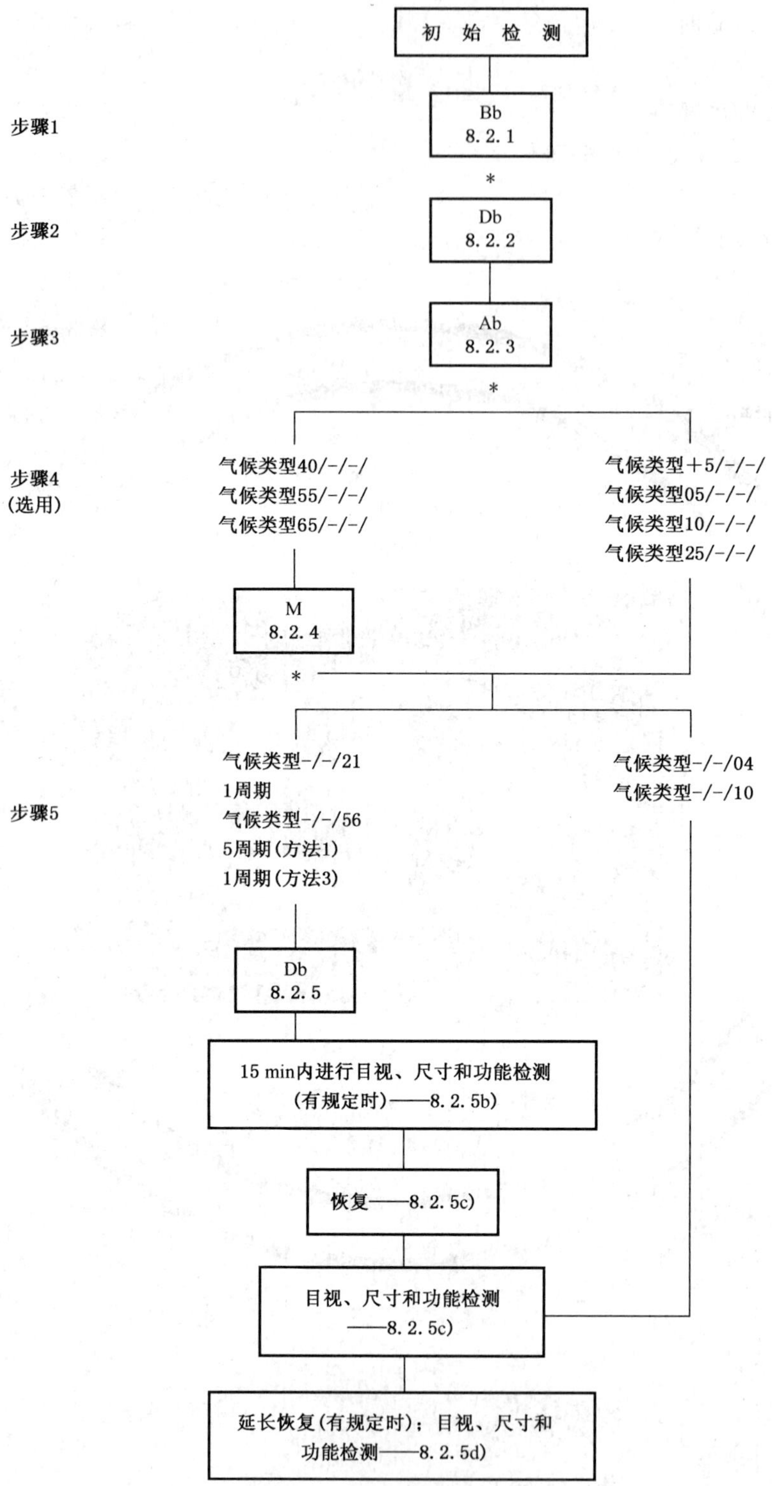

注 1：Ab、Bb、Db 和 M 是指 GB/T 2423 的试验方法。章条序号是本部分的章条序号。

注 2：“*”表示在该阶段时间间隔不允许长于 72 h。

图 1　方法 1 和方法 3

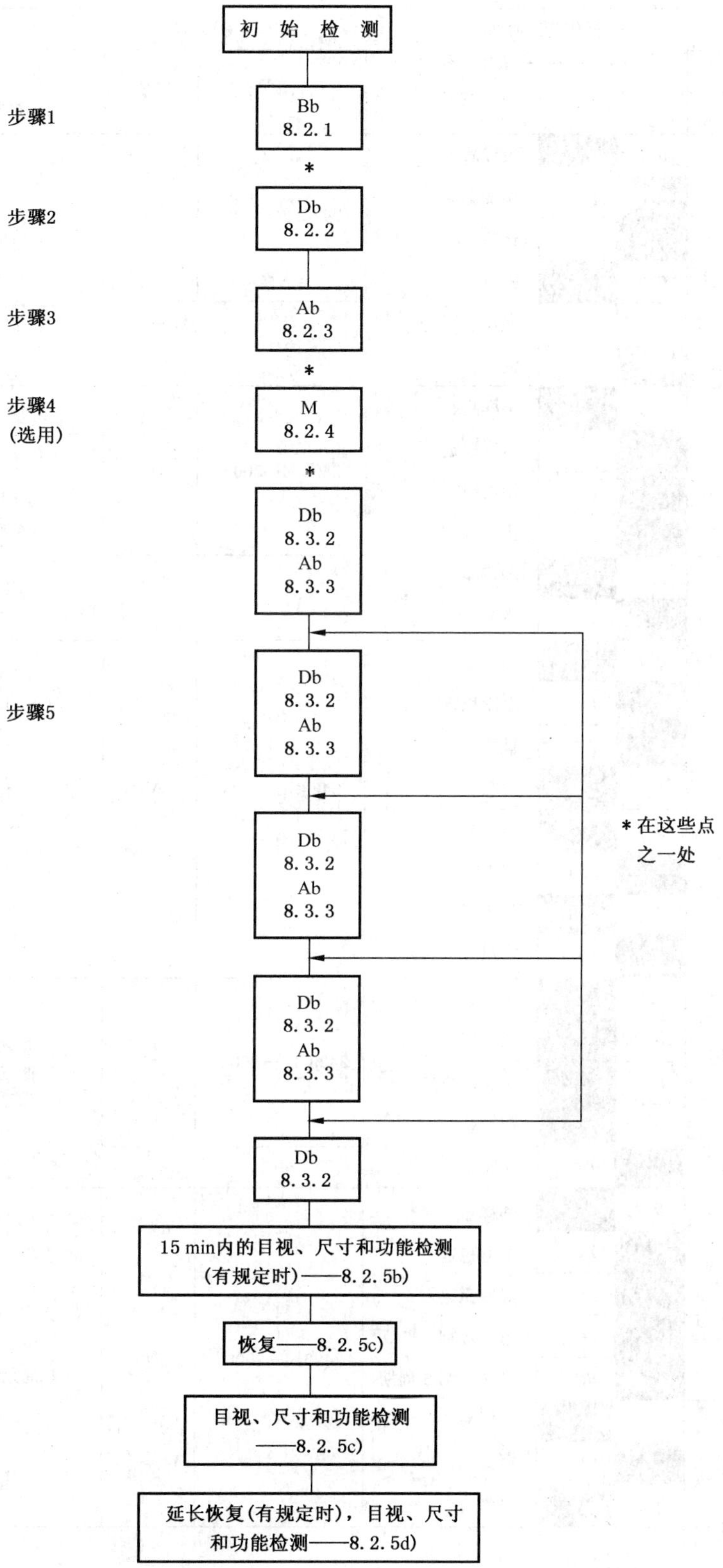

注 1：Ab、Bb、Db 和 M 是指 GB/T 2423 的试验方法。章条序号是本部分的章条序号。

注 2："＊"表示在该阶段时间间隔不允许长于 72 h。

图 2 方法 2(仅适用于气候类型-/-/56)

进度表：工作日	进度表：时	操作持续时间(小时)：人工操作	操作持续时间(小时)：自动操作	操作	GB/T 标准：GB/T	GB/T 标准：试验	本部分：试验步骤名称	本部分：分条款
星期一	*14:54*	*0.1*		装样品	2423.2—2008	Bb	步骤 1 高温	8.2.1
			1	温度稳定				
			16	试验				
星期二		*0*		检测				
	08:00	*0.1*		卸样品				
			1	恢复				
		0.1		装样品	2423.4—2008	Db	步骤 2 交变湿热	8.2.2
			1	温度稳定				
			1	湿度稳定				
			24	第 1 周期				
星期三	*11:12*	*0.1*		卸样品				
			1	恢复				
		0.1		装样品	2423.1—2008	Ab	步骤 3 低温	8.2.3
			1	温度稳定				
			2	试验				
		1		检测				
		0.1		卸样品				
			0.3	化冰				
		0.1		除去水滴				
	16:54		*15.1*	恢复				
星期四	*08:00*	*0.1*		装样品	2423.21—2008	M	步骤 4 低气压(选用)	8.2.4
		0.2		低气压				
		1		试验：测量				
		0.1		卸样品				
	10:24		*1*	恢复				
		0.1		装样品	2423.4—2008	Db	步骤 5 5 周期湿热	8.2.5
			1	温度稳定				
			1	湿度稳定				
	12:30		*24*	第 2 周期				
星期五	*12:30*		*96*	第 3 至第 6 周期				
		0.1		卸样品				
			1	恢复				
	14:36	*1*		检测				

注 1：前四列斜体字是具体举例。

注 2：图 4 给出了一份气候顺序和图形表示图。

图 3 确定方法 1 的进度表的推荐格式及其应用举例(见 B.1)

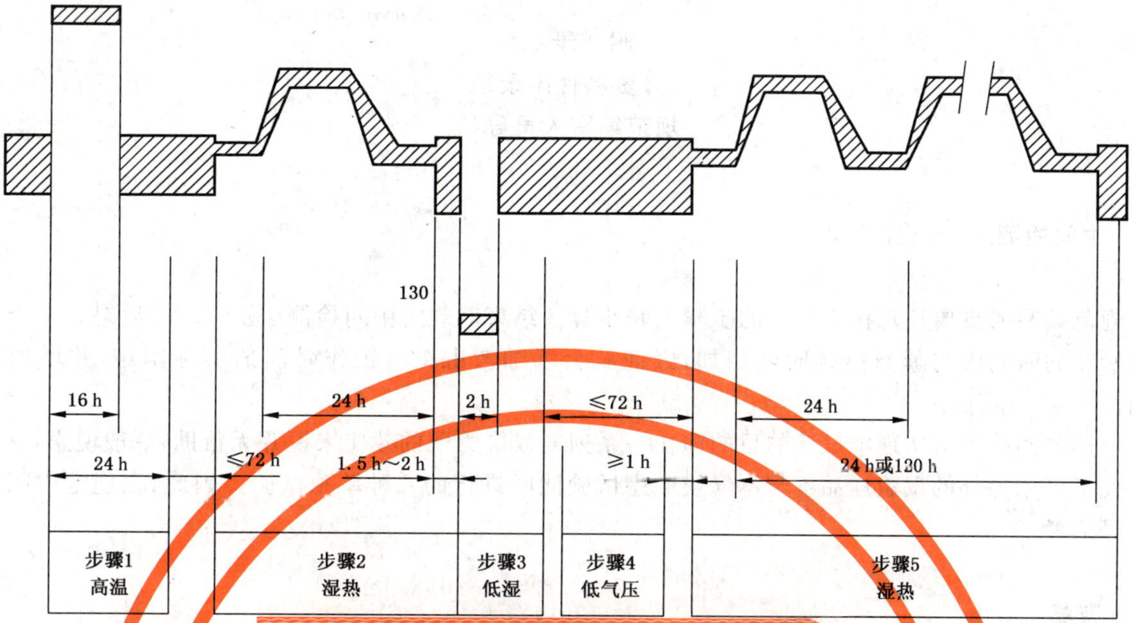

图4 气候顺序试验进度示意图

附 录 A
（资料性附录）
规范编写人员导则

A.1 中间检测

规范编写人员要注意在方法1的步骤1和步骤3结束时规定中间检测（见8.2）的后果。由于中间检测所花的时间应与暴露持续时间相加，因而就会增加考虑正常工作时间的实际困难，并增加试验费用。

上述中间检测对实现本试验的目的即在一系列气候应力下的效应来说并无帮助，一般说来，它们只是替代了可用另外的试验样品不与本气候顺序试验同时进行的几种单独试验。因此，在规定中间检测前要仔细考虑。

A.2 恢复

试验样品达到平衡状态的时间取决于它的热惯性，即取决于试验样品的形状、质量和结构。对本部分来说，恢复时间选定为1 h，适用于最小的试验样品；对于其他试验样品，尤其是设备类试验样品，相关规范应规定一个适度的恢复时间。

附 录 B
（资料性附录）
试验实施导则

B.1 操作进度表

特别提醒进行该试验的人员注意，需要编制一份准确的操作进度表，以便能正确的执行本顺序，并尽可能地配合正常工作时间。图3给出了方法1的举例。

各试验步骤的总时间不是固定的，而取决于在步骤1和步骤3结束时要求中间测量所花的时间和步骤3结束后的解冻时间。此外还需计入恢复时间多于1 h时的多余部分。

B.2 应将GB/T 2423.1—2008、GB/T 2423.2—2008、GB/T 2423.4—2008和GB/T 2423.21—2008与GB/T 2424.1—2005和GB/T 2424.2—2005等导则一起考虑。

B.3 单一试验箱的使用

单一试验箱是指能在一台试验箱中连续满足不同试验步骤所规定的各种条件的试验箱，在使用这种试验箱时需要特别小心。这类试验箱由于在施加前一项环境应力之后存在有热惯性或冷凝水，因而往往难以满足要求的恢复条件。

湿热试验步骤与低温试验步骤之间的转换只有在试验箱内部条件在改变的同时从试验箱中取出试验样品才是正确的。事实上，在湿热试验之后的恢复期间出现的干燥仅仅是部分的，且与下述过程中的干燥不相等：

——将试验样品放进已降温的低温试验箱，试验样品含有的水分会迅速冻结时；

——将内有试验样品的试验箱降温，在冻结之前的降温过程中发生干燥，试验样品含有的水可能有部分被除去。

附 录 NA
（资料性附录）
GB/T 2423 标准的组成部分

除本部分外，GB/T 2423 标准的其他组成部分如下：

GB/T 2423.1—2008 电工电子产品环境试验 第2部分：试验方法 试验A：低温（IEC 60068-2-1：2007，IDT）

GB/T 2423.2—2008 电工电子产品环境试验 第2部分：试验方法 试验B：高温（IEC 60068-2-2：2007，IDT）

GB/T 2423.3—2006 电工电子产品环境试验 第2部分：试验方法 试验Cab：恒定湿热试验（IEC 60068-2-78：2001，IDT）

GB/T 2423.4—2008 电工电子产品环境试验 第2部分：试验方法 试验Db：交变湿热（12 h+12 h 循环）（IEC 60068-2-30：2005，IDT）

GB/T 2423.5—1995 电工电子产品环境试验 第2部分：试验方法 试验Ea和导则：冲击（IEC 60068-2-27：1987，IDT）

GB/T 2423.6—1995 电工电子产品环境试验 第2部分：试验方法 试验Eb和导则：碰撞（IEC 60068-2-29：1987，IDT）

GB/T 2423.7—1995 电工电子产品环境试验 第2部分：试验方法 试验Ec和导则：倾跌与翻倒（主要用于设备型样品）（IEC 60068-2-31：1982，IDT）

GB/T 2423.8—1995 电工电子产品环境试验 第2部分：试验方法 试验Ed：自由跌落（IEC 60068-2-32：1990，IDT）

GB/T 2423.10—2008 电工电子产品环境试验 第2部分：试验方法 试验Fc：振动（正弦）（IEC 60068-2-6：1995，IDT）

GB/T 2423.15—2008 电工电子产品环境试验 第2部分：试验方法 试验Ga和导则：稳态加速度（IEC 60068-2-7：1986，IDT）

GB/T 2423.16—2008 电工电子产品环境试验 第2部分：试验方法 试验J及导则：长霉（IEC 60068-2-10：2005，IDT）

GB/T 2423.17—2008 电工电子产品环境试验 第2部分：试验方法 试验Ka：盐雾（IEC 60068-2-11：1981，IDT）

GB/T 2423.18—2012 环境试验 第2部分：试验方法 试验Kb：盐雾，交变（氯化钠溶液）（IEC 60068-2-52：1996，IDT）

GB/T 2423.21—2008 电工电子产品环境试验 第2部分：试验方法 试验M：低气压（IEC 60068-2-13：1983，IDT）

GB/T 2423.22—2012 环境试验 第2部分：试验方法 试验N：温度变化（IEC 60068-2-14：2009，IDT）

GB/T 2423.23—1995 电工电子产品环境试验 试验Q：密封

GB/T 2423.24—1995 电工电子产品环境试验 第2部分：试验方法 试验Sa：模拟地面上的太阳辐射（IEC 60068-2-5：1975，IDT）

GB/T 2423.25—2008 电工电子产品环境试验 第2部分：试验方法 试验Z/AM：低温/低气压综合试验（IEC 60068-2-40：1976，IDT）

GB/T 2423.26—2008 电工电子产品环境试验 第2部分：试验方法 试验Z/BM：高温/低气压综合试验（IEC 60068-2-41：1976，IDT）

GB/T 2423.27—2005 电工电子产品环境试验 第2部分:试验方法 试验Z/AMD:低温/低气压/湿热连续综合试验(IEC 60068-2-39:1976,IDT)

GB/T 2423.28—2005 电工电子产品环境试验 第2部分:试验方法 试验T:锡焊(IEC 60068-2-20:1979,IDT)

GB/T 2423.30—1999 电工电子产品环境试验 第2部分:试验方法 试验XA和导则:在清洗剂中浸渍(IEC 60068-2-45:1993,IDT)

GB/T 2423.32—2008 电工电子产品环境试验 第2部分:试验方法 试验Ta:润湿称量法可焊性(IEC 60068-2-54:2006,IDT)

GB/T 2423.33—2005 电工电子产品环境试验 第2部分:试验方法 试验Kca:高浓度二氧化硫试验

GB/T 2423.34—2012 环境试验 第2部分:试验方法 试验Z/AD:温度/湿度组合循环试验(IEC 60068-2-38:2009,IDT)

GB/T 2423.35—2005 电工电子产品环境试验 第2部分:试验方法 试验Z/AFc:散热和非散热试验样品的低温/振动(正弦)综合试验(IEC 60068-2-50:1983,IDT)

GB/T 2423.36—2005 电工电子产品环境试验 第2部分:试验方法 试验Z/BFc:散热和非散热试验样品的高温/振动(正弦)综合试验(IEC 60068-2-51:1983,IDT)

GB/T 2423.37—2006 电工电子产品环境试验 第2部分:试验方法 试验L:沙尘试验(IEC 60068-2-68:1994,IDT)

GB/T 2423.38—2008 电工电子产品环境试验 第2部分:试验方法 试验R:水试验方法和导则(IEC 60068-2-18:2000,IDT)

GB/T 2423.39—2008 电工电子产品环境试验 第2部分:试验方法 试验Ee:弹跳(IEC 60068-2-55:1987,IDT)

GB/T 2423.40—1997 电工电子产品环境试验 第2部分:试验方法 试验Cx:未饱和高压蒸汽恒定湿热(IEC 60068-2-66:1994,IDT)

GB/T 2423.41—1994 电工电子产品基本环境试验规程 风压试验方法

GB/T 2423.43—2008 电工电子产品环境试验 第2部分:试验方法 振动、冲击和类似动力学试验样品的安装(IEC 60068-2-47:2005,IDT)

GB/T 2423.47—1997 电工电子产品环境试验 第2部分:试验方法 试验Fg:声振(IEC 60068-2-65:1993,IDT)

GB/T 2423.48—2008 电工电子产品环境试验 第2部分:试验方法 试验Ff:振动——时间历程法(IEC 60068-2-57:1999,IDT)

GB/T 2423.49—1997 电工电子产品环境试验 第2部分:试验方法 试验Fe:振动——正弦拍频法(IEC 60068-2-59:1990,IDT)

GB/T 2423.50—2012 环境试验 第2部分:试验方法 试验Cy:恒定湿热 主要用于元件的加速试验(IEC 60068-2-67:1995,IDT)

GB/T 2423.51—2012 环境试验 第2部分:试验方法 试验Ke:流动混合气体腐蚀试验(IEC 60068-2-60:1995,IDT)

GB/T 2423.52—2003 电工电子产品环境试验 第2部分:试验方法 试验77:结构强度与撞击(IEC 60068-2-27:1999,IDT)

GB/T 2423.53—2005 电工电子产品环境试验 第2部分:试验方法 试验Xb:由手的磨擦造成标记和印刷文字的磨损(IEC 60068-2-70:1995,IDT)

GB/T 2423.54—2005 电工电子产品环境试验 第2部分:试验方法 试验Xc:流体污染(IEC 60068-2-74:1999,IDT)

GB/T 2423.55—2006 电工电子产品环境试验 第2部分：环境测试 试验Eh：锤击试验(IEC 60068-2-75：1997，IDT)

GB/T 2423.56—2006 电工电子产品环境试验 第2部分：试验方法 试验Fh：宽带随机振动(数字控制)和导则(IEC 60068-2-64：1993，IDT)

GB/T 2423.57—2008 电工电子产品环境试验 第2部分：试验方法 试验Ei：冲击 冲击响应谱合成(IEC 60068-2-81：2003，IDT)

GB/T 2423.58—2008 电工电子产品环境试验 第2部分：试验方法 试验Fi：振动 混合模式(IEC 60068-2-80：2005，IDT)

GB/T 2423.59—2008 电工电子产品环境试验 第2部分：试验方法 试验Z/ABMFh：温度(低温、高温)/低气压/振动(随机)综合

GB/T 2423.60—2008 电工电子产品环境试验 第2部分：试验方法 试验U：引出端及整体安装件强度(IEC 60068-2-21：2006，IDT)

GB/T 2423.101—2008 电工电子产品环境试验 第2部分：试验方法 试验：倾斜和摇摆

GB/T 2423.102—2008 电工电子产品环境试验 第2部分：试验方法 试验：温度(低温、高温)/低气压/振动(正弦)综合

ICS 19.040
K 04

中华人民共和国国家标准

GB/T 2423.50—2012/IEC 60068-2-67:1995
代替 GB/T 2423.50—1999

环境试验 第2部分:试验方法 试验Cy:恒定湿热 主要用于元件的加速试验

Environmental testing—Part 2:Test methods—Test Cy:Damp heat,steady state,accelerated test primarily intended for components

(IEC 60068-2-67:1995,Environmental testing—Part 2:Tests—Test Cy:Damp heat,steady state,accelerated test primarily intended for components,IDT)

2012-11-05 发布 2013-02-01 实施

中华人民共和国国家质量监督检验检疫总局
中国国家标准化管理委员会 发布

前　言

本部分为 GB/T 2423 的第 50 部分，GB/T 2423 标准的组成部分见资料性附录 NA。

本部分按照 GB/T 1.1—2009 给出的规则进行起草。

本部分代替 GB/T 2423.50—1999《电工电子产品环境试验　第 2 部分：试验方法　试验 Cy：恒定湿热　主要用于元件的加速试验》。

本部分与 GB/T 2423.50—1999 相比主要变化如下：

——增加了前言部分；

——“本标准”改为“本部分”；

——增加了资料性附录 NA。

本部分使用翻译法等同采用 IEC 60068-2-67：1995（第 1 版）《环境试验　第 2 部分：试验　试验 Cy：恒定湿热　主要用于元件的加速试验》。

本部分与 IEC 60068-2-67：1995（第 1 版）相比，主要做了下列编辑性修改：

——删除了 IEC 60068-2-67：1995 的前言，增加了国家标准的前言；

——增加了资料性附录 NA。

本部分由全国电工电子产品环境条件与环境试验标准化技术委员会（SAC/TC 8）提出并归口。

本部分起草单位：中国电器科学研究院有限公司。

本部分主要起草人：陈心欣、章蔷英、张驰。

本部分所代替标准的历次版本发布情况为：

——GB/T 2423.50—1999。

环境试验 第2部分:试验方法 试验Cy:恒定湿热 主要用于元件的加速试验

1 范围

GB/T 2423的本部分规定了一种以加速方式评价小型电工电子产品(主要是非气密元件)耐湿热劣化效应的试验方法。

本试验不适用于评价诸如腐蚀和变形等外部效应。

2 概述

在本试验中,样品在较长的时间内承受很高的未饱和湿热蒸汽压力的作用。

通常要施加偏压。

本试验在相对湿度为85%、温度为85 ℃的条件下,提供多种优先选择的试验持续时间。

就塑封元件而言,劣化是由塑料吸收水汽和水汽沿引出端渗入引起的。

3 试验装置说明

3.1 试验箱

试验箱的参数应满足下列要求:

a) 应满足表1中给出的温度和相对湿度条件,并至少保持2 000 h不间断;

b) 试验期间,应能提供受控的温湿度条件,并能根据规定的条件升温和降温;

c) 试验箱内的温度和湿度应由放置在工作空间内或(和)能给出相同结果的其他区域内的传感装置检测;

d) 工作空间的所有水应不断排出,且不能重复利用;

e) 凝结水不允许落在试验样品上;

f) 箱壁结构材料不应引起试验样品的明显腐蚀和降低加湿水的质量(见附录B.1)。

±2 K的温度容差考虑了测量的绝对误差、工作空间内任一点的温度波动和任意两点间的温差。

然而,为了将相对湿度维持在规定的±5%容差范围内,应将工作空间任意两点的温差(在任意时刻)保持在更小范围内。

如果此温差超过1.5 K,规定的湿度容差将超差。因此,也需将由试验箱加热器的周期性加热所引起的短期温度波动限制在类似数值。

试验样品不应明显阻碍空气流动。

试验中任何时候都不允许在样品上形成冷凝水。

3.2 加湿用水

应采用蒸馏水或去离子水。该水在23 ℃时,电阻率应不小于0.5 MΩ·cm,pH值应在6.0～7.2之间。

在将水装入加湿器之前，应对试验箱内部各部分进行清洗。清洗导则在附录 B.3 中给出。

每次试验后，应将加湿器和试验箱中的水全部清除干净。

4 试验条件和严酷等级

本部分中，试验严酷等级由试验持续时间决定。除非另有规定，应从表 1 中给出的持续时间中选取严酷等级。

表 1 严酷等级

温度 ℃[a]	相对湿度 %[b]	持续时间[c,d] h			
		Ⅰ	Ⅱ	Ⅲ	Ⅳ
85	85	168	504	1 000	2 000

注：不主张重新开始一项试验，但如果要求试验样品经受大于 2 000 h 的试验，则应按照第 7 章的要求重新开始。试验应在前一试验降温阶段结束后 96 h 内重新进行。

除非另有规定，否则在试验之间的间隔期应将试验样品保持在检测或者试验用的标准大气条件下。

[a] 温度容差：试验箱工作空间内为±2 K。

[b] 相对湿度容差：±5%。

[c] 持续时间容差：$^{+5}_{0}$%。

[d] 持续时间的定义：见 7.4.2。

5 预处理

相关标准可要求预处理。

6 初始检测

试验样品应按照相关标准规定，进行外观检查、尺寸测量和功能测试。

7 条件试验

7.1 将试验样品置于试验室温度、气压和湿度条件下，再将试验样品放入试验箱的工作空间内。

7.2 试验样品不应经受来自加热器和试验箱壁的辐射热。

如果相关标准要求采用特殊安装装置，则安装装置的导热性及热容量应足够低，使试验样品实际上是绝热的。

应认真选择安装装置及安装装置的材料，使污染的影响最小，并将因腐蚀和其他原因产生的劣化降至最低(见附录 B.1)。

7.3 如果相关标准有要求，应在试验期间对试验样品施加偏压，施加偏压的导则在附录 B.2 中给出。

偏压(或偏压循环)应在温度和相对湿度达到稳定状态时施加到试验样品上，并连续施加到试验样品处于恢复条件为止。

7.4 试验循环

7.4.1 将试验箱的温度和相对湿度升至适当值，在此期间，温度与相对湿度不应该超出规定的限值。试验期间，试验样品上不允许有冷凝水，温度和湿度应在 3 h 内达到稳定。

7.4.2 在相关标准规定的持续时间内，温度和相对湿度应维持在规定范围内。试验持续时间应从试验条件达到稳定立即开始计算。

7.4.3 在规定的试验时间结束后，应在 1 h～4 h 内将试验箱的温度和相对湿度恢复到检测和试验用的标准大气条件。

7.4.4 在此期间，温度和相对湿度不应超过规定值，并应维持偏压。

7.4.5 降温阶段一结束，样品就应进入恢复程序。

8 中间检测

相关标准可以要求在试验期间进行电性能和(或)机械性能检测。

如果要求进行中间检测，相关标准应规定检测项目及在哪一阶段进行这些检测，但这些检测不应引起试验条件有任何变化。

在试验期间，不允许将试验样品移到试验箱外进行恢复后的检测。

9 恢复

试验结束，试验样品就应进行恢复。除非相关标准另有规定，否则恢复应在检测或试验的标准大气条件下进行 2 h～24 h。

10 最后检测

试验样品应根据相关标准规定，进行外观检查、尺寸测量和功能测试。

11 有关规范应给出的资料

当有关规范采用本试验方法时，应给出下列细目，尤其是有(*)的项目应给出：

	条款号
a) 试验严酷等级(持续时间)*	4
b) 试验之间大气条件(如果不是标准大气压条件的话)	4
c) 预处理*	5
d) 初始检测*	6
e) 特殊安装装置	7.2
f) 偏压	7.3 和 B.2
g) 中间检测	8
h) 恢复*	9
i) 最后检测*	10

附 录 A
（资料性附录）
试验的物理意义

A.1 水蒸气加速渗入试验样品是加速湿热试验最重要的物理因素。其加速作用是由非气密试验样品内部与试验环境间的水蒸气分压力差而引起的。

A.2 该试验主要用于集成电路和其他塑封半导体器件中敷铝的加速腐蚀。当考虑将该试验用于其他产品时，重要的是确定失效模式，针对每个失效模式选择适当的劣化过程和试验严酷等级。

附　录　B
（资料性附录）
试验装置及其管理

B.1　材料的选择

认真选择试验箱所用的材料，将大大地减少污染物的释放及由于腐蚀和其他机械原因产生的劣化作用，这些都是在本试验规定的温度、湿度综合条件下产生的。合适的材料是：不锈钢、玻璃、陶瓷和其他耐腐蚀材料。

B.2　偏压

偏压的定义是为增强湿度效应，按试验目的所施加的电压，它不一定与试验样品的正常功能有关。

应按下列导则施加偏压（以下要点按其重要性递减的顺序排列）：

a)　在施加偏压后，工作空间内样品内部与表面各规定点上的温度，与标称温度之差应小于 2 K；

b)　在选择偏压时要注意既要促进水解作用，也要限制试验样品自身发热，因为自热会影响水分的渗透和（或）吸收。当施加连续偏压而不可能阻止明显自热时，建议间断地施加偏压；除非另有规定，施加偏压的周期为：不施加偏压 3 h，施加偏压 1 h，从不施加偏压开始；

c)　应采取预防措施限制因故障条件而引起的能量损耗。

注：在相对湿度恒定的条件下给试验样品施加偏压能增强水汽诱发的各种效应。另外，偏压会导致功率耗散，起到与试验目的相反的效果，因为这将引起局部温度的升高从而降低临界位置的相对湿度。

B.3　清洗

应清洗试验箱及所有安装在试验箱内夹具（试验样品架等）。

试验箱及内部夹具可用软刷蘸稀释的试验室清洗剂清洗，然后用蒸馏水或去离子水冲洗。建议每次试验前应清洗试验箱。

建议清洗时应戴上手套和面罩，以防止试验箱和内部夹具受污染。试验设备应当在合适的清洁场所中使用。

除非另有规定，试验样品应在收货状态和正常操作下进行试验。对在试验前经特殊清洁的试验样品进行试验，可能不会表现出在使用时产生的效应。

附　录　NA
（资料性附录）
GB/T 2423 标准的组成部分

除本部分外，GB/T 2423 标准的组成部分如下：

GB/T 2423.1—2008　电工电子产品环境试验　第 2 部分：试验方法　试验 A：低温(IEC 60068-2-1:2007,IDT)

GB/T 2423.2—2008　电工电子产品环境试验　第 2 部分：试验方法　试验 B：高温(IEC 60068-2-2:2007,IDT)

GB/T 2423.3—2006　电工电子产品环境试验　第 2 部分：试验方法　试验 Cab：恒定湿热试验(IEC 60068-2-78:2001,IDT)

GB/T 2423.4—2008　电工电子产品环境试验　第 2 部分：试验方法　试验 Db　交变湿热(12 h+12 h 循环)(IEC 60068-2-30:2005,IDT)

GB/T 2423.5—1995　电工电子产品环境试验　第二部分：试验方法　试验 Ea 和导则：冲击(IEC 60068-2-27:1987,IDT)

GB/T 2423.6—1995　电工电子产品环境试验　第二部分：试验方法　试验 Eb 和导则：碰撞(IEC 60068-2-29:1987,IDT)

GB/T 2423.7—1995　电工电子产品环境试验　第二部分：试验方法　试验 Ec 和导则：倾跌与翻倒(主要用于设备型样品)(IEC 60068-2-31:1982,IDT)

GB/T 2423.8—1995　电工电子产品环境试验　第二部分：试验方法　试验 Ed：自由跌落(IEC 60068-2-32:1990,IDT)

GB/T 2423.10—2008　电工电子产品环境试验　第 2 部分：试验方法　试验 Fc：振动(正弦)(IEC 60068-2-6:1995,IDT)

GB/T 2423.15—2008　电工电子产品环境试验　第 2 部分：试验方法　试验 Ga 和导则：稳态加速度(IEC 60068-2-7:1986,IDT)

GB/T 2423.16—2008　电工电子产品环境试验　第 2 部分：试验方法　试验 J 和导则：长霉(IEC 60068-2-10:2005,IDT)

GB/T 2423.17—2008　电工电子产品环境试验　第 2 部分：试验方法　试验 Ka：盐雾(IEC 60068-2-11:1981,IDT)

GB/T 2423.18—2012　电工电子产品环境试验　第 2 部分：试验方法　试验 Kb：盐雾，交变(氯化钠溶液)(IEC 60068-2-52:1996,IDT)

GB/T 2423.21—2008　电工电子产品环境试验　第 2 部分：试验方法　试验 M：低气压(IEC 60068-2-13:1983,IDT)

GB/T 2423.22—2002　电工电子产品环境试验　第 2 部分：试验方法　试验 N：温度变化(IEC 60068-2-14:1984,IDT)

GB/T 2423.23—1995　电工电子产品环境试验　试验 Q：密封

GB/T 2423.24—1995　电工电子产品环境试验　第二部分：试验方法　试验 Sa：模拟地面上的太阳辐射(IEC 60068-2-5:1975,IDT)

GB/T 2423.25—2008　电工电子产品基本环境试验规程　试验 Z/AM：低温/低气压综合试验(IEC 60068-2-40:1976,IDT)

GB/T 2423.26—2008　电工电子产品基本环境试验规程　试验 Z/BM：高温/低气压综合试验(IEC 60068-2-41:1976,IDT)

GB/T 2423.27—2005 电工电子产品环境试验 第2部分:试验方法 试验Z/AMD:低温/低气压/湿热连续综合试验(IEC 60068-2-39:1976,IDT)

GB/T 2423.28—2005 电工电子产品环境试验 第2部分:试验方法 试验T:锡焊(IEC 60068-2-20:1979,IDT)

GB/T 2423.30—1999 电工电子产品环境试验 第2部分:试验方法 试验XA和导则:在清洗剂中浸渍(IEC 60068-2-45:1993,IDT)

GB/T 2423.32—2008 电工电子产品环境试验 第2部分:试验方法 试验Ta:润湿称量法可焊性(IEC 60068-2-54:2006,IDT)

GB/T 2423.33—2005 电工电子产品环境试验 第2部分:试验方法 试验Kca:高浓度二氧化硫试验

GB/T 2423.34—2005 电工电子产品环境试验 第2部分:试验方法 试验Z/AD:温度/湿度组合循环试验(IEC 60068-2-38:1974,IDT)

GB/T 2423.35—2005 电工电子产品环境试验 第2部分:试验方法 试验Z/AFc:散热和非散热试验样品的低温/振动(正弦)综合试验(IEC 60068-2-50:1983,IDT)

GB/T 2423.36—2005 电工电子产品环境试验 第2部分:试验方法 试验Z/BFc:散热和非散热试验样品的高温/振动(正弦)综合试验(IEC 60068-2-51:1983,IDT)

GB/T 2423.37—2006 电工电子产品环境试验 第2部分:试验方法 试验L:沙尘试验(IEC 60068-2-68:1994,IDT)

GB/T 2423.38—2008 电工电子产品环境试验 第2部分:试验方法 试验R:水试验方法和导则(IEC 60068-2-18:2000,IDT)

GB/T 2423.39—2008 电工电子产品环境试验 第2部分:试验方法 试验Ee:弹跳(IEC 60068-2-55:1987,IDT)

GB/T 2423.40—1997 电工电子产品环境试验 第2部分:试验方法 试验Cx:未饱和高压蒸汽恒定湿热(IEC 60068-2-66:1994,IDT)

GB/T 2423.41—1994 电工电子产品基本环境试验规程 风压试验方法

GB/T 2423.42—1995 电工电子产品环境试验 低温/低气压/振动(正弦)综合试验方法

GB/T 2423.43—2008 电工电子产品环境试验 第2部分:试验方法 振动、冲击和类似动力学试验样品的安装(IEC 60068-2-47:2005,IDT)

GB/T 2423.45—1997 电工电子产品环境试验 第2部分:试验方法 试验Z/ABDM:气候顺序(IEC 60068-2-61:1991,IDT)

GB/T 2423.47—1997 电工电子产品环境试验 第2部分:试验方法 试验Fg:声振(IEC 60068-2-65:1993,IDT)

GB/T 2423.48—2008 电工电子产品环境试验 第2部分:试验方法 试验Ff:振动-时间历程法(IEC 60068-2-57:1999,IDT)

GB/T 2423.49—1997 电工电子产品环境试验 第2部分:试验方法 试验Fe:振动——正弦拍频法(IEC 60068-2-59:1990,IDT)

GB/T 2423.51—2012 电工电子产品环境试验 第2部分:试验方法 试验Ke:流动混合气体腐蚀试验(IEC 60068-2-60:1995,IDT)

GB/T 2423.52—2003 电工电子产品环境试验 第2部分:试验方法 试验77:结构强度与撞击(IEC 60068-2-27:1999,IDT)

GB/T 2423.53—2005 电工电子产品环境试验 第2部分:试验方法 试验Xb:由手的摩擦造成标记和印刷文字的磨损(IEC 60068-2-70:1995,IDT)

GB/T 2423.54—2005 电工电子产品环境试验 第2部分:试验方法 试验Xc:流体污染

(IEC 60068-2-74:1999,IDT)

GB/T 2423.55—2006 电工电子产品环境试验 第2部分:环境测试 试验Eh:锤击试验(IEC 60068-2-75:1997,IDT)

GB/T 2423.56—2006 电工电子产品环境试验 第2部分:试验方法 试验Fh:宽带随机振动(数字控制)和导则(IEC 60068-2-64:1993,IDT)

GB/T 2423.57—2008 电工电子产品环境试验 第2-81部分:试验方法 试验Ei:冲击 冲击响应谱合成(IEC 60068-2-81:2003,IDT)

GB/T 2423.58—2008 电工电子产品环境试验 第2-80部分:试验方法 试验Fi:振动 混合模式(IEC 60068-2-80:2005,IDT)

GB/T 2423.59—2008 电工电子产品环境试验 第2部分:试验方法 试验Z/ABMFh:温度(低温、高温)/低气压/振动(随机)综合

GB/T 2423.60—2008 电工电子产品环境试验 第2部分:试验方法 试验U:引出端及整体安装件

GB/T 2423.101—2008 电工电子产品环境试验 第2部分:试验方法 试验:倾斜和摇摆

GB/T 2423.102—2008 电工电子产品环境试验 第2部分:试验方法 试验:温度(低温、高温)/低气压/振动(正弦)综合

ICS 19.040
K 04

中华人民共和国国家标准

GB/T 2423.51—2012/IEC 60068-2-60:1995
代替 GB/T 2423.51—2000

环境试验　第2部分:试验方法 试验 Ke:流动混合气体腐蚀试验

Environmental testing—Part 2:Test methods—Test Ke:Flowing mixed gas corrosion test

(IEC 60068-2-60:1995,Environmental testing—Part 2:Tests—Test Ke:Flowing mixed gas corrosion test,IDT)

2012-11-05 发布　　2013-02-01 实施

中华人民共和国国家质量监督检验检疫总局
中国国家标准化管理委员会　发布

前　言

GB/T 2423.51 是 GB/T 2423 的第 51 部分,GB/T 2423 标准的组成部分见资料性附录 NA。

本部分代替 GB/T 2423.51—2000《电工电子产品环境试验　第 2 部分:试验方法　试验 Ke:流动混合气体腐蚀试验》。

本部分与 GB/T 2423.51—2000 相比主要变化如下:

——本部分增加了两个二级标题 6.3.1 和 6.3.2;

——本部分表 1 标题增加了试验方法及参数;

——增加了资料性附录 NA。

本部分使用翻译法等同采用 IEC 60068-2-60:1995(第 2 版)《环境试验　第 2 部分:试验　试验 Ke:流动混合气体腐蚀试验》。

本部分与 IEC 60068-2-60:1995(第 2 版)相比,主要作了下列编辑性修改:

——"本标准"一词改为"本部分";

——删除了 IEC 标准的前言和序,增加了国家标准的前言;

——在规范性引用文件中,引用了与国际标准有对应关系的国家标准,并增加了在正文中引用到的标准;

——为了便于标准格式与层次的统一,分别为 6.3 中的"试验程序 1"和"试验程序 2"加上标题条序号 6.3.1 与 6.3.2;

——增加了资料性附录 NA。

本部分由全国电工电子产品环境条件与环境试验标准化技术委员会(SAC/TC 8)提出并归口。

本部分起草单位:中国电器科学研究院有限公司。

本部分主要起草人:周和荣、邓国华。

本部分所代替标准的历次版本发布情况为:

——GB/T 2423.51—2000。

环境试验　第2部分:试验方法
试验Ke:流动混合气体腐蚀试验

1　概述

1.1　范围

GB/T 2423的本部分用于确定工作和贮存的室内环境对电工电子产品元件、设备和材料,特别是接触点和连接件的腐蚀影响,它们可以分别为单个元件、组装为一个组件或装配成一个完整的设备进行考核。

本部分提供的试验方法有助于在耐蚀性方面对材料、制造工艺和元件设计进行对比选择。试验方法和试验时间的选择指南见附录C。

1.2　规范性引用文件

下列文件对于本文件的应用是必不可少的。凡是注日期的引用文件,仅注日期的版本适用于本文件。凡是不注日期的引用文件,其最新版本(包括所有的修改单)适用于本文件。

GB/T 5095.2—1997　电子设备用机电元件　基本试验规程及测量方法　第2部分:一般检查、电连续性和接触电阻测试、绝缘试验和电压应力试验(IEC 60512-2:1985,IDT)

ISO 431:1981　精炼铜锭(Copper refinery shapes)

2　试验设备

试验设备包括气候系统、工作室、气体输送系统和气体浓度检测装置。

试验设备的设计与结构是可选择的,但每种试验方法在整个工作空间都应该满足其规定的条件,且符合以下要求:

——水滴或悬浮物不应进入工作室;

——试验用空气和水应该足够洁净以免影响试验效果;

——试验气体通过工作室时应确保工作空间内试验条件一致;

——气体分析用的采样点应在试验箱的工作空间内;

——排气应按照相关法律条款执行。

工作空间规定为其空间内每个位置的铜片试样腐蚀增重不超过所有铜片试样平均腐蚀增重的15%[根据附录A,铜片试样的腐蚀增重以mg/(dm^2·d)表示]。

3　严酷等级

试验严酷等级由相关规范规定,取决于以下因素:

——试验方法(从表1选取);

——试验时间。

试验时间优先选用4 d、7 d、10 d、14 d和21 d。

试验方法有4种,其试验参数见表1,每种试验方法的应用指南见附录C.3。

表 1 试验方法及参数

试验参数	方法 1	方法 2	方法 3	方法 4
H_2S(10^{-9} vol/vol)[a]	100±20	10±5	100±20	10±5
NO_2(10^{-9} vol/vol)[b]	—	200±50	200±50	200±20
Cl_2(10^{-9} vol/vol)[c]	—	10±5	20±5	10±5
SO_2(10^{-9} vol/vol)[d]	500±100	—	—	200±20
温度(℃)	25±1	30±1	30±1	25±1
相对湿度(%)	75±3	70±3	75±3	75±3
试验气体每小时体积更换数(10^{-9} vol/vol)	3～10	3～10	3～10	3～10
根据附录 A 得到的铜片试样的增重(mg/(dm^2·d))	1.0～2.0	0.3～1.0	1.2～2.2	1.2～2.4

注：由于试验方法 1～4 的腐蚀性不同，编号次序和相应的铜片试样腐蚀增重不反映其严酷等级。

[a] H_2S:1 $\mu g/m^3$=0.71 mm^3/m^3

[b] NO_2:1 $\mu g/m^3$=0.53 mm^3/m^3(10^{-9} vol/vol)=UNIT($\mu g/m^3$)

[c] Cl_2:1 $\mu g/m^3$=0.34 mm^3/m^3

[d] SO_2:1 $\mu g/m^3$=0.38 mm^3/m^3

4 预处理

试验样品可以按相关规范进行预处理(如清洁或机械操作)。

5 初始检测

初始检测按相关规范执行。

通常这些检测是：

——机电产品元件的接触电阻测试(参见 GB/T 5095.2—1997，试验 2a)；

——绝缘电阻测试(参见 GB/T 5095.2—1997，试验 3a)。

6 试验

试验样品包括：

——要进行评价的试验样品；

——腐蚀监测材料。

6.1 试验样品

相关产品标准应该确定试验样品在试验期间的状态，如连接件是连接或不连接、开关是断开或闭合，运行或加电负载。

散热的试验样品处于运行或负载状态期间，工作空间的温度和相对湿度应保持在规定的范围内。

当试验样品放入试验箱时，试验样品和试验箱所处的状态不应使试验样品表面产生冷凝现象。

6.2 腐蚀监测材料

铜片试样作为腐蚀监测材料与试验样品一起试验，以检验试验样品的一致性。

铜片试样按附录 A 规定的要求准备，数量至少为 5 件，与试验样品一起暴露相同的试验时间，并用适当的灵敏度天平称量铜片试样在试验中的重量增加值，以作为腐蚀程度的衡量标准和试验再现性与重复性的监控标准。

除铜片试样外，其他材料如镀金试片或其他试样(见 B.6.3)也可以作为腐蚀监测材料。

6.3 试验程序

可选用下列试验程序中的一种进行试验：

6.3.1 试验程序 1

当试验气体不含氯(见方法 1)或测量氯浓度的方法不受试验气体中其他气体干扰时应采用下述程序：

——开始注入湿空气，稳定和调节温度与湿度。

——开始向湿空气中导入腐蚀性气体并使其稳定。

——测量与调节气体浓度并使其稳定；当需要测量氯浓度时，以试验气体中的全部氯(不仅是氯气 Cl_2)作为氯气浓度；加入试验气体的氯只应以氯气形式充入。

——按 6.2 的要求放入试验样品和腐蚀监测材料；在整个试验期间内铜片试样与试验样品应一起进行暴露试验，试验样品和腐蚀监测材料应均匀分布于工作空间内，不应相互接触和遮挡试验气体，试验样品的状态应符合相关标准(如连接或不连接，加电负载或运行)；试验时间应从此时开始计算。

——试验条件稳定可能需要一定的时间；如果有必要，需测量与调节温度、湿度和气体浓度；调节过程中应避免气体浓度的任何超标，调节和稳定的最长时间不超过 24 h。

——试验过程中温度、湿度和气体浓度应保持在规定的范围内；试验期间允许打开试验箱。

开箱的次数应受限制。

试验持续时间少于 4 d，不允许开箱；

试验持续时间为 4 d～10 d，允许开箱 1 次；

试验持续时间超过 10 d，允许每周开箱 1 次；

开箱持续时间以取、放试验样品所必需的时间为限。

——试验结束后，取出试验样品和腐蚀监测材料。

6.3.2 试验程序 2

当试验气体中含氯(如方法 2、方法 3、方法 4)或测量氯含量的方法受到试验气氛中其他气体的干扰时，应采用下述程序：

——开始注入湿空气，调节和稳定温度与湿度。

——开始向湿空气中导入氯气并使其稳定。

——测量和调节氯浓度，并使其稳定。

——按 6.2 的要求放入试验样品和腐蚀监测材料；在整个试验期间内铜片试样与试验样品应一起进行暴露试验，试验样品和腐蚀监测材料应均匀分布于工作空间内，不应相互接触和遮挡试验气体，试验样品的状态应符合相关标准(如连接/不连接，电负载或运行)。

——使温度、湿度和氯浓度稳定可能需要一段时间，因为氯在试验样品表面具有高的初始化学反应与吸附速率；如果有必要，可测量和调节氯的浓度；在调节过程中应避免气体浓度的任何超标，调试好的氯浓度至少稳定 2 h;调节和稳定的最长时间不应超过 24 h。

——开始注入其他气体并使其稳定,如有必要可测量和调节温度、湿度和气体浓度(氯除外);在调节过程中应避免气体浓度的任何超标,调节和稳定的最长时间不应超过 24 h;试验时间从所有气体全部通入时开始计算。

——在试验过程中,温度、湿度和气体浓度应保持在规定的范围内,但是氯浓度不能控制,确保氯浓度在规定范围内的方法是试验结束后按规定测量氯含量;试验期间允许打开试验箱。

开箱次数应限制。

试验持续时间少于 4 d,不允许开箱;

试验持续时间为 4 d~10 d,允许开箱 1 次;

试验持续时间超过 10 d,允许每周开箱 1 次;

开箱持续时间以取、放试验样品所必需的时间为限。

——试验结束后,除继续通入氯气以外,停止通入其他气体,等待足够的时间使其他气体排出试验箱,最大程度避免影响氯的分析。

——为确保试验的有效性,测量的氯浓度必须在规定的范围内。

——取出试验样品和腐蚀监测材料。

7 恢复

在最后检测之前,应将从试验箱中取出的试验样品按相关规范存放。

8 最后检测

最后检测应按相关标准进行,也可以要求在试验结束后对试验样品进行外观检查。

相关标准应提供试验样品合格与不合格的判别准则。

如果必要的测试不能在规定的时间内完成,在恢复条件下存放时间最长可以延长为一周,这种存放时间的延长应该在试验报告中说明。

9 有关规范应给出的信息

当有关规范采用本试验方法时,应提供下列条款所要求的信息,特别要注意加星号(*)的项目。

	条款号
a) 试验方法*	3
b) 试验持续时间*	3
c) 试验样品的预处理	4
d) 初始检测*	5
e) 试验期间试验样品所处的条件*	6
f) 试验期间试验样品的工作和电负载状态	6
g) 恢复及其持续时间*	7
h) 最后检测*与可能的外观检查	8
i) 合格与不合格的判别准则*	8

10 试验报告中应给出的信息

——试验方法;

——试验持续时间;
——预处理;
——初始检测的方法与结果;
——试验条件与持续时间;
——试验期间试验样品的工作与负载状态;
——恢复及其持续时间;
——最后检测的方法与结果;
——每个铜片试样的增重[以 mg/(dm^2·d)为单位表示];
——与本部分的任何不一致的地方。

附 录 A
（规范性附录）
腐蚀监测用铜片试样

铜片试样与试验样品一起进行暴露腐蚀试验，以验证试验与本部分所规定的各种限定参数的符合性。铜片试样的增重将作为这种符合性的度量。

A.1 材质与尺寸

铜片试样由半硬 OFHC 铜板（符合 ISO 431:1981 的 Cu-OF）加工制成，最大厚度为 0.5 mm，每个试样的总表面积为 0.1 dm^2～0.2 dm^2。

A.2 清洁程序

开始试验之前，铜片试样应按下述方法清洗，在具有适当灵敏度的天平上称重，并在含非腐蚀性干燥剂的干燥器中存放，最长干燥时间不超过 120 h。

铜片试样应按如下程序进行清洁：

——以不锈钢或铂为阳极，在电解电压 5 V～10 V 下，在 1 mol/L NaOH 溶液中进行阴极除油 15 s～30 s；

——自来水冲洗；

——去离子水冲洗；

——浸入 10%的 H_2SO_4 溶液中活化 20 s～30 s；

——自来水冲洗；

——去离子水冲洗；

——酒精（改性的乙醇或异丙醇）冲洗；

——热空气干燥（约 50 ℃）。

所有的溶液均用去离子水配制，至少与气候系统中使用的水具有相同的质量。

附 录 B
（资料性附录）
试验设备的说明

B.1 概述

试验设备包括气候系统、工作室、气体输送系统和气体分析系统。试验设备如图 B.1、图 B.2 和图 B.3 所示。

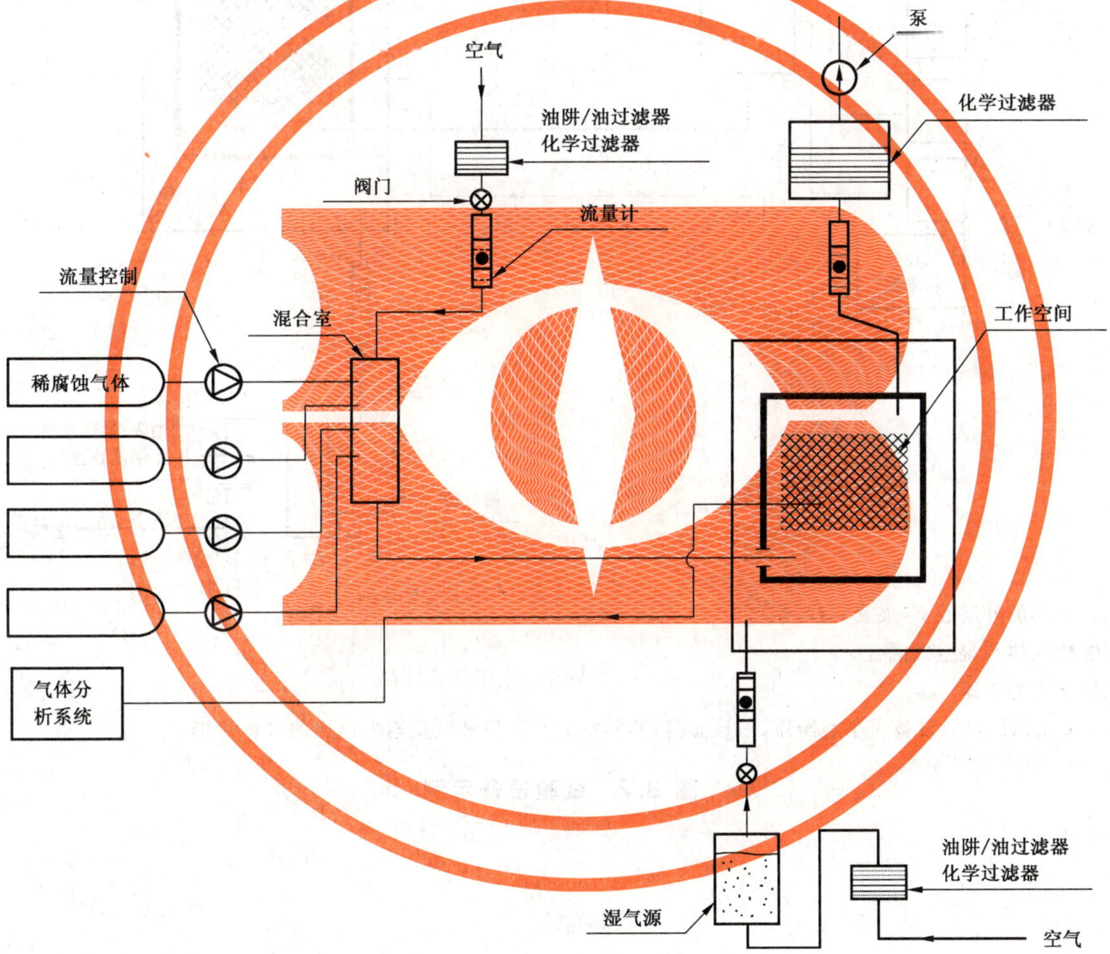

用低浓度贮气瓶送气
试验箱内的外层腔室（夹套）带有湿空气
腐蚀性气体与干燥空气预混合
工作室内为负压

图 B.1 试验设备示例

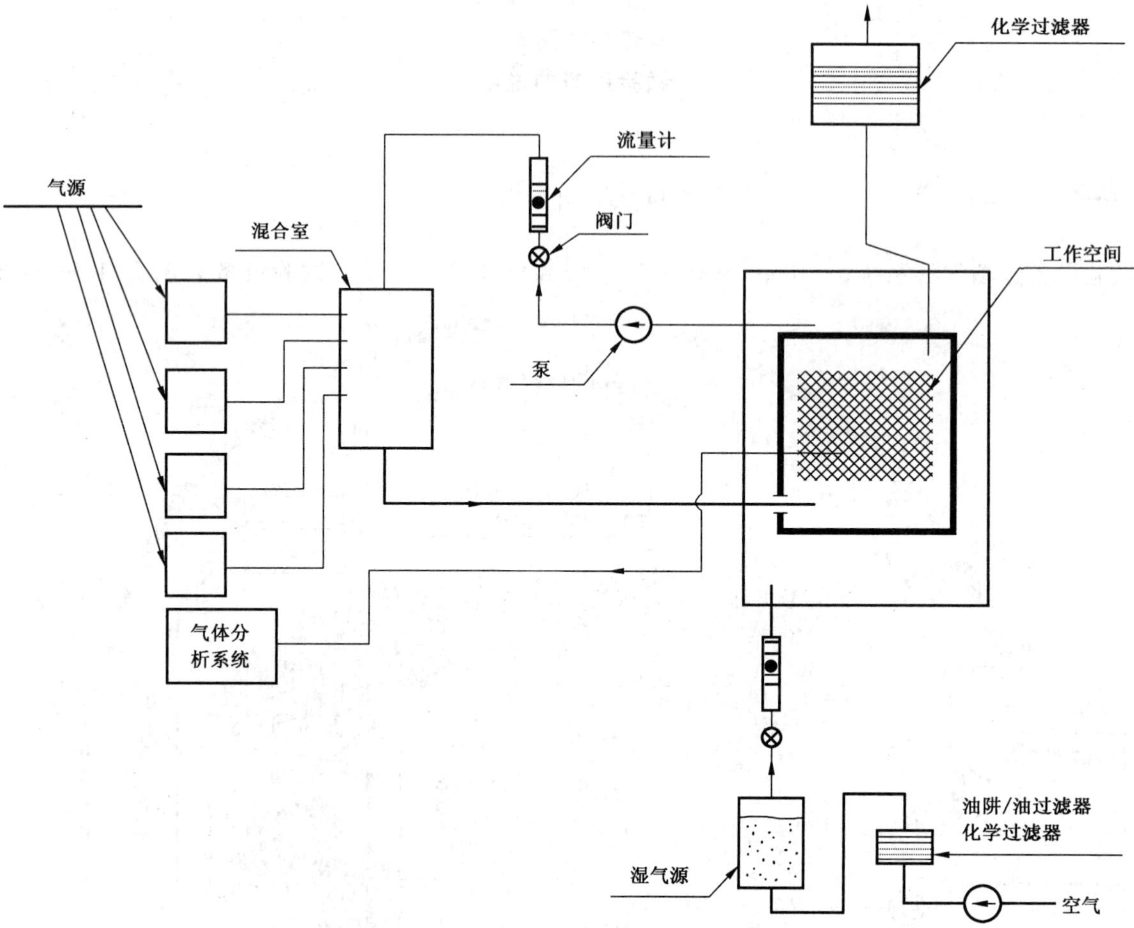

试验箱内的外层腔室(夹套)有湿空气

腐蚀性气体与湿空气混合

工作室内为正压

注:带正压的试验设备应小心操作,一旦泄漏,实验室的空气将被试验箱中逸出的气体污染。

图 B.2 试验设备示例

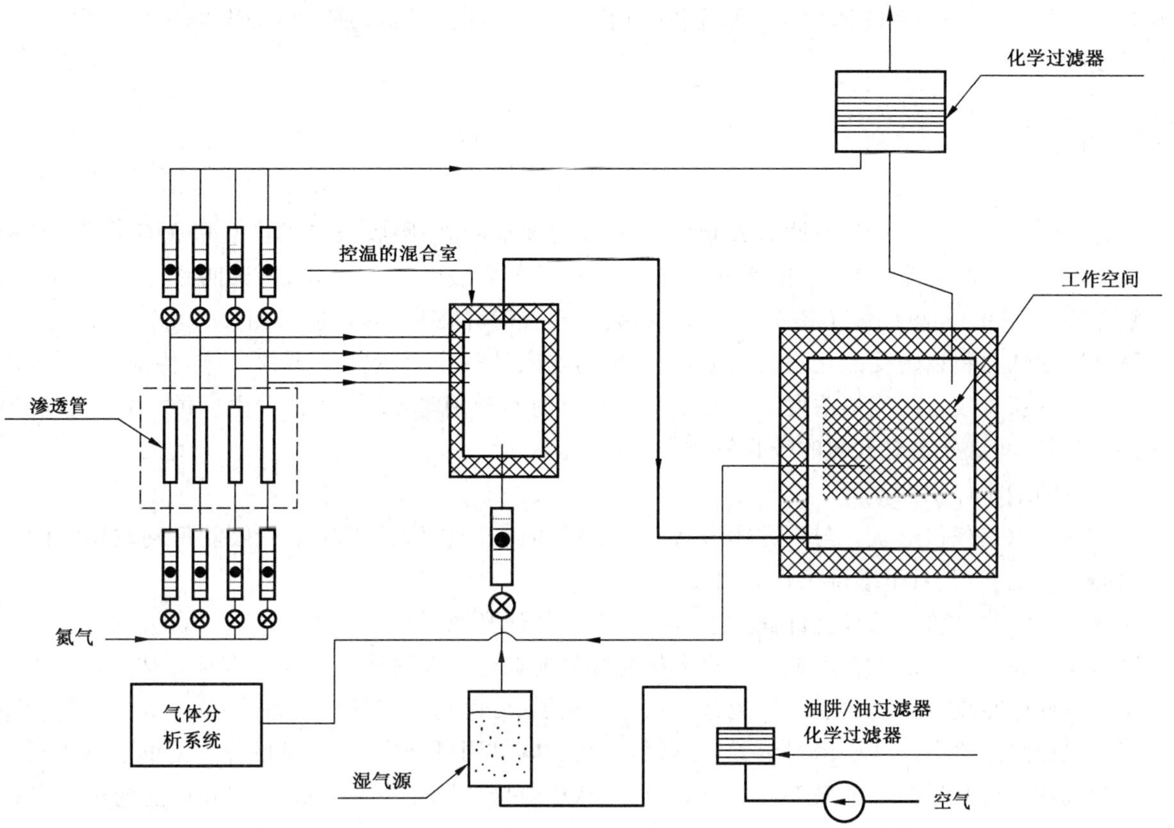

试验箱只有工作室(带加热壁)

渗透管输送气体

腐蚀性气体与湿空气预混合

工作室内为正压

注：带正压的试验设备应小心操作，一旦泄漏，实验室的空气将被试验箱中逸出的气体污染。

图 B.3　试验设备示例

B.2　气候系统

气候系统将湿空气送入工作室，常用的方法是让压缩空气通过温度高于湿空气露点的水浴室。在计算温度时，任何额外加入试验气氛中的干空气都应加以考虑。工作室内的空气相对湿度应定期检查，同时水浴室的水温要相应调整。

压缩空气应除油和污染物，应使用一个或多个油阱、油过滤器和化学过滤装置(比如干活性炭和分子滤网的组合)处理，并定期更换或活化。也可以使用合成空气。水应该是蒸馏水或去离子水。

湿空气可按图 B.1 所示的方法输入工作室。在这种情况下，工作室内的空气通过抽气排出，这样就在工作室内形成低气压(与试验箱内工作室外部的空间相比)。工作室外部的湿空气通过一个孔被抽入到工作室内，孔径的大小影响到气压差。调节从工作室抽出空气的流速以获得规定的每小时气体体积更换数。与周围环境的气压相比，工作室内的低气压可能会导致某些气体分析仪器的使用困难。

在图 B.2 中，湿空气被输入到试验箱内工作室外的空间，并经过工作室壁上的孔流入工作室的内部。这种方法能在工作室获得比周围环境大气压更高的压力，从而使试验气体取样容易且降低了外部大气对其产生的影响。但是工作室与试验箱内工作室的外部空间相比，气压仍较低。图 B.2 显示了各种气体与湿空气的混合方式。采用此种方法在气体混合时可能消耗更多的空气，得到较低的气体浓度。

为了稳定湿度，温度的波动范围应小于±0.5 ℃。为了保持温度稳定，有必要在工作室的周围设置水或空气夹层。图B.1和图B.2所示的设备采用空气夹层，而图B.3所示的设备则可使用空气夹层、水夹层或电热壁。

B.3 工作室

试验气体由各种具有化学活性的成分组成，因此容易被吸附、吸收或与工作室和管道所用的结构材料进行化学反应。制造工作室时，推荐采用玻璃、聚甲基丙烯酸甲酯(PMMA)、聚四氟乙烯(PTFE)、聚偏二氟乙烯(PVDF)和奥氏体不锈钢(含18%的铬(Cr)、10%的镍(Ni)并加入钼(Mo)、钛(Ti)、铌(Nb)或其他抗腐蚀性材料以耐受氯化物的侵蚀)。通常需加入比规定含量高得多的气体，特别是氯气，以便在工作空间内获得规定的气体浓度。当使用某些种类的不锈钢时，工作室将发生腐蚀。新设备需要试用期，在试用期间试验箱对气体的吸收率通常会较高。

工作室的最小体积推荐为0.1 m^3。

工作室可以是任何形状。与立方体形状的工作室相比，圆柱状的工作室一般能得到较均匀的气流和较大的工作空间(相对于整个工作室的体积)。

建议工作室的试验样品只允许偶尔暴露于阳光或其他光源下。

试验箱的设计应保证工作室壁和其他部件能容易地进行彻底清洁。工作室壁可以被加热至规定温度或稍微高些的温度，以免发生凝露，通常采用空气夹层(可以是外部的一个箱体)或水夹层。

工作室应采用恰当的气密密封装置，使试验期间的电气测量、电气和机械的操作能够正常进行。

试验气体最好从试验箱的底部开口位置导入，从相对应的顶部开口排出。在开口前的位置可以使用缓冲装置以改善气流的均匀性。

排气管可以加热以避免冷凝和腐蚀。

为了改善气流均匀性满足表1中的要求，允许气体强制流动。气体的强制流动可以采用风扇或圆盘传送带让试验样品在试验气氛中缓慢移动来实现。一般情况下，风扇所产生的紊流气体能加速腐蚀速率，而使用传送带所产生的均匀气体流速只限于一个恒定直径。当使用风扇或传送带时，其散发出的热量应予以考虑。正常情况下风扇应安装在远离试验物品的位置以免散发出的热量影响试验结果，传送带的动力装置应安装在试验箱的外部以免热量散发到工作室内。设备使用前，应研究风扇和传送带的影响(见B.7)。

B.4 气体输送系统

气体输送系统、管道、阀门等对气体的吸附或吸收程度不应影响试验效果。聚四氟乙烯(PTFE)是一种管道常使用的材料。阀门等部件通常采用耐酸钢加工制成，钢表面优先选用聚四氟乙烯(PTFE)涂覆，特别是在潮湿条件下氯会侵蚀耐酸钢。

气体可以由渗透管提供，纯空气、合成空气或氮气作为载气。另一种办法是使用气体钢瓶，最好使用稀释后的气体(通常采用氮气稀释)。

气体应足够清洁，不能影响试验效果。建议采用高纯度的气体：规定活性气体以外的其他活性气体的最大浓度是该规定活性气体浓度的0.1%。某些气体如二氧化氮中的一氧化氮允许有更高的浓度，最大可达二氧化氮气体浓度的10%。

调控气体流量可以采用计量泵、孔板流量计或质量流量计。推荐使用质量流量计来调控低浓度的腐蚀性气体。

在腐蚀性气体导入工作室之前，最好使用混合室。各种腐蚀性气体相互混合时，每种腐蚀气体的浓度应避免引起相互之间不必要的化学反应。

B.5 分析系统

B.5.1 温度和湿度

不受所用腐蚀性气体影响的各种方法均可用于测量温度和湿度。湿度和温度的控制可在稀释的腐蚀性气体混合之前进行。在图 B.1 和图 B.2 试验装置中,这一工作可在工作室外的箱体内进行。在此情况下,温度和湿度设置可根据稀释的腐蚀性气体的混合情况来调节。工作室内真实的温度和湿度与外部测得的温度与湿度之间的关系应定期检查(一般每年 2 次)。建议限制仪器设备暴露在工作室内的腐蚀环境中。

B.5.2 气体

为了避免在采样管中产生冷凝现象,这些管道可以加热。管道中的相对湿度最高允许为 80%,稍低一些更好。

工作室内与工作室外的压力差对气体分析仪器功能可能产生的影响应彻底检查。许多检测仪器需要检测与周围环境压力一致的气体样品。当工作室存在负压时,有些检测仪器从工作室内抽取气体可能产生困难,因而会给出过低的读数。而工作室压力为正压更容易控制,因为采取措施降低压力到环境压力比较容易。

二氧化硫分析测试可以采用荧光紫外法、电导法和比色法等。

硫化氢分析可以采用荧光紫外法、气相色谱火焰光度法、金膜探头吸附法(受 NO_2 干扰)、电导法或者比色法。

二氧化氮分析可以采用化学荧光法或比色法。

氯气测量可以采用电化学方法或比色法,这两种方法均会受到试验气体中其他腐蚀性气体的影响,因此,氯的分析只有在不含其他气体条件下才能进行。

所有气体混合后,氯的总含量可以采用离子色谱法分析,这种方法得到的氯含量为氯气的浓度值。

试验用仪器应根据制造商的说明进行计量。此外,所有仪器应采用校准气体源定期计量。当采用荧光紫外类型的仪器时,在校准气体源中应该选用空气作为载气,因为它与使用氮气作为载气时获得的读数不一样。

最应该注意的是,很多方法(如用荧光紫外法分析二氧化硫)都受相对湿度的影响。使校准单元中载气的相对湿度达到取样管中同样的相对湿度是很困难的。因此,记录使用来源于试验箱的纯净空气,使用和采样时相同的温度、湿度、流速和相同的管道加热方式进行测量的读数,并将其与使用校准单元中的纯净载气时的读数相比较。当对试验箱中的腐蚀性气体进行分析时,得到的读数也应按照这一差值进行相应的校正。

B.6 其他的腐蚀监测方法

B.6.1 增重

应采用灵敏度为 0.01 mg 的天平称量铜的增重。

当暴露时间更长(10 d 或更长)时,可以采用灵敏度为 0.1 mg 的天平。

称量腐蚀监测材料试片,应在天平校准后立即进行。

通过测量铜或银的增重来监测腐蚀情况时,可以采用石英微天平。由于覆铜的石英晶体不能采用附录 A 所示的方法进行清洗,校正的方法是将其结果与采用本部分对铜片试样进行清洗、并在常规分析天平上称量得到的铜片试样的腐蚀增重进行比较。

B.6.2 监测试样的表面分析

采用本部分规定的4种方法之一进行试验，试样表面都会产生腐蚀层，对腐蚀层进行表面分析会得到腐蚀产物的性质、化学组成、腐蚀层的结构和腐蚀产物厚度等信息。

分析方法可以采用库仑还原法、循环伏安法、X射线显微分析法(扫描电子显微镜带的能谱(EDS)、X射线波谱法(WDS)或显微探针法)、俄歇电子波谱法(AES)、二次离子质谱法(SIMS)和电子能谱化学分析法(ESCA)等测试技术。

B.6.3 外观检查

为了确定主要的腐蚀机理，推荐采用镀金试样或其他种类的试验样品作为附加的腐蚀监测材料。

试验方法1、方法2和方法4中发现的主要腐蚀机制是孔蚀，方法3则主要是裂隙腐蚀。

B.7 试验箱的检查

对于新试验箱，由于几何形状或气流发生改变，应采用铜片试样确定工作空间。铜片试样(按照附录A进行清洗)放置于试验箱内的不同位置，每个位置至少三片试样。

试验箱的最大负载量可以采用铜片试样评估。在最大负载量时，铜片试样的腐蚀增重应在表1规定的容差范围内。同时注意，有机材料会与金属材料一样吸收同样或更多的腐蚀性气体。

附 录 C
（资料性附录）
试验方法选择与持续时间导则

C.1 引言

在室内环境下贮存或运行期间，电工电子产品的腐蚀会受到气候因素如温度、相对湿度、空气流速以及温湿度变化速率的影响。另外，气体污染物会严重地影响电工电子产品的腐蚀速率以及不同腐蚀机理的相对发生概率，表面的污染物，如灰尘、油和塑料释放出来的化合物也会影响腐蚀速率和腐蚀机理。

试验采用的所有气体都有其自然界的来源，但在不同工作环境中占主导地位的气体污染物不同：

——二氧化硫和氮氧化物来源于化石燃料的燃烧和交通环境中；

——硫化氢来源于石化与钢铁工业、腐败的有机物质、污水、动物的巢穴；

——硫化氢和氯化物来源于制浆与造纸工业。

本部分所规定的试验方法不是针对某一具体环境。选择这些方法是为了观察电工电子产品材料在正常使用环境中产生的腐蚀产物。

C.2 试验中所用腐蚀性气体的作用

硫化氢对许多金属材料都有强烈的腐蚀作用，尤其是银和铜。

方法 1 中，硫化氢和二氧化硫存在协同效应，这意味着用于硫化氢试验的工作室和管道不能用于纯二氧化硫腐蚀试验。方法 4 中加入二氧化硫是因为二氧化硫对镍、钢和锌有腐蚀作用。

试验方法 2、方法 3 和方法 4 中采用的氮氧化物主要是作为氧化剂。

在正常工作环境中，氯很少被发现是主要的污染物。在方法 2、方法 3 和方法 4 中，氯一部分是用作氧化剂，另一部分作为氯化物。氯气被还原而形成的氯化物能穿透金属表面的氧化物保护层。由于具有双重作用，当它与硫化氢混合时，氯具有很强的协同效应。由于这种强烈的协同效应和所谓的“记忆效应”（将氯化物从试验箱和管道等处完全清除很困难），工作室和管道一旦被用于含氯气的试验就不能再用于试验气体中不含氯气的试验。

C.3 不同试验方法的使用

尽管铜被视为一种好的监测材料，但在一般情况下，采用本部分规定的试验方法处理的铜试样的腐蚀增重与其他金属样品的腐蚀没有关系。

试验方法 1 可用于金包覆层的孔蚀试验。对于敞开暴露的金覆盖层表面，试验时间宜采用 10 d。

试验方法 1 也可用于检测暴露于轻微污染环境中（如“洁净”的电信中心）的表面镀金接触件，试验时间 10 d～21 d 为宜。

试验方法 2 和方法 4 适用于中度腐蚀环境下使用的电工电子产品的检测，这种环境包括电信中心、大多数办公环境和一些工业仪器设备室。金覆盖层在这些环境下的主要腐蚀机制是孔蚀。

试验方法 3 适用于腐蚀较严重的环境，如工业仪器设备室和其他的工业场所。金覆盖层在这些环境中容易发生孔蚀和裂隙腐蚀。

对试验方法 2、方法 3 和方法 4，试验时间 4 d～7 d 适用于覆盖层系统的外观评价，试验时间 4 d～10 d 适用于评价寿命期短的产品，试验时间 7 d～21 d 适用于评价对可靠性和寿命期要求较高的产品。

附 录 NA
（资料性附录）
GB/T 2423 标准的组成部分

除本部分外，GB/T 2423 标准的组成部分如下：

GB/T 2423.1—2008 电工电子产品环境试验 第2部分：试验方法 试验A：低温（IEC 60068-2-1:2007,IDT)

GB/T 2423.2—2008 电工电子产品环境试验 第2部分：试验方法 试验B：高温(IEC 60068-2-2:2007,IDT)

GB/T 2423.3—2006 电工电子产品环境试验 第2部分：试验方法 试验Cab：恒定湿热试验(IEC 60068-2-78:2001,IDT)

GB/T 2423.4—2008 电工电子产品环境试验 第2部分：试验方法 试验Db 交变湿热(12 h+12 h循环)(IEC 60068-2-30:2005,IDT)

GB/T 2423.5—1995 电工电子产品环境试验 第二部分：试验方法 试验Ea和导则：冲击(IEC 60068-2-27:1987,IDT)

GB/T 2423.6—1995 电工电子产品环境试验 第二部分：试验方法 试验Eb和导则：碰撞(IEC 60068-2-29:1987,IDT)

GB/T 2423.7—1995 电工电子产品环境试验 第二部分：试验方法 试验Ec和导则：倾跌与翻倒（主要用于设备型样品)(IEC 60068-2-31:1982,IDT)

GB/T 2423.8—1995 电工电子产品环境试验 第二部分：试验方法 试验Ed：自由跌落(IEC 60068-2-32:1990,IDT)

GB/T 2423.10—2008 电工电子产品环境试验 第2部分：试验方法 试验Fc：振动(正弦)(IEC 60068-2-6:1995,IDT)

GB/T 2423.15—2008 电工电子产品环境试验 第2部分：试验方法 试验Ga和导则：稳态加速度(IEC 60068-2-7:1986,IDT)

GB/T 2423.16—2008 电工电子产品环境试验 第2部分：试验方法 试验J和导则：长霉(IEC 60068-2-10:2005,IDT)

GB/T 2423.17—2008 电工电子产品环境试验 第2部分：试验方法 试验Ka：盐雾(IEC 60068-2-11:1981,IDT)

GB/T 2423.18—2012 电工电子产品环境试验 第2部分：试验方法 试验Kb：盐雾，交变(氯化钠溶液)(IEC 60068-2-52:1996,IDT)

GB/T 2423.21—2008 电工电子产品环境试验 试验M：低气压试验方法(IEC 60068-2-13:1983,IDT)

GB/T 2423.22—2002 电工电子产品环境试验 第2部分：试验方法 试验N：温度变化(IEC 60068-2-14:2009,IDT)

GB/T 2423.23—1995 电工电子产品环境试验 试验Q：密封

GB/T 2423.24—1995 电工电子产品环境试验 第二部分：试验方法 试验Sa：模拟地面上的太阳辐射(IEC 60068-2-5:1975,IDT)

GB/T 2423.26—2008 电工电子产品环境试验 第2部分：试验方法 Z/BM：高温/低气压综合试验(IEC 60068-2-41:1976,NEQ)

GB/T 2423.27—2005 电工电子产品环境试验 第2部分：试验方法 试验Z/AMD：低温/低气压/湿热连续综合试验(IEC 60068-2-39:1976,IDT)

GB/T 2423.28—2005 电工电子产品环境试验 第2部分:试验方法 试验T:锡焊(IEC 60068-2-20:1979,IDT)

GB/T 2423.30—1999 电工电子产品环境试验 第2部分:试验方法 试验XA和导则:在清洗剂中浸渍(IEC 60068-2-45:1993,IDT)

GB/T 2423.32—2008 电工电子产品环境试验 第2部分:试验方法 试验Ta:润湿称量法可焊性(IEC 60068-2-54:2006,IDT)

GB/T 2423.33—2005 电工电子产品环境试验 第2部分:试验方法 试验Kca:高浓度二氧化硫试验

GB/T 2423.34—2005 电工电子产品环境试验 第2部分:试验方法 试验Z/AD:温度/湿度组合循环试验(IEC 60068-2-38:1974,IDT)

GB/T 2423.35—2005 电工电子产品环境试验 第2部分:试验方法 试验Z/AFc:散热和非散热试验样品的低温/振动(正弦)综合试验(IEC 60068-2-50:1983,IDT)

GB/T 2423.36—2005 电工电子产品环境试验 第2部分:试验方法 试验Z/BFc:散热和非散热试验样品的高温/振动(正弦)综合试验(IEC 60068-2-51:1983,IDT)

GB/T 2423.37—2006 电工电子产品环境试验 第2部分:试验方法 试验L:沙尘试验(IEC 60068-2-68:1994,IDT)

GB/T 2423.38—2008 电工电子产品环境试验 第2部分:试验方法 试验R:水试验方法和导则(IEC 60068-2-18:2000,IDT)

GB/T 2423.39—2008 电工电子产品环境试验 第2部分:试验方法 试验Ee:弹跳(IEC 60068-2-55:1987,IDT)

GB/T 2423.40—1997 电工电子产品环境试验 第2部分:试验方法 试验Cx:未饱和高压蒸汽恒定湿热(IEC 60068-2-66:1994,IDT)

GB/T 2423.41—1994 电工电子产品环境试验 风压试验方法

GB/T 2423.43—2008 电工电子产品环境试验 第2部分:试验方法 振动、冲击和类似动力学试验样品的安装(IEC 60068-2-47:2005,IDT)

GB/T 2423.45—1997 电工电子产品环境试验 第2部分:试验方法 试验Z/ABDM:气候顺序(IEC 60068-2-61:1991,IDT)

GB/T 2423.47—1997 电工电子产品环境试验 第2部分:试验方法 试验Fg:声振(IEC 60068-2-65:1993,IDT)

GB/T 2423.48—2008 电工电子产品环境试验 第2部分:试验方法 试验Ff:振动——时间历程法(IEC 60068-2-57:1999,IDT)

GB/T 2423.49—1997 电工电子产品环境试验 第2部分:试验方法 试验Fe:振动——正弦拍频法(IEC 60068-2-59:1990,IDT)

GB/T 2423.50—2012 电工电子产品环境试验 第2部分:试验方法 试验Cy:恒定湿热主要用于元件的加速试验(IEC 60068-2-67:1995,IDT)

GB/T 2423.52—2003 电工电子产品环境试验 第2部分:试验方法 试验77:结构强度与撞击(IEC 60068-2-27:1999,IDT)

GB/T 2423.53—2005 电工电子产品环境试验 第2部分:试验方法 试验Xb:由手的摩擦造成标记和印刷文字的磨损(IEC 60068-2-70:1995,IDT)

GB/T 2423.54—2005 电工电子产品环境试验 第2部分:试验方法 试验Xc:流体污染(IEC 60068-2-74:1999,IDT)

GB/T 2423.55—2006 电工电子产品环境试验 第2部分:环境测试 试验Eh:锤击试验(IEC 60068-2-75:1997,IDT)

GB/T 2423.56—2006　电工电子产品环境试验　第2部分:试验方法　试验Fh:宽带随机振动(数字控制)和导则(IEC 60068-2-64:2008,IDT)

GB/T 2423.57—2008　电工电子产品环境试验　第2-81部分:试验方法　试验Ei:冲击　冲击响应谱合成(IEC 60068-2-81:2003,IDT)

GB/T 2423.58—2008　电工电子产品环境试验　第2-80部分:试验方法　试验Fi:振动　混合模式(IEC 60068-2-80:2005,IDT)

GB/T 2423.59—2008　电工电子产品环境试验　第2部分:试验方法　试验Z/ABMFh:温度(低温、高温)/低气压/振动(随机)综合

GB/T 2423.60—2008　电工电子产品环境试验　第2部分:试验方法　试验U:引出端及整体安装件

GB/T 2423.101—2008　电工电子产品环境试验　第2部分:试验方法　试验:倾斜和摇摆

GB/T 2423.102—2008　电工电子产品环境试验　第2部分:试验方法　试验:温度(低温、高温)/低气压/振动(正弦)综合

ICS 19.040
K 04

中华人民共和国国家标准

GB/T 2424.10—2012
代替 GB/T 2424.10—1993

环境试验 大气腐蚀加速试验的通用导则

Environmental testing—General guidance of accelerated testing for atmospheric corrosion

2012-12-31 发布　　2013-06-01 实施

中华人民共和国国家质量监督检验检疫总局
中国国家标准化管理委员会　发布

前　言

GB/T 2424《环境试验》分为如下若干部分：

——GB/T 2424.1　高温低温试验导则；

——GB/T 2424.2　湿热试验导则；

——GB/T 2424.5　温度试验箱性能确认；

——GB/T 2424.6　温度/湿度试验箱性能确认；

——GB/T 2424.7　试验A和B(带负载)用温度试验箱的测量；

——GB/T 2424.10　大气腐蚀加速试验的通用导则；

——GB/T 2424.14　太阳辐射试验导则；

——GB/T 2424.15　温度/低气压综合试验导则；

——GB/T 2424.17　锡焊试验导则；

——GB/T 2424.19　模拟贮存影响的环境试验导则；

——GB/T 2424.20　倾斜和摇摆试验导则；

——GB/T 2424.22　温度(低温、高温)和振动（正弦）综合试验导则；

——GB/T 2424.25　试验导则　地震试验方法；

——GB/T 2424.26　支持文件和导则　振动试验选择。

本部分为GB/T 2424的第10部分。

本部分按照GB/T 1.1—2009给出的规定起草。

本部分代替GB/T 2424.10—1993《电工电子产品基本环境试验规程　大气腐蚀加速试验的通用导则》。

本部分与GB/T 2424.10—1993相比，主要差异如下：

——为了与现行GB/T 2424系列标准名称统一，标准名称修改为《环境试验　大气腐蚀加速试验的通用导则》；

——“本标准”改为“本部分”；

——增加了国家标准的目次和前言；

——3.2.3中b)项“加速度试验”改为“加速试验”；

——将原第9章并入第8章作为8.6，并去掉章标题。

本部分由全国电工电子产品环境条件与环境试验标准化技术委员会(SAC/TC 8)提出并归口。

本部分起草单位：中国电器科学研究院有限公司、上海工业自动化仪表研究院、无锡苏南试验设备有限公司。

本部分主要起草人：陈心欣、王捷、倪一明、许雪冬。

本部分所代替标准的历次版本发布情况为：

——GB/T 2424.10—1981、GB/T 2424.10—1993。

环境试验
大气腐蚀加速试验的通用导则

1 范围

GB/T 2424 的本部分给出了大气腐蚀加速试验条件、方法的适用可能性及各种加速试验的应用导则。

本部分适用于为电工电子设备或元器件产品编制大气腐蚀加速试验方法标准、试验大纲及进行人工加速腐蚀试验的指南,供编制大气腐蚀加速试验方法标准、规程及进行人工加速腐蚀试验时参考。

2 规范性引用文件

下列文件对于本文件的应用是必不可少的。凡是注日期的引用文件,仅注日期的版本适用于本文件。凡是不注日期的引用文件,其最新版本(包括所有的修改单)适用于本文件。

GB/T 2423.17—2008 电工电子产品环境试验 第2部分:试验方法 试验 Ka:盐雾(IEC 60068-2-11:1981,IDT)

3 预测试验样品在使用条件下的性能的试验

理想的、通用的腐蚀试验方法是希望能在短时间内(几个星期或几天,最好能在几小时甚至几分钟内)得出材料、元件或设备相当于在使用条件下运行若干年后的性能,但目前尚无这种腐蚀试验方法,因为:

a) 使用条件不固定,变化很大;
b) 为了加速腐蚀试验,强化某些腐蚀因素时,就有可能会引起腐蚀机理和腐蚀产物改变的危险;
c) 对腐蚀因素的强化,不同材料的反应是大不相同的。

3.1 使用条件

在使用条件下影响腐蚀的重要因素是:

a) 气候:如海洋、农村、城市、工业、热带等气候或综合性气候;
b) 各种气候条件经常变化,而且变化是很不规则的,如一个地方与另一个地方,就是同一个地方不同时期的变化也是不同的;
c) 暴露条件:如户内、棚下和露天;
d) 大气污染:如大气中的灰尘、腐蚀性气体等;
e) 试验样品放置位置:如试验样品以水平、垂直或倾斜位置,直接暴露于太阳光下,承受雨水冲刷或遮掉雨水。因此,即使是同一设备的同一种材料,因位置不同腐蚀程度也可能不同。

既然使用条件如此不同,要想用一种通用的加速试验来预测元件或设备在使用条件下的性能是不可能的。虽然一种试验可以用改变试验周期来模拟实际使用情况下的不同腐蚀程度,如产品用于农村大气条件下需试验一个周期,而用于海洋大气条件下则要试验 4 个周期等。但这些气候的腐蚀因素是不同的,所以还是不能预测试验样品在不同气候条件中性能的真实情况。一般认为,对不同的气候,采用不同的加速试验方法,可能会得到较好的近似结果,如海洋大气用盐雾试验、工业大气用含二氧化硫的湿热试验。但应指出,就是在解释用这些不同的加速试验方法得出的结果时,因使用情况多变,仍然不十分可靠,可能还会产生许多错误的结论。

3.2 加速腐蚀过程的方法

为了短期内取得试验结果,应加速腐蚀过程,通常用的方法有:

a) 增加温度;

b) 增加相对湿度;

c) 增加凝露程度;

d) 增加腐蚀介质的浓度;

e) 增加试验循环中有腐蚀介质与没有腐蚀介质的时间比或增加试验时间;

f) 加电压或电流;

g) 加机械应力;

h) 使温度有周期性变化。

注:如果能够提高评定腐蚀的灵敏度,就可以较快地取得结果,但目前还难以做到,所以通常只能从加速腐蚀过程方面来考虑。

3.2.1 温度

在增加温度不会引起或加速某些其他反应时,一般说来,温度升高 10 ℃,化学反应增加 2 倍~3 倍,然而影响腐蚀速度的许多因素将随温度而变化。举例如下:

a) 气体在水中的溶解度通常随温度升高而降低。在特殊凝露条件下,这可能反而降低腐蚀速度。

b) 如果在正常使用条件下,腐蚀产物在金属表面形成保护层,而在高温条件下可能不形成这种保护层,因而使腐蚀速度迅速增加,腐蚀现象完全改变。

c) 如果在正常条件下,金属只出现一般的缓慢腐蚀,但在高温条件下可能出现非常严重的腐蚀,例如产生空穴腐蚀和应力腐蚀。

d) 如果两种金属相接触,电极电位较低的金属保护电极电位较高的金属,在高温条件下它们的电位次序可能改变。例如正常使用条件下,锌可以保护铁,但当温度高于 70 ℃时,锌的电位可能变得比铁高,就起不到保护铁的作用了。

3.2.2 相对湿度

一般说来,相对湿度增加,会促使腐蚀速度加快。

3.2.3 凝露

在多数气候条件中,都有凝露时期,只是出现凝露的时间及其程度不同而已。一般说来,有凝露的腐蚀速度要比无凝露快,增加凝露程度,可以加快腐蚀速度,但在使用中和试验中凝露条件是很复杂的:

a) 凝露与试验样品表面的清洁、光滑情况有较大关系。平滑、清洁的表面,只有试样表面相对湿度达到 100%才会产生凝露。当试验样品表面沉积一些能吸湿的物体,或生成了吸湿的腐蚀产物时,这样的表面容易吸湿,即使相对湿度低于 100%也会产生凝露。

b) 如果元件是在不完全封闭的外壳里,外壳可以起一些防潮作用,因为外壳内的相对湿度没有周围的大气变化大,元件在这样外壳中使用不易于产生凝露。但将元件进行加速试验时,则在很短时间内就会出现由于凝露引起的损坏。

c) 在温度和湿度发生变化时,凝露与设备或元件的热容量有关。当大气温度升高时,热容量大的试验样品温度增加较慢,处于大气露点温度之下而产生凝露;相反,热容量小的试验样品温度增加较快,处于大气露点温度之上,而不产生凝露。

显然,只通过加重凝露来促进试验的加速还是困难的。因试验中出现过量的凝露,会漂洗试验样品，反而会使腐蚀程度减轻。同时加重凝露还会使一些在不完全封闭外壳中的元器件出现实际使用中没有的劣化现象。

3.2.4 腐蚀物质的浓度

大气中存在各种不同的腐蚀物质，加速试验的腐蚀介质一般应选择大气中经常出现的物质。如海洋大气中的氯化钠、城市和工业大气中的二氧化硫等。腐蚀物质的浓度，也要比正常条件的浓，以便加速腐蚀，但有时提高浓度，腐蚀速度反而减慢，因其他与腐蚀有关的物质的溶解度有可能减小。如在氯化钠溶液中增加氯化钠的浓度，氧的溶解就减小，这种现象在高温条件下尤其明显。增加腐蚀物质浓度还会出现改变腐蚀性质的现象，如低浓度的条件下只出现轻微腐蚀，当浓度高时，可能会产生严重的空穴腐蚀和应力腐蚀。不完全密封的外壳，可以缓冲使用条件下腐蚀物质浓度的增加，但在连续高浓度的加速试验中，外壳却会产生相反的作用。

添加腐蚀介质和除掉腐蚀产物的速度也能影响到腐蚀速度。

3.2.5 增加试验循环中有腐蚀介质与没有腐蚀介质的时间比

在实际使用环境中，有时只是短时间的，如一年(一天)中有几个时期(小时)出现严酷的腐蚀条件。此时保持原来的腐蚀条件，增加暴露在腐蚀条件中的时间与没有腐蚀条件时间之比，也可以得到加速。但要取得较可靠的结果，应遵守下列各点：

a) 自然条件下许多腐蚀机理跟腐蚀条件的交替有关。如暴露在工业大气又出现间断凝露的铁，它的腐蚀速度要比完全浸在水里的快得多。在试验中一定也要出现这种条件的交替。

b) 许多自然腐蚀机理跟每一种交替条件所经历的时间之比有关。如盐雾试验中，连续喷盐雾和盐雾与潮湿交替所得的结果大不相同。后者与自然条件下暴露结果比较相似。

c) 当在使用中出现两组不相同的暴露条件时，哪一组先出现，这对腐蚀速度是极其重要的。例如将镍先暴露于硫化氢大气，然后再暴露于二氧化硫大气中，它的腐蚀速度要比相反情况的慢。

d) 铂族金属的电触头，有时会暴露于含有机蒸气的大气中，并在接触面生成(由于触媒作用)碳层。实际上飞弧时间对静止时间之比会严重影响这种现象，在这种情况下轻微的加速腐蚀是会产生的。

e) 许多严重损坏要到一定暴露时间才出现，不到这个时间，腐蚀现象很隐蔽，毫无损坏的迹象。

3.3 加强腐蚀因素对不同材料的影响

腐蚀因素的加强对不同材料会有不同的影响。例如：

a) 高浓度的二氧化硫试验中，镍的腐蚀比其他金属快；在硫化氢试验中，则是银的腐蚀比其他金属快。

b) 在Ka盐雾试验中(见GB/T 2423.17—2008)，锌的腐蚀速度比镉快得多，但在海洋大气中，这种差别却很少，海洋气候中的暴露试验结果，大多数情况下用锌是有利的。

c) 在盐雾试验中，如果将盐的浓度从3%提高到20%，锌的腐蚀比铁快。

根据加速试验的结果来选用材料可能引起差错，在许多情况下，会把一些有实用价值的材料筛选掉。

3.4 材料的表面条件

材料的表面条件影响着材料的腐蚀性能。例如粗糙度、清洁度、钝化度、吸附层等均会影响材料的腐蚀性能。

因此试验样品投试前，其表面进行的机械或化学处理，以及试验样品的运输和贮存的条件是重要的。

除3.2.3中已经提出过表面条件对开始凝露的相对湿度有影响外，如：

a) 将具有清洁表面的铁，贮存在没有腐蚀介质、相对湿度低的条件中，然后再进行相对湿度高的试验，开始生锈的时间要比不经贮存而立刻进行高湿试验的迟得多；

b) 镍在进行不含氧化硫的高湿试验之前，将其贮存在低湿、含二氧化硫的条件下，它的腐蚀要比不经贮存、仅做高湿试验的快得多。

4 考核材料的质量和均匀性试验

这个问题较简单，因为可以选用适合该种材料的试验。试验求得的只是质量上的差别，不同质量的试验样品，如果使它们经受不同条件的试验，显示质量好坏的顺序通常是相同的。例如：经钝化的镉镀层试验样品，可以选用湿热试验、盐雾试验或某种挥发性有机酸的大气试验，试验后表面出现的腐蚀特征虽然不同，在湿热试验中出现的是黑色腐蚀点，另外两个试验中却是灰白或淡黄色的腐蚀物，但质量好坏的顺序在3种试验中是一致的。又如测定镍或铜触头镀金层孔隙率的试验以及它和磨损试验结合在一起的试验，可以用二氧化硫试验和溶液中含有底材（镍或铜）指示剂的阳极试验，两种试验都可以分清试验样品质量的好坏。因此，对特定材料进行筛选或加工工艺改进和验收试验，加速腐蚀试验是有效和必须的。

5 测定不同材料相互影响的试验

有些材料会影响其他材料的腐蚀性能：

a) 相接触在一起的不同金属，电极电位低的金属牺牲自己保护电极电位比它高的金属。在选定金属的组合之前，需查阅有关金属接触腐蚀资料；

b) 一些有机材料劣化并能挥发出气体，对金属特别是锌和镉的腐蚀有影响，这对密封外壳里的电工电子产品是很重要的；

c) 一些有机材料会吸收水蒸气和其他挥发物质，如果这些材料与金属接触，它们会影响这些金属的腐蚀性能。

为了考核设备结构中是否存在这些弱点，可以对单独的材料放在元件或设备中分别进行加速试验，并比较它们的性能变化，通常用湿热试验就可以达到这个目的。

6 检查设备或元件在腐蚀条件下运行性能的试验

设备或元件在使用中长期运行是很重要的，而腐蚀行为与运行之间会有各种方式的相互影响。例如：

a) 腐蚀产物会阻碍运动件的运行，不一定是运动件本身受腐蚀，可能是元件或设备的另一部分产生的腐蚀产物掉落到运动件上时，就会阻碍运行。例如在电动机或继电器中就会有这种情况。

b) 机械磨损可能磨去保护层，使金属产生腐蚀。如开关上的镀金触头经腐蚀试验后表面并不显示任何腐蚀，但当开关用上好多次后，金属可能受损，使基体金属腐蚀而引起接触不良。

c) 接触表面腐蚀（即使是轻微的）会增加接触电阻，妨碍电路的良好运行。例如受硫化氢腐蚀的带银触头的晶片开关。

d) 设备使用直流的或交流的高电压都可能会产生腐蚀产物，从而引起电气故障。

e) 设备使用的电压，特别是直流电压，可能引起电解腐蚀。例如由于表面泄漏电流使嵌在绝缘材料中的处于正电位的连接件产生腐蚀。

f) 设备可能因内部耗电而得到加热，使其温度高于周围温度，使相对湿度降低而不产生凝露。这就意味着只要设备在工作,腐蚀可以减轻或防止。

几乎在所有情况下,腐蚀造成外形上不美观要比造成阻碍运行、功能退化影响小。但是明显的腐蚀,能使使用者对设备或元器件的长期连续工作失去信心。

产品多次长期暴露于腐蚀大气中会受到严重的腐蚀,但加速试验的时间很短,所以对试验结果的判定和合格标准相应就要从严掌握。

以上几个例子说明,运行与腐蚀作用之间存在着密切的关系。为了检查腐蚀产物是否会中断运行,运行是否会引起或防止腐蚀发生,可以在设备或元件上进行试验,但选用的试验方法一定要尽可能把受到怀疑的材料的腐蚀暴露出来,并符合对设备的预期使用条件。

7 腐蚀试验标准化

标准试验方法,如果应用适当,可以用作下列各项工作的基础。例如用于对两个或两个以上来源的材料进行比较;生产厂和用户之间的仲裁以及验收试验等。

标准试验方法最重要的要求是其再现性。由于腐蚀机理较复杂,环境条件多变,难以获得再现结果,要取得合理的再现性,应考虑下列几点:

a) 试验方法叙述应明白清楚。有关试验样品表面条件和环境条件的各种因素均应标准化。没有必要对试验设备作出规定,但应合理规定试验方法。使在每一个满足了规定条件的设备上做试验,都可以获得较满意的再现性,即获得在一定容差范围内的试验结果;
b) 应避免复杂的试验程序,因为它会导致再现性降低;
c) 应避免会使试验条件变化的因素添加到试验方法中去,如试验样品在试验中允许的负荷应规定,因为负荷能改变试验箱内的条件,例如,使用腐蚀介质在范围狭窄的恒定湿热中作试验时,对温度应严格控制,因为温度的微小变化会大大改变相对湿度。这在相对湿度高的条件下显得更为重要,因湿度的变化又严重地影响凝露。

8 结论

8.1 从一项通用的腐蚀试验或从代表不同气候的少数几项试验所得结果是不可能预测材料、元件或设备的性能。

8.2 腐蚀试验对考核材料或表面覆盖层的质量是很有用的,也是必要的,但一定要选择一种合适的试验方法。

8.3 要确定一种材料是否会影响另一种材料的腐蚀性能,对不同的组合材料进行试验是需要的。但应选择合适的试验方法,同时还要与该材料单独做试验的结果相比较。

在许多情况下,只做湿热试验就足够了。但在少数情况下,湿热试验还应补充针对性试验方法才行。

8.4 为了检查试验样品的运行是否会受到腐蚀产物的影响,或试验样品的运行是否影响一些材料的腐蚀性能,只要对设备或元件进行试验。这时选择合适的试验方法也是很重要的。在这种情况下,试验后的试验样品功能性变化要比其外观变化重要。

8.5 为了取得可比较的结果,腐蚀试验需要标准化,但首要的要求是具有良好的再现性。

8.6 综上所述,在任何实验室的试验中,解释数据应小心谨慎,试验结果一般是定性的,对这些结果应加上大量的常识和经验,才能成为对工程技术人员有用的结论。

ICS 77.150.30
H 62

中华人民共和国国家标准

GB/T 2529—2012
代替 GB/T 2529—2005

导电用铜板和条

Copper sheets and bars for electrical conduction purpose

2012-12-31 发布 2013-10-01 实施

中华人民共和国国家质量监督检验检疫总局
中国国家标准化管理委员会 发布

前　言

本标准按照GB/T 1.1—2009给出的规则起草。

本标准中条材的主要技术指标参照采用了ASTM B 187M—2006《母线用铜条材、棒材和型材》的条材部分。

本标准代替GB/T 2529—2005《导电用铜板和条》。本标准与GB/T 2529—2005相比主要变化如下：

——产品的合金牌号中增加了TU2、TU3；

——产品的状态表示方法采用了新的《铜及铜合金状态表示方法》；

——规范性引用文件中增加了GB/T 26303.3《铜及铜合金加工材外形尺寸检测方法　第3部分：板带材》、YS/T 478《铜及铜合金导电率涡流检验法》、YS/T 482《铜及铜合金分析方法　光电发射光谱法》；

——板、条材状态删除了1/8硬；

——板、条材最大长度由原来的8 000 mm增加到12 000 mm；

——对纵边直度的要求按状态进行划分；

——棱边外形的内容增加了圆滑过渡的要求；

——板材、条材的力学性能中的断后伸长率由长试样$A_{11.3}$改为短试样A；

——板材、条材的电性能增加了电阻率的性能指标；

——增加了电性能采用YS/T 478《铜及铜合金导电率涡流检验法》的检测方法和外形尺寸采用GB/T 26303.3《铜及铜合金加工材外形尺寸检测方法　第3部分：板带材》的检测方法。

本标准由全国有色金属标准化技术委员会(SAC/TC 243)归口。

本标准负责起草单位：白银有色西北铜加工有限公司、佛山市华鸿铜管有限公司、中铝洛阳铜业有限公司。

本标准参加起草单位：浙江宏磊铜业股份有限公司。

本标准主要起草人：李双龙、任妍利、邓予生、刘生伟、魏宽坤、蒋杰、刘辉、林国良、朱迎利、孙水珠、张香云、张震宇、魏浙强。

本标准所代替标准的历次版本发布情况为：

——GB/T 2529—1989、GB/T 2529—2005。

导电用铜板和条

1 范围

本标准规定了导电用铜板和条的要求、试验方法、检验规则和标志、包装、运输、贮存、质量证明书及合同(或订货单)内容等。

本标准适用于冶炼、电力、化工、电镀等工业部门导电用铜板和条。

2 规范性引用文件

下列文件对于本文件的应用是必不可少的。凡是注日期的引用文件,仅注日期的版本适用于本文件。凡是不注日期的引用文件,其最新版本(包括所有的修改单)适用于本文件。

GB/T 228.1—2010 金属材料 拉伸试验 第1部分:试验方法(ISO 6892-1:2009,MOD)

GB/T 230.1 金属材料 洛氏硬度试验方法 第1部分:试验方法

GB/T 232 金属材料 弯曲试验方法

GB/T 351 金属材料电阻系数测量方法

GB/T 4340.1 金属维氏硬度试验 第1部分:试验方法(ISO 6507-1:2005,MOD)

GB/T 5121(所有部分) 铜及铜合金化学分析方法

GB/T 5231 加工铜及铜合金化学成分和产品形状

GB/T 8888 重有色金属加工产品的包装、标志、运输和贮存

GB/T 26303.3 铜及铜合金加工材外形尺寸检测方法 第3部分:板带材

YS/T 478 铜及铜合金导电率涡流检验法

YS/T 482 铜及铜合金分析方法 光电发射光谱法

3 术语和定义

下列术语和定义适用于本文件。

3.1

纵边直度 straightness of longitudinal edge

任意纵向表面或棱边之绝对直度的偏差,包括侧边弯曲度和平直度两层含义。

4 要求

4.1 产品分类

4.1.1 牌号、状态、规格

4.1.1.1 板材的牌号、状态、规格应符合表1的规定。

表 1 板材的牌号、状态、规格

牌 号	状 态	规 格/mm		
		厚 度	宽 度	长 度
T2、TU2、TU3	热轧(M20) 热轧+再轧(M25)	4～100	50～650	≤12 000
	软(O60)	4～20		
	1/2 硬(H02)			
	硬(H04)			
注：经供需双方协商，可供应其他牌号、状态和规格的板材。				

4.1.1.2 条材的牌号、状态、规格应符合表 2 的规定。

表 2 条材的牌号、状态、规格

牌 号	状 态	规 格/mm		
		厚 度	宽 度	长 度
T2、TU2、TU3	热轧(M20) 热轧+再轧(M25)	10～60	10～400	≤12 000
	软(O60)	3～30		
	1/2 硬(H02)			
	硬(H04)			
注：经供需双方协商，可供应其他牌号、状态和规格的条材。				

4.1.2 标记示例

产品标记按产品名称、标准编号、牌号、状态和规格的顺序表示。标记示例如下：

示例 1：用 T2 制造的，供应状态为 H04，尺寸精度为较高级，厚度为 10 mm，宽度为 200 mm，长度为 6 000 mm 的铜板，标记为：

铜板 GB/T 2529—T2H04 较高级—10×200×6 000

示例 2：用 T2 制造的，供应状态为 O60，厚度为 10 mm，宽度为 200 mm，长度为 4 000 mm 的铜条，标记为：

铜条 GB/T 2529—T2O60—10×200×4 000

4.2 化学成分

板、条材的化学成分应符合 GB/T 5231 中相应牌号的规定。

4.3 外形尺寸及允许偏差

4.3.1 厚度及其允许偏差

4.3.1.1 热轧板的厚度及其允许偏差应符合表 3 的规定。

4.3.1.2 冷轧板的厚度及其允许偏差应符合表 4 的规定。

4.3.1.3 条材的厚度及其允许偏差应符合表 5 的规定。

表 3　热轧板的厚度及其允许偏差

单位为毫米

厚　度	宽　度			
	≤100	＞100～400	＞400～500	＞500～650
	厚度允许偏差(±)			
4.0～6.0	0.18	0.20	0.20	0.22
＞6.0～8.0	0.20	0.23	0.25	0.30
＞8.0～12.0	0.25	0.30	0.35	0.40
＞12.0～16.0	0.30	0.35	0.40	0.45
＞16.0～20.0	0.35	0.40	0.45	0.50
＞20.0～25.0	0.40	0.45	0.50	0.55
＞25.0～30.0	0.50	0.55	0.60	0.65
＞30.0～40.0	0.65	0.70	0.75	0.85
＞40.0～50.0	0.85	0.85	0.90	1.10
＞50.0～60.0	1.00	1.05	1.10	1.30
＞60.0～80.0	1.20	1.25	1.30	1.50
＞80.0～100.0	1.40	1.45	1.50	1.70
注：需方只要求单向偏差时，其值为表中数值的 2 倍。				

表 4　冷轧板的厚度及其允许偏差

单位为毫米

厚度	宽　度							
	≤100		＞100～200		＞200～400		＞400～650	
	厚度允许偏差(±)							
	普通级	较高级	普通级	较高级	普通级	较高级	普通级	较高级
4.0～5.0	0.08	—	0.10	0.08	—	—	—	—
＞5.0～8.0	0.10	0.08	0.12	0.10	0.13	0.10	—	—
＞8.0～12.0	0.15	0.12	0.18	0.15	0.18	0.15	0.25	0.20
＞12.0～16.0	0.22	0.28	0.25	0.20	0.30	0.25	0.40	0.30
＞16.0～20.0	0.28	0.25	0.35	0.30	0.45	0.35	0.55	0.45
注：需方只要求单向偏差时，其值为表中数值的 2 倍。								

表 5 条材的厚度及其允许偏差

单位为毫米

厚度	宽度				
	≤50	>50～100	>100～200	>200～300	>300～400
	厚度允许偏差(±)				
3.0～6.0	0.06	0.08	0.09	0.13	0.20
>6.0～10.0	0.08	0.10	0.11	0.13	0.30
>10.0～13.0	0.09	0.11	0.13	0.15	0.40
>13.0～19.0	0.14	0.14	0.14	0.18	0.45
>19.0～25.0	0.18	0.18	0.18	0.23	0.55
>25.0～38.0	0.38	0.50	0.55	0.60	0.75
>38.0～50.0	0.50	0.60	0.65	0.75	0.95
>50.0～60.0	0.65	0.75	0.80	1.00	1.20
注：需方只要求单向偏差时，其值为表中数值的 2 倍。					

4.3.2 宽度及其允许偏差

4.3.2.1 板材的宽度及其允许偏差应符合表 6 的规定。

4.3.2.2 条材的宽度及其允许偏差应符合表 7 的规定。

表 6 板材的宽度及其允许偏差

单位为毫米

厚度	宽度允许偏差(±)	
	剪切	锯切
≤20.0	5	2.0
>20.0	—	2.5
注 1：需方只要求单向偏差时，其值为表中数值的 2 倍。 注 2：厚度>20 mm 的热轧板可不切边交货。		

表 7 条材的宽度及其允许偏差

单位为毫米

厚度	宽度			
	≤100	>100～200	>200～300	>300～400
	宽度允许偏差(±)			
≤13.0	0.20	0.30	0.40	0.50
>13.0	0.50	1.00	1.50	2.00
注：需方只要求单向偏差时，其值为表中数值的 2 倍。				

4.3.3 长度及其允许偏差

4.3.3.1 板材的长度及其允许偏差应符合表 8 的规定。

4.3.3.2 条材的长度及其允许偏差应符合表9的规定。

表8 板材的长度及其允许偏差

单位为毫米

厚 度	冷轧板长度					热轧板
	≤3 500	>3 500～5 000	>5 000～6 000	>6 000～8 000	>8 000～12 000	
	长度允许偏差(+)					
4.0～20.0	12	15	20	25	30	25
>20.0	15	20	25	30	35	30

表9 条材的长度及其允许偏差

单位为毫米

长 度	长度允许偏差(+)
≤2 000	3
>2 000～4 500	6
>4 500～8 000	13
>8 000～12 000	25

4.3.4 纵边直度

板材应平直,允许有轻微的波浪,M25、H02、H04状态的板、条材的纵边直度应符合表10的规定。

表10 板、条材的纵边直度

状 态	纵边直度,不大于
M25	4 mm/m
H02、H04	3 mm/m

4.3.5 棱边外形

4.3.5.1 直角

当条材的棱边外形为直角时,其边部应无裂边、皱折,最大允许倒角半径应符合表11的规定。

表11 条材的直角倒角半径

单位为毫米

厚 度	直角的倒角半径,不大于
≤6	0.4
>6～25	0.8
>25	1.6

4.3.5.2 圆角

当板、条材的棱边外形为如图1所示的圆角时,其圆角半径应符合表12的规定。

表 12 板、条材的圆角半径

单位为毫米

厚　度	圆角半径	半径允许偏差(±)
≤6	0.80	0.20
>6～25	1.60	0.50
>25	3.00	0.75

4.3.5.3 圆边

当板、条材的棱边外形为如图 2 所示的圆边时，其圆边半径应符合表 13 的规定。

表 13 板、条材的圆边半径

单位为毫米

厚　度	圆 边 半 径	半径允许偏差/±
≤6	$1\frac{1}{4}$×厚度	$\frac{1}{2}$×厚度
>6～25	$1\frac{1}{4}$×厚度	$\frac{1}{4}$×厚度

4.3.5.4 全圆边

当用户要求时，板、条材的棱边外形可以最终加工成如图 3 所示的均匀的全圆边，其全圆边半径约为产品厚度的一半，半径允许偏差不应超出产品厚度一半的 25%。

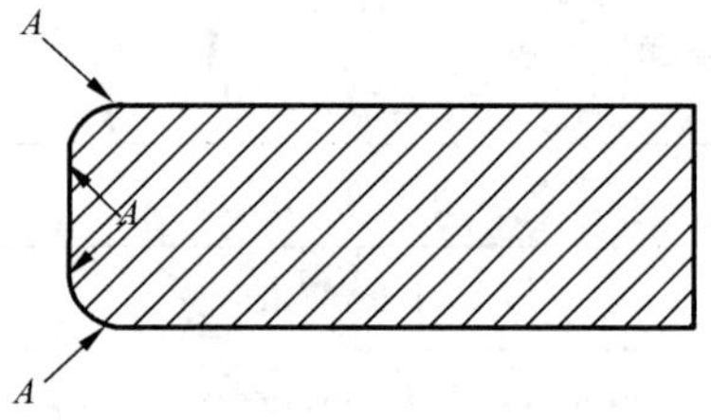

注：圆角的圆弧不一定正切于“A”点，但角“A”点应圆滑过渡。

图 1 圆角示意图

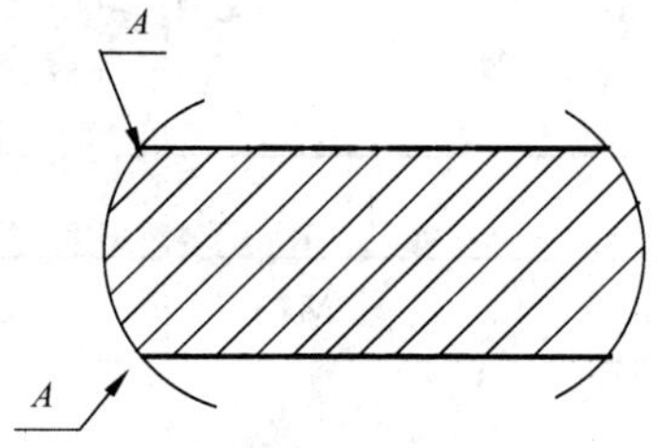

注：圆边的圆弧应与产品轴线对称，角“A“点应圆滑过渡。

图 2 圆边示意图

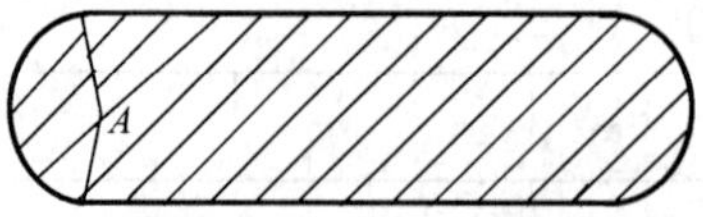

注：圆边的圆弧不必正切于“A”点，但应轴线对称且角“A”点应圆滑过渡。

图 3 全圆边示意图

4.3.5.5 用户对板、条材的棱边外形有要求时，应在合同中注明相应的棱边外形的具体形状，如未注明者，板材边部应为剪切或锯切边形状。

4.4 力学性能

厚度不大于10 mm的产品，应进行室温拉伸试验，厚度大于10 mm的产品，应进行维氏或洛氏硬度试验，试验结果应符合表14的规定。

表14 板、条材的力学性能

牌号	供应状态	拉伸试验		硬度试验	
		抗拉强度 R_m MPa	断后伸长率 A %	维氏硬度 HV	洛氏硬度 HRF
T2、TU2、TU3	热轧(M20) 热轧+再轧(M25)	≥195	≥38	—	—
	软(O60)	≥195	≥42	—	—
	1/2硬(H02)	245～335	≥14	75～120	≥80
	硬(H04)	≥295	≥6	≥80	≥65
注：厚度超出规定范围的板、条材，其主要性能由供需双方商定。					

4.5 弯曲性能

厚度不大于10 mm的板、条材的弯曲性能应符合表15的规定。

表15 板、条材的弯曲性能

牌号	状态	厚度 mm	弯曲试验		
			弯曲角度	弯芯半径	弯曲结果
T2、TU2、TU3	热轧(M20) 热轧+再轧(M25)、 软(O60)	≤5	180°	0.5倍板厚	弯曲上侧不应有肉眼可见的裂纹
	1/2硬(H02)	≤10	90°	1.0倍板厚	
注：状态为硬(H04)的板、条材的弯曲性能，由供需双方商定。					

4.6 电性能

板、条材的导电率应符合表16的规定。

表16 板、条材的电性能

牌号	状态	20 ℃时的导电率%IACS，不小于	电阻系数($\Omega \cdot mm^2/m$)，不大于
T2	软(O60)	98	0.017 593
	热轧(M20) 热轧+再轧(M25)	98	0.017 593
	1/2硬(H02)	97	0.017 774
	硬(H04)	96	0.017 959

表 16（续）

牌　号	状　态	20 ℃时的导电率%IACS，不小于	电阻系数($\Omega \cdot mm^2/m$)，不大于
TU2、TU3	软(O60)	100	0.017 241
	热轧(M20) 热轧＋再轧(M25)	99	0.017 415
	1/2 硬(H02)	97	0.017 774
	硬(H04)	96	0.017 959

4.7　表面质量

4.7.1　板材的边部应切齐，无裂边和塌边。板材和条材还应符合工业生产要求，不应有锐角、毛刺或凸边。

4.7.2　板、条材的表面应清洁，不应有裂缝、起皮、夹杂、气泡和压折等影响使用的缺陷。板、条材端面不应有分层、气孔。

4.7.3　热轧板、条材应酸洗，但长度大于 3 000 mm 者可不酸洗。

5　试验方法

5.1　化学成分的仲裁分析方法

板 、条材的化学成分的分析按 GB/T 5121 或 YS/T 482 的规定进行，仲裁时按 GB/T 5121 的规定进行。

5.2　外形尺寸测量方法

板、条材的外形尺寸按 GB/T 26303.3 的规定进行测量。

5.3　室温力学性能检验方法

板、条材的室温拉伸试验按 GB/T 228.1 的规定执行，试样按 GB/T 228.1 附录 A 表 A1 中的 P04 和附录 B 表 B2 中的 P01 的规定。硬度试验按 GB/T 230.1、GB/T 4340.1 的规定执行。

5.4　弯曲性能检验方法

板、条材的弯曲性能按 GB/T 232 的规定执行。

5.5　电性能检验方法

板、条材的导电率试验按 GB/T 351 或 YS/T 478 ，仲裁时采用 GB/T 351 的规定执行。

5.6　表面质量检查方法

板、条材的表面质量应用目视进行检查。

6　检验规则

6.1　检查和验收

6.1.1　板、条材应由供方技术监督部门进行检验，保证产品质量符合本标准及合同(或订货单)的规定，并填写质量证明书。

6.1.2 需方应对收到的产品按本标准及合同(或订货单)的规定进行复验。复验结果与本标准及合同(或订货单)的规定不符时,应以书面形式向供方提出,由供需双方协商解决。属于表面质量及尺寸偏差的异议,应在收到产品之日起一个月内提出,属于其他性能的异议,应在收到产品之日起三个月内提出。如需仲裁,仲裁取样应由供需双方共同进行。

6.2 组批

板、条材应成批提交验收,每批应由同一牌号、状态和规格组成。板材每批重量应不大于 8 000 kg;条材每批重量应不大于 5 000 kg。

6.3 检验项目

每批产品应进行化学成分、外形尺寸、力学性能、弯曲性能、电性能、表面质量的检验。

6.4 取样

产品取样应符合表 17 的规定。

表 17 板、条材的检验取样规则

检验项目	取样规定(包括取样位置取样数量制样方法)	要求的章条号	试验方法章条号
化学成分	供方每炉(需方每批)取一个试样	4.2	5.1
外形尺寸及表面质量	逐件	4.3,4.7	5.2,5.6
拉伸性能	板材取 2 件/批,沿垂直于轧制方向(宽度不足时,也可沿轧制方向)任取 1 个试样/件;条材任取 2 件/批,沿轧制方向任取 1 个试样/件	4.4	5.3
硬度	任取 2 件/批,1 个试样/件	4.4	5.3
弯曲性能	按 GB/T 232 的规定制取弯曲试样,每批取二件,每件沿轧制方向取一个试样	4.5	5.4
电性能	按 GB/T 351 或 YS/T 478 的规定制取电性能试样,每批取二件,每件任取一个试样	4.6	5.5

6.5 检验结果的判定

6.5.1 化学成分不合格时,判该批产品不合格。

6.5.2 产品外形尺寸、表面质量不合格时,判该件产品不合格。

6.5.3 当力学性能、弯曲性能、电性能试验结果中有试样不合格时,应从该批产品(包括原检验不合格的那件产品或该不合格试样代表的那件产品上)中另取双倍数量的试样进行重复试验,重复试验结果全部合格,则判整批产品合格。若重复试验结果仍有试样不合格,则判该批产品不合格,或由供方逐件检验,合格者交货。

7 标志、包装、运输、贮存及质量保证书

产品标志、包装、运输、贮存及质量保证书应符合 GB/T 8888 的规定。

8 合同(或订货单)内容

订购本标准所列材料的合同(或订货单)内应包括下列内容:

a) 产品名称;

b) 牌号;

c) 状态;

d) 尺寸规格;

e) 重量或张(件)数;

f) 尺寸精度;

g) 棱边外形(圆角、圆边、全圆边)(需要时);

h) 硬(H04)状态的弯曲性能(需要时);

i) 本标准编号;

j) 其他。

ICS 91.100.15
Q 15

中华人民共和国国家标准

GB/T 2542—2012
代替 GB/T 2542—2003

砌墙砖试验方法

Test methods for wall bricks

2012-12-31 发布 2013-09-01 实施

中华人民共和国国家质量监督检验检疫总局
中国国家标准化管理委员会 发布

前　言

本标准按照 GB/T 1.1—2009 给出的规则起草。

本标准代替 GB/T 2542—2003《砌墙砖试验方法》。

本标准与 GB/T 2542—2003 相比主要变化如下：

——更新了抗压强度试验方法；

——细化部分条文叙述；

——明确了每项检测项目的试样数量；

——取消了放射性、传热系数检测方法；

——增加了软化试验检测方法。

本标准由中国建筑材料联合会提出。

本标准由全国墙体屋面及道路用建筑材料标准化技术委员会(SAC/TC 285)归口。

本标准负责起草单位：西安墙体材料研究设计院、中国建材检验认证集团西安有限公司。

本标准参加起草单位：南京鑫翔新型建筑材料有限责任公司、贵州省建材产品质量监督检验院。

本标准主要起草人：王博、刘培炎、李铮、周炫、程相伟、王军、蒋德勇、夏莉娜、周皖宁、蔡小兵、吕新。

本标准所代替标准的历次版本发布情况为：

——GB 2542—1981；

——GB/T 2542—1992；

——GB/T 2542—2003。

砌墙砖试验方法

1 范围

本标准规定了砌墙砖术语和定义、尺寸、外观质量、抗折强度、抗压强度、冻融、体积密度、石灰爆裂、泛霜、吸水率和饱和系数、孔洞率及孔洞结构、干燥收缩、碳化、软化的试验方法。

本标准适用于砌墙砖。

2 规范性引用文件

下列文件对于本文件的应用是必不可少的。凡是注日期的引用文件，仅注日期的版本适用于本文件。凡是不注日期的引用文件，其最新版本(包括所有的修改单)适用于本文件。

GB/T 18968　墙体材料术语

GB/T 25044　砌墙砖抗压强度试样制备设备通用要求

GB/T 25183　砌墙砖抗压强度试验用净浆材料

3 术语和定义

GB/T 18968 界定的术语和定义适用于本文件。

4 尺寸测量

4.1 量具

砖用卡尺(如图 1 所示)，分度值为 0.5 mm。

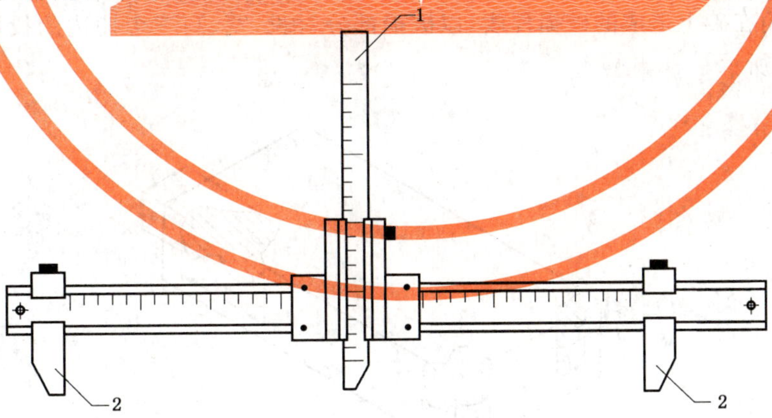

1——垂直尺；
2——支脚。

图 1　砖用卡尺

4.2 测量方法

长度应在砖的两个大面的中间处分别测量两个尺寸；宽度应在砖的两个大面的中间处分别测量两个尺寸；高度应在两个条面的中间处分别测量两个尺寸，如图 2 所示。当被测处有缺损或凸出时，可在其旁边测量，但应选择不利的一侧。精确至 0.5 mm。

单位为毫米

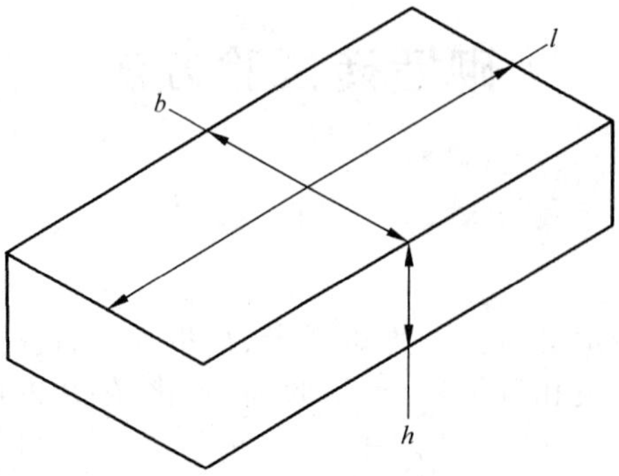

l ——长度；
b ——宽度；
h ——高度。

图 2　尺寸量法

4.3　结果表示

每一方向尺寸以两个测量值的算术平均值表示。

5　外观质量检查

5.1　量具

5.1.1　砖用卡尺(如图 1)：分度值为 0.5 mm。
5.1.2　钢直尺：分度值不应大于 1 mm。

5.2　测量方法

5.2.1　缺损

5.2.1.1　缺棱掉角在砖上造成的破损程度，以破损部分对长、宽、高三个棱边的投影尺寸来度量，称为破坏尺寸。如图 3 所示。

单位为毫米

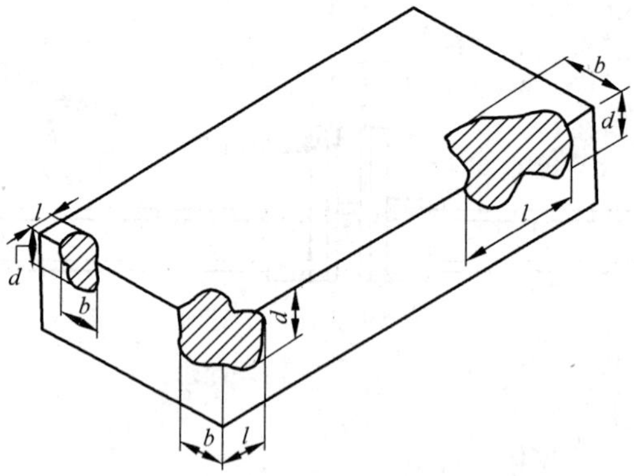

l ——长度方向的投影尺寸；
b ——宽度方向的投影尺寸；
d ——高度方向的投影尺寸。

图 3　缺棱掉角破坏尺寸量法

5.2.1.2　缺损造成的破坏面，是指缺损部分对条、顶面(空心砖为条、大面)的投影面积，如图 4 所示。空心砖内壁残缺及肋残缺尺寸，以长度方向的投影尺寸来度量。

单位为毫米

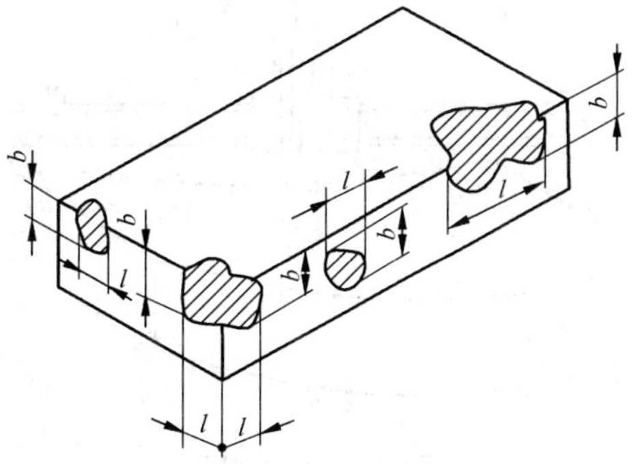

l ——长度方向的投影尺寸；

b ——宽度方向的投影尺寸。

图 4 缺损在条、顶面上造成破坏面量法

5.2.2 裂纹

5.2.2.1 裂纹分为长度方向、宽度方向和水平方向三种，以被测方向的投影长度表示。如果裂纹从一个面延伸至其他面上时，则累计其延伸的投影长度，如图 5 所示。

单位为毫米

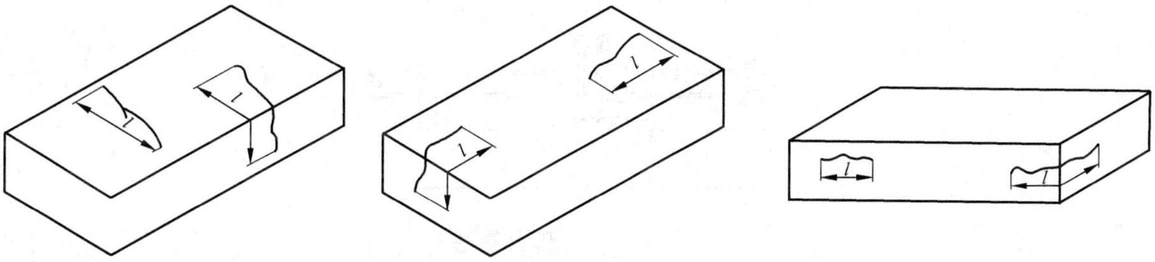

a) 宽度方向裂纹长度量法　　b) 长度方向裂纹长度量法　　c) 水平方向裂纹长度量法

图 5 裂纹长度量法

5.2.2.2 多孔砖的孔洞与裂纹相通时，则将孔洞包括在裂纹内一并测量。如图 6 所示。

单位为毫米

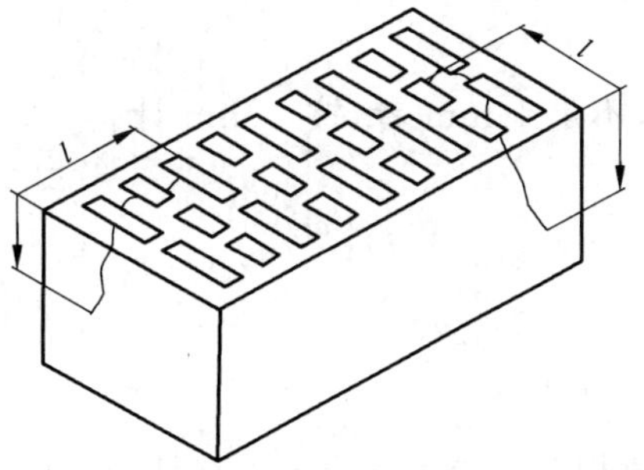

l ——裂纹总长度。

图 6 多孔砖裂纹通过孔洞时长度量法

5.2.2.3 裂纹长度以在三个方向上分别测得的最长裂纹作为测量结果。

5.2.3 弯曲

5.2.3.1 弯曲分别在大面和条面上测量，测量时将砖用卡尺的两支脚沿棱边两端放置，择其弯曲最大处将垂直尺推至砖面，如图 7 所示。但不应将因杂质或碰伤造成的凹处计算在内。

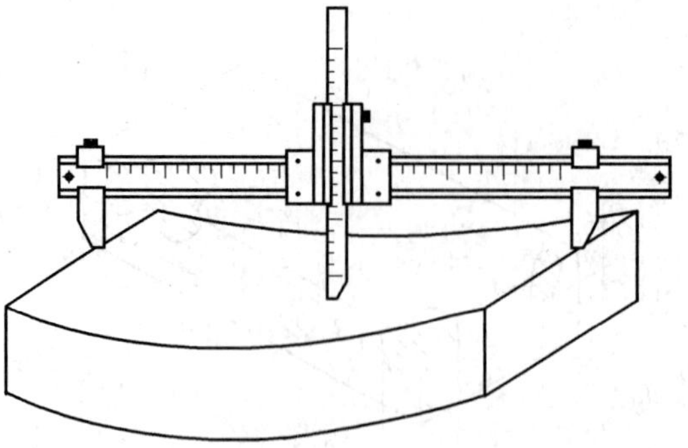

图 7 弯曲量法

5.2.3.2 以弯曲中测得的较大者作为测量结果。

5.2.4 杂质凸出高度

杂质在砖面上造成的凸出高度,以杂质距砖面的最大距离表示。测量将砖用卡尺的两支脚置于凸出两边的砖平面上,以垂直尺测量,如图 8 所示。

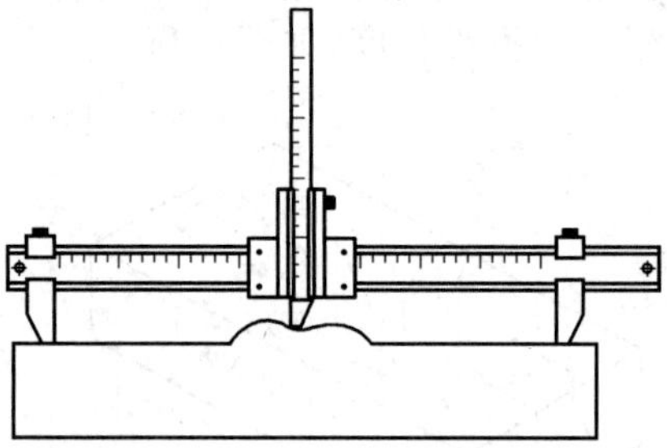

图 8 杂质凸出量法

5.2.5 色差

装饰面朝上随机分两排并列,在自然光下距离砖样 2 m 处目测。

5.3 结果处理

外观测量结果以 mm 为单位,不足 1 mm 者,按 1 mm 计。

6 抗折强度试验

6.1 仪器设备

6.1.1 材料试验机:试验机的示值相对误差不大于±1%,其下加压板应为球铰支座,预期最大破坏荷载应在量程的 20%~80%之间。

6.1.2 抗折夹具:抗折试验的加荷形式为三点加荷,其上压辊和下支辊的曲率半径为 15 mm,下支辊应有一个为铰接固定。

6.1.3 钢直尺:分度值不应大于 1 mm。

6.2 试样数量

试样数量为 10 块。

6.3 试样处理

试样应放在温度为(20±5) ℃的水中浸泡 24 h 后取出,用湿布拭去其表面水分进行抗折强度试验。

6.4 试验步骤

6.4.1 按 4.2 的规定测量试样的宽度和高度尺寸各 2 个,分别取算术平均值,精确至 1 mm。
6.4.2 调整抗折夹具下支辊的跨距为砖规格长度减去 40 mm。但规格长度为 190 mm 的砖,其跨距为 160 mm。
6.4.3 将试样大面平放在下支辊上,试样两端面与下支辊的距离应相同,当试样有裂缝或凹陷时,应使有裂缝或凹陷的大面朝下,以(50~150)N/s 的速度均匀加荷,直至试样断裂,记录最大破坏荷载 P。

6.5 结果计算与评定

6.5.1 每块试样的抗折强度(R_c)按式(1)计算。

$$R_c = \frac{3PL}{2BH^2} \qquad \cdots\cdots(1)$$

式中:
R_c ——抗折强度,单位为兆帕(MPa);
P ——最大破坏荷载,单位为牛顿(N);
L ——跨距,单位为毫米(mm);
B ——试样宽度,单位为毫米(mm);
H ——试样高度,单位为毫米(mm)。

6.5.2 试验结果以试样抗折强度的算术平均值和单块最小值表示。

7 抗压强度试验

7.1 仪器设备

7.1.1 材料试验机:试验机的示值相对误差不超过±1%,其上、下加压板至少应有一个球铰支座,预期最大破坏荷载应在量程的 20%~80%之间。
7.1.2 钢直尺:分度值不应大于 1 mm。
7.1.3 振动台、制样模具、搅拌机:应符合 GB/T 25044 的要求。
7.1.4 切割设备。
7.1.5 抗压强度试验用净浆材料:应符合 GB/T 25183 的要求。

7.2 试样数量

试样数量为 10 块。

7.3 试样制备

7.3.1 一次成型制样

7.3.1.1 一次成型制样适用于采用样品中间部位切割,交错叠加灌浆制成强度试验试样的方式。
7.3.1.2 将试样锯成两个半截砖,两个半截砖用于叠合部分的长度不得小于 100 mm,如图 9 所示。如果不足 100 mm,应另取备用试样补足。

单位为毫米

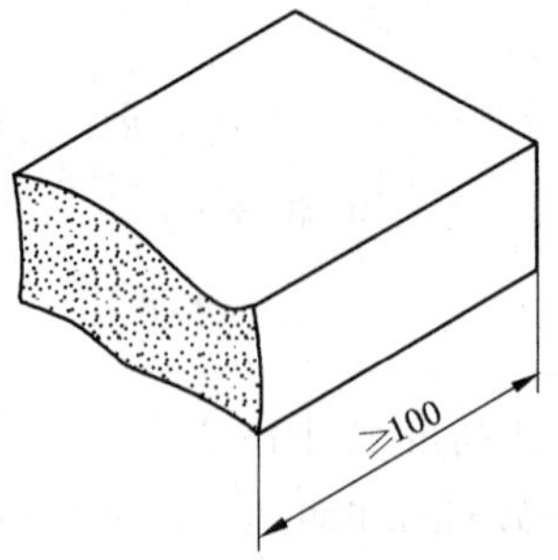

图9 半截砖长度示意图

7.3.1.3 将已切割开的半截砖放入室温的净水中浸 20 min～30 min 后取出,在铁丝网架上滴水 20 min～30 min,以断口相反方向装入制样模具中。用插板控制两个半砖间距不应大于 5 mm,砖大面与模具间距不应大于 3 mm,砖断面、顶面与模具间垫以橡胶垫或其他密封材料,模具内表面涂油或脱膜剂。制样模具及插板如图 10 所示。

7.3.1.4 将净浆材料按照配制要求,置于搅拌机中搅拌均匀。

7.3.1.5 将装好试样的模具置于振动台上,加入适量搅拌均匀的净浆材料,振动时间为 0.5 min～1 min,停止振动,静置至净浆材料达到初凝时间(约 15 min～19 min)后拆模。

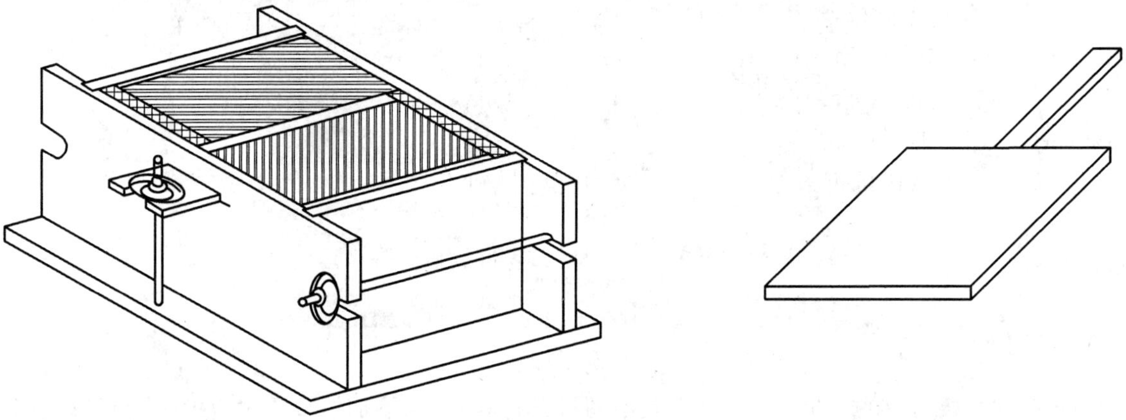

图 10 一次成型制样模具及插板

7.3.2 二次成型制样

7.3.2.1 二次成型制样适用于采用整块样品上下表面灌浆制成强度试验试样的方式。

7.3.2.2 将整块试样放入室温的净水中浸 20 min～30 min 后取出,在铁丝网架上滴水 20 min～30 min。

7.3.2.3 按照净浆材料配制要求,置于搅拌机中搅拌均匀。

7.3.2.4 模具内表面涂油或脱膜剂,加入适量搅拌均匀的净浆材料,将整块试样一个承压面与净浆接触,装入制样模具中,承压面找平层厚度不应大于 3 mm。接通振动台电源,振动 0.5 min～1 min,停止振动,静置至净浆材料初凝(约 15 min～19 min)后拆模。按同样方法完成整块试样另一承压面的找平。二次成型制样模具如图 11 所示。

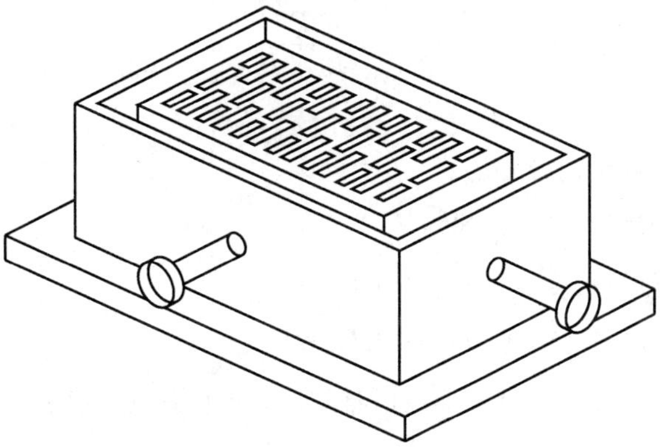

图 11　二次成型制样模具

7.3.3　非成型制样

7.3.3.1　非成型制样适用于试样无需进行表面找平处理制样的方式。

7.3.3.2　将试样锯成两个半截砖，两个半截砖用于叠合部分的长度不得小于 100 mm。如果不足 100 mm，应另取备用试样补足。

7.3.3.3　两半截砖切断口相反叠放，叠合部分不得小于 100 mm，如图 12 所示，即为抗压强度试样。

单位为毫米

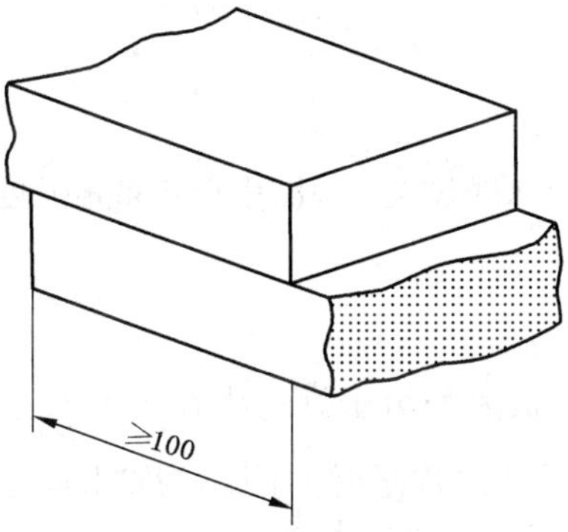

图 12　半砖叠合示意图

7.4　试样养护

7.4.1　一次成型制样、二次成型制样在不低于 10 ℃的不通风室内养护 4 h。

7.4.2　非成型制样不需养护，试样气干状态直接进行试验。

7.5　试验步骤

7.5.1　测量每个试样连接面或受压面的长、宽尺寸各两个，分别取其平均值，精确至 1 mm。

7.5.2　将试样平放在加压板的中央，垂直于受压面加荷，应均匀平稳，不得发生冲击或振动。加荷速度以(2～6)kN/s 为宜，直至试样破坏为止，记录最大破坏荷载 P。

7.6　结果计算与评定

7.6.1　每块试样的抗压强度(R_p)按式(2)计算。

$$R_p = \frac{P}{L \times B} \qquad \cdots\cdots (2)$$

式中：

R_p ——抗压强度，单位为兆帕(MPa)；

P ——最大破坏荷载，单位为牛顿(N)；

L ——受压面(连接面)的长度，单位为毫米(mm)；

B ——受压面(连接面)的宽度，单位为毫米(mm)。

7.6.2 试验结果以试样抗压强度的算术平均值和标准值或单块最小值表示。

8 冻融试验

8.1 仪器设备

8.1.1 低温箱或冷冻室：试样放入箱(室)内温度可调至－20 ℃或－20 ℃以下。

8.1.2 水槽：保持槽中水温 10 ℃～20 ℃为宜。

8.1.3 台秤：分度值不大于 5 g。

8.1.4 电热鼓风干燥箱：最高温度 200 ℃。

8.1.5 抗压强度试验设备：同 7.1。

8.2 试样数量

试样数量为 10 块，其中 5 块用于冻融试验，5 块用于未冻融强度对比试验。

8.3 试验步骤

8.3.1 用毛刷清理试样表面，将试样放入鼓风干燥箱中在 105 ℃±5 ℃下干燥至恒质(在干燥过程中，前后两次称量相差不超过 0.2%，前后两次称量时间间隔为 2 h)，称其质量 m_0，并检查外观，将缺棱掉角和裂纹作标记。

8.3.2 将试样浸在 10 ℃～20 ℃的水中，24 h 后取出，用湿布拭去表面水分，以大于 20 mm 的间距大面侧向立放于预先降温至－15 ℃以下的冷冻箱中。

8.3.3 当箱内温度再降至－15 ℃时开始计时，在－15 ℃～－20 ℃下冰冻：烧结砖冻 3 h；非烧结砖冻 5 h。然后取出放入 10 ℃～20 ℃的水中融化：烧结砖为 2 h；非烧结砖为 3 h。如此为一次冻融循环。

8.3.4 每 5 次冻融循环，检查一次冻融过程中出现的破坏情况，如冻裂、缺棱、掉角、剥落等。

8.3.5 冻融循环后，检查并记录试样在冻融过程中的冻裂长度，缺棱掉角和剥落等破坏情况。

8.3.6 经冻融循环后的试样，放入鼓风干燥箱中，按 8.3.1 的规定干燥至恒质，称其质量 m_1。

8.3.7 若试件在冻融过程中，发现试件呈明显破坏，应停止本组样品的冻融试验，并记录冻融次数，判定本组样品冻融试验不合格。

8.3.8 干燥后的试样和未经冻融的强度对比试样按第 7 章的规定进行抗压强度试验。

8.4 结果计算与评定

8.4.1 外观结果：冻融循环结束后，检查并记录试样在冻融过程中的冻裂长度、缺棱掉角和剥落等破坏情况。

8.4.2 强度损失率(P_m)按式(3)计算。

$$P_m = \frac{P_0 - P_1}{P_0} \times 100 \quad \cdots\cdots(3)$$

式中:

P_m ——强度损失率,%;

P_0 ——试样冻融前强度,单位为兆帕(MPa);

P_1 ——试样冻融后强度,单位为兆帕(MPa)。

8.4.3 质量损失率(G_m)按式(4)计算。

$$G_m = \frac{m_0 - m_1}{m_0} \times 100 \quad \cdots\cdots(4)$$

式中:

G_m ——质量损失率,%;

m_0 ——试样冻融前干质量,单位为千克(kg);

m_1 ——试样冻融后干质量,单位为千克(kg)。

8.4.4 试验结果以试样冻后抗压强度或抗压强度损失率、冻后外观质量或质量损失率表示与评定。

9 体积密度试验

9.1 仪器设备

9.1.1 鼓风干燥箱:最高温度 200 ℃。

9.1.2 台秤:分度值不应大于 5 g。

9.1.3 钢直尺:分度不应大于 1 mm。

9.1.4 砖用卡尺:分度值为 0.5 mm。

9.2 试样数量

试样数量为 5 块,所取试样应外观完整。

9.3 试验步骤

9.3.1 清理试样表面,然后将试样置于 105 ℃±5 ℃鼓风干燥箱中干燥至恒质(在干燥过程中,前后两次称量相差不超过 0.2%,前后两次称量时间间隔为 2 h),称其质量 m,并检查外观情况,不得有缺棱、掉角等破损。如有破损,须重新换取备用试样。

9.3.2 按 4.2 规定测量干燥后的试样尺寸各两次,取其平均值计算体积 V。

9.4 结果计算与评定

9.4.1 每块试样的体积密度(ρ)按式(5)计算。

$$\rho = \frac{m}{V} \times 10^9 \quad \cdots\cdots(5)$$

式中:

ρ ——体积密度,单位为千克每立方米(kg/m³);

m ——试样干质量,单位为千克(kg);

V ——试样体积,单位为毫米(mm³)。

9.4.2 试验结果以试样体积密度的算术平均值表示。

10 石灰爆裂试验

10.1 仪器设备

10.1.1 蒸煮箱。
10.1.2 钢直尺:分度值不应大于 1 mm。

10.2 试样数量

试样数量为 5 块,所取试样为未经雨淋或浸水,且近期生产的外观完整的试样。

10.3 试验步骤

10.3.1 试验前检查每块试样,将不属于石灰爆裂的外观缺陷作标记。
10.3.2 将试样平行侧立于蒸煮箱内的篦子板上,试样间隔不得小于 50 mm,箱内水面应低于篦上板 40 mm。
10.3.3 加盖蒸 6 h 后取出。
10.3.4 检查每块试样上因石灰爆裂(含试验前已出现的爆裂)而造成的外观缺陷,记录其尺寸。

10.4 结果评定

以试样石灰爆裂区域的尺寸最大者表示。

11 泛霜试验

11.1 仪器设备

11.1.1 鼓风干燥箱:最高温度 200 ℃。
11.1.2 耐磨耐腐蚀的浅盘:容水深度 25 mm～35 mm。
11.1.3 透明材料:能完全覆盖浅盘,其中间部位开有大于试样宽度、高度或长度尺寸 5 mm～10 mm 的矩形孔。
11.1.4 温、湿度计。

11.2 试样数量

试样数量为 5 块。

11.3 试验步骤

11.3.1 清理试样表面,然后置于 105 ℃±5 ℃鼓风干燥箱中干燥 24 h,取出冷却至常温。
11.3.2 将试样顶面或有孔洞的面朝上分别置于浅盘中,往浅盘中注入蒸馏水,水面高度不应低于 20 mm。用透明材料覆盖在浅盘上,并将试样暴露在外面,记录时间。
11.3.3 试样浸在盘中的时间为 7 d,试验开始 2 d 内经常加水以保持盘内水面高度,以后则保持浸在水中即可。试验过程中要求环境温度为 16 ℃～32 ℃,相对湿度 35%～60%。
11.3.4 试验 7 d 后取出试样,在同样的环境条件下放置 4 d。然后在 105 ℃±5 ℃鼓风干燥箱中干燥至恒量。取出冷却至常温。记录干燥后的泛霜程度。

11.4 结果评定

11.4.1 泛霜程度根据记录以最严重者表示。

11.4.2 泛霜程度划分如下:

无泛霜:试样表面的盐析几乎看不到。

轻微泛霜:试样表面出现一层细小明显的霜膜,但试样表面仍清晰。

中等泛霜:试样部分表面或棱角出现明显霜层。

严重泛霜:试样表面出现起砖粉、掉屑及脱皮现象。

12 吸水率和饱和系数试验

12.1 仪器设备

12.1.1 鼓风干燥箱:最高温度 200 ℃。

12.1.2 台秤:分度值不应大于 5 g。

12.1.3 蒸煮箱。

12.2 试样数量

试样数量:吸水率试验为 5 块,饱和系数试验为 5 块(所取试样尽可能用整块试样,如需制取应为整块试样的 1/2 或 1/4)。

12.3 试验步骤

12.3.1 清理试样表面,然后置于 105 ℃±5 ℃鼓风干燥箱中干燥至恒质(在干燥过程中,前后两次称量相差不超过 0.2%,前后两次称量时间间隔为 2 h),除去粉尘后,称其干质量 m_0。

12.3.2 将干燥试样浸入水中 24 h,水温 10 ℃~30 ℃。

12.3.3 取出试样,用湿毛巾拭去表面水分,立即称量。称量时试样表面毛细孔渗出于秤盘中水的质量也应计入吸水质量中,所得质量为浸泡 24 h 的湿质量 m_{24}。

12.3.4 将浸泡 24 h 后的湿试样侧立放入蒸煮箱的篦子板上,试样间距不得小于 10 mm,注入清水,箱内水面应高于试样表面 50 mm,加热至沸腾,沸煮 3 h,饱和系数试验沸煮 5 h,停止加热冷却至常温。

12.3.5 按 12.3.3 规定称量沸煮 3 h 的湿质量 m_3,饱和系数试验称量沸煮 5 h 的湿质量 m_5。

12.4 结果计算与评定

12.4.1 常温水浸泡 24 h 试样吸水率(W_{24})按式(6)计算。

$$W_{24}=\frac{m_{24}-m_0}{m_0}\times 100 \qquad \cdots\cdots(6)$$

式中:

W_{24} ——常温水浸泡 24 h 试样吸水率,%;

m_0 ——试样干质量,单位为千克(kg);

m_{24} ——试样浸水 24 h 的湿质量,单位为千克(kg)。

12.4.2 试样沸煮 3 h 吸水率(W_3)按式(7)计算。

$$W_3=\frac{m_3-m_0}{m_0}\times 100 \qquad \cdots\cdots(7)$$

式中:

W_3 ——试样沸煮 3 h 吸水率,%;

m_3 ——试样沸煮 3 h 的湿质量,单位为千克(kg);

m_0 ——试样干质量,单位为千克(kg)。

12.4.3 每块试样的饱和系数(K)按式(8)计算。

$$K=\frac{m_{24}-m_0}{m_5-m_0} \qquad \cdots\cdots(8)$$

式中：

K ——试样饱和系数；

m_{24} ——常温水浸泡 24 h 试样湿质量，单位为千克(kg)；

m_0 ——试样干质量，单位为千克(kg)；

m_5 ——试样沸煮 5 h 的湿质量，单位为千克(kg)。

12.4.4 吸水率以试样的算术平均值表示；饱和系数以试样的算术平均值表示。

13 孔洞率及孔洞结构测定

13.1 设备

13.1.1 台秤：分度值不应大于 5 g。

13.1.2 水池或水箱或水桶。

13.1.3 吊架：见图 13。

单位为毫米

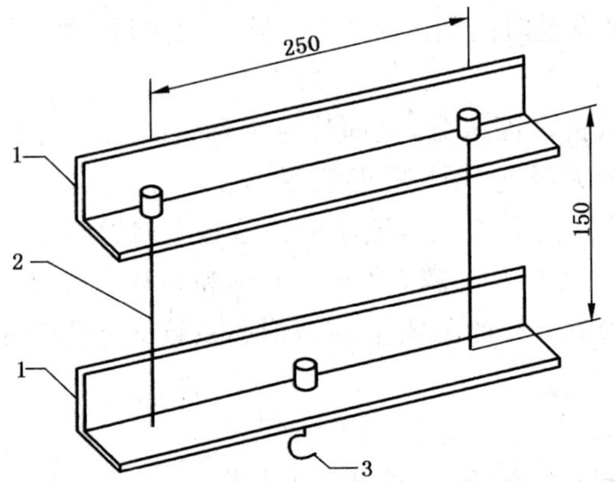

1——角钢；

2——拉筋；

3——钩子(与两端拉筋等距离)。

图 13 吊架

13.1.4 砖用卡尺：分度值为 0.5 mm。

13.2 试样数量

试样数量为 5 块。

13.3 试验步骤

13.3.1 按 4.2 的规定测量试样的长度 L、宽度 B、高度 H 尺寸各 2 个，分别取其算术平均值，精确至 1 mm。

13.3.2 将试样浸入室温的水中，水面应高出试样 20 mm 以上，24 h 后将其分别移到水中，称出试样的悬浸质量 m_1。

13.3.3 称取悬浸质量的方法如下：将秤置于平稳的支座上，在支座的下方与磅秤中线重合处放置水池或水箱或水桶。在秤底盘上放置吊架，用铁丝把试样悬挂在吊架上，此时试样应离开水桶的底面且全部浸泡在水中，将秤读数减去吊架和铁丝的质量，即为悬浸质量 m_1。

13.3.4 盲孔砖称取悬浸质量时，有孔洞的面朝上，称重前晃动砖体排出孔中的空气，待静置后称量。通孔砖任意放置。

13.3.5 将试样从水中取出，放在铁丝网架上滴水 1 min，再用拧干的湿布拭去内、外表面的水，立即称其面干潮湿状态的质量 m_2，精确至 5 g。

13.3.6 测量试样最薄处的壁厚、肋厚尺寸，精确至 1 mm。

13.4 结果计算与评定

13.4.1 每个试样的孔洞率(Q)按式(9)计算。

$$Q=\left[1-\frac{m_2-m_1}{D\times L\times B\times H}\right]\times 100 \qquad \cdots\cdots(9)$$

式中：

Q ——试样的孔洞率，%；

m_1——试样的悬浸质量，单位为千克(kg)；

m_2——试样面干潮湿状态的质量，单位为千克(kg)；

L ——试样长度，单位为米(m)；

B ——试样宽度，单位为米(m)；

H ——试样高度，单位为米(m)。

D ——水的密度，为 1 000 千克每立方米(1 000 kg/m³)。

13.4.2 试样的孔洞率以试样孔洞率的算术平均值表示。

13.4.3 孔洞结构以孔洞排数及壁、肋厚最小尺寸表示。

14 干燥收缩试验

14.1 仪器设备

14.1.1 立式收缩仪：精度为 0.01 mm，上下测点采用 90°锥形凹座，如图 14 所示。

14.1.2 收缩头：采用黄铜或不锈钢制成，如图 15 所示。

14.1.3 鼓风干燥箱或调温调湿箱：鼓风干燥箱或调温调湿箱的箱体容积不小于 0.05 m³ 或大于试样总体积的 5 倍。

14.1.4 搪瓷样盘。

14.1.5 冷却箱：冷却箱可用金属板加工，且备有温度观测装置及具有良好的密封性。

14.1.6 恒温水槽：水温(20±1) ℃。

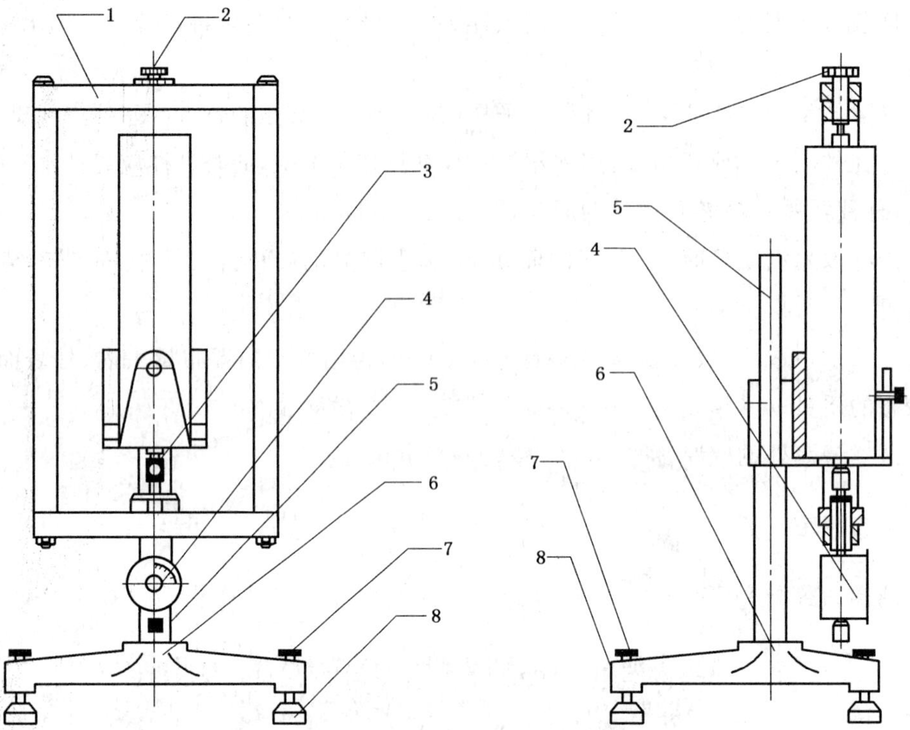

1——测量框架；
2——上支点螺栓；
3——下支点；
4——百分表；
5——立柱；
6——底座；
7——调平螺栓；
8——调平座。

图 14 收缩测定仪示意图

单位为毫米

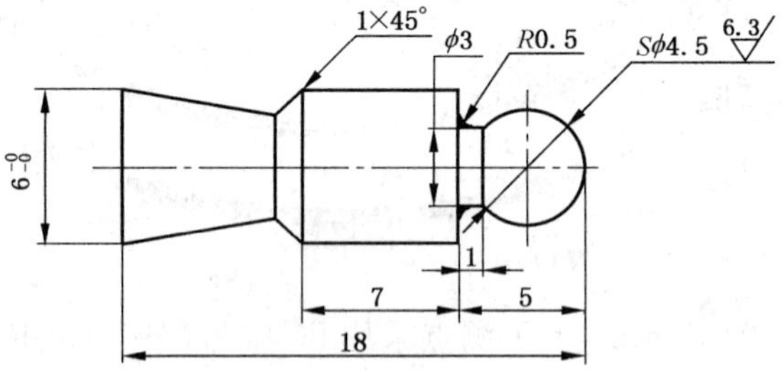

图 15 收缩头

14.2 试样数量

试样数量为 3 块。试样尺寸为 40 mm×40 mm×160 mm。

14.3 试样处理

14.3.1 在试样两个顶面的中心，各钻一个直径 6 mm～10 mm，深度 13 mm±2 mm 孔洞。

14.3.2 将试样浸水 4 h～6 h 后取出在孔内灌入水玻璃水泥浆或其他粘结剂，然后埋置收缩头，收缩头中心线应与试样中心线重合，试样顶面应平整。2 h 后检查收缩头安装是否牢固，否则重装。

14.4 试验步骤

14.4.1 将试样放置 1 d 后，浸入水温为(20±1)℃恒温水槽中，水面应高出试样 20 mm，保持 4 d。

14.4.2 将试样从水中取出，用湿布拭去表面水分并将收缩头擦干净。

14.4.3 用标准杆调整仪表原点(一般取 5.00 mm)，然后按标明的测试方向立即测定试样初始长度，记下初始百分表读数。

14.4.4 将试样放入温度为(50±1)℃，湿度以饱和氯化钙控制(每立方米箱体应给予不低于 0.3 m^3 暴露面积且含有充分固体的氯化钙饱和溶液)的鼓风干燥箱或调温调湿箱中进行干燥。

14.4.5 每隔 1 d 从箱内取出试样测长度一次。当试样取出后应立即放入冷却箱中，在(20±1)℃的房间内冷却 4 h 后进行测试。测前应校准百分表原点，要求每组试样在 10 min 内测完。

14.4.6 按 14.4.4、14.4.5 所述反复进行干燥、冷却和测试，直至两次测长读数差在 0.01 mm 范围内时为止，以最后两次的平均值作为干燥后读数。

14.5 结果计算与评定

14.5.1 干燥收缩值(S)按式(10)计算。

$$S=\frac{L_1-L_2}{L_0+L_1-2L-M_0}\times 1\,000 \qquad \cdots\cdots(10)$$

式中：

S ——干燥收缩值，单位为毫米/米(mm/m)；

L_0——标准杆长度，单位为毫米(mm)；

L_1——试样初始长度(百分表读数)，单位为毫米(mm)；

L_2——试样干燥后长度(百分表读数)，单位为毫米(mm)；

L ——收缩头长度，单位为毫米(mm)；

M_0——百分表原点，单位为毫米(mm)。

14.5.2 试验结果以试样干燥收缩值的算术平均值表示。

15 碳化试验

15.1 仪器设备和试剂

15.1.1 碳化箱：下部设有进气孔，上部设有排气孔，且有湿度观察装置，盖(门)应严密。

15.1.2 二氧化碳钢瓶。

15.1.3 流量计。

15.1.4 气体分析仪。

15.1.5 台秤：分度值不应大于 5 g。

15.1.6 温、湿度计。

15.1.7 二氧化碳气体：浓度大于 80%(质量浓度)。

15.1.8 1%(质量浓度)酚酞溶液：用浓度为 70%(质量浓度)的乙醇配制。

15.1.9 抗压强度试验设备：同 7.1。

15.2 试样数量

试样数量为 12 块，其中 5 块用于碳化试验，2 块用于碳化深度检查，5 块用于未碳化强度对比试验。

15.3 试验条件

15.3.1 湿度

碳化过程的相对湿度控制在90%以下。

15.3.2 二氧化碳浓度

15.3.2.1 二氧化碳浓度的测定

二氧化碳浓度采用气体分析仪测定，第一、二天每隔2 h测定一次，以后每隔4 h测定一次，精确至1%（体积浓度）。并根据测得的二氧化碳浓度，随时调节其流量。

15.3.2.2 二氧化碳浓度的调节和控制

如图16所示，装配人工碳化装置，调节二氧化碳钢瓶的针形阀，控制流量使二氧化碳浓度达60%（体积浓度）以上。

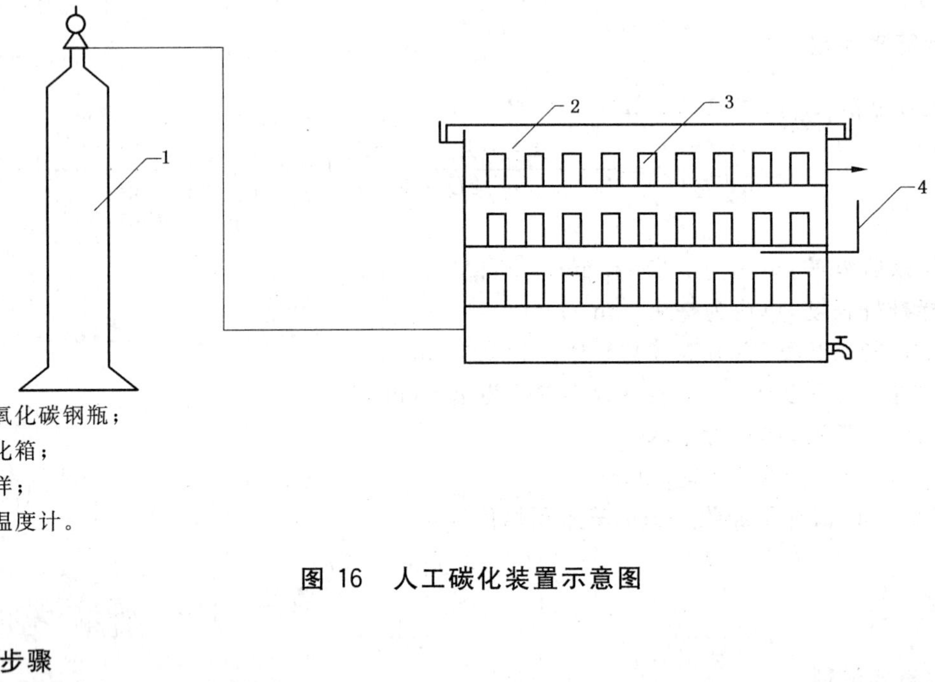

1——二氧化碳钢瓶；
2——碳化箱；
3——试样；
4——湿温度计。

图16 人工碳化装置示意图

15.4 试验步骤

15.4.1 将用于碳化试验的7块试样在室内放置7 d，然后放入碳化箱内进行碳化，试样间隔不得小于20 mm。

15.4.2 碳化开始3 d后，每天将用于碳化深度检测试样局部劈开，用1%酚酞乙醇溶液检查碳化程度，当试样中心不呈显红色时，则认为试样已全部碳化。

15.4.3 将已全部碳化或进行碳化28 d后仍未完全碳化试样和对比试样于室内放置24 h～36 h后，按第7章的规定进行抗压强度试验。

15.5 结果计算与评定

15.5.1 碳化系数（K_c）按式（11）计算。

$$K_c = \frac{R_c}{R_0} \qquad \cdots\cdots(11)$$

式中：

K_c——碳化系数；

R_c ——碳化后抗压强度平均值，单位为兆帕(MPa)；

R_0 ——对比试样的抗压强度平均值，单位为兆帕(MPa)。

15.5.2 试验结果以试样碳化系数或碳化后抗压强度表示。

16 软化试验

16.1 仪器设备

16.1.1 水池或水箱。

16.1.2 抗压强度试验设备：同 7.1。

16.2 样品数量

试样数量为 10 块，其中 5 块用于软化试验，5 块用于未经软化强度对比试验。

16.3 试验步骤

16.3.1 将用于软化试验的 5 块试样浸入(20±5)℃的水中，水面高出试样 20 mm 以上，浸泡 4 d 后取出，在铁丝网架上滴水 1 min，再用拧干的湿布拭去试样表面的水，即为饱和面干状态试样。

16.3.2 将 5 块对比试样，在不低于 10℃的不通风室内，放置 72 h 的试样即为气干状态试样。

16.3.3 将软化后试样和未经软化对比试样，按第 7 章的规定进行抗压强度试验。

16.4 结果计算与评定

16.4.1 软化系数(K_f)按式(12)计算。

$$K_f = \frac{R_f}{R_0} \quad \cdots\cdots (12)$$

式中：

K_f ——软化系数；

R_f ——软化后抗压强度平均值，单位为兆帕(MPa)；

R_0 ——对比试样的抗压强度平均值，单位为兆帕(MPa)。

16.4.2 试验结果以试样软化系数或软化后抗压强度表示。

17 试验报告

试验报告内容应包括：

a) 受检单位；

b) 试样名称、编号、数量、规格尺寸及状态；

c) 送(抽)样日期；

d) 检验项目；

e) 依据标准；

f) 检验类别；

g) 试验结果与评定；

h) 报告编号及报告日期；

i) 检验单位与编写、审核人员和单位负责人签章。

ICS 81.080
Q 41

中华人民共和国国家标准

GB/T 2608—2012
代替 GB/T 2608—2001

硅　　　　　砖

Silica refractory bricks

2012-11-05 发布　　2013-05-01 实施

中华人民共和国国家质量监督检验检疫总局
中国国家标准化管理委员会　发布

前　言

本标准按照 GB/T 1.1—2009 给出的规则起草。

本标准代替 GB/T 2608—2001《硅砖》，与 GB/T 2608—2001 相比，主要技术变化如下：

——对 YB/T 133《热风炉用硅砖》、YB/T 147《玻璃窑用硅砖》、YB/T 5013《焦炉用硅砖》和原 GB/T 2608《硅砖》进行了统一整合修订；

——根据用途将原 GB/T 2608 中的“硅砖(GZ-94)”改称“一般硅砖”，删除了 GZ-96、GZ-95 牌号，同时修改了 GZ-94 牌号的显气孔率、常温耐压强度、荷重软化温度指标；

——对一般硅砖部分尺寸及外观指标进行了修订；

——增加了玻璃窑用硅砖、焦炉用硅砖、热风炉用硅砖的技术要求；

——增加了对产品理化质量特性指标统计学意义的界定，并给出了质量特性标准偏差。

本标准由全国耐火材料标准化技术委员会(SAC/TC 193)提出并归口。

本标准起草单位：中钢集团耐火材料有限公司、西小坪耐火材料有限公司、河南春胜耐材有限公司、山东耐火材料集团有限公司、郑州安耐克实业有限公司、山东鲁桥新材料股份有限公司、郑州东方科技耐火材料有限公司、山东万乔集团有限公司、阳泉市丰泽恒业耐火材料有限公司、郑州方圆耐火材料有限公司、淄博耀东耐火材料有限公司、郑州宏瑞耐火材料有限公司、洛阳新菲尔耐火材料有限公司、巩义市豫龙耐材实业有限公司。

本标准主要起草人：徐彩霞、王玉霞、肖伟、郝良军、冯春生、张延明、李建涛、张敦明、邵红洲、高建立、张慧荣、李照来、王闽生、谷晓龙、孙宗伟、石策。

本标准所代替标准的历次版本发布情况为：

——GB/T 2608—1987、GB/T 2608—2001。

硅　　　砖

1　范围

本标准规定了硅砖的分类、技术要求、试验方法、质量评定程序、包装、标志、运输、储存及质量证明书。

本标准适用于硅质耐火砖。

2　规范性引用文件

下列文件对于本文件的应用是必不可少的。凡是注日期的引用文件，仅注日期的版本适用于本文件。凡是不注日期的引用文件，其最新版本（包括所有的修改单）适用于本文件。

GB/T 2992.1　耐火砖形状尺寸　第1部分：通用砖

GB/T 2997　致密定形耐火制品　体积密度、显气孔率和真气孔率试验方法

GB/T 5071　耐火材料　真密度试验方法

GB/T 5072　耐火材料　常温耐压强度试验方法

GB/T 5073　耐火材料　压蠕变试验方法

GB/T 5988　耐火材料　加热永久线变化试验方法

GB/T 6901　硅质耐火材料化学分析方法

GB/T 7320　耐火材料　热膨胀试验方法

GB/T 7321　定形耐火制品试样制备方法

GB/T 10325　定形耐火制品验收抽样检验规则

GB/T 10326　定形耐火制品尺寸、外观及断面的检查方法

GB/T 16546　定形耐火制品包装、标志、运输和储存

GB/T 20511　耐火制品分型规则

YB/T 172　硅砖定量相分析　X射线衍射法

YB/T 370　耐火制品荷重软化温度试验方法（非示差-升温法）

YB/T 4017　玻璃窑用耐火制品形状尺寸　硅砖

YB/T 5012　高炉及热风炉用耐火砖形状尺寸

3　术语和定义

GB/T 10325界定的以及下列术语和定义适用于本文件。

3.1

熔融指数　melt factor

制品中氧化铝的质量分数（$w_{Al_2O_3}$）与氧化钾、氧化钠质量分数（w_{K_2O}、w_{Na_2O}）和的2倍之和，即$w_{Al_2O_3}(\%) + 2(w_{K_2O}(\%) + w_{Na_2O}(\%))$。

4　分类、形状和尺寸

4.1　砖按用途分为：一般硅砖、玻璃窑用硅砖、焦炉用硅砖及热风炉用硅砖四大系列。按理化指标分为

以下几个牌号：一般硅砖：GZ-94；玻璃窑用硅砖：BG-96a、BG-96b 和 BG-95；焦炉用硅砖：JG-94；热风炉用硅砖 RG-95。其中 GZ、BG、JG 、RG 中的 G、B、J、R 、Z 分别为硅、玻、焦、热、砖的汉语拼音首字母，其后的数字和字母分别代表二氧化硅的质量分数和产品级别。

4.2 砖的形状和尺寸：一般硅砖应符合 GB/T 2992.1 的规定，玻璃窑用硅砖应符合 YB/T 4017 的规定，焦炉用硅砖应符合 GB/T 20511 的规定，热风炉用硅砖应符合 YB/T 5012 的规定，亦可按用户要求进行生产。

5 技术要求

5.1 一般硅砖的技术要求

5.1.1 一般硅砖的理化指标应符合表 1 的规定。

5.1.2 一般硅砖的尺寸允许偏差和外观应符合表 2 的规定。

5.1.3 超特型及其他产品中有特殊要求的由供需双方协商。

5.2 玻璃窑用硅砖的技术要求

5.2.1 玻璃窑用硅砖的理化指标应符合表 3 的规定。

5.2.2 玻璃窑用硅砖的尺寸允许偏差和外观应符合表 4 的规定。

5.2.3 手工砖、超特型砖及其他产品中有特殊要求的由供需双方协商。

表 1 一般硅砖的理化指标

项目		指标
		GZ-94
$w(SiO_2)$/%	μ_0	≥94
	σ	1.0
$w(Fe_2O_3)$/%	μ_0	≤1.4
	σ	0.3
显气孔率/%	μ_0	≤24
	σ	1.5
真密度/(g/cm^3)	μ_0	≤2.35
	σ	0.1
常温耐压强度[a]/MPa	μ_0	≥30
	σ	10
	X_{min}	20
0.2 MPa 荷重软化开始温度/℃	μ_0	≥1 650
	σ	13
注：黑体字项目为考核项目。		
[a] 耐压强度所测单值应大于 X_{min} 规定值。		

表 2　一般硅砖的尺寸允许偏差和外观　　　单位为毫米

项　　目				指　　标
尺寸允许偏差	尺寸≤150			±2
	尺寸 151～350			±3
	尺寸>350			±4
扭曲	长度≤350		≤	2.0
	长度>350			3.0
相对边差　厚度				1.5
缺角、缺棱长度 $(a+b+c)$、$(e+f+g)$	工作面			60
	非工作面			80
熔洞直径	工作面			8
	非工作面			10
裂纹长度	宽度≤0.1			不限制
	宽度　0.11～0.25	工作面		70
		非工作面		100
	宽度　0.26～0.5	工作面		50
		非工作面		70
	宽度>0.5			不准有
注：裂纹跨棱时只允许跨过一条棱，跨棱裂纹不合并计算。				

表 3　玻璃窑用硅砖的理化指标

项　　目		指　标		
		BG -96a	BG -96b	BG -95
$w(SiO_2)/\%$	μ_0	≥96	≥96	≥95
	σ	0.8	0.8	1.0
$w(Fe_2O_3)/\%$	μ_0	≤0.6	≤0.8	≤1.0
	σ	0.2	0.2	0.2
熔融指数/%	μ_0	≤0.5	≤0.7	—
	σ	0.15	0.15	—
显气孔率/%	μ_0	≤21	≤22	
	σ	1.5	1.5	
真密度/(g/cm³)	μ_0	≤2.34		
	σ	0.1		
常温耐压强度/MPa[a]	μ_0	≥40	≥35	≥30
	σ	10	10	10
	X_{min}	30	25	20

表 3（续）

项 目		指 标		
		BG -96a	BG -96b	BG -95
0.2 MPa 荷重软化开始温度 /℃	μ_0	≥1 680	≥1 670	≥1 670
	σ	13	13	13
加热永久线变化 /%(1 450 ℃×2 h)	X_{min}～X_{max}	0～0.2		
残余石英/%	μ_0	≤3		
	σ	0.5		

注：黑体字项目为考核项目。

残余石英、真密度、加热永久线变化三个质量特性指标，质量检验时可只检验其中一项。

[a]耐压强度所测单值应大于 X_{min} 规定值。

表 4 玻璃窑用硅砖的尺寸允许偏差和外观

单位为毫米

项 目				指 标
尺寸允许偏差	厚度尺寸			±2
	长、宽尺寸			±3
	尺寸>350			±4
扭曲	长度≤350		≤	1.5
	长度>350			2(最大不超过长度的 0.5%)
相对边差 厚度				1.0
楔形度				1.5
缺角、缺棱长度 $(a+b+c)$、$(e+f+g)$	工作面			40
	非工作面			60
熔洞直径	工作面			5
	非工作面			10
裂纹长度	宽度≤0.1			不限制
	宽度 0.11～0.25	工作面		50
		非工作面		80
	宽度 0.26～0.5	工作面		30
		非工作面		50
	宽度>0.5			不准有

注 1：可根据用户要求，按砖的一个主要尺寸进行分档。

注 2：裂纹跨棱时只允许跨过一条棱，跨棱裂纹不合并计算。

拱砖上与工作面平行的裂纹长度不应大于裂纹所在面与工作面共用棱长度的五分之一。

注 3：断面、层裂不允许有。

注 4：楔形砖大小头尺寸差值≤7 mm 时，应在砖的大小头做出明显标记。

5.3 焦炉用硅砖的技术要求

5.3.1 焦炉用硅砖的理化指标应符合表5的规定。

5.3.2 焦炉用硅砖的尺寸允许偏差和外观应符合表6的规定。

5.3.3 手工砖、超特型砖及其他产品中有特殊要求的由供需双方协商。

5.3.4 焦炉硅砖标准也适用于炭素煅烧炉用硅砖。

表5 焦炉用硅砖的理化指标

项目		指标		
		JG-94		
		炉底(LD)	炉壁(LB)	其他部位(QT)
w_{SiO_2}/%	μ_0	≥94.5		≥94.0
	σ	1.0		1.0
$w_{Al_2O_3}$/%	μ_0	≤1.2		≤1.5
	σ	0.3		0.3
$w_{Fe_2O_3}$/%	μ_0	≤1.2		≤1.5
	σ	0.2		0.2
w_{CaO}/%	μ_0	≤3.0		≤3.0
	σ	0.35		0.35
$w_{(Na_2O+K_2O)}$/%	μ_0	≤0.35		≤0.35
	σ	0.04		0.04
显气孔率/%	μ_0	≤22		≤24(26[b])
	σ	1.5		1.5
常温耐压强度[a]/MPa	μ_0	≥40	≥35	≥28
	σ	10	10	10
	X_{min}	30	25	20
0.2 MPa 的荷重软化开始温度/℃	μ_0	≥1 650		
	σ	13		
真密度/(g/cm³)	μ_0	≤2.33		≤2.34
	σ	0.1		0.1
残余石英/%	μ_0	≤1.5		
	σ	0.5		
加热永久线变化/%(1 450 ℃×2 h)	$X_{min}\sim X_{max}$	0～0.2		
热膨胀率[c](1 000 ℃)/%	μ_0	≤1.28		≤1.30
	σ	0.05		0.05

注：黑体字项目为考核项目。

残余石英、真密度、加热永久线变化三个质量特性指标，质量检验时可只检验其中一项。

[a] 耐压强度所测单值应大于 X_{min} 规定值。

[b] 括号内数值为超特型砖指标。

[c] 热膨胀率为参考值。

表 6 焦炉用硅砖的尺寸允许偏差和外观

单位为毫米

<table>
<tr><td colspan="3" rowspan="2">项　　目</td><td colspan="3">指　　标</td></tr>
<tr><td>炭化面</td><td>气流面</td><td>其他面</td></tr>
<tr><td rowspan="7">尺寸允许偏差</td><td colspan="2">尺寸≤150</td><td colspan="3">+1,−2</td></tr>
<tr><td colspan="2">尺寸 151～300</td><td colspan="3">±2</td></tr>
<tr><td colspan="2">尺寸 301～400</td><td colspan="3">±3</td></tr>
<tr><td colspan="2">尺寸 401～600</td><td colspan="3">±1%(最大 5 mm)</td></tr>
<tr><td colspan="2">尺寸>600</td><td colspan="3">±6</td></tr>
<tr><td colspan="2">炭化室、蓄热室砖工作面尺寸</td><td colspan="3">±2</td></tr>
<tr><td colspan="2">斜烟道出口调节砖的一个主要尺寸</td><td colspan="3">±1</td></tr>
<tr><td rowspan="2">扭曲</td><td colspan="2">对角线长度≤320</td><td>≤0.5</td><td colspan="2">≤1.5</td></tr>
<tr><td colspan="2">对角线长度>320</td><td>≤1.0</td><td colspan="2">长度的 0.5%(最大 4)</td></tr>
<tr><td rowspan="2">熔洞</td><td colspan="2">熔洞尺寸</td><td>直径 2～3
深度<3</td><td>直径 3～6
深度<4</td><td>直径 5～8
深度<5</td></tr>
<tr><td colspan="2">任意 100 cm² 砖面上允许熔洞个数</td><td>3 个</td><td>4 个</td><td>5 个</td></tr>
<tr><td rowspan="2">铁斑</td><td colspan="2">孔直径</td><td>5～10</td><td>6～15</td><td>7～20</td></tr>
<tr><td colspan="2">任意 100 cm² 砖面上允许铁斑个数</td><td>2 个</td><td>3 个</td><td>4 个</td></tr>
<tr><td colspan="3" rowspan="3">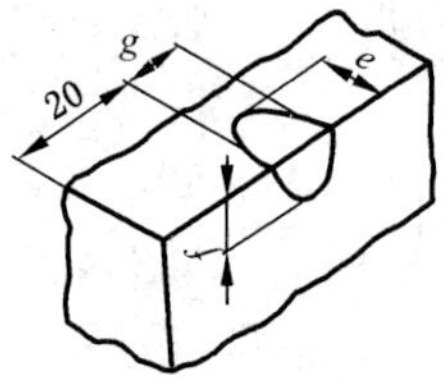
缺棱长度</td><td>e≤15</td><td>e≤30</td><td>e≤40 mm</td></tr>
<tr><td>f≤5</td><td>f≤10</td><td>f≤30 mm</td></tr>
<tr><td>g≤10</td><td>g≤30</td><td>g≤30 mm</td></tr>
<tr><td colspan="3" rowspan="3">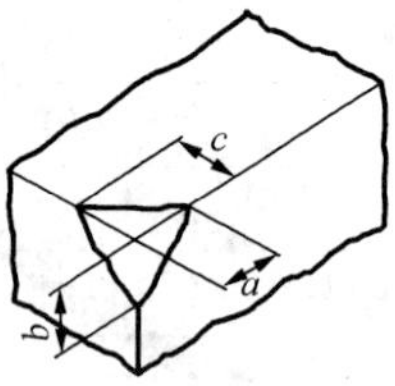
缺角长度</td><td>a≤10</td><td>a≤15</td><td rowspan="3">其中一个
尺寸≤30
另两个
尺寸≤20</td></tr>
<tr><td>b≤10</td><td>b≤15</td></tr>
<tr><td>c≤15</td><td>c≤25</td></tr>
<tr><td colspan="3">缺棱、缺角个数</td><td>≤2</td><td colspan="2">≤3</td></tr>
<tr><td rowspan="4">裂纹宽度</td><td>≤0.10</td><td rowspan="4">裂纹长度</td><td colspan="3">不限制</td></tr>
<tr><td>>0.10～0.25</td><td>≤60</td><td colspan="2">≤65</td></tr>
<tr><td>>0.25～0.50</td><td>不准有</td><td colspan="2">≤65,不多于 2 条</td></tr>
<tr><td>≥0.50</td><td colspan="3">不准有</td></tr>
<tr><td colspan="6">注 1:裂纹长度不允许大于该裂纹所在面与裂纹平行边全长的二分之一。
裂纹只允许跨过一条棱,但边宽小于 50 mm 的面允许跨过两条棱,跨棱裂纹长度不合并计算。
跨顶砖工作面不允许有横向裂纹。
注 2:断面、层裂不允许有。
注 3:缺棱位置距所在面两端距离应不小于 20 mm。</td></tr>
</table>

5.4 热风炉用硅砖技术要求

5.4.1 热风炉用硅砖的理化指标应符合表7的规定。

5.4.2 热风炉用硅砖的尺寸允许偏差和外观应符合表8的规定。

5.4.3 超特型砖及其他产品中有特殊要求的由供需双方协商。

表7 热风炉用硅砖的理化指标

项目			指标	
			RG-95	
			拱顶、炉墙砖	格子砖
w_{SiO_2}/%		μ_0	≥95	
		σ	1.0	
$w_{Al_2O_3}$/%		μ_0	≤1.0	
		σ	0.3	
$w_{Fe_2O_3}$/%		μ_0	≤1.2	
		σ	0.2	
显气孔率/%		μ_0	≤22(24)	≤24
		σ	1.5	1.5
真密度/(g/cm³)		μ_0	≤2.33	≤2.34
		σ	0.1	0.1
常温耐压强度[a]/MPa		μ_0	≥40(30)	≥30
		σ	10	10
		X_{min}	25(20)	25
0.2 MPa荷重软化开始温度/℃		μ_0	≥1 650	
		σ	13	
残余石英/%		μ_0	≤1.5	
		σ	0.5	
0.2 MPa蠕变率(1 550 ℃)/%	0 h~50 h	μ_0	≤0.8	
		σ	0.1	
热膨胀率(1 000 ℃)/%		μ_0	≤1.26	
		σ	0.05	

注1：黑体字项目为考核项目。

残余石英、真密度二个质量特性指标，质量检验时可只检验其中一项。

注2：规定值中括号内参数为手工成型砖的指标。

[a] 耐压强度所测单值应大于X_{min}规定值。

表 8　热风炉用硅砖的尺寸允许偏差和外观

单位为毫米

<table>
<tr><td colspan="3" rowspan="3">项　目</td><td colspan="4">指　　标</td></tr>
<tr><td colspan="2">拱顶、炉墙砖</td><td colspan="2">格子砖</td></tr>
<tr><td>工作面</td><td>非工作面</td><td>工作面</td><td>非工作面</td></tr>
<tr><td rowspan="3">尺寸允许偏差</td><td colspan="2">尺寸＜150</td><td colspan="2">±2</td><td colspan="2" rowspan="3">长度、宽度＋1，－3
高度±3
孔径偏差±1</td></tr>
<tr><td colspan="2">尺寸 150～345</td><td colspan="2">±3</td></tr>
<tr><td colspan="2">尺寸＞345</td><td colspan="2">±4</td></tr>
<tr><td rowspan="2">扭曲</td><td>长度≤345</td><td rowspan="6">≤</td><td colspan="2">1.5</td><td colspan="2" rowspan="2">—</td></tr>
<tr><td>长度＞345</td><td colspan="2">2.5</td></tr>
<tr><td colspan="2">楔度差</td><td colspan="2">1.5</td><td colspan="2">—</td></tr>
<tr><td colspan="2">相对边差　厚度</td><td colspan="2">1.0</td><td colspan="2">1.0</td></tr>
<tr><td colspan="2">缺角、缺棱长度　($a+b+c$)、($e+f+g$)</td><td>60</td><td>80</td><td colspan="2">≤40</td></tr>
<tr><td colspan="2">熔洞直径</td><td>5</td><td>8</td><td>5</td><td>8</td></tr>
<tr><td rowspan="4">裂纹长度</td><td>宽度≤0.10</td><td></td><td colspan="2">不限制</td><td colspan="2">不限制</td></tr>
<tr><td>宽度 0.11～0.25</td><td>≤</td><td>60</td><td>70</td><td colspan="2">30</td></tr>
<tr><td>宽度 0.26～0.5</td><td>≤</td><td>不准有</td><td>70</td><td colspan="2">不准有</td></tr>
<tr><td>宽度＞0.5</td><td></td><td>不准有</td><td>不准有</td><td colspan="2">—</td></tr>
<tr><td colspan="7">**注 1**：对于格子砖，只要 10 块砖上、下相叠加即成为坚固柱子时，即使有凸起、挠曲、斜度等均为允许。
格子砖尺寸＞250 mm 时，尺寸允许偏差由供需双方协商。
注 2：拱顶砖：与工作面平行的裂纹不大于裂纹所在面与工作面共用棱长度的二分之一。跨棱裂纹不合并计算。
注 3：同一块砖上出现两处以上的缺角、缺棱和裂纹时，单处缺陷分别按本表中指标规定值的 0.7 倍计算。
注 4：断面、层裂不允许有。
注 5：可根据用户要求，按砖的一个主要尺寸进行分档。</td></tr>
</table>

6　试验方法

6.1　砖的检验制样按 GB/T 7321 规定进行。

6.2　化学分析按 GB/T 6901 规定进行。

6.3　荷重软化温度的检验按 YB/T 370 规定进行。

6.4　显气孔率的检验按 GB/T 2997 规定进行。

6.5　耐压强度的检验按 GB/T 5072 规定进行。

6.6　加热永久线变化的检验按 GB/T 5988 规定进行。

6.7　热线膨胀的检验按 GB/T 7320 规定进行。

6.8　残余石英含量的检验按 YB/T 172 规定进行。

6.9　真密度的检验按 GB/T 5071 规定进行。

6.10　蠕变率的检验按 GB/T 5073 规定进行。

6.11　外观、尺寸及断面的检查按 GB/T 10326 规定进行。

7 质量评定程序

7.1 组批

按牌号进行编批，每批不大于 500 t。

7.2 抽样及合格判定规则

产品的抽样及验收按 GB/T 10325 的规定进行。当加热永久线变化作为验收指标时，其判定形式为：单值在最大值及最小值范围内，判为合格；否则为不合格。

7.3 合格评定形式

合格评定可采用供货方声明、使用方认定或第三方认证的形式进行。

8 包装、标志、运输、储存及质量证明书

8.1 砖的包装、标志、运输、储存按 GB/T 16546 规定进行。

8.2 砖发出时应附有供方质量部门签发的质量证明书，载明供方名称或厂标、需方名称、发货日期、合同号、标准编号、产品名牌号、砖号、批号及相应的理化检验结果。

ICS 21.100.10
J 12

中华人民共和国国家标准

GB/T 2688—2012
代替 GB/T 2688—1981

滑动轴承 粉末冶金轴承技术条件

Plain bearing—Technical specification of powder metallurgy bearing

2012-05-11 发布 2012-12-01 实施

中华人民共和国国家质量监督检验检疫总局
中国国家标准化管理委员会 发布

前 言

本标准按照 GB/T 1.1—2009 给出的规则起草。

本标准代替 GB/T 2688—1981《滑动轴承　粉末冶金轴承技术条件》。与 GB/T 2688—1981 相比，主要技术变化如下：

——标准格式按照 GB/T 1.1 要求重新编排；

——增加了规范性引用文件；

——修改了表 1、表 2 中的粉末冶金标记方法，增加了铁基和铜基轴承种类；

——表 2 和表 A.3 中单位“kgf/mm^2”改为“MPa”；

——规范性附录 A 中轴承表面粗糙度要求由“▽7”改为“≤Ra1.6”。

本标准由中国机械工业联合会提出。

本标准由全国滑动轴承标准化技术委员会(SAC/TC 236)归口。

本标准负责起草单位：中机生产力促进中心、合肥波林新材料有限公司。

本标准参加起草单位：合肥工业大学、临安东方滑动轴承有限公司。

本标准所代替标准的历次版本发布情况为：

——GB/T 2688—1981。

滑动轴承　粉末冶金轴承技术条件

1　范围

本标准规定了 GB/T 18323 中规定的粉末冶金轴承的技术条件。

本标准适用于粉末冶金铁基和铜基轴承。

2　规范性引用文件

下列文件对于本文件的应用是必不可少的。凡是注日期的引用文件，仅注日期的版本适用于本文件。凡是不注日期的引用文件，其最新版本(包括所有的修改单)适用于本文件。

GB/T 223(所有部分)　钢铁及合金化学分析方法

GB 443—1989　L-AN 全损耗系统用油

GB/T 1800.1—2009　产品几何技术规范(GPS)　极限与配合　第 1 部分：公差、偏差和配合的基础

GB/T 1800.2—2009　产品几何技术规范(GPS)　极限与配合　第 2 部分：标准公差等级和孔、轴极限偏差表

GB/T 1958—2004　产品几何量技术规范(GPS)　形状和位置公差　检测规定

GB/T 5163—2006　烧结金属材料(不包括硬质合金)　可渗性烧结金属材料　密度、含油率和开孔率的测定

GB/T 6804—2008　烧结金属衬套　径向压溃强度的测定

GB/T 9097.1—2002　烧结金属材料(不包括硬质合金)表观硬度的测定　第一部分：截面硬度基本均匀的材料

GB/T 10425—2002　烧结金属摩擦材料　表观硬度的测定

GB/T 18323—2001　滑动轴承　烧结轴套的尺寸和公差

3　技术要求

3.1　轴承的材料按合金成分与密度分类，按表 1 规定。

表 1

基体分类	基类号	合金分类	分类号	牌号标记	含油密度/(g/cm^3)
铁基	1	铁	1	FZ11060	>5.7～6.2
				FZ11065	>6.2～6.6
		铁-石墨	2	FZ12058	>5.6～6.0
				FZ12062	>6.0～6.4
				FZ12158	>5.6～6.0
				FZ12162	>6.0～6.4

表 1（续）

基体分类	基类号	合金分类	分类号	牌号标记	含油密度/(g/cm³)
铁基	1	铁-碳-铜	3	FZ13058	>5.6～6.0
				FZ13062	>6.0～6.4
				FZ13158	>5.6～6.0
				FZ13162	>6.0～6.4
				FZ13258	>5.6～6.0
				FZ13262	>6.0～6.4
				FZ13358	>5.6～6.0
				FZ13362	>6.0～6.4
				FZ13458	>5.6～6.0
				FZ13462	>6.0～6.4
				FZ13558	>5.6～6.0
				FZ13562	>6.0～6.4
				FZ13658	>5.6～6.0
				FZ13662	>6.0～6.4
		铁-铜	4	FZ14058	>5.6～6.0
				FZ14062	>6.0～6.4
				FZ14158	>5.6～6.0
				FZ14160	>5.8～6.2
				FZ14162	>6.0～6.4
				FZ14258	>5.6～6.0
				FZ14260	>5.8～6.2
				FZ14262	>6.0～6.4
铜基	2	铜-锡-锌-铅	1	FZ21070	>6.6～7.2
				FZ21075	>7.2～7.8
		铜-锡	2	FZ22062	>6.0～6.4
				FZ22066	>6.4～6.8
				FZ22070	>6.8～7.2
				FZ22074	>7.2～7.6
				FZ22162	>6.0～6.4
				FZ22166	>6.4～6.8
				FZ22170	>6.8～7.2
				FZ22174	>7.2～7.6
				FZ22260	>5.8～6.2
				FZ22264	>7.2～7.6
		铜-锡-铅	3	FZ23065	>6.3～6.9
		铜-锡-铁-碳	4	FZ24058	>5.6～6.0
				FZ24062	>6.0～6.4
				FZ24158	>5.6～6.0
				FZ24162	>6.0～6.4
				FZ24258	>5.6～6.0
				FZ24262	>6.0～6.4
				FZ24266	>6.4～6.8

轴承材料牌号标记示例：

铁基1类铁铜碳含油轴承为5.6 g/cm³～6.0 g/cm³ 的粉末冶金轴承材料标记：

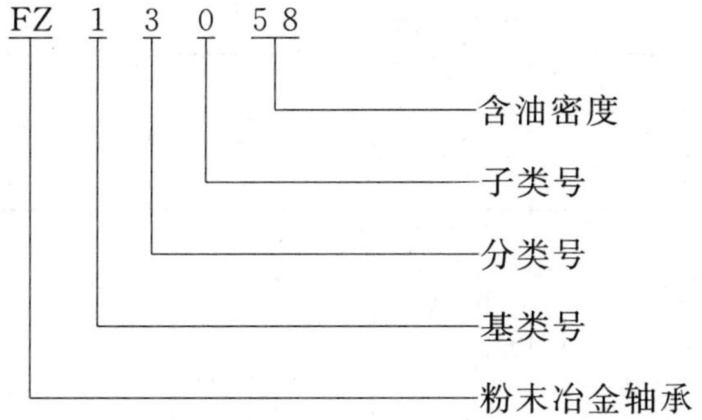

3.2 轴承化学成分与物理-机械性能应符合表2规定。

表 2

牌号标记	化学成分/%								物理-机械性能	
	Fe	C 化合	C 总	Cu	Sn	Zn	Pb	其他	含油率 %	径向压溃强度 MPa
FZ11060	余量	0～0.25	0～0.5	—	—	—	—	<2	≥18	≥200
FZ11065									≥12	≥250
FZ12058	余量	0～0.5	2.0～3.5	—	—	—	—	<2	≥18	≥170
FZ12062									≥12	≥240
FZ12158	余量	0.5～1.0	2.0～3.5	—	—	—	—	<2	≥18	≥310
FZ12162									≥12	≥380
FZ13058	余量	0～0.3	0～0.3	0～1.5	—	—	—	<2	≥21	≥100
FZ13062									≥17	≥160
FZ13158	余量	0.3～0.6	0.3～0.6	0～1.5	—	—	—	<2	≥21	≥140
FZ13162									≥17	≥190
FZ13258	余量	0.6～0.9	0.6～0.9	0～1.5	—	—	—	<2	≥21	≥140
FZ13262									≥17	≥220
FZ13358	余量	0.3～0.6	0.3～0.6	1.5～3.9	—	—	—	<2	≥22	≥140
FZ13362									≥17	≥240
FZ13458	余量	0.6～0.9	0.6～0.9	1.5～3.9	—	—	—	<2	≥22	≥170
FZ13462									≥17	≥280
FZ13558	余量	0.6～0.9	0.6～0.9	4～6	—	—	—	<2	≥22	≥300
FZ13562									≥17	≥320
FZ13658	余量	0.6～0.9	0.6～0.9	18～22	—	—	—	<2	≥22	≥300
FZ13662									≥17	≥320
FZ14058	余量	0～0.3	0～0.3	1.5～3.9	—	—	—	<2	≥22	≥140
FZ14062									≥17	≥230

表 2（续）

牌号标记	化学成分/%								物理-机械性能	
	Fe	C 化合	C 总	Cu	Sn	Zn	Pb	其他	含油率 %	径向压溃强度 MPa
FZ14158	余量	0～0.3	0～0.3	9～11	—	—	—	<2	≥22	≥140
FZ14160									≥19	≥210
FZ14162									≥17	≥280
FZ14258	余量	0～0.3	0～0.3	18～22	—	—	—	<2	≥22	≥170
FZ14260									≥19	≥210
FZ14262									≥17	≥280
FZ21070	<0.5	—	0.5～2.0	余量	5～7	5～7	2～4	<1.5	≥18	≥150
FZ21075									≥12	≥200
FZ22062	—	—	0～0.3	余量	9.5～10.5	—	—	<2	≥24	>130
FZ22066									≥19	>180
FZ22070									≥12	>260
FZ22074									≥9	>280
FZ22162	—	—	0.5～1.8	余量	9.5～10.5	—	—	<2	≥22	>120
FZ22166									≥17	>160
FZ22170									≥9	>210
FZ22174									≥7	>230
FZ22260	—	—	2.5～5	余量	9.2～10.2	—	—	<2	≥11	>70
FZ22264									—	>100
FZ23065	<0.5	—	0.5～2.0	余量	6～10	<1	3～5	<1	≥18	>150
FZ24058	54.2～62		0.5～1.3	34～38	3.5～4.5				≥22	110～250
FZ24062									≥17	150～340
FZ24158	50.2～58		0.5～1.3	36～40	5.5～6.5				≥22	100～240
FZ24162									≥17	150～340
FZ24258	余量		0～0.1	17～19	1.5～2.5			<1	≥24	150
FZ24262									≥19	215
FZ24266									≥13	270

注 1：铁基各类轴承的化学成分中允许有<1%的硫。

注 2：化合碳含量允许用金相法评定。

注 3：铜基各类轴承的化学成分中的总碳指游离石墨。

注 4：FZ24258、FZ24262、FZ24266 系采用铁-青铜扩散合金化粉末的原料制作。

3.3 轴承的结构型式、尺寸与公差应符合 GB/T 18323—2001 的规定。

3.4 轴承外观应有均匀的金属光泽，不允许有裂纹，夹杂和锈蚀等缺陷。

3.5 轴承成品应浸渍润滑油。一般浸渍 GB/T 443—1989 规定的 HJ-20 牌号机械油（铁基轴承允许加入防锈剂)。如对于浸渍的润滑油另有要求,应在订货时提出。

3.6 轴承应有良好的表面多孔性。

3.7 轴承的加工、安装、使用和维护保养规定见附录A。

3.8 本标准未规定的特殊技术要求应在订货时提出。

4 验收规则

4.1 轴承成品应由制造厂按本标准检验合格后,并附有产品合格证方能出厂。

4.2 轴承成品应按批交货验收。批量大小应在订货时注明,如不注明则由制造厂规定。

4.3 有必要时订货单位可对制造厂交货的成品按批抽样检验,其方法规定如下:

4.3.1 每批轴承成品任取2%,但不少于5件不多于50件,用肉眼按本标准规定检查外观质量。

4.3.2 每批轴承成品任取2%,但不少于5件不多于50件,按本标准规定检查尺寸与公差。

4.3.3 每批轴承成品至少任取2件样品,经脱油处理后,取得不少于50 g试样,按表2的规定分析化学成分。

4.3.4 每批轴承成品任取5件~10件(或由双方商定),按表2规定检查物理-机械性能。

4.3.5 各类抽验结果中,如有一件不合格时,仍就不合格项目抽取2倍数量的成品复查,如仍有一件不合格时,则不予验收。

4.4 轴承成品按以下规定方法进行检验。

4.4.1 同轴度和圆跳动公差按照GB/T 1958—2004进行检验。

4.4.2 化学成分按照GB/T 223规定的方法分析。

4.4.3 密度、含油率按照GB/T 5163—2006规定的方法进行检验。

4.4.4 径向压溃强度按照GB/T 6804—2002规定的方法进行检验。球形轴承和试样破裂前直径变形量超过百分之十的筒形轴承,按供需双方商定的破坏载荷进行检验。

4.4.5 硬度按照GB/T 9097.1—2002、GB/T 10425—2002规定的方法进行检验。轴承长度20 mm以上时,试件在距每一端1/6处及中间各测定一点表观硬度值;轴承长度小于等于20 mm时,测定表观硬度值的点数与位置由双方商定。

4.4.6 表面多孔性检验方法是将试件加热至不超过80 ℃保持5 min,用肉眼测定在轴承的内径表面上是否有油渗出。

5 包装与标志

5.1 轴承成品应进行适当包装,保证在正常运输条件下不损坏,在正常贮存与保管条件下自出厂日起半年内不生锈。

5.2 每个包装箱总重应不超过40 kg。

5.3 包装箱、盒(或袋)内应附有产品检验合格证或标记。

5.4 包装的明显处应有以下标志:

a) 执行标准号:GB/T 2688—2012;

b) 产品名称;

c) 型式、尺寸规格及材料的标记;

d) 制造批号;

e) 数量;

f) 净重与毛重;

g) 制造厂名;

h) 制造日期;

i) 出厂日期。

附 录 A
（规范性附录）
轴承的加工、安装、使用和维护保养

轴承表面和体内有孔隙，具有能够浸渍一定数量的润滑油、经整形加工后表面粗糙度数值较小且形成硬化层、表观硬度较低（基体组织组成物的显微硬度与相应材料的基本相同）以及压入座孔后有一定变形和收缩等特点。在进行加工、安装、使用和维护保养时，应充分注意这些特点，以保证轴承的良好使用性能。

A.1 轴承成品工作表面一般应尽可能不切削加工。

A.2 轴承压入座孔后，若内径形变和收缩过大，可采用光轴、钢球、无齿铰刀、无齿推刀等以无切削加工方法进行扩孔。若内径必须切削加工，宜采用车、镗等方法，而不宜采用磨削等方法，以免细屑堵塞孔隙降低供油能力。

A.3 轴承非工作表面在有必要时可进行切削加工。

A.4 在切削加工后，轴承应进行清洗和浸油。

A.5 轴承在装配前，可放在第 3.5 条规定的油类中浸泡和清洗。但不应使用煤油、汽油以及能溶解所浸渍润滑油的其他溶剂等清洗。

A.6 装配时，轴承表面须保持清洁，应防止灰尘与杂质等落在轴承表面，堵塞孔隙或划伤工作表面，影响使用性能。

A.7 轴承座孔的尺寸公差按照 GB/T 1800.1—2009 和 GB/T 1800.2—2009 的规定。

A.8 安装 7、8、9 级筒形及带挡边筒形轴承，推荐采用的座孔尺寸公差和推荐采用的轴的尺寸公差，列于表 A.1。

表 A.1

轴承等级	内径公差	外径公差	推荐采用的轴承座孔公差	推荐采用的轴的公差	
				当轴承压入座孔后内径收缩量为过盈量的 0～50%	当轴承压入座孔后内径收缩量为过盈量的 0～100%
7 级	G7	r7	H7	e6	d6
8 级	E8	s8	H8	d7	c7
9 级	C9	t9	H8	d8	c8

A.9 安装 7 级和 8 级的球形轴承，座孔尺寸公差推荐采用 G10。

A.10 轴承的安装批量较大或安装精度要求较高时，应采用压机和安装芯棒等专用机具进行装配。

A.11 轴承对偶轴的表面粗糙度 $Ra \leqslant 1.6\ \mu m$，硬度值推荐不低于 260 HB。

A.12 轴承与轴配合的合适的运转间隙应根据使用条件决定。推荐的最小间隙值，列于表 A.2。

表 A.2

轴直径/mm	推荐的最小间隙/μm	轴直径/mm	推荐的最小间隙/μm
≤6	8	>18～30	25
>6～10	10	>30～50	40
>10～18	12	>50～60	50

A.13 轴承在不同速度下的允许负荷受起动与加载荷方向、润滑条件、装配水平、结构状况以及轴的材质与表面状态等许多因素影响。在假定钢轴经过磨削加工的条件下，轴承允许负荷推荐值列于表 A.3。在设计选用时，应根据不同的使用条件，对允许负荷做必要的修正。

表 A.3

轴速/(m/min)	允许负荷(P)/(N/mm^2)	
	铁基	铜基
慢而间断	230	225
～7.5	130	140
>	32	39
>	21	26
>	16	20
>	$P=1\ 050/V$	

A.14 润滑油对于轴承的起动、噪音、使用寿命、动力损耗等都有直接影响，应根据运转间隙、负荷、转速、工作环境以及补充供油条件而适当选择。

A.15 补充加油可延长轴承的使用寿命，应根据使用条件确定合适的补充加油方式和补充加油的周期。

A.16 采用循环或压力供油的方式进行补充加油最好。也可利用轴承体内有连通孔隙的特点，采用在轴承非工作表面设置“贮油库”或者装油毡与油杯等方式，通过非工作表面渗透补油。

A.17 在需要润滑油量较多的情况下，轴承体内浸渍的润滑油不够使用时，也可在轴承上钻油孔或者开油槽，使润滑油直接流入运转表面。

A.18 轴承的使用温度与润滑油有很大关系，一般推荐以轴承的温升不超过 50 ℃为宜。

A.19 轴承在贮存和运输过程中，应注章防潮、防锈以及防止碰伤。

A.20 轴承贮存时间超过防锈期，应检查是否生锈，并应按照规定以真空浸油、加温浸油或常温浸油的方法重新进行浸油处理。

中华人民共和国国家标准

GB 2757—2012

食品安全国家标准
蒸馏酒及其配制酒

2012-08-06 发布　　2013-02-01 实施

中华人民共和国卫生部　发布

前　言

本标准代替 GB 2757—1981《蒸馏酒及配制酒卫生标准》及第 1 号、第 2 号修改单。

本标准与 GB 2757—1981 相比，主要变化如下：

——修改了标准名称；

——修改了氰化物的限量指标；

——取消了锰的限量指标；

——增加了标签标识的要求。

本标准 4.2～4.4 于 2013 年 8 月 1 日起实施。

食品安全国家标准
蒸馏酒及其配制酒

1 范围

本标准适用于蒸馏酒及其配制酒。

2 术语和定义

2.1 蒸馏酒

以粮谷、薯类、水果、乳类等为主要原料，经发酵、蒸馏、勾兑而成的饮料酒。

2.2 蒸馏酒的配制酒

以蒸馏酒和(或)食用酒精为酒基，加入可食用的辅料或食品添加剂，进行调配、混合或再加工制成的，已改变了其原酒基风格的饮料酒。

3 技术要求

3.1 原料要求

应符合相应的标准和有关规定。

3.2 感官要求

应符合相应产品标准的有关规定。

3.3 理化指标

理化指标应符合表1的规定。

表1 理化指标

项目		指标		检验方法
		粮谷类	其他	
甲醇[a]/(g/L)	≤	0.6	2.0	GB/T 5009.48
氰化物[a](以 HCN 计)/(mg/L)	≤	8.0		GB/T 5009.48

[a] 甲醇、氰化物指标均按100%酒精度折算。

3.4 污染物和真菌毒素限量

3.4.1 污染物限量应符合 GB 2762 的规定。

3.4.2 真菌毒素限量应符合 GB 2761 的规定。

3.5 食品添加剂

食品添加剂的使用应符合 GB 2760 的规定。

4 标签

4.1 蒸馏酒及其配制酒标签除酒精度、警示语和保质期的标识外，应符合 GB 7718 的规定。

4.2 应以“%vol”为单位标示酒精度。

4.3 应标示“过量饮酒有害健康”，可同时标示其他警示语。

4.4 酒精度大于等于 10%vol 的饮料酒可免于标示保质期。

中华人民共和国国家标准

GB 2758—2012

食品安全国家标准
发酵酒及其配制酒

2012-08-06 发布　　　　2013-02-01 实施

中华人民共和国卫生部　发布

前 言

本标准代替 GB 2758—2005《发酵酒卫生标准》。

本标准与 GB 2758—2005 相比，主要变化如下：

——修改了标准名称；

——取消了铅的限量指标；

——修改了微生物限量指标；

——增加了标签标识要求。

本标准 4.2～4.5 于 2013 年 8 月 1 日起实施。

食品安全国家标准
发酵酒及其配制酒

1 范围

本标准适用于发酵酒及其配制酒。

2 术语和定义

2.1 发酵酒

以粮谷、水果、乳类等为主要原料，经发酵或部分发酵酿制而成的饮料酒。

2.2 发酵酒的配制酒

以发酵酒为酒基，加入可食用的辅料或食品添加剂，进行调配、混合或加工制成的，已改变了其原酒基风格的饮料酒。

3 技术要求

3.1 原料要求

应符合相应的标准和有关规定。

3.2 感官要求

应符合相应产品标准的有关规定。

3.3 理化指标

理化指标应符合表1的规定。

表1 理化指标

项　目	指　标	检 验 方 法
	啤酒	
甲醛/(mg/L)　≤	2.0	GB/T 5009.49

3.4 污染物和真菌毒素限量

3.4.1 污染物限量应符合GB 2762的规定。

3.4.2 真菌毒素限量应符合GB 2761的规定。

3.5 微生物限量

微生物限量应符合表2的规定。

表 2 微生物限量

项 目	采样方案及限量[a]			检验方法
	n	c	m	
沙门氏菌	5	0	0/25 mL	GB/T 4789.25
金黄色葡萄球菌	5	0	0/25 mL	

[a] 样品的分析及处理按 GB 4789.1 执行。

3.6 食品添加剂

食品添加剂的使用应符合 GB 2760 的规定。

4 标签

4.1 发酵酒及其配制酒标签除酒精度、原麦汁浓度、原果汁含量、警示语和保质期的标识外，应符合 GB 7718 的规定。

4.2 应以“%vol”为单位标示酒精度。

4.3 啤酒应标示原麦汁浓度，以“原麦汁浓度”为标题，以柏拉图度符号“°P”为单位。果酒（葡萄酒除外）应标示原果汁含量，在配料表中以“××%”表示。

4.4 应标示“过量饮酒有害健康”，可同时标示其他警示语。用玻璃瓶包装的啤酒应标示如“切勿撞击，防止爆瓶”等警示语。

4.5 葡萄酒和其他酒精度大于等于 10%vol 的发酵酒及其配制酒可免于标示保质期。

中华人民共和国国家标准

GB 2762—2012

食品安全国家标准
食品中污染物限量

2012-11-13 发布　　2013-06-01 实施

中华人民共和国卫生部　发布

前 言

本标准部分代替 GB 2762—2005《食品中污染物限量》。

本标准与 GB 2762—2005 相比，主要变化如下：

——修改了标准名称；

——增加了可食用部分的定义；

——增加了应用原则；

——取消了硒、铝、氟的限量规定；

——增加了锡、镍、3-氯-1,2-丙二醇及硝酸盐的限量规定；

——将 *N*-亚硝胺限量指标由 *N*-二甲基亚硝胺和 *N*-二甲基乙硝胺调整为 *N*-二甲基亚硝胺，并将 *N*-亚硝胺限量指标名称修改为 *N*-二甲基亚硝胺；

——增加了附录 A；

——稀土限量指标按原 GB 2762—2005 执行。

食品安全国家标准
食品中污染物限量

1 范围

本标准规定了食品中铅、镉、汞、砷、锡、镍、铬、亚硝酸盐、硝酸盐、苯并[a]芘、*N*-二甲基亚硝胺、多氯联苯、3-氯-1,2-丙二醇的限量指标。

2 术语和定义

2.1 污染物

食品在从生产(包括农作物种植、动物饲养和兽医用药)、加工、包装、贮存、运输、销售、直至食用等过程中产生的或由环境污染带入的、非有意加入的化学性危害物质。

本标准所规定的污染物是指除农药残留、兽药残留、生物毒素和放射性物质以外的污染物。

2.2 可食用部分

食品原料经过机械手段(如谷物碾磨、水果剥皮、坚果去壳、肉去骨、鱼去刺、贝去壳等)去除非食用部分后,所得到的用于食用的部分。

注1:非食用部分的去除不可采用任何非机械手段(如粗制植物油精炼过程)。

注2:用相同的食品原料生产不同产品时,可食用部分的量依生产工艺不同而异。如用麦类加工麦片和全麦粉时,可食用部分按100%计算;加工小麦粉时,可食用部分按出粉率折算。

2.3 限量

污染物在食品原料和(或)食品成品可食用部分中允许的最大含量水平。

3 应用原则

3.1 无论是否制定污染物限量,食品生产和加工者均应采取控制措施,使食品中污染物的含量达到最低水平。

3.2 本标准列出了可能对公众健康构成较大风险的污染物,制定限量值的食品是对消费者膳食暴露量产生较大影响的食品。

3.3 食品类别(名称)说明(附录A)用于界定污染物限量的适用范围,仅适用于本标准。当某种污染物限量应用于某一食品类别(名称)时,则该食品类别(名称)内的所有类别食品均适用,有特别规定的除外。

3.4 食品中污染物限量以食品通常的可食用部分计算,有特别规定的除外。

3.5 干制食品中污染物限量以相应食品原料脱水率或浓缩率折算。脱水率或浓缩率可通过对食品的分析、生产者提供的信息以及其他可获得的数据信息等确定。

4 指标要求

4.1 铅

4.1.1 食品中铅限量指标见表1。

表 1　食品中铅限量指标

食品类别(名称)	限量(以 Pb 计) mg/kg
谷物及其制品[a][麦片、面筋、八宝粥罐头、带馅(料)面米制品除外]	0.2
麦片、面筋、八宝粥罐头、带馅(料)面米制品	0.5
蔬菜及其制品	
新鲜蔬菜(芸薹类蔬菜、叶菜蔬菜、豆类蔬菜、薯类除外)	0.1
芸薹类蔬菜、叶菜蔬菜	0.3
豆类蔬菜、薯类	0.2
蔬菜制品	1.0
水果及其制品	
新鲜水果(浆果和其他小粒水果除外)	0.1
浆果和其他小粒水果	0.2
水果制品	1.0
食用菌及其制品	1.0
豆类及其制品	
豆类	0.2
豆类制品(豆浆除外)	0.5
豆浆	0.05
藻类及其制品(螺旋藻及其制品除外)	1.0(干重计)
坚果及籽类(咖啡豆除外)	0.2
咖啡豆	0.5
肉及肉制品	
肉类(畜禽内脏除外)	0.2
畜禽内脏	0.5
肉制品	0.5
水产动物及其制品	
鲜、冻水产动物(鱼类、甲壳类、双壳类除外)	1.0(去除内脏)
鱼类、甲壳类	0.5
双壳类	1.5
水产制品(海蜇制品除外)	1.0
海蜇制品	2.0
乳及乳制品	
生乳、巴氏杀菌乳、灭菌乳、发酵乳、调制乳	0.05
乳粉、非脱盐乳清粉	0.5
其他乳制品	0.3
蛋及蛋制品(皮蛋、皮蛋肠除外)	0.2
皮蛋、皮蛋肠	0.5
油脂及其制品	0.1
调味品(食用盐、香辛料类除外)	1.0
食用盐	2.0
香辛料类	3.0
食糖及淀粉糖	0.5
淀粉及淀粉制品	
食用淀粉	0.2
淀粉制品	0.5

表 1（续）

食品类别（名称）	限量（以 Pb 计） mg/kg
焙烤食品	0.5
饮料类	
包装饮用水	0.01 mg/L
果蔬汁类[浓缩果蔬汁（浆）除外]	0.05 mg/L
浓缩果蔬汁（浆）	0.5 mg/L
蛋白饮料类（含乳饮料除外）	0.3 mg/L
含乳饮料	0.05 mg/L
碳酸饮料类、茶饮料类	0.3 mg/L
固体饮料类	1.0
其他饮料类	0.3 mg/L
酒类（蒸馏酒、黄酒除外）	0.2
蒸馏酒、黄酒	0.5
可可制品、巧克力和巧克力制品以及糖果	0.5
冷冻饮品	0.3
特殊膳食用食品	
婴幼儿配方食品（液态产品除外）	0.15（以粉状产品计）
液态产品	0.02（以即食状态计）
婴幼儿辅助食品	
婴幼儿谷类辅助食品（添加鱼类、肝类、蔬菜类的产品除外）	0.2
添加鱼类、肝类、蔬菜类的产品	0.3
婴幼儿罐装辅助食品（以水产及动物肝脏为原料的产品除外）	0.25
以水产及动物肝脏为原料的产品	0.3
其他类	
果冻	0.5
膨化食品	0.5
茶叶	5.0
干菊花	5.0
苦丁茶	2.0
蜂产品	
蜂蜜	1.0
花粉	0.5
[a] 稻谷以糙米计。	

4.1.2　检验方法：按 GB 5009.12 规定的方法测定。

4.2　镉

4.2.1　食品中镉限量指标见表 2。

表 2　食品中镉限量指标

食品类别(名称)	限量(以 Cd 计) mg/kg
谷物及其制品	
谷物(稻谷[a]除外)	0.1
谷物碾磨加工品(糙米、大米除外)	0.1
稻谷[a]、糙米、大米	0.2
蔬菜及其制品	
新鲜蔬菜(叶菜蔬菜、豆类蔬菜、块根和块茎蔬菜、茎类蔬菜除外)	0.05
叶菜蔬菜	0.2
豆类蔬菜、块根和块茎蔬菜、茎类蔬菜(芹菜除外)	0.1
芹菜	0.2
水果及其制品	
新鲜水果	0.05
食用菌及其制品	
新鲜食用菌(香菇和姬松茸除外)	0.2
香菇	0.5
食用菌制品(姬松茸制品除外)	0.5
豆类及其制品	
豆类	0.2
坚果及籽类	
花生	0.5
肉及肉制品	
肉类(畜禽内脏除外)	0.1
畜禽肝脏	0.5
畜禽肾脏	1.0
肉制品(肝脏制品、肾脏制品除外)	0.1
肝脏制品	0.5
肾脏制品	1.0
水产动物及其制品	
鲜、冻水产动物	
鱼类	0.1
甲壳类	0.5
双壳类、腹足类、头足类、棘皮类	2.0(去除内脏)
水产制品	
鱼类罐头(凤尾鱼、旗鱼罐头除外)	0.2
凤尾鱼、旗鱼罐头	0.3
其他鱼类制品(凤尾鱼、旗鱼制品除外)	0.1
凤尾鱼、旗鱼制品	0.3
蛋及蛋制品	0.05
调味品	
食用盐	0.5
鱼类调味品	0.1
饮料类	
包装饮用水(矿泉水除外)	0.005 mg/L
矿泉水	0.003 mg/L
[a] 稻谷以糙米计。	

4.2.2 检验方法：按 GB/T 5009.15 规定的方法测定。

4.3 汞

4.3.1 食品中汞限量指标见表 3。

表 3 食品中汞限量指标

食品类别(名称)	限量(以 Hg 计) mg/kg	
	总汞	甲基汞[a]
水产动物及其制品(肉食性鱼类及其制品除外)	—	0.5
肉食性鱼类及其制品	—	1.0
谷物及其制品		
稻谷[b]、糙米、大米、玉米、玉米面(渣、片)、小麦、小麦粉	0.02	—
蔬菜及其制品		
新鲜蔬菜	0.01	—
食用菌及其制品	0.1	—
肉及肉制品		
肉类	0.05	—
乳及乳制品		
生乳、巴氏杀菌乳、灭菌乳、调制乳、发酵乳	0.01	—
蛋及蛋制品		
鲜蛋	0.05	—
调味品		
食用盐	0.1	—
饮料类		
矿泉水	0.001 mg/L	—
特殊膳食用食品		
婴幼儿罐装辅助食品	0.02	—

[a] 水产动物及其制品可先测定总汞，当总汞水平不超过甲基汞限量值时，不必测定甲基汞；否则，需再测定甲基汞。

[b] 稻谷以糙米计。

4.3.2 检验方法：按 GB/T 5009.17 规定的方法测定。

4.4 砷

4.4.1 食品中砷限量指标见表 4。

表 4 食品中砷限量指标

食品类别(名称)	限量(以 As 计) mg/kg	
	总砷	无机砷
谷物及其制品		
谷物(稻谷[a]除外)	0.5	—
谷物碾磨加工品(糙米、大米除外)	0.5	—
稻谷[a]、糙米、大米	—	0.2

表 4（续）

食品类别(名称)	限量(以 As 计) mg/kg	
	总砷	无机砷
水产动物及其制品(鱼类及其制品除外)	—	0.5
鱼类及其制品	—	0.1
蔬菜及其制品		
新鲜蔬菜	0.5	—
食用菌及其制品	0.5	—
肉及肉制品	0.5	—
乳及乳制品		
生乳、巴氏杀菌乳、灭菌乳、调制乳、发酵乳	0.1	—
乳粉	0.5	—
油脂及其制品	0.1	—
调味品（水产调味品、藻类调味品和香辛料类除外）	0.5	—
水产调味品(鱼类调味品除外)	—	0.5
鱼类调味品	—	0.1
食糖及淀粉糖	0.5	—
饮料类		
包装饮用水	0.01 mg/L	—
可可制品、巧克力和巧克力制品以及糖果		
可可制品、巧克力和巧克力制品	0.5	—
特殊膳食用食品		
婴幼儿谷类辅助食品(添加藻类的产品除外)	—	0.2
添加藻类的产品	—	0.3
婴幼儿罐装辅助食品(以水产及动物肝脏为原料的产品除外)	—	0.1
以水产及动物肝脏为原料的产品	—	0.3
[a] 稻谷以糙米计。		

4.4.2 检验方法：按 GB/T 5009.11 规定的方法测定。

4.5 锡

4.5.1 食品中锡限量指标见表 5。

表 5 食品中锡限量指标

食品类别(名称)	限量(以 Sn 计) mg/kg
食品(饮料类、婴幼儿配方食品、婴幼儿辅助食品除外)[a]	250
饮料类	150
婴幼儿配方食品、婴幼儿辅助食品	50
[a] 仅限于采用镀锡薄板容器包装的食品。	

4.5.2 检验方法：按 GB/T 5009.16 规定的方法测定。

4.6 镍

4.6.1 食品中镍限量指标见表 6。

表 6 食品中镍限量指标

食品类别(名称)	限量(以 Ni 计) mg/kg
油脂及其制品 　氢化植物油及氢化植物油为主的产品	 1.0

4.6.2 检验方法:按 GB/T 5009.138 规定的方法测定。

4.7 铬

4.7.1 食品中铬限量指标见表 7。

表 7 食品中铬限量指标

食品类别(名称)	限量(以 Cr 计) mg/kg
谷物及其制品 　谷物[a] 　谷物碾磨加工品	 1.0 1.0
蔬菜及其制品 　新鲜蔬菜	 0.5
豆类及其制品 　豆类	 1.0
肉及肉制品	1.0
水产动物及其制品	2.0
乳及乳制品 　生乳、巴氏杀菌乳、灭菌乳、调制乳、发酵乳 　乳粉	 0.3 2.0
[a] 稻谷以糙米计。	

4.7.2 检验方法:按 GB/T 5009.123 规定的方法测定。

4.8 亚硝酸盐、硝酸盐

4.8.1 食品中亚硝酸盐、硝酸盐限量指标见表 8。

表 8 食品中亚硝酸盐、硝酸盐限量指标

食品类别(名称)	限量 mg/kg	
	亚硝酸盐 (以 $NaNO_2$ 计)	硝酸盐 (以 $NaNO_3$ 计)
蔬菜及其制品 　腌渍蔬菜	 20	 —

表 8（续）

食品类别(名称)	限量 mg/kg	
	亚硝酸盐（以 $NaNO_2$ 计）	硝酸盐（以 $NaNO_3$ 计）
乳及乳制品		
生乳	0.4	—
乳粉	2.0	—
饮料类		
包装饮用水(矿泉水除外)	0.005 mg/L(以 NO_2^- 计)	—
矿泉水	0.1 mg/L(以 NO_2^- 计)	45 mg/L(以 NO_3^-)
特殊膳食用食品		
婴幼儿配方食品		
婴儿配方食品	2.0[a](以粉状产品计)	100(以粉状产品计)
较大婴儿和幼儿配方食品	2.0[a](以粉状产品计)	100[b](以粉状产品计)
特殊医学用途婴儿配方食品	2.0(以粉状产品计)	100(以粉状产品计)
婴幼儿辅助食品		
婴幼儿谷类辅助食品	2.0[c]	100[b]
婴幼儿罐装辅助食品	4.0[c]	200[b]

[a] 仅适用于乳基产品。

[b] 不适合于添加蔬菜和水果的产品。

[c] 不适合于添加豆类的产品。

4.8.2 检验方法：饮料类按 GB/T 8538 规定的方法测定，其他食品按 GB 5009.33 规定的方法测定。

4.9 苯并[a]芘

4.9.1 食品中苯并[a]芘限量指标见表 9。

表 9 食品中苯并[a]芘限量指标

食品类别(名称)	限量 μg/kg
谷物及其制品	
稻谷[a]、糙米、大米、小麦、小麦粉、玉米、玉米面(渣、片)	5.0
肉及肉制品	
熏、烧、烤肉类	5.0
水产动物及其制品	
熏、烤水产品	5.0
油脂及其制品	10

[a] 稻谷以糙米计。

4.9.2 检验方法：按 GB/T 5009.27 规定的方法测定。

4.10 *N*-二甲基亚硝胺

4.10.1 食品中 *N*-二甲基亚硝胺限量指标见表 10。

表 10　食品中 *N*-二甲基亚硝胺限量指标

食品类别(名称)	限量 μg/kg
肉及肉制品 　　肉制品(肉类罐头除外)	 3.0
水产动物及其制品 　　水产制品(水产品罐头除外)	 4.0

4.10.2　检验方法:按 GB/T 5009.26 规定的方法测定。

4.11　多氯联苯

4.11.1　食品中多氯联苯限量指标见表 11。

表 11　食品中多氯联苯限量指标

食品类别(名称)	限量[a] mg/kg
水产动物及其制品	0.5
[a] 多氯联苯以 PCB28、PCB52、PCB101、PCB118、PCB138、PCB153 和 PCB180 总和计。	

4.11.2　检验方法:按 GB/T 5009.190 规定的方法测定。

4.12　3-氯-1,2-丙二醇

4.12.1　食品中 3-氯-1,2-丙二醇限量指标见表 12。

表 12　食品中 3-氯-1,2-丙二醇限量指标

食品类别(名称)	限量 mg/kg
调味品[a] 　　液态调味品 　　固态调味品	 0.4 1.0
[a] 仅限于添加酸水解植物蛋白的产品。	

4.12.2　检验方法:按 GB/T 5009.191 规定的方法测定。

附 录 A
食品类别(名称)说明

A.1 食品类别(名称)说明见表 A.1。

表 A.1 食品类别(名称)说明

水果及其制品	新鲜水果(未经加工的、经表面处理的、去皮或预切的、冷冻的水果) 　　浆果和其他小粒水果 　　其他新鲜水果(包括甘蔗) 水果制品 　　水果罐头 　　水果干类 　　醋、油或盐渍水果 　　果酱(泥) 　　蜜饯凉果(包括果丹皮) 　　发酵的水果制品 　　煮熟的或油炸的水果 　　水果甜品 　　其他水果制品
蔬菜及其制品(包括薯类,不包括食用菌)	新鲜蔬菜(未经加工的、经表面处理的、去皮或预切的、冷冻的蔬菜) 　　芸薹类蔬菜 　　叶菜蔬菜(包括芸薹类叶菜) 　　豆类蔬菜 　　块根和块茎蔬菜(例如,薯类、胡萝卜、萝卜、生姜等) 　　茎类蔬菜(包括豆芽菜) 　　其他新鲜蔬菜(包括瓜果类、鳞茎类和水生类、芽菜类及竹笋等多年生蔬菜) 蔬菜制品 　　蔬菜罐头 　　干制蔬菜 　　腌渍蔬菜(例如,酱渍、盐渍、糖醋渍蔬菜等) 　　蔬菜泥(酱) 　　发酵蔬菜制品 　　经水煮或油炸的蔬菜 　　其他蔬菜制品
食用菌及其制品	新鲜食用菌(未经加工的、经表面处理的、预切的、冷冻的食用菌) 　　香菇 　　姬松茸 　　其他新鲜食用菌 食用菌制品 　　食用菌罐头 　　干制食用菌 　　腌渍食用菌(例如,酱渍、盐渍、糖醋渍食用菌等) 　　经水煮或油炸食用菌 　　其他食用菌制品

表 A.1（续）

谷物及其制品（不包括焙烤制品）	谷物
	稻谷
	玉米
	小麦
	大麦
	其他谷物[例如，粟（谷子）、高粱、黑麦、燕麦、荞麦等]
	谷物碾磨加工品
	糙米
	大米
	小麦粉
	玉米面（渣、片）
	麦片
	其他去壳谷物（例如，小米、高粱米、大麦米、黍米等）
	谷物制品
	大米制品（例如，米粉、汤圆粉及其他制品等）
	小麦粉制品
	生湿面制品（例如，面条、饺子皮、馄饨皮、烧麦皮等）
	生干面制品
	发酵面制品
	面糊（例如，用于鱼和禽肉的拖面糊）、裹粉、煎炸粉
	面筋
	其他小麦粉制品
	玉米制品
	其他谷物制品[例如，带馅（料）面米制品、八宝粥罐头等]
豆类及其制品	豆类（干豆、以干豆磨成的粉）
	豆类制品
	非发酵豆制品（例如，豆浆、豆腐类、豆干类、腐竹类、熟制豆类、大豆蛋白膨化食品、大豆素肉等）
	发酵豆制品（例如，腐乳类、纳豆、豆豉、豆豉制品等）
	豆类罐头
藻类及其制品	新鲜藻类（未经加工的、经表面处理的、预切的、冷冻的藻类）
	螺旋藻
	其他新鲜藻类
	藻类制品
	藻类罐头
	干制藻类
	经水煮或油炸的藻类
	其他藻类制品
坚果及籽类	新鲜坚果及籽类
	木本坚果（树果）
	油料（不包括谷物种子和豆类）
	饮料及甜味种子（例如，可可豆、咖啡豆等）
	坚果及籽类制品
	熟制坚果及籽类（带壳、脱壳）
	包衣的坚果及籽类

表 A.1（续）

坚果及籽类	坚果及籽类罐头 坚果及籽类的泥(酱),包括花生酱等 其他坚果及籽类制品(例如,腌渍的果仁等)
肉及肉制品	肉类(生鲜、冷却、冷冻肉等) 畜禽肉 畜禽内脏(例如,肝、肾、肺、肠等) 肉制品(包括内脏制品) 预制肉制品 调理肉制品(生肉添加调理料) 腌腊肉制品类(例如,咸肉、腊肉、板鸭、中式火腿、腊肠等) 熟肉制品 肉类罐头 酱卤肉制品类 熏、烧、烤肉类 油炸肉类 西式火腿(熏烤、烟熏、蒸煮火腿)类 肉灌肠类 发酵肉制品类 熟肉干制品(例如,肉松、肉干、肉脯等) 其他熟肉制品
水产动物及其制品	鲜、冻水产动物 鱼类 非肉食性鱼类 肉食性鱼类(例如,鲨鱼、金枪鱼等) 甲壳类 软体动物 头足类 双壳类 棘皮类 腹足类 其他软体动物 其他鲜、冻水产动物 水产制品 水产品罐头 鱼糜制品(包括鱼丸等) 腌制水产品 鱼子制品 干制水产品(风干、烘干、压干等) 熏、烤水产品 发酵水产品 其他水产制品

表 A.1（续）

乳及乳制品	生乳 巴氏杀菌乳 灭菌乳 调制乳 发酵乳 炼乳 乳粉 乳清粉和乳清蛋白粉(包括非脱盐乳清粉) 干酪 再制干酪 其他乳制品
蛋及蛋制品	鲜蛋 蛋制品 　　卤蛋 　　糟蛋 　　皮蛋 　　咸蛋 　　脱水蛋制品(例如,蛋白粉、蛋黄粉、蛋白片等) 　　热凝固蛋制品(例如,蛋黄酪、皮蛋肠等) 　　冷冻蛋制品(例如,冰蛋等) 　　其他蛋制品
油脂及其制品	植物油脂 动物油脂(例如,猪油、牛油、鱼油、稀奶油、奶油、无水奶油等) 油脂制品 　　氢化植物油及以氢化植物油为主的产品(例如,人造奶油、起酥油等) 　　调和油 　　其他油脂制品
调味品	食用盐 鲜味剂和助鲜剂 醋 酱油 酱及酱制品 调味料酒 香辛料类 　　香辛料及粉 　　香辛料油 　　香辛料酱(例如,芥末酱、青芥酱等) 　　其他香辛料加工品 水产调味品 　　鱼类调味品(例如,鱼露等) 　　其他水产调味品(例如,蚝油、虾油等) 复合调味料(例如,固体汤料、鸡精、鸡粉、蛋黄酱、沙拉酱、调味清汁等) 其他调味品

表 A.1（续）

饮料类	包装饮用水 　　矿泉水 　　纯净水 　　其他包装饮用水 果蔬汁类（例如，苹果汁、苹果醋、山楂汁、山楂醋等） 　　果蔬汁(浆) 　　浓缩果蔬汁(浆) 　　其他果蔬汁(肉)饮料(包括发酵型产品) 蛋白饮料类 　　含乳饮料(发酵型含乳饮料、配制型含乳饮料、乳酸菌饮料) 　　植物蛋白饮料 　　复合蛋白饮料 碳酸饮料类 茶饮料类 咖啡饮料类 植物饮料类 风味饮料类 特殊用途饮料类(例如，运动饮料、营养素饮料等) 固体饮料类(包括速溶咖啡) 其他饮料类
酒类	蒸馏酒(例如，白酒、白兰地、威士忌、伏特加、朗姆酒等) 配制酒 发酵酒(例如，葡萄酒、黄酒、果酒、啤酒等)
食糖及淀粉糖	食糖 　　白糖及白糖制品(例如，白砂糖、绵白糖、冰糖、方糖等) 　　其他糖和糖浆(例如，红糖、赤砂糖、冰片糖、原糖、糖蜜、部分转化糖、槭树糖浆等) 淀粉糖(例如，果糖、葡萄糖、饴糖、部分转化糖等)
淀粉及淀粉制品(包括谷物、豆类和块根植物提取的淀粉)	食用淀粉 淀粉制品 　　粉丝、粉条 　　藕粉 　　其他淀粉制品(例如，虾味片)
焙烤食品	面包 糕点(包括月饼) 饼干(例如，夹心饼干、威化饼干、蛋卷等) 其他焙烤食品

表 A.1（续）

可可制品、巧克力和巧克力制品以及糖果	可可制品、巧克力和巧克力制品（包括代可可脂巧克力及制品） 糖果（包含胶基糖果）
冷冻饮品	冰淇淋、雪糕类 风味冰、冰棍类 食用冰 其他冷冻饮品
特殊膳食用食品	婴幼儿配方食品 　　婴儿配方食品 　　较大婴儿和幼儿配方食品 　　特殊医学用途婴儿配方食品 婴幼儿辅助食品 　　婴幼儿谷类辅助食品 　　婴幼儿罐装辅助食品 其他特殊膳食用食品
其他类（除上述食品以外的食品）	果冻 膨化食品 蜂产品（例如，蜂蜜、花粉等） 茶叶 干菊花 苦丁茶

ICS 65.100
G 25

中华人民共和国国家标准

GB 2763—2012
代替 GB 2763—2005、GB 25193—2010、GB 26130—2010、GB 28260—2011

食品安全国家标准
食品中农药最大残留限量

National food safety standard—

Maximum residue limits for pesticides in food

2012-11-16 发布 2013-03-01 实施

中华人民共和国卫生部
中华人民共和国农业部 发布

前　言

本标准代替以下标准，其他国家标准中涉及本标准中的指标以本标准为准：

——GB 2763—2005《食品中农药最大残留限量》；

——GB 2763—2005《食品中农药最大残留限量》第1号修改单；

——GB 2715—2005《粮食卫生标准》中的4.3.3农药最大残留限量；

——GB 25193—2010《食品中百菌清等12种农药最大残留限量》；

——GB 26130—2010《食品中百草枯等54种农药最大残留限量》；

——GB 28260—2011《食品中阿维菌素等85种农药最大残留限量》。

本标准实施后，以下标准作废：

——NY 660—2003《茶叶中甲萘威、丁硫克百威、多菌灵、残杀威和抗蚜威的最大残留限量》；

——NY 661—2003《茶叶中氟氯氰菊酯和氟氰戊菊酯的最大残留限量》；

——NY 662—2003《花生仁中甲草胺、克百威、百菌清、苯线磷及异丙甲草胺最大残留限量》；

——NY 773—2004《水果中啶虫脒最大残留限量》；

——NY 774—2004《叶菜中氯氰菊酯、氯氟氰菊酯、醚菊酯、甲氰菊酯、氟胺氰菊酯、氟氯氰菊酯、四聚乙醛、二甲戊乐灵、氟苯脲、阿维菌素、虫酰肼、氟虫腈、丁硫克百威最大残留限量》；

——NY 775—2004《玉米中烯唑醇、甲草胺、溴苯腈、氰草津、麦草畏、二甲戊乐灵、氟乐灵、克百威、顺式氰戊菊酯、噻吩磺隆、异丙甲草胺最大残留限量》；

——NY 831—2004《柑橘中苯螨特、噻嗪酮、氯氰菊酯、苯硫威、甲氰菊酯、唑螨酯、氟苯脲最大残留限量》；

——NY 1500—2007《农产品中农药最大残留限量》；

——NY 1500—2008《蔬菜、水果中甲胺磷等20种农药最大残留限量》；

——NY 1500—2009《农产品中农药最大残留限量》。

本标准与所替代标准相比主要变化如下：

——对原标准中农药名称、残留物、每日允许摄入量和食品名称等信息进行核实修订；

——对标准中交叉、重复、过时和不协调问题，依据膳食暴露风险评估结果、参考农药登记情况，部分限量做了相应修改；

——增加了部分食品中农药最大残留限量标准；

——细化了食品种类和类别。

食品安全国家标准

食品中农药最大残留限量

1 范围

本标准规定了食品中2,4-滴等322种农药2293项最大残留限量。

本标准适用于与限量相关的食品。

食品类别及测定部位(附录A)用于界定农药最大残留限量应用范围,仅适用于本标准。如某种农药的最大残留限量应用于某一食品类别时,在该食品类别下的所有食品均适用,有特别规定的除外。

2 规范性引用文件

本标准中引用的文件对本标准的应用是必不可少的。凡是注日期的引用文件,仅注日期的版本适用于本文件。凡是不注日期的引用文件,其最新版本(包括所有的修改单)适用于本文件。

3 术语和定义

下列术语和定义适用于本文件。

3.1

残留物 residue definition

由于使用农药而在食品、农产品和动物饲料中出现的任何特定物质,包括被认为具有毒理学意义的农药衍生物,如农药转化物、代谢物、反应产物及杂质等。

3.2

最大残留限量 maximum residue limit;MRL

在食品或农产品内部或表面法定允许的农药最大浓度,以每千克食品或农产品中农药残留的毫克数表示(mg/kg)。

3.3

再残留限量 extraneous maximum residue limit;EMRL

一些持久性农药虽已禁用,但还长期存在环境中,从而再次在食品中形成残留,为控制这类农药残留物对食品的污染而制定其在食品中的残留限量,以每千克食品或农产品中农药残留的毫克数表示(mg/kg)。

3.4

每日允许摄入量 acceptable daily intake;ADI

人类终生每日摄入某物质,而不产生可检测到的危害健康的估计量,以每千克体重可摄入的量表示(mg/kg体重)。

4 技术要求

每种农药的最大残留限量规定如下。

限量规定的相关注释:“*”表示临时限量。

4.1 2,4-滴和2,4-滴钠盐(2,4-D和2,4-D Na)

4.1.1 主要用途:除草剂。

4.1.2 ADI:0.01 mg/kg体重。

4.1.3 残留物:2,4-滴。

4.1.4 最大残留限量:应符合表1的规定。

表1

食品类别/名称	最大残留限量 mg/kg
谷物	
小麦	2
鲜食玉米	0.1
蔬菜	
大白菜	0.2
番茄	0.5
茄子	0.1
辣椒	0.1
食用菌	
蘑菇类(鲜)	0.1

4.1.5 检测方法:谷物、蔬菜、食用菌按照GB/T 5009.175规定的方法测定。

4.2 2,4-滴丁酯(2,4-D butylate)

4.2.1 主要用途:除草剂。

4.2.2 ADI:0.01 mg/kg体重。

4.2.3 残留物:2,4-滴丁酯。

4.2.4 最大残留限量:应符合表2的规定。

表2

食品类别/名称	最大残留限量 mg/kg
谷物	
玉米	0.05

4.2.5 检测方法:谷物按照GB/T 5009.165、GB/T 5009.175规定的方法测定。

4.3 2甲4氯(钠)[MCPA(sodium)]

4.3.1 主要用途:除草剂。

4.3.2 ADI:0.05 mg/kg体重。

4.3.3 残留物:2甲4氯。

4.3.4 最大残留限量:应符合表3的规定。

表 3

食品类别/名称	最大残留限量 mg/kg
谷物	
糙米	0.05
玉米	0.05
水果	
柑橘	0.1
糖料	
甘蔗	0.05

4.3.5 检测方法：水果按照 GB/T 20769 规定的方法测定；谷物、糖料参照 SN/T 2228 规定的方法测定。

4.4 阿维菌素(abamectin)

4.4.1 主要用途：杀虫剂。

4.4.2 ADI：0.002 mg/kg 体重。

4.4.3 残留物：阿维菌素(B1a 和 B1b 之和)。

4.4.4 最大残留限量：应符合表 4 的规定。

表 4

食品类别/名称	最大残留限量 mg/kg
谷物	
糙米	0.02
油料	
棉籽	0.01
蔬菜	
结球甘蓝	0.05
普通白菜	0.05
大白菜	0.05
菠菜	0.05
芹菜	0.05
韭菜	0.05
黄瓜	0.02
豇豆	0.05
菜豆	0.1
萝卜	0.01
水果	
柑橘	0.02
苹果	0.02
梨	0.02

4.4.5 检测方法：谷物按照 SN/T 1973 规定方法测定；油料参照 SN/T 1973 规定的方法测定；蔬菜、水果按照 SN/T 1973、SN/T 2114 规定的方法测定。

4.5 矮壮素(chlormequat)

4.5.1 主要用途:植物生长调节剂。
4.5.2 ADI:0.05 mg/kg 体重。
4.5.3 残留物:矮壮素阳离子,以氯化物表示。
4.5.4 最大残留限量:应符合表5的规定。

表5

食品类别/名称	最大残留限量 mg/kg
谷物	
小麦	5
玉米	5
油料	
棉籽	0.5

4.5.5 检测方法:谷物按照 GB/T 5009.219 规定的方法测定;油料参照 GB/T 5009.219 规定的方法测定。

4.6 胺苯磺隆(ethametsulfuron)

4.6.1 主要用途:除草剂。
4.6.2 ADI:0.2 mg/kg 体重。
4.6.3 残留物:胺苯磺隆。
4.6.4 最大残留限量:应符合表6的规定。

表6

食品类别/名称	最大残留限量 mg/kg
油料	
油菜籽	0.02

4.6.5 检测方法:油料参照 NY/T 1616 规定的方法测定。

4.7 百草枯(paraquat)

4.7.1 主要用途:除草剂。
4.7.2 ADI:0.005 mg/kg 体重。
4.7.3 残留物:百草枯阳离子,以二氯百草枯表示。
4.7.4 最大残留限量:应符合表7的规定。

表7

食品类别/名称	最大残留限量 mg/kg
谷物及制品	
小麦粉	0.5

表 7（续）

食品类别/名称	最大残留限量 mg/kg
谷物及制品	
玉米	0.1
油料及制品	
棉籽	0.2
菜籽油	0.05
蔬菜	
鳞茎类蔬菜	0.05
芸苔属类蔬菜	0.05
叶菜类蔬菜	0.05
茄果类蔬菜	0.05
瓜类蔬菜	0.05
豆类蔬菜	0.05
茎类蔬菜	0.05
根茎类和薯芋类蔬菜	0.05
水生类蔬菜	0.05
芽菜类蔬菜	0.05
其他多年生蔬菜	0.05
水果	
柑橘	0.2
苹果	0.05
香蕉	0.02*

4.7.5 检测方法：谷物及制品、蔬菜、水果按照 SN/T 0340 规定的方法测定；油料及制品参照 SN/T 0340规定的方法测定。

4.8 百菌清(chlorothalonil)

4.8.1 主要用途：杀菌剂。

4.8.2 ADI：0.02 mg/kg 体重。

4.8.3 残留物：百菌清。

4.8.4 最大残留限量：应符合表 8 的规定。

表 8

食品类别/名称	最大残留限量 mg/kg
谷物	
稻谷	0.2
小麦	0.1
绿豆	0.2
赤豆	0.2
鲜食玉米	5
油料	
大豆	0.2

表 8（续）

食品类别/名称	最大残留限量 mg/kg
油料	
花生仁	0.05
蔬菜	
大白菜	5
菠菜	5
普通白菜	5
莴苣	5
黄瓜	5
番茄	5
茄子	5
辣椒	5
西葫芦	5
南瓜	5
丝瓜	5
水果	
苹果	1
梨	1
葡萄	0.5
柑橘	1
西瓜	5
甜瓜	5
食用菌	
蘑菇类(鲜)	5

4.8.5 检测方法：谷物按照 SN/T 2320 规定的方法测定；油料参照 SN/T 2320 规定的方法测定；蔬菜、水果、食用菌按照 NY/T 761、SN/T 0499、GB/T 5009.105 规定的方法测定。

4.9 倍硫磷(fenthion)

4.9.1 主要用途：杀虫剂。

4.9.2 ADI：0.007 mg/kg 体重。

4.9.3 残留物：倍硫磷、及其氧类似物(亚砜、砜化合物)之和，以倍硫磷表示。

4.9.4 最大残留限量：应符合表 9 的规定。

表 9

食品类别/名称	最大残留限量 mg/kg
谷物	
稻谷	0.05
小麦	0.05
油料制品	
食用植物油	0.01

表 9（续）

食品类别/名称	最大残留限量 mg/kg
蔬菜	
鳞茎类蔬菜	0.05
芸苔属类蔬菜	0.05
叶菜类蔬菜	0.05
茄果类蔬菜	0.05
瓜类蔬菜	0.05
豆类蔬菜	0.05
茎类蔬菜	0.05
根茎类和薯芋类蔬菜	0.05
水生类蔬菜	0.05
芽菜类蔬菜	0.05
其他多年生蔬菜	0.05
水果	
仁果类水果	0.05
柑橘类水果	0.05
核果类水果	0.05
浆果和其他小型水果	0.05
热带和亚热带水果	0.05
瓜果类水果	0.05

4.9.5 检测方法：谷物按照 GB/T 5009.145 规定的方法测定；油料制品参照 GB/T 5009.145 规定的方法测定；蔬菜、水果按照 NY/T 761、GB/T 19648 规定的方法测定。

4.10 苯丁锡（fenbutatin oxide）

4.10.1 主要用途：杀螨剂。
4.10.2 ADI：0.03 mg/kg 体重。
4.10.3 残留物：苯丁锡。
4.10.4 最大残留限量：应符合表 10 的规定。

表 10

食品类别/名称	最大残留限量 mg/kg
蔬菜	
番茄	1
水果	
苹果	5
梨	5
柑橘	1
橙	5
柚	5
柠檬	5

4.10.5 检测方法：蔬菜、水果参照 SN/T 0592 规定的方法测定。

4.11 **苯磺隆(tribenuron-methyl)**

4.11.1 主要用途:除草剂。

4.11.2 ADI:0.01 mg/kg 体重。

4.11.3 残留物:苯磺隆。

4.11.4 最大残留量:应符合表 11 的规定。

表 11

食品类别/名称	最大残留限量 mg/kg
谷物	
小麦	0.05

4.11.5 检测方法:谷物按照 SN/T 2325 规定的方法测定。

4.12 **苯菌灵(benomyl)**

4.12.1 主要用途:杀菌剂。

4.12.2 ADI: 0.1 mg/kg 体重。

4.12.3 残留物:苯菌灵和多菌灵之和。

4.12.4 最大残留限量:应符合表 12 的规定。

表 12

食品类别/名称	最大残留限量 mg/kg
水果	
柑橘	5*
梨	3*

4.12.5 检测方法:水果参照 GB/T 23380、NY/T 1680 规定的方法测定。

4.13 **苯硫威(fenothiocarb)**

4.13.1 主要用途:杀螨剂。

4.13.2 ADI:0.0075 mg/kg 体重。

4.13.3 残留物:苯硫威。

4.13.4 最大残留限量:应符合表 13 的规定。

表 13

食品类别/名称	最大残留限量 mg/kg
水果	
柑橘	0.5

4.13.5 检测方法:水果按照 GB/T 19648 规定的方法测定。

4.14 苯螨特(benzoximate)

4.14.1 主要用途:杀螨剂。

4.14.2 ADI: 2 mg/kg 体重。

4.14.3 残留物:苯螨特。

4.14.4 最大残留限量:应符合表14的规定。

表 14

食品类别/名称	最大残留限量 mg/kg
水果	
柑橘	0.3

4.14.5 检测方法:水果按照 GB/T 20769 规定的方法测定。

4.15 苯醚甲环唑(difenoconazole)

4.15.1 主要用途:杀菌剂

4.15.2 ADI:0.01 mg/kg 体重。

4.15.3 残留物:苯醚甲环唑。

4.15.4 最大残留限量:应符合表15的规定。

表 15

食品类别/名称	最大残留限量 mg/kg
谷物	
糙米	0.5
小麦	0.1
油料	
大豆	0.05
花生仁	0.2
蔬菜	
大白菜	1
番茄	0.5
大蒜	0.2
水果	
柑橘	0.2
苹果	0.5
梨	0.5
西瓜	0.1
香蕉	1
荔枝	0.5
饮料类	
茶叶	10

4.15.5 检测方法:谷物按照 GB/T 19649 规定的方法测定;油料按照 SN/T 1975 规定的方法测定;蔬菜、水果按照 SN/T 1975、GB/T 5009.218、GB/T 19648 规定的方法测定;茶叶参照 SN/T 1975、

GB/T 5009.218、GB/T 19648 规定的方法测定。

4.16 苯噻酰草胺(mefenacet)

4.16.1 主要用途:除草剂。
4.16.2 ADI:0.007 mg/kg 体重。
4.16.3 残留物:苯噻酰草胺。
4.16.4 最大残留限量:应符合表 16 的规定。

表 16

食品类别/名称	最大残留限量 mg/kg
谷物	
糙米	0.05*

4.16.5 检测方法:谷物按照 GB/T 19649、GB/T 20770、SN/T 0712 规定的方法测定。

4.17 苯线磷(fenamiphos)

4.17.1 主要用途:杀虫剂。
4.17.2 ADI:0.000 8 mg/kg 体重。
4.17.3 残留物:苯线磷、及其氧类似物(亚砜、砜化合物)之和,以苯线磷表示。
4.17.4 最大残留限量:应符合表 17 的规定。

表 17

食品类别/名称	最大残留限量 mg/kg
油料及制品	
花生仁	0.05
花生油	0.05
蔬菜	
鳞茎类蔬菜	0.02
芸苔属类蔬菜	0.02
叶菜类蔬菜	0.02
茄果类蔬菜	0.02
瓜类蔬菜	0.02
豆类蔬菜	0.02
茎类蔬菜	0.02
根茎类和薯芋类蔬菜	0.02
水生类蔬菜	0.02
芽菜类蔬菜	0.02
其他多年生蔬菜	0.02
水果	
仁果类水果	0.02
柑橘类水果	0.02
核果类水果	0.02
浆果和其他小型水果	0.02

表 17（续）

食品类别/名称	最大残留限量 mg/kg
水果	
热带和亚热带水果	0.02
瓜果类水果	0.02

4.17.5 检测方法：油料及制品参照 GB/T 20770 规定的方法测定；蔬菜、水果按照 GB/T 5009.145、GB/T 19648 规定的方法测定。

4.18 吡草醚(pyraflufen-ethyl)

4.18.1 主要用途：除草剂。
4.18.2 ADI：0.2 mg/kg 体重。
4.18.3 残留物：吡草醚。
4.18.4 最大残留限量：应符合表 18 的规定。

表 18

食品类别/名称	最大残留限量 mg/kg
谷物	
小麦	0.03
水果	
苹果	0.03

4.18.5 检测方法：谷物按照 GB/T 19649 规定的方法测定；水果按照 GB/T 19648、NY/T 1379 规定的方法测定。

4.19 吡虫啉(imidacloprid)

4.19.1 主要用途：杀虫剂。
4.19.2 ADI：0.06 mg/kg 体重。
4.19.3 残留物：吡虫啉。
4.19.4 最大残留限量：应符合表 19 的规定。

表 19

食品类别/名称	最大残留限量 mg/kg
谷物	
糙米	0.05
小麦	0.05
玉米	0.05
鲜食玉米	0.05
油料	
棉籽	0.5

表 19（续）

食品类别/名称	最大残留限量 mg/kg
蔬菜	
番茄	1
节瓜	0.5
萝卜	0.5
结球甘蓝	1
大白菜	0.2
水果	
柑橘	1
苹果	0.5
糖料	
甘蔗	0.2
饮料类	
茶叶	0.5

4.19.5 检测方法：谷物按照 SN/T 1017.8、GB/T 20770 规定的方法测定；油料参照 SN/T 1017.8、GB/T 20770 规定的方法测定；蔬菜、水果按照 GB/T 23379、GB/T 20769、NY/T 1275 规定的方法测定；糖料、茶叶参照 GB/T 23379 规定的方法测定。

4.20 吡氟禾草灵和精吡氟禾草灵(fluazifop 和 fluazifop-P-butyl)

4.20.1 主要用途：除草剂。

4.20.2 ADI：0.01 mg/kg 体重。

4.20.3 残留物：吡氟禾草灵及其代谢物吡氟禾草酸之和，以吡氟禾草灵表示。

4.20.4 最大残留限量：应符合表 20 的规定。

表 20

食品类别/名称	最大残留限量 mg/kg
油料	
大豆	0.5
棉籽	0.1
花生仁	0.1
糖料	
甜菜	0.5

4.20.5 检测方法：油料、糖料按照 GB/T 5009.142 规定的方法测定。

4.21 吡嘧磺隆(pyrazosulfuron-ethyl)

4.21.1 主要用途：除草剂。

4.21.2 ADI：0.043 mg/kg 体重。

4.21.3 残留物：吡嘧磺隆。

4.21.4 最大残留限量：应符合表 21 的规定。

表 21

食品类别/名称	最大残留限量 mg/kg
谷物	
糙米	0.1

4.21.5 检测方法：谷物按照 SN/T 2325 规定的方法测定。

4.22 吡蚜酮(pymetrozine)

4.22.1 主要用途：杀虫剂。

4.22.2 ADI：0.03 mg/kg 体重。

4.22.3 残留物：吡蚜酮。

4.22.4 最大残留限量：应符合表 22 的规定。

表 22

食品类别/名称	最大残留限量 mg/kg
谷物	
小麦	0.02*

4.23 吡唑醚菌酯(pyraclostrobin)

4.23.1 主要用途：杀菌剂。

4.23.2 ADI：0.03 mg/kg 体重。

4.23.3 残留物：吡唑醚菌酯。

4.23.4 最大残留限量：应符合表 23 的规定。

表 23

食品类别/名称	最大残留限量 mg/kg
蔬菜	
结球甘蓝	0.5
大白菜	5
黄瓜	0.5
辣椒	0.5
马铃薯	0.02
水果	
苹果	0.5
西瓜	0.5
甜瓜	0.5
葡萄	2
香蕉	0.02

4.23.5　检测方法：蔬菜、水果按照 GB/T 19648、GB/T 20769 规定的方法测定。

4.24　苄嘧磺隆(bensulfuron-methyl)

4.24.1　主要用途：除草剂。
4.24.2　ADI：0.2 mg/kg 体重。
4.24.3　残留物：苄嘧磺隆。
4.24.4　最大残留限量：应符合表 24 的规定。

表 24

食品类别/名称	最大残留限量 mg/kg
谷物	
大米	0.05
糙米	0.05
小麦	0.02

4.24.5　检测方法：谷物按照 SN/T 2212、SN/T 2325 规定的方法测定。

4.25　丙草胺(pretilachlor)

4.25.1　主要用途：除草剂。
4.25.2　ADI：0.018 mg/kg 体重。
4.25.3　残留物：丙草胺。
4.25.4　最大残留限量：应符合表 25 的规定。

表 25

食品类别/名称	最大残留限量 mg/kg
谷物	
大米	0.1

4.25.5　检测方法：谷物按照 SN/T 0712 规定的方法测定。

4.26　丙环唑(propiconazol)

4.26.1　主要用途：杀菌剂。
4.26.2　ADI：0.07 mg/kg 体重。
4.26.3　残留物：丙环唑。
4.26.4　最大残留限量：应符合表 26 的规定。

表 26

食品类别/名称	最大残留限量 mg/kg
谷物	
糙米	0.1
小麦	0.05

表 26（续）

食品类别/名称	最大残留限量 mg/kg
油料	
大豆	0.2
花生仁	0.1
水果	
苹果	0.1
香蕉	1

4.26.5 检测方法：谷物按照 GB/T 20770、GB/T 19649 规定的方法测定；油料参照 GB/T 20770、SN/T 0519规定的方法测定；水果按照 GB/T 20769 规定的方法测定。

4.27 丙硫克百威(benfuracarb)

4.27.1 主要用途：杀虫剂。
4.27.2 ADI：0.01 mg/kg 体重。
4.27.3 残留物：丙硫克百威。
4.27.4 最大残留限量：应符合表 27 的规定。

表 27

食品类别/名称	最大残留限量 mg/kg
谷物	
大米	0.2
糙米	0.2
油料及制品	
棉籽	0.5
棉籽油	0.05

4.27.5 检测方法：谷物按照 GB/T 20770 规定的方法测定；油料制品参照 GB/T 20770 规定的方法测定。

4.28 丙炔噁草酮(oxadiargyl)

4.28.1 主要用途：除草剂。
4.28.2 ADI：0.008 mg/kg 体重。
4.28.3 残留物：丙炔噁草酮。
4.28.4 最大残留限量：应符合表 28 的规定。

表 28

食品类别/名称	最大残留限量 mg/kg
谷物	
糙米	0.02*

4.29 丙炔氟草胺(flumioxazin)

4.29.1 主要用途:除草剂。

4.29.2 ADI:0.02 mg/kg 体重。

4.29.3 残留物:丙炔氟草胺。

4.29.4 最大残留限量:应符合表 29 的规定。

表 29

食品类别/名称	最大残留限量 mg/kg
油料	
大豆	0.02
水果	
柑橘	0.05

4.29.5 检测方法:油料按照 SN/T 1983 规定的方法测定;水果按照 GB/T 19648 规定的方法测定。

4.30 丙森锌(propineb)

4.30.1 主要用途:杀菌剂。

4.30.2 ADI:0.007 mg/kg 体重。

4.30.3 残留物:二硫代氨基甲酸盐(或酯),以二硫化碳表示。

4.30.4 最大残留限量:应符合表 30 的规定。

表 30

食品类别/名称	最大残留限量 mg/kg
蔬菜	
大白菜	5
番茄	5
黄瓜	5
水果	
苹果	5
梨	5
葡萄	5

4.30.5 检测方法:蔬菜、水果参照 SN/T 0711 规定的方法测定。

4.31 丙溴磷(profenofos)

4.31.1 主要用途:杀虫剂。

4.31.2 ADI:0.03 mg/kg 体重。

4.31.3 残留物:丙溴磷。

4.31.4 最大残留限量:应符合表 31 的规定。

表 31

食品类别/名称	最大残留限量 mg/kg
谷物	
糙米	0.02
油料制品	
棉籽油	0.05
蔬菜	
结球甘蓝	0.5
马铃薯	0.05
水果	
柑橘	0.2
苹果	0.05

4.31.5 检测方法：谷物按照 GB/T 20770、SN/T 2234 规定的方法测定；油料制品参照 GB/T 20770、SN/T 2234 规定的方法测定；蔬菜、水果按照 GB/T 19648、NY/T 761、SN/T 2234 规定的方法测定。

4.32 草铵膦(glufosinate-ammonium)

4.32.1 主要用途：除草剂。

4.32.2 ADI：0.02 mg/kg 体重。

4.32.3 残留物：草铵膦。

4.32.4 最大残留限量：应符合表 32 的规定。

表 32

食品类别/名称	最大残留限量 mg/kg
蔬菜	
番茄	0.5*
水果	
香蕉	0.2*
木瓜	0.2*
饮料类	
茶叶	0.5*

4.33 草除灵(benazolin-ethyl)

4.33.1 主要用途：除草剂。

4.33.2 ADI：0.006 mg/kg 体重。

4.33.3 残留物：草除灵。

4.33.4 最大残留限量：应符合表 33 的规定。

表 33

食品名称	最大残留限量 mg/kg
油料	
油菜籽	0.2*

4.34 草甘膦(glyphosate)

4.34.1 主要用途:除草剂。
4.34.2 ADI:1 mg/kg 体重。
4.34.3 残留物:草甘膦。
4.34.4 最大残留限量:应符合表 34 的规定。

表 34

食品类别/名称	最大残留限量 mg/kg
谷物及制品	
稻谷	0.1
小麦	5
小麦粉	0.5
全麦粉	5
玉米	1
油料制品	
棉籽油	0.05
水果	
柑橘	0.5
苹果	0.5
仁果类水果(苹果除外)	0.1
柑橘类水果(柑橘除外)	0.1
核果类水果	0.1
浆果和其他小型水果	0.1
热带和亚热带水果	0.1
瓜果类水果	0.1
糖料	
甘蔗	2
饮料类	
茶叶	1

4.34.5 检测方法:谷物及制品、糖料按照 GB/T 23750 规定的方法测定;水果按照 GB/T 23750、NY/T 1096、SN/T 1923 规定的方法测定;茶叶按照 SN/T 1923 规定的方法测定。

4.35 虫螨腈(chlorfenapyr)

4.35.1 主要用途:杀虫剂。
4.35.2 ADI:0.003 mg/kg 体重。
4.35.3 残留物:虫螨腈。
4.35.4 最大残留限量:应符合表 35 的规定。

表 35

食品类别/名称	最大残留限量 mg/kg
蔬菜	
结球甘蓝	1
大白菜	2
黄瓜	0.5
水果	
苹果	1

4.35.5 检测方法：蔬菜、水果按照 GB/T 19648、NY/T 1379、SN/T 1986 规定的方法测定。

4.36 虫酰肼(tebufenozide)

4.36.1 主要用途：杀虫剂。
4.36.2 ADI：0.02 mg/kg 体重。
4.36.3 残留物：虫酰肼。
4.36.4 最大残留限量：应符合表 36 的规定。

表 36

食品类别/名称	最大残留限量 mg/kg
蔬菜	
结球甘蓝	1

4.36.5 检测方法：蔬菜按照 GB/T 20769 规定的方法测定。

4.37 除虫脲(diflubenzuron)

4.37.1 主要用途：杀虫剂。
4.37.2 ADI：0.02 mg/kg 体重。
4.37.3 残留物：除虫脲。
4.37.4 最大残留限量：应符合表 37 的规定。

表 37

食品类别/名称	最大残留限量 mg/kg
谷物	
小麦	0.2
玉米	0.2
蔬菜	
花椰菜	1
结球甘蓝	2
大白菜	1
菠菜	1
普通白菜	1

表 37（续）

食品类别/名称	最大残留限量 mg/kg
蔬菜	
莴苣	1
水果	
苹果	2
梨	1
柑橘	1
橙	1
柚	1
柠檬	1
饮料类	
茶叶	20

4.37.5 检测方法：谷物按照 GB/T 5009.147 规定的方法测定；蔬菜、水果按照 GB/T 5009.147、NY/T 1720规定的方法测定；茶叶参照 GB/T 5009.147、NY/T 1720 规定的方法测定。

4.38 春雷霉素(kasugamycin)

4.38.1 主要用途：杀菌剂。

4.38.2 ADI：0.113 mg/kg 体重。

4.38.3 残留物：春雷霉素。

4.38.4 最大残留限量：应符合表 38 的规定。

表 38

食品类别/名称	最大残留限量 mg/kg
谷物	
糙米	0.1*
蔬菜	
番茄	0.05*
水果	
柑橘	0.1*
荔枝	0.05*

4.39 哒螨灵(pyridaben)

4.39.1 主要用途：杀螨剂。

4.39.2 ADI：0.01 mg/kg 体重。

4.39.3 残留物：哒螨灵。

4.39.4 最大残留限量：应符合表 39 的规定。

表 39

食品类别/名称	最大残留限量 mg/kg
油料	
大豆	0.1
棉籽	0.1
蔬菜	
辣椒	2
水果	
柑橘	2
苹果	2
饮料类	
茶叶	5

4.39.5 检测方法：油料参照 SN/T 2342 规定的方法测定；蔬菜、水果按照 GB/T 20769 规定的方法测定；茶叶按照 GB/T 23204、SN/T 2432 规定方法测定。

4.40 代森铵(amobam)

4.40.1 主要用途：杀菌剂。

4.40.2 ADI：0.03 mg/kg 体重。

4.40.3 残留物：二硫代氨基甲酸盐(或酯)，以二硫化碳表示。

4.40.4 最大残留限量：应符合表 40 的规定。

表 40

食品类别/名称	最大残留限量 mg/kg
水果	
苹果	5*

4.40.5 检测方法：水果参照 SN/T 0711 规定的方法测定。

4.41 代森联(metriam)

4.41.1 主要用途：杀菌剂。

4.41.2 ADI：0.03 mg/kg 体重。

4.41.3 残留物：二硫代氨基甲酸盐(或酯)，以二硫化碳表示。

4.41.4 最大残留限量：应符合表 41 的规定。

表 41

食品类别/名称	最大残留限量 mg/kg
蔬菜	
大白菜	0.5
马铃薯	0.5
辣椒	1

表 41（续）

食品类别/名称	最大残留限量 mg/kg
水果	
柑橘	3
苹果	5
葡萄	5
西瓜	1
甜瓜	0.5

4.41.5 检测方法：蔬菜、水果参照 SN/T 0711 规定的方法测定。

4.42 代森锰锌(mancozeb)

4.42.1 主要用途：杀菌剂。

4.42.2 ADI：0.03 mg/kg 体重。

4.42.3 残留物：二硫代氨基甲酸盐(或酯)，以二硫化碳表示。

4.42.4 最大残留限量：应符合表 42 的规定。

表 42

食品类别/名称	最大残留限量 mg/kg
谷物	
鲜食玉米	1
油料	
花生仁	0.1
蔬菜	
大白菜	0.5
番茄	5
茄子	1
辣椒	1
甜椒	2
黄秋葵	2
黄瓜	5
菜豆	3
扁豆	3
豇豆	3
食荚豌豆	3
马铃薯	0.5
甘薯	0.5
木薯	0.5
山药	0.5
水果	
柑橘	3
苹果	5
梨	5
西瓜	1
香蕉	1

表 42（续）

食品类别/名称	最大残留限量 mg/kg
水果	
菠萝	2
猕猴桃	2
芒果	2
荔枝	5
葡萄	5
草莓	5
黑莓	5
醋栗	5
枣	2
食用菌	
蘑菇类（鲜）	1

4.42.5 检测方法：谷物、油料、蔬菜、水果、食用菌参照 SN/T 0711、SN/T 1541 规定的方法测定。

4.43 代森锌（zineb）

4.43.1 主要用途：杀菌剂。

4.43.2 ADI：0.007 mg/kg 体重。

4.43.3 残留物：二硫代氨基甲酸盐（或酯），以二硫化碳表示。

4.43.4 最大残留限量：应符合表 43 的规定。

表 43

食品类别/名称	最大残留限量 mg/kg
蔬菜	
芦笋	2
马铃薯	0.5
水果	
西瓜	1

4.43.5 检测方法：蔬菜、水果参照 SN/T 0711 规定的方法测定。

4.44 单甲脒和单甲脒盐酸盐（semiamitraz 和 semiamitraz chloride）

4.44.1 主要用途：杀虫剂。

4.44.2 ADI：0.004 mg/kg 体重。

4.44.3 残留物：单甲脒。

4.44.4 最大残留限量：应符合表 44 的规定。

表 44

食品类别/名称	最大残留限量 mg/kg
水果	
苹果	0.5
梨	0.5
柑橘	0.5

4.44.5 检测方法:水果按照 GB/T 5009.160 规定的方法测定。

4.45 单氰胺(cyanamide)

4.45.1 主要用途:生长调节剂。
4.45.2 ADI:0.002 mg/kg 体重。
4.45.3 残留物:单氰胺。
4.45.4 最大残留限量:应符合表 45 的规定。

表 45

食品名称	最大残留限量 mg/kg
水果	
葡萄	0.05*

4.46 稻丰散(phenthoate)

4.46.1 主要用途:杀虫剂。
4.46.2 ADI:0.003 mg/kg 体重。
4.46.3 残留物:稻丰散。
4.46.4 最大残留限量:应符合表 46 的规定。

表 46

食品类别/名称	最大残留限量 mg/kg
谷物	
糙米	0.2
大米	0.05
蔬菜	
节瓜	0.1
水果	
柑橘	1

4.46.5 检测方法:谷物按照 GB/T 5009.20、SN/T 0133 规定的方法测定;蔬菜、水果按照 GB/T 5009.20、GB/T 19648、GB/T 20769 规定的方法测定。

4.47 **稻瘟灵(isoprothiolane)**

4.47.1 主要用途:杀菌剂。
4.47.2 ADI:0.016 mg/kg 体重。
4.47.3 残留物:稻瘟灵。
4.47.4 最大残留限量:应符合表 47 的规定。

表 47

食品类别/名称	最大残留限量 mg/kg
谷物	
大米	1

4.47.5 检测方法:谷物按照 GB/T 5009.155 规定的方法测定。

4.48 **稻瘟酰胺(fenoxanil)**

4.48.1 主要用途:杀菌剂。
4.48.2 ADI:0.006 9 mg/kg 体重。
4.48.3 残留物:稻瘟酰胺。
4.48.4 最大残留限量:应符合表 48 的规定。

表 48

食品名称	最大残留限量 mg/kg
谷物	
糙米	1

4.48.5 检测方法:谷物按 GB/T 19649、GB/T 20770 规定的方法测定。

4.49 **敌百虫(trichlorfon)**

4.49.1 主要用途:杀虫剂。
4.49.2 ADI:0.002 mg/kg 体重。
4.49.3 残留物:敌敌畏。
4.49.4 最大残留限量:应符合表 49 的规定。

表 49

食品类别/名称	最大残留限量 mg/kg
谷物	
糙米	0.1
稻谷	0.1
小麦	0.1

表 49（续）

食品类别/名称	最大残留限量 mg/kg
油料	
棉籽	0.1
蔬菜	
结球甘蓝	0.1
普通白菜	0.1
鳞茎类蔬菜	0.2
芸苔属类蔬菜(结球甘蓝除外)	0.2
叶菜类蔬菜(普通白菜除外)	0.2
茄果类蔬菜	0.2
瓜类蔬菜	0.2
豆类蔬菜	0.2
茎类蔬菜	0.2
萝卜	0.5
根茎类和薯芋类蔬菜(萝卜除外)	0.2
水生类蔬菜	0.2
芽菜类蔬菜	0.2
其他多年生蔬菜	0.2
水果	
仁果类水果	0.2
柑橘类水果	0.2
核果类水果	0.2
浆果和其他小型水果	0.2
热带和亚热带水果	0.2
瓜果类水果	0.2

4.49.5 检测方法：谷物按照 GB/T 20770、SN/T 0493 规定的方法测定；油料参照 GB/T 20770、SN/T 0493规定的方法测定；蔬菜、水果按照 GB/T 20769、GB/T 5009.218、NY/T 761 规定的方法测定。

4.50 敌稗(propanil)

4.50.1 主要用途：除草剂。
4.50.2 ADI：0.2 mg/kg 体重。
4.50.3 残留物：敌稗。
4.50.4 最大残留限量：应符合表 50 的规定。

表 50

食品类别/名称	最大残留限量 mg/kg
谷物	
大米	2

4.50.5 检测方法：谷物按照 GB/T 5009.177 规定的方法测定。

4.51 敌草快(diquat)

4.51.1 主要用途:除草剂。

4.53.2 ADI:0.005 mg/kg 体重。

4.51.3 残留物:敌草快阳离子,以二溴化合物表示。

4.51.4 最大残留限量:应符合表 51 的规定。

表 51

食品类别/名称	最大残留限量 mg/kg
谷物及制品	
小麦	2
小麦粉	0.5
全麦粉	2
油料及制品	
油菜籽	2
食用植物油	0.05
蔬菜	
马铃薯	0.05
甘薯	0.05
木薯	0.05
山药	0.05
糖料	
甘蔗	0.05

4.51.5 检测方法:谷物及制品按照 GB/T 5009.221 规定的方法测定;油料及制品、蔬菜、糖料参照 GB/T 5009.221 规定的方法测定。

4.52 敌草隆(diuron)

4.52.1 主要用途:除草剂。

4.52.2 ADI:0.001 mg/kg 体重。

4.52.3 残留物:敌草隆。

4.52.4 最大残留限量:应符合表 52 的规定。

表 52

食品类别/名称	最大残留限量 mg/kg
糖料	
甘蔗	0.1

4.52.5 检测方法:糖料按照 GB/T 20769 规定的方法测定。

4.53 敌敌畏(dichlorvos)

4.53.1 主要用途:杀虫剂。

4.53.2 ADI:0.004 mg/kg 体重。

4.53.3 残留物:敌敌畏。

4.53.4 最大残留限量:应符合表 53 的规定。

表 53

食品类别/名称	最大残留限量 mg/kg
谷物	
糙米	0.2
玉米	0.2
稻谷	0.1
麦类	0.1
旱粮类	0.1
杂粮类	0.1
油料	
大豆	0.1
蔬菜	
结球甘蓝	0.5
大白菜	0.5
萝卜	0.5
鳞茎类蔬菜	0.2
芸苔属类蔬菜(结球甘蓝除外)	0.2
叶菜类蔬菜(大白菜除外)	0.2
茄果类蔬菜	0.2
瓜类蔬菜	0.2
豆类蔬菜	0.2
茎类蔬菜	0.2
根茎类和薯芋类蔬菜(萝卜除外)	0.2
水生类蔬菜	0.2
芽菜类蔬菜	0.2
其他多年生蔬菜	0.2
水果	
桃	0.1
仁果类水果	0.2
柑橘类水果	0.2
核果类水果(桃除外)	0.2
浆果和其他小型水果	0.2
热带和亚热带水果	0.2
瓜果类水果	0.2

4.53.5 检测方法:谷物按照 SN/T 2324、GB/T 5009.20 规定的方法测定;油料参照 SN/T 2324 规定的方法测定;蔬菜、水果按照 NY/T 761、GB/T 19648、GB/T 5009.20(鳞茎类蔬菜除外)规定的方法测定。

4.54 敌菌灵(anilazine)

4.54.1 主要用途:杀菌剂。

4.54.2 ADI:0.1 mg/kg 体重。

4.54.3 残留物:敌菌灵。

4.54.4 最大残留限量:应符合表 54 的规定。

表 54

食品类别/名称	最大残留限量 mg/kg
谷物	
稻谷	0.2
蔬菜	
番茄	10
黄瓜	10

4.54.5 检测方法:谷物按照 GB/T 5009.220 规定的方法测定;蔬菜按照 NY/T 1722 规定的方法测定。

4.55 敌瘟磷(edifenphos)

4.55.1 主要用途:杀菌剂。

4.55.2 ADI:0.003 mg/kg 体重。

4.55.3 残留物:敌瘟磷。

4.55.4 最大残留限量:应符合表 55 的规定。

表 55

食品类别/名称	最大残留限量 mg/kg
谷物	
大米	0.1
糙米	0.2

4.55.5 检测方法:谷物按照 GB/T 20770、SN/T 2324 规定的方法测定。

4.56 地虫硫磷(fonofos)

4.56.1 主要用途:杀虫剂。

4.56.2 ADI:0.002 mg/kg 体重。

4.56.3 残留物:地虫硫磷。

4.56.4 最大残留限量:应符合表 56 的规定。

表 56

食品类别/名称	最大残留限量 mg/kg
油料	
花生仁	0.1
蔬菜	
鳞茎类蔬菜	0.01

表 56（续）

食品类别/名称	最大残留限量 mg/kg
蔬菜	
芸苔属类蔬菜	0.01
叶菜类蔬菜	0.01
茄果类蔬菜	0.01
瓜类蔬菜	0.01
豆类蔬菜	0.01
茎类蔬菜	0.01
根茎类和薯芋类蔬菜	0.01
水生类蔬菜	0.01
芽菜类蔬菜	0.01
其他多年生蔬菜	0.01
水果	
仁果类水果	0.01
柑橘类水果	0.01
核果类水果	0.01
浆果和其他小型水果	0.01
热带和亚热带水果	0.01
瓜果类水果	0.01
糖料	
甘蔗	0.1

4.56.5　检测方法：油料按照 GB/T 19649 规定的方法测定；蔬菜、水果按照 GB/T 19648 规定的方法测定；糖料按照 GB/T 19648、GB/T 20769、NY/T 761 规定的方法测定。

4.57　丁草胺(butachlor)

4.57.1　主要用途：除草剂。

4.57.2　ADI：0.1 mg/kg 体重。

4.57.3　残留物：丁草胺。

4.57.4　最大残留限量：应符合表 57 的规定。

表 57

食品类别/名称	最大残留限量 mg/kg
谷物	
大米	0.5
玉米	0.5

4.57.5　检测方法：谷物按照 GB/T 5009.164、GB/T 19649、GB/T 20770 规定的方法测定。

4.58　丁硫克百威(carbosulfan)

4.58.1　主要用途：杀虫剂。

4.58.2 ADI:0.01 mg/kg 体重。

4.58.3 残留物:丁硫克百威。

4.58.4 最大残留限量:应符合表 58 的规定。

表 58

食品类别/名称	最大残留限量 mg/kg
谷物	
糙米	0.5
稻谷	0.5
玉米	0.1
高粱	0.1
粟	0.1
油料	
棉籽	0.05
花生仁	0.05
蔬菜	
普通白菜	0.05
大白菜	0.05
结球甘蓝	1
菠菜	0.05
芹菜	0.05
韭菜	0.05
辣椒	0.1
甜椒	0.1
黄瓜	0.2
节瓜	1
番茄	0.1
茄子	0.1
黄秋葵	0.1
甘薯	1
水果	
柑橘	1
橙	0.1
柚	0.1
柠檬	0.1
苹果	0.2
糖料	
甘蔗	0.1

4.58.5 检测方法:谷物按照 SN/T 2149 规定的方法测定;油料、糖料参照 SN/T 2149 规定的方法测定;蔬菜、水果按照 NY/T 761 规定的方法测定。

4.59 丁醚脲(diafenthiuron)

4.59.1 主要用途:杀虫剂/杀螨剂。

4.59.2 ADI:0.003 mg/kg 体重。

4.59.3 残留物:丁醚脲。

4.59.4 最大残留限量：应符合表59的规定。

表 59

食品类别/名称	最大残留限量 mg/kg
蔬菜	
结球甘蓝	2*
水果	
柑橘	0.2*
饮料类	
茶叶	5*

4.60 啶虫脒(acetamiprid)

4.60.1 主要用途：杀虫剂。

4.60.2 ADI：0.07 mg/kg 体重。

4.60.3 残留物：啶虫脒。

4.60.4 最大残留限量：应符合表60的规定。

表 60

食品类别/名称	最大残留限量 mg/kg
谷物	
糙米	0.5
小麦	0.5
油料	
棉籽	0.1
蔬菜	
结球甘蓝	0.5
普通白菜	1
黄瓜	1
番茄	1
萝卜	0.5
水果	
苹果	0.8
柑橘	0.5
仁果类水果(苹果除外)	2
柑橘类水果(柑橘除外)	2
核果类水果	2
浆果和其他小型水果	2
热带和亚热带水果	2
瓜果类水果	2

4.60.5 检测方法：谷物按照 GB/T 20770 规定的方法测定；油料参照 GB/T 20770 规定的方法测定；蔬菜、水果按照 GB/T 23584、GB/T 20769 规定的方法测定。

4.61 **啶酰菌胺(boscalid)**

4.61.1 主要用途:杀菌剂。

4.61.2 ADI:0.04 mg/kg 体重。

4.61.3 残留物:啶酰菌胺。

4.61.4 最大残留限量:应符合表 61 的规定。

表 61

食品类别/名称	最大残留限量 mg/kg
蔬菜	
黄瓜	5
水果	
苹果	2
甜瓜	3
草莓	3

4.61.5 检测方法:蔬菜、水果参照 GB/T 20769 规定的方法测定。

4.62 **毒死蜱(chlorpyrifos)**

4.62.1 主要用途:杀虫剂。

4.62.2 ADI:0.01 mg/kg 体重。

4.62.3 残留物:毒死蜱。

4.62.4 最大残留限量:应符合表 62 的规定。

表 62

食品类别/名称	最大残留限量 mg/kg
谷物	
稻谷	0.5
小麦	0.5
玉米	0.05
油料及制品	
大豆	0.1
花生仁	0.2
棉籽	0.3
棉籽油	0.05
蔬菜	
韭菜	0.1
花椰菜	1
结球甘蓝	1
大白菜	0.1
菠菜	0.1
普通白菜	0.1

表 62（续）

食品类别/名称	最大残留限量 mg/kg
蔬菜	
莴苣	0.1
芹菜	0.05
芦笋	0.05
朝鲜蓟	0.05
黄瓜	0.1
番茄	0.5
萝卜	1
胡萝卜	1
根芹菜	1
芋	1
水果	
苹果	1
梨	1
柑橘	1
橙	2
柚	2
柠檬	2
荔枝	1
龙眼	1
糖料	
甜菜	1
甘蔗	0.05

4.62.5 检测方法：谷物按照 GB/T 5009.145 规定的方法测定；油料及制品按照 GB/T 5009.145、SN/T 2158规定的方法测定；蔬菜、水果按照 GB/T 20769、GB/T 19648、NY/T 761、SN/T 2158 规定的方法测定；糖料参照 NY/T 761 规定的方法测定。

4.63 对硫磷(parathion)

4.63.1 主要用途：杀虫剂。

4.63.2 ADI：0.004 mg/kg 体重。

4.63.3 残留物：对硫磷。

4.63.4 最大残留限量：应符合表 63 的规定。

表 63

食品类别/名称	最大残留限量 mg/kg
谷物	
稻谷	0.1
麦类	0.1
旱粮类	0.1
杂粮类	0.1

表 63（续）

食品类别/名称	最大残留限量 mg/kg
油料及制品	
大豆	0.1
棉籽油	0.1
蔬菜	
鳞茎类蔬菜	0.01
芸苔属类蔬菜	0.01
叶菜类蔬菜	0.01
茄果类蔬菜	0.01
瓜类蔬菜	0.01
豆类蔬菜	0.01
茎类蔬菜	0.01
根茎类和薯芋类蔬菜	0.01
水生类蔬菜	0.01
芽菜类蔬菜	0.01
其他多年生蔬菜	0.01
水果	
仁果类水果	0.01
柑橘类水果	0.01
核果类水果	0.01
浆果和其他小型水果	0.01
热带和亚热带水果	0.01
瓜果类水果	0.01

4.63.5 检测方法：谷物、蔬菜按照 GB/T 5009.145 规定的方法测定；油料及制品按照 GB/T 5009.20 规定的方法测定；水果参照 GB/T 5009.145 规定的方法测定。

4.64 多菌灵(carbendazim)

4.64.1 主要用途：杀菌剂。

4.64.2 ADI：0.03 mg/kg 体重。

4.64.3 残留物：多菌灵。

4.64.4 最大残留限量：应符合表 64 的规定。

表 64

食品类别/名称	最大残留限量 mg/kg
谷物	
大米	2
小麦	0.05
玉米	0.5
油料	
大豆	0.2
花生仁	0.1

表 64（续）

食品类别/名称	最大残留限量 mg/kg
油料	
油菜籽	0.1
蔬菜	
番茄	3
黄瓜	0.5
芦笋	0.1
辣椒	2
韭菜	2
水果	
苹果	3
梨	3
葡萄	3
桃	2
油桃	2
李子	0.5
杏	2
樱桃	0.5
枣	0.5
草莓	0.5
黑莓	0.5
醋栗	0.5
柑橘	5
橙	0.5
柚	0.5
柠檬	0.5
西瓜	0.5
无花果	0.5
橄榄	0.5
香蕉	0.1
菠萝	0.5
猕猴桃	0.5
荔枝	0.5
芒果	0.5
糖料	
甜菜	0.1
饮料类	
茶叶	5

4.64.5 检测方法：谷物按照 GB/T 20770 规定的方法测定；油料、糖料参照 NY/T 1680 规定的方法测定；蔬菜、水果按照 GB/T 20769、GB/T 23380、NY/T 1680、NY/T 1453 规定的方法测定；茶叶参照 GB/T 20769、GB/T 23380、NY/T 1680、NY/T 1453 规定的方法测定。

4.65 多杀霉素(spinosad)

4.65.1 主要用途：杀虫剂。

4.65.2 ADI：0.02 mg/kg 体重。

4.65.3 残留物：多杀霉素 A 和多杀霉素 D 之和。

4.65.4 最大残留限量：应符合表 65 的规定。

表 65

食品类别/名称	最大残留限量 mg/kg
油料	
棉籽	0.1
蔬菜	
茄子	1
辣椒	1
甜椒	1
番茄	1
黄秋葵	1
结球甘蓝	2

4.65.5 检测方法：油料参照 GB/T 20769、NY/T 1379、NY/T 1453 规定的方法测定；蔬菜按照 GB/T 20769规定的方法测定。

4.66 多效唑(paclobutrazol)

4.66.1 主要用途：植物生长调节剂。

4.66.2 ADI：0.1 mg/kg 体重。

4.66.3 残留物：多效唑。

4.66.4 最大残留限量：应符合表 66 的规定。

表 66

食品类别/名称	最大残留限量 mg/kg
谷物	
稻谷	0.5
小麦	0.5
油料及制品	
油菜籽	0.2
菜籽油	0.5
花生仁	0.5
水果	
苹果	0.5
荔枝	0.5

4.66.5 检测方法：谷物按照 SN/T 1477 规定的方法测定；油料及制品参照 SN/T 1477 规定的方法测定；水果按照 GB/T 20769、GB/T 20770、SN/T 1477 规定的方法测定。

4.67 噁草酮(oxadiazon)

4.67.1 主要用途：除草剂。

4.67.2 ADI：0.003 6 mg/kg 体重。

4.67.3 残留物：噁草酮。

4.67.4 最大残留限量：应符合表 67 的规定。

表 67

食品类别/名称	最大残留限量 mg/kg
谷物	
糙米	0.05
稻谷	0.05
油料	
花生仁	0.1
棉籽	0.1
蔬菜	
大蒜	0.1
蒜薹	0.05

4.67.5 检测方法：谷物按照 GB/T 5009.180 规定的方法测定；油料参照 GB/T 5009.180 规定的方法测定；蔬菜按照 GB/T 19648、NY/T 1379 规定的方法测定。

4.68 噁霉灵(hymexazol)

4.68.1 主要用途：杀菌剂。

4.68.2 ADI：0.2 mg/kg 体重。

4.68.3 残留物：噁霉灵。

4.68.4 最大残留限量：应符合表 68 的规定。

表 68

食品类别/名称	最大残留限量 mg/kg
谷物	
糙米	0.1*
蔬菜	
黄瓜	0.5*
水果	
西瓜	0.5*
糖料	
甜菜	0.1*

4.69 噁嗪草酮(oxaziclomefone)

4.69.1 主要用途：除草剂。

4.69.2 ADI：0.009 1 mg/kg 体重。

4.69.3 残留物：噁嗪草酮。

4.69.4 最大残留限量：应符合表 69 的规定。

表 69

食品类别/名称	最大残留限量 mg/kg
谷物	
糙米	0.05

4.69.5 检测方法：谷物按照 SN/T 2150 规定的方法测定。

4.70 噁霜灵(oxadixyl)

4.70.1 主要用途：杀菌剂。
4.70.2 ADI：0.01 mg/kg 体重。
4.70.3 残留物：噁霜灵。
4.70.4 最大残留限量：应符合表 70 的规定。

表 70

食品类别/名称	最大残留限量 mg/kg
蔬菜	
黄瓜	5

4.70.5 检测方法：蔬菜按照 GB/T 19648、NY/T 1379 规定的方法测定。

4.71 噁唑菌酮(famoxadone)

4.71.1 主要用途：杀菌剂。
4.71.2 ADI：0.006 mg/kg 体重。
4.71.3 残留物：噁唑菌酮。
4.71.4 最大残留限量：应符合表 71 的规定。

表 71

食品类别/名称	最大残留限量 mg/kg
蔬菜	
黄瓜	1
水果	
苹果	0.2
梨	0.2
香蕉	0.5
柑橘	1
橙	1
柚	1
柠檬	1

4.71.5 检测方法：蔬菜、水果按照 GB/T 20769 规定的方法测定。

4.72 二苯胺(diphenylamine)

4.72.1 主要用途:杀菌剂。

4.72.2 ADI:0.08 mg/kg 体重。

4.72.3 残留物:二苯胺。

4.72.4 最大残留限量:应符合表 72 的规定。

表 72

食品类别/名称	最大残留限量 mg/kg
水果	
苹果	5

4.72.5 检测方法:水果按照 GB/T 19648 规定的方法测定。

4.73 二甲戊灵(pendimethalin)

4.73.1 主要用途:除草剂。

4.73.2 ADI:0.03 mg/kg 体重。

4.73.3 残留物:二甲戊灵。

4.73.4 最大残留限量:应符合表 73 的规定。

表 73

食品类别/名称	最大残留限量 mg/kg
谷物	
玉米	0.1
蔬菜	
莴苣	0.1
普通白菜	0.2
大白菜	0.2
结球甘蓝	0.2
菠菜	0.2
芹菜	0.2
韭菜	0.2
大蒜	0.1

4.73.5 检测方法:谷物按照 SN/T 0712 规定的方法测定;蔬菜按照 GB/T 19648、NY/T 1379 规定的方法测定。

4.74 二氯吡啶酸(clopyralid)

4.74.1 主要用途:除草剂。

4.74.2 ADI:0.15 mg/kg 体重。

4.74.3 残留物:二氯吡啶酸。

4.74.4 最大残留限量:应符合表 74 的规定。

表 74

食品类别/名称	最大残留限量 mg/kg
谷物	
小麦	2*
油料	
油菜籽	2*

4.75 二氯喹啉酸(quinclorac)

4.75.1 主要用途:除草剂 。

4.75.2 ADI:0.3 mg/kg 体重。

4.75.3 残留物:二氯喹啉酸。

4.75.4 最大残留限量:应符合表 75 的规定。

表 75

食品类别/名称	最大残留限量 mg/kg
谷物	
糙米	1

4.75.5 检测方法:谷物按照 SN/T 1017.5 规定的方法测定。

4.76 二嗪磷(diazinon)

4.76.1 主要用途:杀虫剂。

4.76.2 ADI:0.005 mg/kg 体重。

4.76.3 残留物:二嗪磷。

4.76.4 最大残留限量:应符合表 76 的规定。

表 76

食品类别/名称	最大残留限量 mg/kg
谷物	
稻谷	0.1
小麦	0.1
油料	
棉籽	0.2
花生仁	0.5
蔬菜	
普通白菜	0.2

4.76.5 检测方法:谷物按照 GB/T 5009.107 规定的方法测定,油料参照 GB/T 5009.107 规定的方法测定;蔬菜按照 GB/T 5009.107、GB/T 19648、GB/T 20769 规定的方法测定。

4.77 **二氰蒽醌(dithianon)**

4.77.1 主要用途:杀菌剂。

4.77.2 ADI:0.01 mg/kg 体重。

4.77.3 残留物:二氰蒽醌。

4.77.4 最大残留限量:应符合表 79 的规定。

表 77

食品类别/名称	最大残留限量 mg/kg
蔬菜	
辣椒	2
水果	
苹果	5
梨	2

4.77.5 检测方法:蔬菜、水果参照 GB/T 20769 规定的方法测定。

4.78 **粉唑醇(flutriafol)**

4.78.1 主要用途:杀菌剂。

4.78.2 ADI:0.01 mg/kg 体重。

4.78.3 残留物:粉唑醇。

4.78.4 最大残留限量:应符合表 78 的规定。

表 78

食品类别/名称	最大残留限量 mg/kg
谷物	
小麦	0.5

4.78.5 检测方法:谷物按照 GB/T 19649 规定的方法测定。

4.79 **砜嘧磺隆(rimsulfuron)**

4.79.1 主要用途:除草剂。

4.79.2 ADI:0.1 mg/kg 体重。

4.79.3 残留物:砜嘧磺隆。

4.79.4 最大残留限量:应符合表 79 的规定。

表 79

食品类别/名称	最大残留限量 mg/kg
谷物	
玉米	0.1

4.79.5 检测方法：谷物按照 SN/T 2325 规定的方法测定。

4.80 伏杀硫磷(phosalone)

4.80.1 主要用途：杀虫剂。
4.80.2 ADI：0.02 mg/kg 体重。
4.80.3 残留物：伏杀硫磷。
4.80.4 最大残留限量：应符合表 80 的规定。

表 80

食品类别/名称	最大残留限量 mg/kg
油料制品	
棉籽油	0.1
蔬菜	
大白菜	1
菠菜	1
普通白菜	1
莴苣	1

4.80.5 检测方法：油料制品参照 GB/T 19649、GB/T 20770 规定的方法测定；蔬菜按照 GB/T 19648、NY/T 761 规定的方法测定。

4.81 氟胺氰菊酯(tau-fluvalinate)

4.81.1 主要用途：杀虫剂。
4.81.2 ADI：0.005 mg/kg 体重。
4.81.3 残留物：氟胺氰菊酯。
4.81.4 最大残留限量：应符合表 81 的规定。

表 81

食品类别/名称	最大残留限量 mg/kg
油料制品	
棉籽油	0.2
蔬菜	
花椰菜	0.5
结球甘蓝	0.5
普通白菜	0.5
大白菜	0.5

表 81(续)

食品类别/名称	最大残留限量 mg/kg
蔬菜	
菠菜	0.5
芹菜	0.5
韭菜	0.5

4.81.5 检测方法:油料制品参照 NY/T 761 规定的方法测定;蔬菜按照 NY/T 761 规定的方法测定。

4.82 氟苯脲(teflubenzuron)

4.82.1 主要用途:杀虫剂。

4.82.2 ADI:0.01 mg/kg 体重。

4.82.3 残留物:氟苯脲。

4.82.4 最大残留限量:应符合表 82 的规定。

表 82

食品类别/名称	最大残留限量 mg/kg
蔬菜	
结球甘蓝	0.5
普通白菜	0.5
大白菜	0.5
菠菜	0.5
芹菜	0.5
韭菜	0.5
水果	
柑橘	0.5

4.82.5 检测方法:蔬菜、水果按照 NY/T 1453 规定的方法测定。

4.83 氟吡磺隆(flucetosulfuron)

4.83.1 主要用途:除草剂。

4.83.2 ADI:0.041 mg/kg 体重。

4.83.3 残留物:氟吡磺隆。

4.83.4 最大残留限量:应符合表 83 的规定。

表 83

食品类别/名称	最大残留限量 mg/kg
谷物	
糙米	0.05*

4.84 **氟吡甲禾灵和高效氟吡甲禾灵(haloxyfop-methyl 和 haloxyfop-P-methyl)**

4.84.1 主要用途:除草剂。

4.84.2 ADI:0.000 7 mg/kg 体重。

4.84.3 残留物:氟吡甲禾灵、氟吡禾灵及其共轭物之和,以氟吡甲禾灵表示。

4.84.4 最大残留限量:应符合表 84 的规定。

表 84

食品类别/名称	最大残留限量 mg/kg
油料及制品	
大豆	0.1
花生仁	0.1
棉籽	0.2
食用植物油	1
蔬菜	
结球甘蓝	0.2

4.84.5 检测方法:油料及制品参照 GB/T 20770 规定的方法测定;蔬菜按照 GB/T 20769 规定的方法测定。

4.85 **氟虫腈(fipronil)**

4.85.1 主要用途:杀虫剂。

4.85.2 ADI:0.000 2 mg/kg 体重。

4.85.3 残留物:氟虫腈。

4.85.4 最大残留限量:应符合表 85 的规定。

表 85

食品类别/名称	最大残留限量 mg/kg
谷物	
糙米	0.02
蔬菜	
普通白菜	0.02
大白菜	0.02
结球甘蓝	0.02
菠菜	0.02
芹菜	0.02
韭菜	0.02

4.85.5 检测方法:谷物按照 GB/T 19649、SN/T 1982 规定的方法测定;蔬菜按照 GB/T 19648、GB/T 20769、SN/T 1982 规定的方法测定。

4.86 **氟虫脲(flufenoxuron)**

4.86.1 主要用途:杀虫剂。

4.86.2 ADI:0.04 mg/kg 体重。
4.86.3 残留物:氟虫脲。
4.86.4 最大残留限量:应符合表 86 的规定。

表 86

食品类别/名称	最大残留限量 mg/kg
水果	
苹果	1
梨	1
柑橘	0.5
柠檬	0.5
柚	0.5

4.86.5 检测方法:水果按照 NY/T 1720 规定的方法测定。

4.87 氟啶胺(fluazinam)

4.87.1 主要用途:杀菌剂。
4.87.2 ADI:0.01 mg/kg 体重。
4.87.3 残留物:氟啶胺。
4.87.4 最大残留限量:应符合表 87 的规定。

表 87

食品类别/名称	最大残留限量 mg/kg
蔬菜	
辣椒	3

4.87.5 检测方法:蔬菜参照 SN/T 2150 中规定的方法测定。

4.88 氟啶脲(chlorfluazuron)

4.88.1 主要用途:杀虫剂。
4.88.2 ADI:0.005 mg/kg 体重。
4.88.3 残留物:氟啶脲。
4.88.4 最大残留限量:应符合表 88 的规定。

表 88

食品类别/名称	最大残留限量 mg/kg
油料	
棉籽	0.1
蔬菜	
结球甘蓝	2
大白菜	2

表 88（续）

食品类别/名称	最大残留限量 mg/kg
蔬菜	
萝卜	0.1
芜菁	0.1
胡萝卜	0.1
根芹菜	0.1
球茎茴香	0.1
芋	0.1
水果	
柑橘	0.5
糖料	
甜菜	0.1

4.88.5　检测方法：油料参照 GB/T 19648 规定的方法测定；蔬菜、水果 GB/T 19648、SN/T 2095 按照规定的方法测定；糖料按照 GB/T 19648 规定的方法测定。

4.89　氟硅唑(flusilazole)

4.89.1　主要用途：杀菌剂。

4.89.2　ADI：0.007 mg/kg 体重。

4.89.3　残留物：氟硅唑。

4.89.4　最大残留限量：应符合表 89 的规定。

表 89

食品类别/名称	最大残留限量 mg/kg
蔬菜	
黄瓜	1
刀豆	0.2
水果	
苹果	0.2
梨	0.2
葡萄	0.5
香蕉	1

4.89.5　检测方法：蔬菜、水果按照 GB/T 19648、GB/T 20769、SN/T 2236 规定的方法测定。

4.90　氟环唑(epoxiconazole)

4.90.1　主要用途：杀菌剂。

4.90.2　ADI：0.02 mg/kg 体重。

4.90.3　残留物：氟环唑。

4.90.4　最大残留限量：应符合表 90 的规定。

表 90

食品类别/名称	最大残留限量 mg/kg
谷物	
糙米	0.5
小麦	0.05
水果	
苹果	0.5
香蕉	3

4.90.5 检测方法：谷物按照 GB/T 20770 规定的方法测定；水果按照 GB/T 19648、GB/T 20769 规定的方法测定。

4.91 氟磺胺草醚(fomesafen)

4.91.1 主要用途：除草剂。
4.91.2 ADI：0.002 5 mg/kg 体重。
4.91.3 残留物：氟磺胺草醚。
4.91.4 最大残留限量：应符合表 91 的规定。

表 91

食品类别/名称	最大残留限量 mg/kg
油料	
大豆	0.1
花生仁	0.2

4.91.5 检测方法：油料按照 GB/T 5009.130 规定的方法测定。

4.92 氟菌唑(triflumizole)

4.92.1 主要用途：杀菌剂。
4.92.2 ADI：0.035 mg/kg 体重。
4.92.3 残留物：氟菌唑及其代谢物〔4-氯-α,α,α-三氟-N-(1-氨基-2-丙氧基亚乙基)-o-甲苯胺〕之和，以氟菌唑表示。
4.92.4 最大残留限量：应符合表 92 的规定。

表 92

食品类别/名称	最大残留限量 mg/kg
蔬菜	
黄瓜	0.2*

4.92.5 检测方法：蔬菜按照 NY/T 1379 规定的方法测定。

4.93 **氟乐灵(trifluralin)**

4.93.1 主要用途:除草剂。

4.93.2 ADI:0.025 mg/kg 体重。

4.93.3 残留物:氟乐灵。

4.93.4 最大残留限量:应符合表 93 的规定。

表 93

食品类别/名称	最大残留限量 mg/kg
谷物	
玉米	0.05
油料及制品	
大豆	0.05
豆油	0.05
花生仁	0.05
花生油	0.05
棉籽	0.05

4.93.5 检测方法:谷物按照 GB/T 19649 的方法测定;油料及制品按照 GB/T 5009.172 的方法测定。

4.94 **氟铃脲(hexaflumuron)**

4.94.1 主要用途:杀虫剂。

4.94.2 ADI:0.02 mg/kg 体重。

4.94.3 残留物:氟铃脲。

4.94.4 最大残留限量值:应符合表 94 的规定。

表 94

食品类别/名称	最大残留限量 mg/kg
蔬菜	
结球甘蓝	0.5

4.94.5 检测方法:蔬菜参照 GB/T 20769、NY/T 1720、SN/T 2152、NY/T 1379 规定的方法测定。

4.95 **氟氯氰菊酯和高效氟氯氰菊酯(cyfluthrin 和 beta-cyfluthrin)**

4.95.1 主要用途:杀虫剂。

4.95.2 ADI:0.04 mg/kg 体重。

4.95.3 残留物:氟氯氰菊酯。

4.95.4 最大残留限量:应符合表 95 的规定。

表 95

食品类别/名称	最大残留限量 mg/kg
油料	
棉籽	0.05
蔬菜	
花椰菜	0.1
普通白菜	0.5
大白菜	0.5
结球甘蓝	0.5
菠菜	0.5
芹菜	0.5
韭菜	0.5
水果	
苹果	0.5
饮料类	
茶叶	1
食用菌	
蘑菇类(鲜)	0.3

4.95.5 检测方法:油料参照 SN/T 1117 规定的方法测定;蔬菜、水果、食用菌按照 GB/T 19648、GB/T 5009.146、NY/T 761 规定的方法测定;茶叶按照 SN/T 1117、GB/T 23204 规定的方法测定。

4.96 氟吗啉(flumorph)

4.96.1 主要用途:杀菌剂。
4.96.2 ADI:0.16 mg/kg 体重。
4.96.3 残留物:氟吗啉。
4.96.4 最大残留限量:应符合表 96 的规定。

表 96

食品类别/名称	最大残留限量 mg/kg
蔬菜	
黄瓜	2*
水果	
葡萄	5*
荔枝	0.1*

4.97 腐霉利(procymidone)

4.97.1 主要用途:杀菌剂。
4.97.2 ADI:0.1 mg/kg 体重。
4.97.3 残留物:腐霉利。
4.97.4 最大残留限量:应符合表 97 的规定。

表 97

食品类别/名称	最大残留限量 mg/kg
谷物	
鲜食玉米	5
油料及制品	
油菜籽	2
食用植物油	0.5
蔬菜	
茄子	5
辣椒	5
黄瓜	2
番茄	2
韭菜	0.2
水果	
葡萄	5
草莓	10
食用菌	
蘑菇类(鲜)	5

4.97.5 检测方法：谷物按照 GB/T 19649 规定的方法测定；油料及制品参照 GB/T 19649、GB/T 19426、GB/T 23204、NY/T 761 规定的方法测定；蔬菜、水果、食用菌按照 GB/T 19648、NY/T 761规定的方法测定。

4.98 福美双(thiram)

4.98.1 主要用途：杀菌剂。

4.98.2 ADI：0.01 mg/kg 体重。

4.98.3 残留物：二硫代氨基甲酸盐(或酯)，以二硫化碳表示。

4.98.4 最大残留限量：应符合表 98 的规定。

表 98

食品类别/名称	最大残留限量 mg/kg
谷物	
麦类	0.3
玉米	0.1
油料	
大豆	0.3
蔬菜	
番茄	5
黄瓜	5
水果	
苹果	5

4.98.5 检测方法：谷物、油料、蔬菜、水果参照 SN/T 0711 规定的方法测定。

4.99 福美锌(ziram)

4.99.1 主要用途:杀菌剂。
4.99.2 ADI:0.003 mg/kg 体重。
4.99.3 残留物:二硫代氨基甲酸盐(或酯),以二硫化碳表示。
4.99.4 最大残留限量:应符合表 99 的规定。

表 99

食品类别/名称	最大残留限量 mg/kg
水果	
苹果	5

4.99.5 检测方法:水果参照 SN/T 0711、SN/T 1541 规定的方法测定。

4.100 氟氰戊菊酯(flucythrinate)

4.100.1 主要用途:杀虫剂。
4.100.2 ADI:0.02 mg/kg 体重。
4.100.3 残留物:氟氰戊菊酯。
4.100.4 最大残留限量:应符合表 100 的规定。

表 100

食品类别/名称	最大残留限量 mg/kg
谷物	
绿豆	0.05
赤豆	0.05
鲜食玉米	0.2
油料及制品	
大豆	0.05
棉籽油	0.2
蔬菜	
花椰菜	0.5
结球甘蓝	0.5
番茄	0.2
茄子	0.2
辣椒	0.2
萝卜	0.05
胡萝卜	0.05
山药	0.05
马铃薯	0.05
水果	
苹果	0.5
梨	0.5
糖料	
甜菜	0.05

表 100（续）

食品类别/名称	最大残留限量 mg/kg
饮料类	
茶叶	20
食用菌	
蘑菇类(鲜)	0.2

4.100.5 检测方法：谷物按照 GB/T 19649 规定的方法测定；蔬菜、水果、食用菌按照 NY/T 761 规定的方法测定；油料及制品、糖料参照 NY/T 761 规定的方法测定；茶叶按照 GB/T 23204 规定的方法测定。

4.101 氟烯草酸(flumiclorac)

4.101.1 主要用途：除草剂。
4.101.2 ADI：1 mg/kg 体重。
4.101.3 残留物：氟烯草酸。
4.101.4 最大残留限量：应符合表 101 的规定。

表 101

食品类别/名称	最大残留限量 mg/kg
油料	
棉籽	0.05

4.101.5 检测方法：油料参照 SN/T 2459 规定的方法测定。

4.102 氟酰胺(flutolanil)

4.102.1 主要用途：杀菌剂。
4.102.2 ADI：0.09 mg/kg 体重。
4.102.3 残留物：氟酰胺。
4.102.4 最大残留限量：应符合表 102 的规定。

表 102

食品类别/名称	最大残留限量 mg/kg
谷物	
糙米	2

4.102.5 检测方法：谷物按照 GB/T 19649 规定的方法测定。

4.103 氟唑磺隆(flucarbazone-sodium)

4.103.1 主要用途：除草剂。
4.103.2 ADI：0.36 mg/kg 体重。

4.103.3 残留物:氟唑磺隆及脱甲基代谢产物。

4.103.4 最大残留限量:应符合表 103 的规定。

表 103

食品类别/名称	最大残留限量 mg/kg
谷物	
小麦	0.01*

4.104 咯菌腈(fludioxonil)

4.104.1 主要用途:杀菌剂。

4.104.2 ADI:0.4 mg/kg 体重。

4.104.3 残留物:咯菌腈。

4.104.4 最大残留限量:应符合表 104 的规定。

表 104

食品类别/名称	最大残留限量 mg/kg
油料	
棉籽	0.05

4.104.5 检测方法:油料参照 GB/T 20770 规定的方法测定。

4.105 禾草丹(thiobencarb)

4.105.1 主要用途:除草剂。

4.105.2 ADI:0.007 mg/kg 体重。

4.105.3 残留物:禾草丹。

4.105.4 最大残留限量:应符合表 105 的规定。

表 105

食品类别/名称	最大残留限量 mg/kg
谷物	
糙米	0.2

4.105.5 检测方法:谷物按照 SN/T 0492 规定的方法测定。

4.106 禾草敌(molinate)

4.106.1 主要用途:除草剂。

4.106.2 ADI:0.001 mg/kg 体重。

4.106.3 残留物:禾草敌。

4.106.4 最大残留限量:应符合表 106 的规定。

表 106

食品类别/名称	最大残留限量 mg/kg
谷物	
大米	0.1
糙米	0.1

4.106.5 检测方法：谷物按照 GB/T 5009.134 规定的方法测定。

4.107 禾草灵(diclofop-methyl)

4.107.1 主要用途：除草剂。

4.107.2 ADI：0.002 3 mg/kg 体重。

4.107.3 残留物：禾草灵。

4.107.4 最大残留限量：应符合表 107 的规定。

表 107

食品名称	最大残留限量 mg/kg
谷物	
小麦	0.1
糖料	
甜菜	0.1

4.107.5 检测方法：谷物按照 SN/T 0687 规定的方法测定；糖料参照 SN/T 0687 规定的方法测定。

4.108 环丙嘧磺隆(cyclosulfamuron)

4.108.1 主要用途：除草剂。

4.108.2 ADI：0.015 mg/kg 体重。

4.108.3 残留物：环丙嘧磺隆。

4.108.4 最大残留限量：应符合表 108 的规定。

表 108

食品类别/名称	最大残留限量 mg/kg
谷物	
糙米	0.1*

4.108.5 检测方法：谷物按照 SN/T 2325 规定的方法测定。

4.109 环嗪酮(hexazinone)

4.109.1 主要用途：除草剂。

4.109.2 ADI：0.05 mg/kg 体重。

4.109.3 残留物：环嗪酮。

4.109.4 最大残留限量:应符合表 109 的规定。

表 109

食品类别/名称	最大残留限量 mg/kg
糖料	
甘蔗	0.5

4.109.5 检测方法:糖料按照 GB/T 20769 规定的方法测定。

4.110 己唑醇(hexaconazole)

4.110.1 主要用途:杀菌剂。
4.110.2 ADI:0.005 mg/kg 体重。
4.110.3 残留物:己唑醇。
4.110.4 最大残留限量:应符合表 110 的规定。

表 110

食品类别/名称	最大残留限量 mg/kg
谷物	
糙米	0.1
蔬菜	
番茄	0.5
水果	
苹果	0.5
梨	0.5
葡萄	0.1

4.110.5 检测方法:谷物按照 GB/T 20770 规定的方法测定;蔬菜、水果按照 GB/T 19648、GB/T 20769规定的方法测定。

4.111 甲氨基阿维菌素苯甲酸盐(emamectin benzoate)

4.111.1 主要用途:杀虫剂。
4.111.2 ADI:0.000 5 mg/kg 体重。
4.111.3 残留物:甲氨基阿维菌素(B1a 和 B1b 之和)。
4.111.4 最大残留限量:应符合表 111 的规定。

表 111

食品类别/名称	最大残留限量 mg/kg
谷物	
糙米	0.02*
油料	
棉籽	0.02*

表 111（续）

食品类别/名称	最大残留限量 mg/kg
蔬菜	
结球甘蓝	0.1*
番茄	0.02*
黄瓜	0.02*
水果	
梨	0.02*
食用菌	
蘑菇类(鲜)	0.05*

4.111.5 检测方法：谷物、油料参照 GB/T 20769 规定的方法测定；蔬菜、水果、食用菌按照 GB/T 20769规定的方法测定。

4.112 **甲胺磷(methamidophos)**

4.112.1 主要用途：杀虫剂。

4.112.2 ADI：0.004 mg/kg 体重。

4.112.3 残留物：甲胺磷。

4.112.4 最大残留限量：应符合表 112 的规定。

表 112

食品类别/名称	最大残留限量 mg/kg
谷物	
糙米	0.5
油料	
棉籽	0.1
蔬菜	
鳞茎类蔬菜	0.05
芸苔属类蔬菜	0.05
叶菜类蔬菜	0.05
茄果类蔬菜	0.05
瓜类蔬菜	0.05
豆类蔬菜	0.05
茎类蔬菜	0.05
萝卜	0.1
根茎类和薯芋类蔬菜(萝卜除外)	0.05
水生类蔬菜	0.05
芽菜类蔬菜	0.05
其他多年生蔬菜	0.05
水果	
仁果类水果	0.05
柑橘类水果	0.05
核果类水果	0.05

表 112(续)

食品类别/名称	最大残留限量 mg/kg
水果	
浆果和其他小型水果	0.05
热带和亚热带水果	0.05
瓜果类水果	0.05

4.112.5 检测方法:谷物、油料按照 GB/T 5009.103 规定的方法测定;蔬菜、水果按照 NY/T 761、GB/T 5009.103规定的方法测定。

4.113 甲拌磷(phorate)

4.113.1 主要用途:杀虫剂。

4.113.2 ADI:0.000 7 mg/kg 体重。

4.113.3 残留物:甲拌磷其氧类似物(亚砜、砜)之和,以甲拌磷表示。

4.113.4 最大残留限量:应符合表 113 的规定。

表 113

食品类别/名称	最大残留限量 mg/kg
谷物	
小麦	0.02
高粱	0.02
玉米	0.05
油料及制品	
大豆	0.05
花生仁	0.1
花生油	0.05
棉籽	0.05
蔬菜	
鳞茎类蔬菜	0.01*
芸苔属类蔬菜	0.01
叶菜类蔬菜	0.01
茄果类蔬菜	0.01
瓜类蔬菜	0.01
豆类蔬菜	0.01
茎类蔬菜	0.01
根茎类和薯芋类蔬菜	0.01
水生类蔬菜	0.01
芽菜类蔬菜	0.01
其他多年生蔬菜	0.01
水果	
仁果类水果	0.01
柑橘类水果	0.01
核果类水果	0.01

表 113（续）

食品类别/名称	最大残留限量 mg/kg
水果	
浆果和其他小型水果	0.01
热带和亚热带水果	0.01
瓜果类水果	0.01
糖料	
甘蔗	0.01

4.113.5　检测方法：谷物按照 GB/T 5009.20、GB/T 19649、GB/T 14553 规定的方法测定；油料及制品参照 GB/T 5009.20、GB/T 19649、GB/T 14553 规定的方法测定；蔬菜、水果按照 GB/T 19648 规定的方法测定；糖料参照 GB/T 5009.20 规定的方法测定。

4.114　甲草胺(alachlor)

4.114.1　主要用途：除草剂。
4.114.2　ADI：0.01 mg/kg 体重。
4.114.3　残留物：甲草胺。
4.114.4　最大残留限量：应符合表 114 的规定。

表 114

食品类别/名称	最大残留限量 mg/kg
谷物	
糙米	0.05
玉米	0.2
油料	
棉籽	0.02
花生仁	0.05
大豆	0.2

4.114.5　检测方法：谷物按照 GB/T 20770、GB/T 19649 规定的方法测定；油料按照 SN/T 1741 规定的方法测定。

4.115　甲磺隆(metsulfuron-methyl)

4.115.1　主要用途：除草剂。
4.115.2　ADI：0.25 mg/kg 体重。
4.115.3　残留物：甲磺隆。
4.115.4　最大残留限量：应符合表 115 的规定。

表 115

食品类别/名称	最大残留限量 mg/kg
谷物	
糙米	0.05
小麦	0.05

4.115.5 检测方法：谷物按照 SN/T 2325 规定的方法测定。

4.116 甲基碘磺隆钠盐(iodosulfuron-methyl-sodium)

4.116.1 主要用途：除草剂。

4.116.2 ADI：0.03 mg/kg 体重。

4.116.3 残留物：甲基碘磺隆钠盐。

4.116.4 最大残留限量：应符合表 116 的规定。

表 116

食品类别/名称	最大残留限量 mg/kg
谷物	
小麦	0.02*

4.117 甲基毒死蜱(chlorpyrifos-methyl)

4.117.1 主要用途：杀虫剂。

4.117.2 ADI：0.01 mg/kg 体重。

4.117.3 残留物：甲基毒死蜱。

4.117.4 最大残留限量：应符合表 117 的规定。

表 117

食品类别/名称	最大残留限量 mg/kg
谷物及制品	
稻谷	5*
麦类	5*
旱粮类	5*
杂粮类	5*
成品粮	5*
油料	
大豆	5*
棉籽	0.02*
蔬菜	
结球甘蓝	0.1*
薯类蔬菜	5*

4.117.5 检测方法：谷物及制品按照 GB/T 19649、SN/T 2325 规定的方法测定；油料参照 GB/T 19649、SN/T 2325 规定的方法测定；蔬菜按照 GB/T 19648、GB/T 20769、NY/T 761 规定的方法测定。

4.118 甲基对硫磷(parathion-methyl)

4.118.1 主要用途：杀虫剂。

4.118.2 ADI：0.003 mg/kg 体重。

4.118.3 残留物：甲基对硫磷。

4.118.4 最大残留限量：应符合表 118 的规定。

表 118

食品类别/名称	最大残留限量 mg/kg
谷物	
稻谷	0.1
小麦	0.1
玉米	0.1
油料制品	
棉籽油	0.1
蔬菜	
鳞茎类蔬菜	0.02
芸苔属类蔬菜	0.02
叶菜类蔬菜	0.02
茄果类蔬菜	0.02
瓜类蔬菜	0.02
豆类蔬菜	0.02
茎类蔬菜	0.02
根茎类和薯芋类蔬菜	0.02
水生类蔬菜	0.02
芽菜类蔬菜	0.02
其他多年生蔬菜	0.02
水果	
仁果类水果(苹果除外)	0.02
柑橘类水果	0.02
核果类水果	0.02
浆果和其他小型水果	0.02
热带和亚热带水果	0.02
瓜果类水果	0.02
苹果	0.01

4.118.5 检测方法：谷物按照 GB/T 5009.20 规定的方法测定；油料制品参照 GB/T 5009.20 规定的方法测定；蔬菜、水果按照 NY/T 761 规定的方法测定。

4.119 甲基二磺隆(mesosulfuron-methyl)

4.119.1 主要用途：除草剂。

4.119.2 ADI：1.55 mg/kg 体重。

4.119.3 残留物：甲基二磺隆。

4.119.4 最大残留限量:应符合表 119 的规定。

表 119

食品类别/名称	最大残留限量 mg/kg
谷物	
小麦	0.02*

4.120 甲基立枯磷(tolclofos-methyl)

4.120.1 主要用途:杀菌剂。

4.120.2 ADI:0.07 mg/kg 体重。

4.120.3 残留物:甲基立枯磷。

4.120.4 最大残留限量:应符合表 120 的规定。

表 120

食品类别/名称	最大残留限量 mg/kg
谷物	
糙米	0.05

4.120.5 检测方法:谷物按照 GB/T 19649、SN/T 2324 规定的方法测定。

4.121 甲基硫环磷(phosfolan-methyl)

4.121.1 主要用途:杀虫剂。

4.121.2 残留物:甲基硫环磷。

4.121.3 最大残留限量:应符合表 121 的规定。

表 121

食品类别/名称	最大残留限量 mg/kg
蔬菜	
鳞茎类蔬菜	0.03*
芸苔属类蔬菜	0.03*
叶菜类蔬菜	0.03*
茄果类蔬菜	0.03*
瓜类蔬菜	0.03*
豆类蔬菜	0.03*
茎类蔬菜	0.03*
根茎类和薯芋类蔬菜	0.03*
水生类蔬菜	0.03*
芽菜类蔬菜	0.03*
其他多年生蔬菜	0.03*
水果	
仁果类水果	0.03*
柑橘类水果	0.03*

表 121（续）

食品类别/名称	最大残留限量 mg/kg
水果	
核果类水果	0.03*
浆果和其他小型水果	0.03*
热带和亚热带水果	0.03*
瓜果类水果	0.03*

4.121.4 检测方法：蔬菜、水果按照 NY/T 761 规定的方法测定。

4.122 甲基硫菌灵(thiophanate-methyl)

4.122.1 主要用途：杀菌剂。

4.122.2 ADI：0.08 mg/kg 体重。

4.122.3 残留物：甲基硫菌灵和多菌灵之和，以多菌灵表示。

4.122.4 最大残留限量：应符合表 122 的规定。

表 122

食品类别/名称	最大残留限量 mg/kg
谷物	
糙米	1
小麦	0.5
蔬菜	
辣椒	2
甜椒	2
茄子	2
黄秋葵	2
番茄	3
芦笋	0.5
水果	
苹果	3
西瓜	2

4.122.5 检测方法：谷物按照 GB/T 20769、NY/T 1680 规定的方法测定；蔬菜、水果按照NY/T 1680 规定的方法测定。

4.123 甲基嘧啶磷(pirimiphos-methyl)

4.123.1 主要用途：杀虫剂。

4.123.2 ADI：0.03 mg/kg 体重。

4.123.3 残留物：甲基嘧啶磷。

4.123.4 最大残留限量：应符合表 123 的规定。

表 123

食品类别/名称	最大残留限量 mg/kg
谷物及制品	
稻谷	5
糙米	2
大米	1
小麦	5
全麦粉	5
小麦粉	2

4.123.5 检测方法:谷物及制品按照 GB/T 5009.145 规定的方法测定。

4.124 甲基异柳磷(isofenphos-methyl)

4.124.1 主要用途:杀虫剂。

4.124.2 ADI:0.003 mg/kg 体重。

4.124.3 残留物:甲基异柳磷。

4.124.4 最大残留限量:应符合表 124 的规定。

表 124

食品类别/名称	最大残留限量 mg/kg
谷物	
糙米	0.02
玉米	0.02
麦类	0.02
旱粮类	0.02
杂粮类	0.02
油料	
大豆	0.02
花生仁	0.05
蔬菜	
鳞茎类蔬菜	0.01
芸苔属类蔬菜	0.01
叶菜类蔬菜	0.01
茄果类蔬菜	0.01
瓜类蔬菜	0.01
豆类蔬菜	0.01
茎类蔬菜	0.01
根茎类和薯芋类蔬菜(甘薯除外)	0.01
水生类蔬菜	0.01
芽菜类蔬菜	0.01
其他多年生蔬菜	0.01
甘薯	0.05
水果	
仁果类水果	0.01

表 124（续）

食品类别/名称	最大残留限量 mg/kg
水果	
柑橘类水果	0.01
核果类水果	0.01
浆果和其他小型水果	0.01
热带和亚热带水果	0.01
瓜果类水果	0.01
糖料	
甜菜	0.05
甘蔗	0.02

4.124.5 检测方法：谷物、油料、蔬菜、水果按照 GB/T 5009.144 规定的方法测定；糖料参照 GB/T 5009.144规定的方法测定。

4.125 甲咪唑烟酸(imazapic)

4.125.1 主要用途：除草剂。
4.125.2 ADI：0.5 mg/kg 体重。
4.125.3 残留物：甲咪唑烟酸及其代谢物。
4.125.4 最大残留限量：应符合表 125 的规定。

表 125

食品类别/名称	最大残留限量 mg/kg
油料	
花生仁	0.1

4.125.5 检测方法：油料参照 GB/T 23205 规定的方法测定。

4.126 甲萘威(carbaryl)

4.126.1 主要用途：杀虫剂。
4.126.2 ADI：0.008 mg/kg 体重。
4.126.3 残留物：甲萘威。
4.126.4 最大残留限量：应符合表 126 的规定。

表 126

食品类别/名称	最大残留限量 mg/kg
谷物	
大米	1
油料	
大豆	1
棉籽	1

表 126（续）

食品类别/名称	最大残留限量 mg/kg
蔬菜	
鳞茎类蔬菜	1
芸苔属类蔬菜	1
叶菜类蔬菜	1
茄果类蔬菜	1
瓜类蔬菜	1
豆类蔬菜	1
茎类蔬菜	1
根茎类和薯芋类蔬菜	1
水生类蔬菜	1
芽菜类蔬菜	1
其他多年生蔬菜	1

4.126.5　检测方法：谷物、油料按照 GB/T 5009.21 规定的方法测定；蔬菜按照 GB/T 5009.21、GB/T 5009.145、GB/T 20769、NY/T 761 规定的方法测定。

4.127　甲氰菊酯(fenpropathrin)

4.127.1　主要用途：杀虫剂。

4.127.2　ADI：0.03 mg/kg 体重。

4.127.3　残留物：甲氰菊酯。

4.127.4　最大残留限量：应符合表 127 的规定。

表 127

食品类别/名称	最大残留限量 mg/kg
谷物	
小麦	0.1
油料	
大豆	0.1
棉籽	1
蔬菜	
结球甘蓝	0.5
莴苣	0.5
普通白菜	1
大白菜	1
菠菜	1
芹菜	1
韭菜	1
萝卜	0.5
水果	
仁果类水果	5

表 127（续）

食品类别/名称	最大残留限量 mg/kg
水果	
柑橘类水果	5
核果类水果	5
浆果和其他小型水果	5
热带和亚热带水果	5
瓜果类水果	5
饮料类	
茶叶	5

4.127.5 检测方法：谷物按照 GB/T 19649、GB/T 20770、SN/T 2233 规定的方法测定；油料按照 GB/T 19649、GB/T 20770、SN/T 2233 规定的方法测定；蔬菜、水果按照 NY/T 761 规定的方法测定；茶叶按照 GB/T 23376、SN/T 1117 规定的方法测定。

4.128 甲霜灵和精甲霜灵(metalaxyl 和 metalaxyl-M)

4.128.1 主要用途：杀菌剂。

4.128.2 ADI：0.08 mg/kg 体重。

4.128.3 残留物：甲霜灵。

4.128.4 最大残留限量：应符合表 128 的规定。

表 128

食品类别/名称	最大残留限量 mg/kg
谷物	
糙米	0.1
粟	0.05
蔬菜	
黄瓜	0.5
番茄	0.5
马铃薯	0.05
水果	
葡萄	1
西瓜	0.2
荔枝	0.5

4.128.5 检测方法：谷物按照 GB/T 20770 规定的方法测定；蔬菜、水果按照 GB/T 20769、GB/T 19648规定的方法测定。

4.129 甲氧虫酰肼(methoxyfenozide)

4.129.1 主要用途：杀虫剂。

4.129.2 ADI：0.1 mg/kg 体重。

4.129.3 残留物：甲氧虫酰肼。

4.129.4　最大残留限量：应符合表 129 的规定。

表 129

食品类别/名称	最大残留限量 mg/kg
蔬菜	
结球甘蓝	2
水果	
苹果	3

4.129.5　检测方法：蔬菜、水果按照 GB/T 20769 规定的方法测定。

4.130　甲氧咪草烟（imazamox）

4.130.1　主要用途：除草剂。
4.130.2　ADI：9 mg/kg 体重。
4.130.3　残留物：甲氧咪草烟。
4.130.4　最大残留限量：应符合表 130 的规定。

表 130

食品类别/名称	最大残留限量 mg/kg
油料	
大豆	0.1*

4.131　腈苯唑（fenbuconazole）

4.131.1　主要用途：杀菌剂。
4.131.2　ADI：0.03 mg/kg 体重。
4.131.3　残留物：腈苯唑。
4.131.4　最大残留限量：应符合表 131 的规定。

表 131

食品类别/名称	最大残留限量 mg/kg
谷物	
糙米	0.1
水果	
桃	0.5
香蕉	0.05

4.131.5　检测方法：谷物按照 GB/T 19648、GB/T 20769 规定的方法测定；水果按照 GB/T 20769 规定的方法测定。

4.132　腈菌唑（myclobutanil）

4.132.1　主要用途：杀菌剂。
4.132.2　ADI：0.03 mg/kg 体重。

4.132.3 残留物：腈菌唑。

4.132.4 最大残留限量：应符合表132的规定。

表132

食品类别/名称	最大残留限量 mg/kg
谷物	
麦类	0.1
玉米	0.02
粟	0.02
高粱	0.02
蔬菜	
黄瓜	1
水果	
苹果	0.5
梨	0.5
葡萄	1
香蕉	2

4.132.5 检测方法：谷物按照GB/T 20770规定的方法测定；水果、蔬菜按照GB/T 20769、GB/T 19648、NY/T 1455规定的方法测定。

4.133 精噁唑禾草灵(fenoxaprop-P-ethyl)

4.133.1 主要用途：除草剂。

4.133.2 ADI：0.002 5 mg/kg体重。

4.133.3 残留物：噁唑禾草灵。

4.133.4 最大残留限量：应符合表133的规定。

表133

食品类别/名称	最大残留限量 mg/kg
谷物	
糙米	0.1
麦类	0.1
油料	
花生仁	0.1
油菜籽	0.5
棉籽	0.02
蔬菜	
花椰菜	0.1
青花菜	0.1

4.133.5 检测方法：谷物、油料参照NY/T 1379规定的方法测定；蔬菜按照NY/T 1379规定的方法测定。

4.134 久效磷(monocrotophos)

4.134.1 主要用途:杀虫剂。
4.134.2 ADI:0.000 6 mg/kg 体重。
4.134.3 残留物:久效磷。
4.134.4 最大残留限量:应符合表134的规定。

表 134

食品类别/名称	最大残留限量 mg/kg
谷物	
稻谷	0.02
小麦	0.02
油料制品	
棉籽油	0.05
蔬菜	
鳞茎类蔬菜	0.03
芸苔属类蔬菜	0.03
叶菜类蔬菜	0.03
茄果类蔬菜	0.03
瓜类蔬菜	0.03
豆类蔬菜	0.03
茎类蔬菜	0.03
根茎类和薯芋类蔬菜	0.03
水生类蔬菜	0.03
芽菜类蔬菜	0.03
其他多年生蔬菜	0.03
水果	
仁果类水果	0.03
柑橘类水果	0.03
核果类水果	0.03
浆果和其他小型水果	0.03
热带和亚热带水果	0.03
瓜果类水果	0.03
糖料	
甘蔗	0.02

4.134.5 检测方法:谷物、油料制品按照GB/T 5009.20规定的方法测定;蔬菜、水果按照NY/T 761规定的方法测定;糖料参照NY/T 761规定的方法测定。

4.135 抗蚜威(pirimicarb)

4.135.1 主要用途:杀虫剂。
4.135.2 ADI:0.02 mg/kg 体重。
4.135.3 残留物:抗蚜威。
4.135.4 最大残留限量:应符合表135的规定。

表 135

食品类别/名称	最大残留限量 mg/kg
谷物	
小麦	0.05
大麦	0.05
燕麦	0.05
黑麦	0.05
油料	
大豆	0.05
油菜籽	0.2
蔬菜	
花椰菜	1
结球甘蓝	1
水果	
桃	0.5
油桃	0.5
李子	0.5
杏	0.5
樱桃	0.5
枣	0.5

4.135.5 检测方法：谷物按照 GB/T 19649、SN/T 1017.7 规定的方法测定；油料按照 SN/T 1017.7 规定的方法测定；蔬菜、水果按照 GB/T 5009.104 规定的方法测定。

4.136 **克百威(carbofuran)**

4.136.1 主要用途：杀虫剂。

4.136.2 ADI：0.001 mg/kg 体重。

4.136.3 残留物：克百威及三羟基克百威之和，以克百威表示。

4.136.4 最大残留限量：应符合表 136 的规定。

表 136

食品类别/名称	最大残留限量 mg/kg
谷物	
糙米	0.1
小麦	0.1
玉米	0.1
油料	
大豆	0.2
花生仁	0.2
棉籽	0.1
蔬菜	
马铃薯	0.1
鳞茎类蔬菜	0.02

表 136（续）

食品类别/名称	最大残留限量 mg/kg
蔬菜	
芸苔属类蔬菜	0.02
叶菜类蔬菜	0.02
茄果类蔬菜	0.02
瓜类蔬菜	0.02
豆类蔬菜	0.02
茎类蔬菜	0.02
根茎类和薯芋类蔬菜（马铃薯除外）	0.02
水生类蔬菜	0.02
芽菜类蔬菜	0.02
其他多年生蔬菜	0.02
水果	
柑橘类水果	0.02
仁果类水果	0.02
核果类水果	0.02
浆果和其他小型水果	0.02
热带和亚热带水果	0.02
瓜果类水果	0.02
糖料	
甘蔗	0.1
甜菜	0.1

4.136.5 检测方法：谷物按照 GB/T 5009.104 规定的方法测定；油料参照 GB/T 5009.104 的方法测定；蔬菜、水果按照 NY/T 761 规定的方法测定；糖料参照 GB/T 5009.104、NY/T 761 规定的方法测定。

4.137 克菌丹（captan）

4.137.1 主要用途：杀菌剂。

4.137.2 ADI：0.1 mg/kg 体重。

4.137.3 残留物：克菌丹。

4.137.4 最大残留限量：应符合表 137 的规定。

表 137

食品类别/名称	最大残留限量 mg/kg
蔬菜	
黄瓜	5
水果	
柑橘	5
苹果	15
梨	15
葡萄	5

4.137.5 检测方法：蔬菜、水果按照 GB/T 19468、SN/T 0654 规定的方法测定。

4.138 **喹禾灵和精喹禾灵(quizalofop 和 quizalofop-P-ethyl)**

4.138.1 主要用途：除草剂。

4.138.2 ADI：0.009 mg/kg 体重。

4.138.3 残留物：喹禾灵。

4.138.4 最大残留限量：应符合表 138 的规定。

表 138

食品名称	最大残留限量 mg/kg
油料	
油菜籽	0.1
大豆	0.1
花生仁	0.1
棉籽	0.05
蔬菜	
菜用大豆	0.2
糖料	
甜菜	0.1

4.138.5 检测方法：油料、蔬菜、糖料参照 GB/T 20770、SN/T 2228 规定的方法测定。

4.139 **喹啉铜(oxine-copper)**

4.139.1 主要用途：杀菌剂。

4.139.2 ADI：0.02 mg/kg 体重。

4.139.3 残留物：喹啉铜。

4.139.4 最大残留限量：应符合表 139 的规定。

表 139

食品名称	最大残留限量 mg/kg
蔬菜	
黄瓜	2*
水果	
苹果	2*

4.140 **喹硫磷(quinalphos)**

4.140.1 主要用途：杀虫剂。

4.140.2 ADI：0.000 5 mg/kg 体重。

4.140.3 残留物：喹硫磷。

4.140.4 最大残留限量：应符合表 140 的规定。

表 140

食品类别/名称	最大残留限量 mg/kg
谷物	
大米	0.2*
水果	
柑橘	0.5*

4.140.5 检测方法：谷物按照 GB/T 5009.20 规定的方法测定；水果按照 NY/T 761 规定的方法测定。

4.141 乐果(dimethoate)

4.141.1 主要用途：杀虫剂。

4.141.2 ADI：0.002 mg/kg 体重。

4.141.3 残留物：乐果。

4.141.4 最大残留限量：应符合表 141 的规定。

表 141

食品类别/名称	最大残留限量 mg/kg
谷物	
稻谷	0.05*
小麦	0.05*
鲜食玉米	0.5*
油料及制品	
大豆	0.05*
食用植物油	0.05*
蔬菜	
韭菜	0.2*
洋葱	0.2*
葱	0.2*
百合	0.2*
大蒜	0.2*
花椰菜	1*
结球甘蓝	1*
大白菜	1*
普通白菜	1*
菠菜	1*
莴苣	1*
番茄	0.5*
茄子	0.5*
辣椒	0.5*
豌豆	0.5*
菜豆	0.5*
蚕豆	0.5*
扁豆	0.5*
豇豆	0.5*

表 141（续）

食品类别/名称	最大残留限量 mg/kg
蔬菜	
食荚豌豆	0.5*
芹菜	0.5*
芦笋	0.5*
朝鲜蓟	0.5*
萝卜	0.5*
胡萝卜	0.5*
山药	0.5*
马铃薯	0.5*
水果	
梨	1*
苹果	1*
柑橘	2*
橙	2*
柚	2*
柠檬	2*
桃	2*
油桃	2*
李子	2*
杏	2*
樱桃	2*
枣	2*
糖料	
甜菜	0.5*
食用菌	
蘑菇类(鲜)	0.5*

4.141.5　检测方法：谷物、油料及制品按照 GB/T 5009.20 规定的方法测定；蔬菜、水果、食用菌按照 GB/T 5009.145、GB/T 20769、NY/T 761 规定的方法测定；糖料参照 NY/T 761 规定的方法测定。

4.142　联苯肼酯(bifenazate)

4.142.1　主要用途：杀螨剂。

4.142.2　ADI：0.01 mg/kg 体重。

4.142.3　残留物：联苯肼酯。

4.142.4　最大残留限量：应符合表 142 的规定。

表 142

食品类别/名称	最大残留限量 mg/kg
水果	
苹果	0.2

4.142.5　检测方法：水果按照 GB/T 19648、GB/T 20769 规定的方法测定。

4.143 联苯菊酯(bifenthrin)

4.143.1 主要用途:杀虫/杀螨剂。
4.143.2 ADI:0.01 mg/kg 体重。
4.143.3 残留物:联苯菊酯。
4.143.4 最大残留限量:应符合表143的规定。

表 143

食品类别/名称	最大残留限量 mg/kg
油料	
棉籽	0.5
蔬菜	
结球甘蓝	0.2
番茄	0.5
水果	
苹果	0.5
梨	0.5
柑橘	0.05
橙	0.05
柚	0.05
柠檬	0.05
饮料类	
茶叶	5

4.143.5 检测方法:油料参照GB/T 5009.146规定的方法测定;蔬菜、水果按照GB/T 5009.146、NY/T 761、SN/T 1969规定的方法测定;茶叶按照SN/T 1969规定的方法测定。

4.144 磷胺(phosphamidon)

4.144.1 主要用途:杀虫剂。
4.144.2 ADI:0.000 5 mg/kg 体重。
4.144.3 残留物:磷胺。
4.144.4 最大残留限量:应符合表144的规定。

表 144

食品类别/名称	最大残留限量 mg/kg
谷物	
稻谷	0.02
蔬菜	
鳞茎类蔬菜	0.05
芸苔属类蔬菜	0.05
叶菜类蔬菜	0.05
茄果类蔬菜	0.05
瓜类蔬菜	0.05

表 144（续）

食品类别/名称	最大残留限量 mg/kg
蔬菜	
豆类蔬菜	0.05
茎类蔬菜	0.05
根茎类和薯芋类蔬菜	0.05
水生类蔬菜	0.05
芽菜类蔬菜	0.05
其他多年生蔬菜	0.05
水果	
仁果类水果	0.05
柑橘类水果	0.05
核果类水果	0.05
浆果和其他小型水果	0.05
热带和亚热带水果	0.05
瓜果类水果	0.05

4.144.5　检测方法：谷物按照 SN/T 0701 规定的方法测定；蔬菜、水果按照 NY/T 761 规定的方法测定。

4.145　磷化铝(aluminium phosphide)

4.145.1　主要用途：杀虫剂。
4.145.2　ADI：0.011 mg/kg 体重。
4.145.3　残留物：磷化氢。
4.145.4　最大残留限量：应符合表 145 的规定。

表 145

食品类别/名称	最大残留限量 mg/kg
谷物及制品	
稻谷	0.05
麦类	0.05
旱粮类	0.05
杂粮类	0.05
成品粮	0.05
油料	
大豆	0.05
蔬菜	
薯类蔬菜	0.05

4.145.5　检测方法：谷物及制品、油料按照 GB/T 5009.36 规定的方法测定；蔬菜参照 GB/T 5009.36 规定的方法测定。

4.146　磷化镁(megnesium phosphide)

4.146.1　主要用途：杀虫剂。
4.146.2　ADI：0.011 mg/kg 体重。

4.146.3 残留物：磷化氢。

4.146.4 最大残留限量：应符合表 146 的规定。

表 146

食品类别/名称	最大残留限量 mg/kg
谷物	
稻谷	0.05

4.146.5 检测方法：谷物按照 GB/T 25222 规定的方法测定。

4.147 硫丹(endosulfan)

4.147.1 主要用途：杀虫剂。

4.147.2 ADI：0.006 mg/kg 体重。

4.147.3 残留物：α-硫丹和β-硫丹及硫丹硫酸酯之和。

4.147.4 最大残留限量：应符合表 147 的规定。

表 147

食品类别/名称	最大残留限量 mg/kg
油料及制品	
大豆	1*
大豆毛油	2*
棉籽	1*
蔬菜	
甘薯	0.05*
芋	0.05*
马铃薯	0.05*
黄瓜	1*
水果	
苹果	1*
梨	1*
瓜果类水果	2*
荔枝	2*
糖料	
甘蔗	0.5*
饮料类	
茶叶	10*
禽肉类(以脂肪计)	0.2*
肝脏(牛、羊、猪)	0.1*
肾脏(牛、羊、猪)	0.03*
禽肉类(包括内脏)	0.03*
蛋类	0.03*
生乳	0.01*

4.147.5 检测方法：油料及制品、糖料、茶叶按照 GB/T 5009.19 规定的方法测定；蔬菜、水果按照 NY/T 761 规定的方法测定；动物源食品按照 GB/T 5009.162、GB/T 5009.19 规定的方法测定。

4.148 硫环磷(phosfolan)

4.148.1 主要用途:杀虫剂。

4.148.2 ADI:0.005 mg/kg 体重。

4.148.3 残留物:硫环磷。

4.148.4 最大残留限量:应符合表 148 的规定。

表 148

食品类别/名称	最大残留限量 mg/kg
蔬菜	
鳞茎类蔬菜	0.03[a]
芸苔属类蔬菜	0.03[a]
叶菜类蔬菜	0.03[a]
茄果类蔬菜	0.03[a]
瓜类蔬菜	0.03[a]
豆类蔬菜	0.03[a]
茎类蔬菜	0.03[a]
根茎类和薯芋类蔬菜	0.03[a]
水生类蔬菜	0.03[a]
芽菜类蔬菜	0.03[a]
其他多年生蔬菜	0.03[a]
水果	
仁果类水果	0.03[a]
柑橘类水果	0.03[a]
核果类水果	0.03[a]
浆果和其他小型水果	0.03[a]
热带和亚热带水果	0.03[a]
瓜果类水果	0.03[a]

4.148.5 检测方法:蔬菜、水果按照 NY/T 761 规定的方法测定。

4.149 硫双威(thiodicarb)

4.149.1 主要用途:杀虫剂。

4.149.2 ADI:0.03 mg/kg 体重。

4.149.3 残留物:硫双威。

4.149.4 最大残留限量:应符合表 149 的规定。

表 149

食品类别/名称	最大残留限量 mg/kg
油料制品	
棉籽油	0.1

4.149.5 检测方法:油料制品参照 GB/T 20770 规定的方法测定。

4.150 硫线磷(cadusafos)

4.150.1 主要用途:杀虫剂。
4.150.2 ADI:0.000 5 mg/kg 体重。
4.150.3 残留物:硫线磷。
4.150.4 最大残留限量:应符合表 150 的规定。

表 150

食品类别/名称	最大残留限量 mg/kg
水果 柑橘	0.005
糖料 甘蔗	0.005

4.150.5 检测方法:水果、糖料参照 SN/T 2147 规定的方法测定。

4.151 螺虫乙酯(spirotetramat)

4.151.1 主要用途:杀虫剂。
4.151.2 ADI:0.05 mg/kg 体重。
4.151.3 残留物:螺虫乙酯及其烯醇类代谢产物之和,以螺虫乙酯表示。
4.151.4 最大残留限量:应符合表 151 的规定。

表 151

食品类别/名称	最大残留限量 mg/kg
水果 柑橘	1*

4.152 螺螨酯(spirodiclofen)

4.152.1 主要用途:杀螨剂。
4.152.2 ADI:0.01 mg/kg 体重。
4.152.3 残留物:螺螨酯。
4.152.4 最大残留限量:应符合表 152 的规定。

表 152

食品类别/名称	最大残留限量 mg/kg
油料 棉籽	0.02
水果 柑橘	0.5

4.152.5 检测方法：油料参照 GB/T 19649 规定的方法测定；水果按照 GB/T 19648、GB/T 20769 规定的方法测定。

4.153 绿麦隆(chlortoluron)

4.153.1 主要用途：除草剂。

4.153.2 ADI：0.04 mg/kg 体重。

4.153.3 残留物：绿麦隆。

4.153.4 最大残留限量：应符合表 153 的规定。

表 153

食品类别/名称	最大残留限量 mg/kg
谷物	
麦类	0.1
玉米	0.1
油料	
大豆	0.1

4.153.5 检测方法：谷物、油料按照 GB/T 5009.133 规定的方法测定。

4.154 氯苯胺灵(chlorpropham)

4.154.1 主要用途：植物生长调节剂。

4.154.2 ADI：0.05 mg/kg 体重。

4.154.3 残留物：氯苯胺灵。

4.154.4 最大残留限量：应符合表 154 的规定。

表 154

食品类别/名称	最大残留限量 mg/kg
蔬菜	
马铃薯	30

4.154.5 检测方法：蔬菜按照 GB/T 19649 规定的方法测定。

4.155 氯苯嘧啶醇(fenarimol)

4.155.1 主要用途：杀菌剂。

4.155.2 ADI：0.01 mg/kg 体重。

4.155.3 残留物：氯苯嘧啶醇。

4.155.4 最大残留限量：应符合表 155 的规定。

表 155

食品类别/名称	最大残留限量 mg/kg
水果	
苹果	0.3
梨	0.3

4.155.5 检测方法:水果按照 GB/T 19648 规定的方法测定。

4.156 氯吡嘧磺隆(halosulfuron-methyl)

4.156.1 主要用途:除草剂。
4.156.2 ADI:0.1 mg/kg 体重。
4.156.3 残留物:氯吡嘧磺隆。
4.156.4 最大残留限量:应符合表 156 的规定。

表 156

食品类别/名称	最大残留限量 mg/kg
谷物	
玉米	0.05

4.156.5 检测方法:谷物按照 SN/T 2325 规定的方法测定。

4.157 氯吡脲(forchlorfenuron)

4.157.1 主要用途:植物生长调节剂。
4.157.2 ADI:0.07 mg/kg 体重。
4.157.3 残留物:氯吡脲。
4.157.4 最大残留限量:应符合表 157 的规定。

表 157

食品类别/名称	最大残留限量 mg/kg
蔬菜	
黄瓜	0.1
水果	
猕猴桃	0.05
葡萄	0.05
西瓜	0.1
甜瓜	0.1

4.157.5 检测方法:蔬菜、水果参照 GB/T 20770 规定的方法测定。

4.158 氯氟吡氧乙酸和氯氟吡氧乙酸异辛酯(fluroxypyr 和 fluroxypyr-mepthyl)

4.158.1 主要用途:除草剂。

4.158.2 ADI：1.0 mg/kg 体重。

4.158.3 残留物：氯氟吡氧乙酸。

4.158.4 最大残留限量：应符合表 158 的规定。

表 158

食品类别/名称	最大残留限量 mg/kg
谷物	
稻谷	0.2
小麦	0.2

4.158.5 检测方法：谷物按照 GB/T 22243 规定的方法测定。

4.159 氯氟氰菊酯和高效氯氟氰菊酯（cyhalothrin 和 lambda-cyhalothrin）

4.159.1 主要用途：杀虫剂。

4.159.2 ADI：0.02 mg/kg 体重。

4.159.3 残留物：氯氟氰菊酯。

4.159.4 最大残留限量：应符合表 159 的规定。

表 159

食品类别/名称	最大残留限量 mg/kg
谷物	
玉米	0.02
小麦	0.05
鲜食玉米	0.2
油料及制品	
大豆	0.02
棉籽	0.05
棉籽油	0.02
蔬菜	
莴苣	2
大白菜	1
普通白菜	2
结球甘蓝	1
菠菜	2
芹菜	0.5
韭菜	0.5
番茄	0.2
茄子	0.2
辣椒	0.2
水果	
苹果	0.2
梨	0.2
柑橘	0.2
荔枝	0.1

表 159(续)

食品类别/名称	最大残留限量 mg/kg
饮料类	
茶叶	15
食用菌	
蘑菇类(鲜)	0.5

4.159.5 检测方法:谷物按照 GB/T 5009.146、SN/T 2151 规定的方法测定;油料及制品参照 GB/T 5009.146、SN/T 2151 规定的方法测定;蔬菜、水果、食用菌按照 GB/T 5009.146、NY/T 761 规定的方法测定;茶叶按照 SN/T 1117 规定的方法测定。

4.160 氯化苦(chloropicrin)

4.160.1 主要用途:熏蒸剂。
4.160.2 ADI:0.001 mg/kg 体重。
4.160.3 残留物:氯化苦。
4.160.4 最大残留限量:应符合表 160 的规定。

表 160

食品类别/名称	最大残留限量 mg/kg
谷物	
稻谷	0.1
麦类	0.1
旱粮类	0.1
杂粮类	0.1
油料	
大豆	0.1
蔬菜	
薯类蔬菜	0.1

4.160.5 检测方法:谷物按照 GB/T 5009.36 规定的方法测定;油料、蔬菜参照 GB/T 5009.36 规定的方法测定。

4.161 氯磺隆(chlorsulfuron)

4.161.1 主要用途:除草剂。
4.161.2 ADI:0.2 mg/kg 体重。
4.161.3 残留物:氯磺隆。
4.161.4 最大残留限量:应符合表 161 的规定。

表 161

食品类别/名称	最大残留限量 mg/kg
谷物	
小麦	0.1

4.161.5 检测方法：谷物按照 GB/T 20770 规定的方法测定。

4.162 氯菊酯(permethrin)

4.162.1 主要用途：杀虫剂。

4.162.2 ADI：0.05 mg/kg 体重。

4.162.3 残留物：氯菊酯。

4.162.4 最大残留限量：应符合表 162 的规定。

表 162

食品类别/名称	最大残留限量 mg/kg
谷物及制品	
稻谷	2
麦类	2
旱粮类	2
杂粮类	2
小麦粉	0.5
油料及制品	
大豆	2
棉籽油	0.1
蔬菜	
鳞茎类蔬菜	1
芸苔属类蔬菜	1
叶菜类蔬菜	1
茄果类蔬菜	1
瓜类蔬菜	1
豆类蔬菜	1
茎类蔬菜	1
根茎类和薯芋类蔬菜	1
水生类蔬菜	1
芽菜类蔬菜	1
其他多年生蔬菜	1
水果	
仁果类水果	2
柑橘类水果	2
核果类水果	2
浆果和其他小型水果	2
热带和亚热带水果	2
瓜果类水果	2
饮料类	
茶叶	20

4.162.5 检测方法：谷物及制品按照 SN/T 2151 规定的方法测定；油料及制品参照 SN/T 2151 规定的方法测定；蔬菜、水果按照 NY/T 761 规定的方法测定；茶叶按照 GB/T 23204、SN/T 1117 规定的方法测定。

4.163 氯嘧磺隆(chlorimuron-ethyl)

4.163.1 主要用途:除草剂。
4.163.2 ADI:0.09 mg/kg 体重。
4.163.3 残留物:氯嘧磺隆。
4.163.4 最大残留限量:应符合表 163 的规定。

表 163

食品类别/名称	最大残留限量 mg/kg
油料	
大豆	0.02

4.163.5 检测方法:油料参照 GB/T 20770 规定的方法测定。

4.164 氯氰菊酯和高效氯氰菊酯(cypermethrin 和 beta-cypermethrin)

4.164.1 主要用途:杀虫剂。
4.164.2 ADI:0.02 mg/kg 体重。
4.164.3 残留物:氯氰菊酯。
4.164.4 最大残留限量:应符合表 164 的规定。

表 164

食品类别/名称	最大残留限量 mg/kg
谷物	
小麦	0.2
玉米	0.05
鲜食玉米	0.5
油料	
大豆	0.05
棉籽	0.2
蔬菜	
普通白菜	2
大白菜	2
菠菜	2
结球甘蓝	5
莴苣	2
芹菜	1
韭菜	1
番茄	0.5
茄子	0.5
辣椒	0.5
黄瓜	0.2
豌豆	0.5
菜豆	0.5
蚕豆	0.5

表 164（续）

食品类别/名称	最大残留限量 mg/kg
蔬菜	
扁豆	0.5
豇豆	0.5
食荚豌豆	0.5
水果	
苹果	2
梨	2
橙	2
柚	2
柠檬	2
柑橘	1
桃	1
荔枝	0.5
龙眼	0.5
饮料类	
茶叶	20
食用菌	
蘑菇类(鲜)	0.5

4.164.5 检测方法：谷物按照 GB/T 14929.4 规定的方法测定；油料参照 GB/T 14929.4 规定的方法测定；蔬菜、水果按照 NY/T 761 规定的方法测定；茶叶按照 GB/T 23204、SN/T 1117 规定的方法测定；食用菌参照 NY/T 761 规定的方法测定。

4.165 氯唑磷(isazofos)

4.165.1 主要用途：杀虫剂。

4.165.2 ADI：0.000 05 mg/kg 体重。

4.165.3 残留物：氯唑磷。

4.165.4 最大残留限量：应符合表 165 的规定。

表 165

食品类别/名称	最大残留限量 mg/kg
谷物	
糙米	0.05*
蔬菜	
鳞茎类蔬菜	0.01*
芸苔属类蔬菜	0.01*
叶菜类蔬菜	0.01*
茄果类蔬菜	0.01*
瓜类蔬菜	0.01*
豆类蔬菜	0.01*
茎类蔬菜	0.01*

表 165（续）

食品类别/名称	最大残留限量 mg/kg
蔬菜	
根茎类和薯芋类蔬菜	0.01*
水生类蔬菜	0.01*
芽菜类蔬菜	0.01*
其他多年生蔬菜	0.01*
水果	
仁果类水果	0.01*
柑橘类水果	0.01*
核果类水果	0.01*
浆果和其他小型水果	0.01*
热带和亚热带水果	0.01*
瓜果类水果	0.01*

4.165.5　检测方法：谷物按照 GB/T 19649 规定的方法测定；蔬菜、水果按照 GB/T 20769 规定的方法测定。

4.166　马拉硫磷（malathion）

4.166.1　主要用途：杀虫剂。

4.166.2　ADI：0.3 mg/kg 体重。

4.166.3　残留物：马拉硫磷。

4.166.4　最大残留限量：应符合表 166 的规定。

表 166

食品类别/名称	最大残留限量 mg/kg
谷物及制品	
糙米	1
稻谷	8
麦类	8
旱粮类	8
杂粮类	8
大米	0.1
鲜食玉米	0.5
油料	
大豆	8
蔬菜	
大白菜	8
普通白菜	8
结球甘蓝	0.5
菠菜	2
莴苣	8
芹菜	1

表 166（续）

食品类别/名称	最大残留限量 mg/kg
蔬菜	
花椰菜	0.5
黄瓜	0.2
番茄	0.5
茄子	0.5
辣椒	0.5
菜豆	2
豌豆	2
蚕豆	2
扁豆	2
豇豆	2
食荚豌豆	2
萝卜	0.5
胡萝卜	0.5
山药	0.5
马铃薯	0.5
甘薯	8
芋	8
大蒜	0.5
水果	
柑橘	2
苹果	2
梨	2
橙	4
柚	4
柠檬	4
桃	6
油桃	6
李子	6
杏	6
樱桃	6
枣	6
葡萄	8
草莓	1
荔枝	0.5
糖料	
甜菜	0.5
食用菌	
蘑菇类(鲜)	0.5

4.166.5 检测方法：谷物及制品按照 GB/T 5009.145、GB/T 5009.20、GB/T 19649 规定的方法测定；油料按照 GB/T 5009.145、GB/T 5009.20 规定的方法测定；蔬菜、水果、食用菌按照 GB/T 19648、GB/T 20769、GB/T 5009.218、NY/T 761 规定的方法测定；糖料参照 NY/T 761 规定的方法测定。

4.167 麦草畏(dicamba)

4.167.1 主要用途:除草剂。
4.167.2 ADI:0.45 mg/kg 体重。
4.167.3 残留物:麦草畏。
4.167.4 最大残留限量:应符合表 167 的规定。

表 167

食品类别/名称	最大残留限量 mg/kg
谷物	
玉米	0.5
小麦	0.5

4.167.5 检测方法:谷物按照 SN/T 1606、SN/T 2228 规定的方法测定。

4.168 咪鲜胺和咪鲜胺锰盐(prochloraz 和 prochloraz-manganese chloride complex)

4.168.1 主要用途:杀菌剂。
4.168.2 ADI:0.01 mg/kg 体重。
4.168.3 残留物:咪鲜胺及其含有 2、4、6-三氯苯酚部分的代谢产物之和,以咪鲜胺表示。
4.168.4 最大残留限量:应符合表 168 的规定。

表 168

食品类别/名称	最大残留限量 mg/kg
谷物	
稻谷	0.5
小麦	0.5
油料	
油菜籽	0.5
蔬菜	
黄瓜	1
辣椒	2
大蒜	0.1
菜薹	2
水果	
柑橘	5
苹果	2
葡萄	2
西瓜	0.1
荔枝	2
龙眼	5
芒果	2
香蕉	5
食用菌	
蘑菇类(鲜)	2

4.168.5 检测方法：谷物按照 GB/T 20770 规定的方法测定；油料参照 GB/T 20770 规定的方法测定；水果、蔬菜、食用菌按照 GB/T 19648、NY/T 1456 规定的方法测定。

4.169 醚磺隆(cinosulfuron)

4.169.1 主要用途：除草剂。

4.169.2 ADI：0.077 mg/kg 体重。

4.169.3 残留物：醚磺隆。

4.169.4 最大残留限量：应符合表 169 的规定。

表 169

食品类别/名称	最大残留限量 mg/kg
谷物	
糙米	0.1

4.169.5 检测方法：谷物按照 SN/T 2325 规定的方法测定。

4.170 醚菊酯(etofenprox)

4.170.1 主要用途：杀虫剂。

4.170.2 ADI：0.03 mg/kg 体重。

4.170.3 残留物：醚菊酯。

4.170.4 最大残留限量：应符合表 170 的规定。

表 170

食品类别/名称	最大残留限量 mg/kg
谷物	
糙米	0.01
蔬菜	
结球甘蓝	0.5
普通白菜	1
大白菜	1
菠菜	1
芹菜	1
韭菜	1

4.170.5 检测方法：谷物按照 SN/T 2151 规定的方法测定；蔬菜参照 SN/T 2151 规定的方法测定。

4.171 醚菌酯(kresoxim-methyl)

4.171.1 主要用途：杀菌剂。

4.171.2 ADI：0.4 mg/kg 体重。

4.171.3 残留物：醚菌酯。

4.171.4 最大残留限量：应符合表 171 的规定。

表 171

食品类别/名称	最大残留限量 mg/kg
蔬菜	
黄瓜	0.5
水果	
苹果	0.2
草莓	2
甜瓜	1

4.171.5 检测方法：蔬菜、水果按照 GB/T 20769 规定的方法测定。

4.172 嘧菌酯(azoxystrobin)

4.172.1 主要用途：杀菌剂。

4.172.2 ADI：0.2 mg/kg 体重。

4.172.3 残留物：嘧菌酯。

4.172.4 最大残留限量：应符合表 172 的规定。

表 172

食品类别/名称	最大残留限量 mg/kg
蔬菜	
黄瓜	0.5
冬瓜	1
马铃薯	0.1
水果	
柑橘	1
葡萄	5
荔枝	0.5
芒果	1
香蕉	2
西瓜	1

4.172.5 检测方法：蔬菜、水果按照 GB/T 20769、NY/T 1453、SN/T 1976 规定的方法测定。

4.173 嘧霉胺(pyrimethanil)

4.173.1 主要用途：杀菌剂。

4.173.2 ADI：0.2 mg/kg 体重。

4.173.3 残留物：嘧霉胺。

4.173.4 最大残留限量：应符合表 173 的规定。

表 173

食品类别/名称	最大残留限量 mg/kg
蔬菜	
黄瓜	2
番茄	1
水果	
梨	1
葡萄	4

4.173.5 检测方法：蔬菜、水果按照 GB/T 19648、GB/T 20769、NY/T 1379 规定的方法测定。

4.174 咪唑喹啉酸(imazaquin)

4.174.1 主要用途：除草剂。
4.174.2 ADI：0.25 mg/kg 体重。
4.174.3 残留物：咪唑喹啉酸。
4.174.4 最大残留限量：应符合表 174 的规定。

表 174

食品类别/名称	最大残留限量 mg/kg
油料	
大豆	0.05

4.174.5 检测方法：油料按照 GB/T 23818 规定的方法测定。

4.175 咪唑乙烟酸(imazethapyr)

4.175.1 主要用途：除草剂。
4.175.2 ADI：2.5 mg/kg 体重。
4.175.3 残留物：咪唑乙烟酸。
4.175.4 最大残留限量：应符合表 175 的规定。

表 175

食品类别/名称	最大残留限量 mg/kg
油料	
大豆	0.1

4.175.5 检测方法：油料按照 GB/T 23818 规定的方法测定。

4.176 灭草松(bentazone)

4.176.1 主要用途：除草剂。
4.176.2 ADI：0.1 mg/kg 体重。

4.176.3 残留物:灭草松,6-羟基灭草松及 8-羟基灭草松之和,以灭草松表示。

4.176.4 最大残留限量:应符合表 176 的规定。

表 176

食品类别/名称	最大残留限量 mg/kg
谷物	
稻谷	0.1
麦类	0.1
油料	
大豆	0.05

4.176.5 检测方法:谷物、油料按照 SN/T 0292 规定的方法测定。

4.177 灭多威(methomyl)

4.177.1 主要用途:除草剂。

4.177.2 ADI:0.02 mg/kg 体重。

4.177.3 残留物:灭多威。

4.177.4 最大残留限量:应符合表 177 的规定。

表 177

食品类别/名称	最大残留限量 mg/kg
谷物	
小麦	0.5
玉米	0.05
油料	
大豆	0.2
棉籽	0.5
蔬菜	
花椰菜	2
结球甘蓝	2
菜薹	1
水果	
苹果	2
柑橘	1
饮料类	
茶叶	3

4.177.5 检测方法:谷物、油料按照 SN/T 0582 规定的方法测定;蔬菜、水果按照 NY/T 761 规定的方法测定,茶叶参照 NY/T 761 规定的方法测定。

4.178 灭瘟素(blasticidin-S)

4.178.1 主要用途:杀菌剂。

4.178.2 ADI:0.01 mg/kg 体重 。

4.178.3 残留物:灭瘟素。

4.178.4 最大残留限量：应符合表178的规定。

表178

食品类别/名称	最大残留限量 mg/kg
谷物	
糙米	0.1*

4.179 **灭线磷(ethoprophos)**

4.179.1 主要用途：杀线虫剂。
4.179.2 ADI：0.000 4 mg/kg体重。
4.179.3 残留物：灭线磷。
4.179.4 最大残留限量：应符合表179的规定。

表179

食品类别/名称	最大残留限量 mg/kg
谷物	
糙米	0.02
油料	
花生仁	0.02
蔬菜	
鳞茎类蔬菜	0.02
芸苔属类蔬菜	0.02
叶菜类蔬菜	0.02
茄果类蔬菜	0.02
瓜类蔬菜	0.02
豆类蔬菜	0.02
茎类蔬菜	0.02
根茎类和薯芋类蔬菜	0.02
水生类蔬菜	0.02
芽菜类蔬菜	0.02
其他多年生蔬菜	0.02
水果	
仁果类水果	0.02
柑橘类水果	0.02
核果类水果	0.02
浆果和其他小型水果	0.02
热带和亚热带水果	0.02
瓜果类水果	0.02

4.179.5 检测方法：谷物参照NY/T 761规定的方法测定；油料按照SN/T 0351规定的方法测定；蔬菜、水果按照NY/T 761规定的方法测定。

4.180 **灭锈胺(mepronil)**

4.180.1 主要用途：杀菌剂。

4.180.2　ADI：0.05 mg/kg 体重。

4.180.3　残留物：灭锈胺。

4.180.4　最大残留限量：应符合表 180 的规定。

表 180

食品类别/名称	最大残留限量 mg/kg
谷物	
糙米	0.2*

4.180.5　检测方法：谷物按 GB/T 19649 规定的方法测定。

4.181　灭蝇胺(cyromazine)

4.181.1　主要用途：杀虫剂。

4.181.2　ADI：0.06 mg/kg 体重。

4.181.3　残留物：灭蝇胺。

4.181.4　最大残留限量：应符合表 181 的规定。

表 181

食品类别/名称	最大残留限量 mg/kg
蔬菜	
黄瓜	1
豌豆	0.5
菜豆	0.5
蚕豆	0.5
扁豆	0.5
豇豆	0.5
食荚豌豆	0.5

4.181.5　检测方法：蔬菜按照 NY/T 1725 规定的方法测定。

4.182　灭幼脲(chlorbenzuron)

4.182.1　主要用途：杀虫剂。

4.182.2　ADI：1.25 mg/kg 体重。

4.182.3　残留物：灭幼脲。

4.182.4　最大残留限量：应符合表 182 的规定。

表 182

食品类别/名称	最大残留限量 mg/kg
谷物	
小麦	3
粟	3

表 182（续）

食品类别/名称	最大残留限量 mg/kg
蔬菜	
结球甘蓝	3
花椰菜	3

4.182.5 检测方法：谷物、蔬菜按照 GB/T 5009.135 规定的方法测定。

4.183 萘乙酸和萘乙酸钠(1-naphthylacetic acid 和 sodium 1-naphthalacitic acid)

4.183.1 主要用途：植物生长调节剂。
4.183.2 ADI：0.15 mg/kg 体重。
4.183.3 残留物：萘乙酸。
4.183.4 最大残留限量：应符合表 183 的规定。

表 183

食品类别/名称	最大残留限量 mg/kg
谷物	
糙米	0.1
小麦	0.05
油料	
大豆	0.05
棉籽	0.05
蔬菜	
番茄	0.1
水果	
苹果	0.1

4.183.5 检测方法：谷物、油料参照 SN/T 2228、SN/T 0346 规定的方法测定；蔬菜、水果按照 SN/T 0346规定的方法测定。

4.184 内吸磷(demeton)

4.184.1 主要用途：杀虫/杀螨剂。
4.184.2 ADI：0.000 04 mg/kg 体重。
4.184.3 残留物：内吸磷。
4.184.4 最大残留限量：应符合表 184 的规定。

表 184

食品类别/名称	最大残留限量 mg/kg
蔬菜	
鳞茎类蔬菜	0.02
芸苔属类蔬菜	0.02

表 184（续）

食品类别/名称	最大残留限量 mg/kg
蔬菜	
叶菜类蔬菜	0.02
茄果类蔬菜	0.02
瓜类蔬菜	0.02
豆类蔬菜	0.02
茎类蔬菜	0.02
根茎类和薯芋类蔬菜	0.02
水生类蔬菜	0.02
芽菜类蔬菜	0.02
其他多年生蔬菜	0.02
水果	
仁果类水果	0.02
柑橘类水果	0.02
核果类水果	0.02
浆果和其他小型水果	0.02
热带和亚热带水果	0.02
瓜果类水果	0.02

4.184.5 检测方法：蔬菜、水果按照 GB/T 20769 规定的方法测定。

4.185 哌草丹(dimepiperate)

4.185.1 主要用途：除草剂。

4.185.2 ADI：0.001 mg/kg 体重。

4.185.3 残留物：哌草丹。

4.185.4 最大残留限量：应符合表 185 的规定。

表 185

食品类别/名称	最大残留限量 mg/kg
谷物	
糙米	0.05*

4.185.5 检测方法：谷物参照 NY/T 1379 规定的方法测定。

4.186 嗪草酮(metribuzin)

4.186.1 主要用途：除草剂。

4.186.2 ADI：0.02 mg/kg 体重。

4.186.3 残留物：嗪草酮。

4.186.4 最大残留限量：应符合表 186 的规定。

表 186

食品类别/名称	最大残留限量 mg/kg
谷物	
玉米	0.05
油料	
大豆	0.05

4.186.5 检测方法:谷物、油料按 GB/T 19649 规定的方法测定。

4.187 氰草津(cyanazine)

4.187.1 主要用途:除草剂。

4.187.2 ADI:0.002 mg/kg 体重。

4.187.3 残留物:氰草津。

4.187.4 最大残留限量:应符合表 187 的规定。

表 187

食品类别/名称	最大残留限量 mg/kg
谷物	
玉米	0.05

4.187.5 检测方法:谷物参照 SN/T 1605 规定的方法测定。

4.188 氰氟草酯(cyhalofop-butyl)

4.188.1 主要用途:除草剂。

4.188.2 ADI:0.01 mg/kg 体重。

4.188.3 残留物:氰氟草酯和氰氟草酸之和。

4.188.4 最大残留限量:应符合表 188 的规定。

表 188

食品类别/名称	最大残留限量 mg/kg
谷物	
糙米	0.1

4.188.5 检测方法:谷物参照 GB/T 23204 规定的方法测定。

4.189 氰霜唑(cyazofamid)

4.189.1 主要用途:杀菌剂。

4.189.2 ADI:0.17 mg/kg 体重。

4.189.3 残留物:氰霜唑及其代谢物 4-氯-5-(4-甲苯基)-1H-咪唑-2 腈之和。

4.189.4 最大残留限量:应符合表 189 的规定。

表 189

食品类别/名称	最大残留限量 mg/kg
蔬菜	
黄瓜	0.5*
马铃薯	0.02*
水果	
葡萄	1*
荔枝	0.02*

4.189.5 检测方法:蔬菜、水果参照 GB/T 23206 规定的方法测定。

4.190 氰戊菊酯和 S-氰戊菊酯(fenvalerate 和 esfenvalerate)

4.190.1 主要用途:杀虫剂。

4.190.2 ADI:0.02 mg/kg 体重。

4.190.3 残留物:氰戊菊酯。

4.190.4 最大残留限量:应符合表 190 的规定。

表 190

食品类别/名称	最大残留限量 mg/kg
谷物及制品	
小麦	2
小麦粉	0.2
全麦粉	2
玉米	0.02
鲜食玉米	0.2
油料及制品	
大豆	0.1
花生仁	0.1
棉籽油	0.1
棉籽	0.2
蔬菜	
花椰菜	0.5
结球甘蓝	0.5
大白菜	3
菠菜	1
普通白菜	1
莴苣	1
番茄	0.2
茄子	0.2
辣椒	0.2
黄瓜	0.2
西葫芦	0.2
南瓜	0.2
丝瓜	0.2

表 190（续）

食品类别/名称	最大残留限量 mg/kg
蔬菜	
萝卜	0.05
胡萝卜	0.05
山药	0.05
马铃薯	0.05
水果	
仁果类水果(苹果、梨除外)	0.2
柑橘类水果(柑橘除外)	0.2
核果类水果	0.2
浆果和其他小型水果	0.2
热带和亚热带水果	0.2
瓜果类水果	0.2
苹果	1
梨	1
柑橘	1
糖料	
甜菜	0.05
食用菌	
蘑菇类(鲜)	0.2

4.190.5 检测方法：谷物及制品按照 GB/T 5009.110 规定的方法测定；蔬菜、水果按照 NY/T 761 规定的方法测定；油料及制品、糖料、食用菌参照 GB/T 5009.110 规定的方法测定。

4.191 炔草酯(clodinafop-propargyl)

4.191.1 主要用途：除草剂。

4.191.2 ADI：0.0003 mg/kg 体重。

4.191.3 残留物：炔草酯及炔草酸之和。

4.191.4 最大残留限量：应符合表 191 的规定。

表 191

食品类别/名称	最大残留限量 mg/kg
谷物	
小麦	0.1

4.191.5 检测方法：谷物参照 SN/T 2433 规定的方法测定。

4.192 炔螨特(propargite)

4.192.1 主要用途：杀螨剂。

4.192.2 ADI：0.01 mg/kg 体重。

4.192.3 残留物：炔螨特。

4.192.4 最大残留限量：应符合表 192 的规定。

表 192

食品类别/名称	最大残留限量 mg/kg
油料及制品	
棉籽	0.1
棉籽油	0.1
蔬菜	
大白菜	2
菠菜	2
普通白菜	2
莴苣	2
水果	
苹果	5
梨	5
橙	5
柑橘	5
柚	5
柠檬	5

4.192.5　检测方法：油料及制品参照 GB/T 19649、NY/T 1652、SN/T 0701 规定的方法测定；蔬菜、水果按照 NY/T 1652 规定的方法测定。

4.193　乳氟禾草灵(lactofen)

4.193.1　主要用途：除草剂。

4.193.2　ADI：0.008 mg/kg 体重。

4.193.3　残留物：乳氟禾草灵。

4.193.4　最大残留限量：应符合表 193 的规定。

表 193

食品类别/名称	最大残留限量 mg/kg
油料	
大豆	0.05
花生仁	0.05

4.193.5　检测方法：油料参照 GB/T 20769 规定的方法测定。

4.194　噻苯隆(thidiazuron)

4.194.1　主要用途：植物生长调节剂。

4.194.2　ADI：0.04 mg/kg 体重。

4.194.3　残留物：噻苯隆。

4.194.4　最大残留限量：应符合表 194 的规定。

表 194

食品类别/名称	最大残留限量 mg/kg
油料	
棉籽	1*
蔬菜	
黄瓜	0.05*
水果	
葡萄	0.05*
甜瓜	0.05*

4.195 噻虫啉(thiacloprid)

4.195.1 主要用途:杀虫剂。

4.195.2 ADI:0.01 mg/kg 体重。

4.195.3 残留物:噻虫啉。

4.195.4 最大残留限量:应符合表 195 的规定。

表 195

食品类别/名称	最大残留限量 mg/kg
蔬菜	
黄瓜	1

4.195.5 检测方法:蔬菜参照 GB/T 20770 规定的方法测定。

4.196 噻虫嗪(thiamethoxam)

4.196.1 主要用途:杀虫剂。

4.196.2 ADI:0.026 mg/kg 体重。

4.196.3 残留物:噻虫嗪。

4.196.4 最大残留限量:应符合表 196 的规定。

表 196

食品类别/名称	最大残留限量 mg/kg
谷物	
糙米	0.1
蔬菜	
结球甘蓝	0.2
黄瓜	0.5
水果	
西瓜	0.2
饮料	
茶叶	10

4.196.5 检测方法：谷物按照 GB/T 19649 规定的方法测定；蔬菜、水果按照 GB/T 19648、GB/T 20769规定的方法测定；茶叶参照 GB/T 2077 规定的方法测定。

4.197 噻吩磺隆(thifensulfuron-methyl)

4.197.1 主要用途：除草剂。

4.197.2 ADI：0.07 mg/kg 体重。

4.197.3 残留物：噻吩磺隆。

4.197.4 最大残留限量：应符合表 197 的规定。

表 197

食品类别/名称	最大残留限量 mg/kg
谷物	
小麦	0.05
玉米	0.05
油料	
大豆	0.05
花生仁	0.05

4.197.5 检测方法：谷物按照 GB/T 20770 规定的方法测定；油料参照 GB/T 20770 规定的方法测定。

4.198 噻菌灵(thiabendazole)

4.198.1 主要用途：杀菌剂。

4.198.2 ADI：0.1 mg/kg 体重。

4.198.3 残留物：噻菌灵。

4.198.4 最大残留限量：应符合表 198 的规定。

表 198

食品类别/名称	最大残留限量 mg/kg
水果	
柑橘	10
橙	10
柚	10
柠檬	10
香蕉	5
食用菌	
香菇(鲜)	5

4.198.5 检测方法：水果、食用菌按照 GB/T 20769、NY/T 1453、NY/T 1680 规定的方法测定。

4.199 噻螨酮(hexythiazox)

4.199.1 主要用途：杀螨剂。

4.199.2 ADI：0.03 mg/kg 体重。

4.199.3 残留物：噻螨酮。

4.199.4 最大残留限量：应符合表 199 的规定。

表 199

食品类别/名称	最大残留限量 mg/kg
油料	
棉籽	0.05
水果	
苹果	0.5
梨	0.5
柑橘	0.5
橙	0.5
柚	0.5
柠檬	0.5

4.199.5 检测方法：油料参照 GB/T 20770 规定的方法测定；水果按照 GB/T 5009.173、GB/T 19648、GB/T 20769 规定的方法测定。

4.200 噻霉酮(benziothiazolinone)

4.200.1 主要用途：杀菌剂。

4.200.2 ADI：0.017 mg/kg 体重。

4.200.3 残留物：噻霉酮。

4.200.4 最大残留限量：应符合表 200 的规定。

表 200

食品类别/名称	最大残留限量 mg/kg
蔬菜	
黄瓜	0.1*

4.201 噻嗪酮(buprofezin)

4.201.1 主要用途：杀虫剂。

4.201.2 ADI：0.009 mg/kg 体重。

4.201.3 残留物：噻嗪酮。

4.201.4 最大残留限量：应符合表 201 的规定。

表 201

食品类别/名称	最大残留限量 mg/kg
谷物	
糙米	0.3
稻谷	0.3
蔬菜	
番茄	2

表 201（续）

食品类别/名称	最大残留限量 mg/kg
水果	
柑橘	0.5
橙	0.5
柚	0.5
柠檬	0.5
饮料类	
茶叶	10

4.201.5 检测方法：谷物按照 GB/T 5009.184、SN/T 2150 规定的方法测定；蔬菜、水果按照 GB/T 19648、GB/T 20769 规定的方法测定；茶叶按照 GB/T 23376 规定的方法测定。

4.202 噻唑磷(fosthiazate)

4.202.1 主要用途：杀线虫剂。

4.202.2 ADI：0.004 mg/kg 体重。

4.202.3 残留物：噻唑磷。

4.202.4 最大残留限量：应符合表 202 的规定。

表 202

食品类别/名称	最大残留限量 mg/kg
蔬菜	
黄瓜	0.2

4.202.5 检测方法：蔬菜按照 GB/T 20769 规定的方法测定。

4.203 三苯基氢氧化锡(fentin hydroxide)

4.203.1 主要用途：杀菌剂。

4.203.2 ADI：0.000 5 mg/kg 体重。

4.203.3 残留物：三苯锡。

4.203.4 最大残留限量：应符合表 203 的规定。

表 203

食品类别/名称	最大残留限量 mg/kg
蔬菜	
马铃薯	0.1*

4.204 三氟羧草醚(acifluorfen)

4.204.1 主要用途：除草剂。

4.204.2 ADI：0.013 mg/kg 体重。

4.204.3 残留物：三氟羧草醚。

4.204.4 最大残留限量：应符合表 204 的规定。

表 204

食品类别/名称	最大残留限量 mg/kg
油料	
大豆	0.1

4.204.5 检测方法：油料参照 SN/T 2228 规定的方法测定。

4.205 三环唑(tricyclazole)

4.205.1 主要用途：杀菌剂。

4.205.2 ADI：0.04 mg/kg 体重。

4.205.3 残留物：三环唑。

4.205.4 最大残留限量：应符合表 205 的规定。

表 205

食品类别/名称	最大残留限量 mg/kg
谷物	
稻谷	2
蔬菜	
菜薹	2

4.205.5 检测方法：谷物按照 GB/T 5009.115 规定的方法测定；蔬菜按照 NY/T 1379 规定的方法测定。

4.206 三氯杀螨醇(dicofol)

4.206.1 主要用途：杀螨剂。

4.206.2 ADI：0.002 mg/kg 体重。

4.206.3 残留物：三氯杀螨醇(o,p'-异构体和 p,p'-异构体之和)。

4.206.4 最大残留限量：应符合表 206 规定。

表 206

食品类别/名称	最大残留限量 mg/kg
油料制品	
棉籽油	0.5
水果	
苹果	1
梨	1
柑橘	1
橙	1

表 206（续）

食品类别/名称	最大残留限量 mg/kg
水果	
柚	1
柠檬	1

4.206.5　检测方法：油料制品按照 GB/T 5009.176 规定的方法测定；水果按照 NY/T 761 规定的方法测定。

4.207　三氯杀螨砜(tetradifon)

4.207.1　主要用途：杀螨剂。
4.207.2　ADI：0.02 mg/kg 体重。
4.207.3　残留物：三氯杀螨砜。
4.207.4　最大残留限量：应符合表 207 的规定。

表 207

食品类别/名称	最大残留限量 mg/kg
水果	
苹果	2

4.207.5　检测方法：水果按照 SN/T 0696、NY/T 1379 规定的方法测定。

4.208　三乙膦酸铝(fosetyl-aluminium)

4.208.1　主要用途：杀菌剂。
4.208.2　ADI：3 mg/kg 体重。
4.208.3　残留物：乙基磷酸和磷酸及其盐之和，以乙基磷酸表示。
4.208.4　最大残留限量：应符合表 208 的规定。

表 208

食品类别/名称	最大残留限量 mg/kg
蔬菜	
黄瓜	30*
水果	
苹果	30*
荔枝	1*

4.209　三唑醇(triadimenol)

4.209.1　主要用途：杀菌剂。
4.209.2　ADI：0.03 mg/kg 体重。

4.209.3 残留物:三唑醇。

4.209.4 最大残留限量:应符合表 209 的规定。

表 209

食品类别/名称	最大残留限量 mg/kg
谷物	
糙米	0.05
小麦	0.2
玉米	0.1
高粱	0.1

4.209.5 检测方法:谷物按照 SN/T 2232 规定的方法测定。

4.210 三唑磷(triazophos)

4.210.1 主要用途:杀虫剂。

4.210.2 ADI:0.001 mg/kg 体重。

4.210.3 残留物:三唑磷。

4.210.4 最大残留限量:应符合表 210 的规定。

表 210

食品类别/名称	最大残留限量 mg/kg
谷物	
稻谷	0.05
油料	
棉籽	0.1
蔬菜	
结球甘蓝	0.1
节瓜	0.1
水果	
苹果	0.2
柑橘	0.2
荔枝	0.2

4.210.5 检测方法:谷物按照 GB/T 19649 规定的方法测定;油料参照 GB/T 19649 规定的方法测定;蔬菜、水果按照 NY/T 761 规定的方法测定。

4.211 三唑酮(triadimefon)

4.211.1 主要用途:杀菌剂。

4.211.2 ADI:0.03 mg/kg 体重。

4.211.3 残留物:三唑酮和三唑醇之和。

4.211.4 最大残留限量:应符合表211的规定。

表 211

食品类别/名称	最大残留限量 mg/kg
谷物	
稻谷	0.5
小麦	0.2
玉米	0.5
油料	
油菜籽	0.2
棉籽	0.05
蔬菜	
结球甘蓝	0.05
黄瓜	0.1
豌豆	0.05
水果	
苹果	1
梨	0.5
柑橘	1
荔枝	0.05
香蕉	0.05
糖料	
甜菜	0.1

4.211.5 检测方法:谷物按照GB/T 5009.126规定的方法测定;油料、糖料参照GB/T 5009.126规定的方法测定;蔬菜、水果按照NY/T 761、GB/T 5009.126规定的方法测定。

4.212 **三唑锡(azocyclotin)**

4.212.1 主要用途:杀螨剂。

4.212.2 ADI:0.003 mg/kg体重。

4.212.3 残留物:三环锡。

4.212.4 最大残留限量:应符合表212的规定。

表 212

食品类别/名称	最大残留限量 mg/kg
水果	
苹果	0.5
梨	0.2
柑橘	2
橙	0.2
柚	0.2
柠檬	0.2

4.212.5 检测方法:水果按照SN/T 0150、SN/T 1990规定的方法测定。

4.213 杀虫单(thiosultap-monosodium)

4.213.1 主要用途:杀虫剂。
4.213.2 ADI:0.01 mg/kg 体重。
4.213.3 残留物:沙蚕毒素。
4.213.4 最大残留限量:应符合表 213 的规定。

表 213

食品类别/名称	最大残留限量 mg/kg
谷物	
糙米	0.5
蔬菜	
茱豆	2
结球甘蓝	0.2
水果	
苹果	1
糖料	
甘蔗	0.1

4.213.5 检测方法:谷物按照 GB/T 5009.114 规定的方法测定;蔬菜按照 SN/T 0345 规定的方法测定;水果、糖料参照 SN/T 0345 规定的方法测定。

4.214 杀虫环(thiocyclam)

4.214.1 主要用途:杀虫剂。
4.214.2 ADI:0.05 mg/kg 体重。
4.214.3 残留物:杀虫环。
4.214.4 最大残留限量:应符合表 214 的规定。

表 214

食品类别/名称	最大残留限量 mg/kg
谷物	
大米	0.2

4.214.5 检测方法:谷物按照 GB/T 5009.113 规定的方法测定。

4.215 杀虫脒(chlordimeform)

4.215.1 主要用途:杀虫剂。
4.215.2 ADI:0.001 mg/kg 体重。
4.215.3 残留物:杀虫脒。
4.215.4 最大残留限量:应符合表 215 的规定。

表 215

食品类别/名称	最大残留限量 mg/kg
蔬菜	
鳞茎类蔬菜	0.01*
芸苔属类蔬菜	0.01*
叶菜类蔬菜	0.01*
茄果类蔬菜	0.01*
瓜类蔬菜	0.01*
豆类蔬菜	0.01*
茎类蔬菜	0.01*
根茎类和薯芋类蔬菜	0.01*
水生类蔬菜	0.01*
芽菜类蔬菜	0.01*
其他多年生蔬菜	0.01*
水果	
仁果类水果	0.01*
柑橘类水果	0.01*
核果类水果	0.01*
浆果和其他小型水果	0.01*
热带和亚热带水果	0.01*
瓜果类水果	0.01*

4.215.5 检测方法：蔬菜、水果按照 GB/T 20769 规定的方法测定。

4.216 杀虫双(bisultap thiosultap-disodium)

4.216.1 主要用途：杀虫剂。
4.216.2 ADI：0.025 mg/kg 体重。
4.216.3 残留物：沙蚕毒素。
4.216.4 最大残留限量：应符合表 216 的规定。

表 216

食品类别/名称	最大残留限量 mg/kg
谷物	
大米	0.2

4.216.5 检测方法：谷物按照 GB/T 5009.114 规定的方法测定。

4.217 杀铃脲(triflumuron)

4.217.1 主要用途：生长调节剂。
4.217.2 ADI：0.014 mg/kg 体重。
4.217.3 残留物：杀铃脲。
4.217.4 最大残留限量：应符合表 217 的规定。

表 217

食品类别/名称	最大残留限量 mg/kg
水果	
苹果	0.1
柑橘	0.05

4.217.5　检测方法：水果按照 GB/T 20769、NY/T 1720 规定的方法测定。

4.218　杀螟丹(cartap)

4.218.1　主要用途：杀虫剂。

4.218.2　ADI：0.1 mg/kg 体重。

4.218.3　残留物：杀螟丹。

4.218.4　最大残留限量：应符合表 218 的规定。

表 218

食品类别/名称	最大残留限量 mg/kg
谷物	
大米	0.1
糙米	0.1
蔬菜	
大白菜	3
水果	
柑橘	3
饮料	
茶叶	20
糖料	
甘蔗	0.1

4.218.5　检测方法：谷物按照 GB/T 20770 规定的方法测定；蔬菜、水果按照 GB/T 20769 规定的方法测定；茶叶、糖料参照 GB/T 20769 规定的方法测定。

4.219　杀螟硫磷(fenitrothion)

4.219.1　主要用途：杀虫剂。

4.219.2　ADI：0.006 mg/kg 体重。

4.219.3　残留物：杀螟硫磷。

4.219.4　最大残留限量：应符合表 219 的规定。

表 219

食品类别/名称	最大残留限量 mg/kg
谷物及制品	
大米	1*

表 219（续）

食品类别/名称	最大残留限量 mg/kg
谷物及制品	
稻谷	5*
麦类	5*
旱粮类	5*
杂粮类	5*
小麦粉	1*
全麦粉	5*
油料	
大豆	5*
棉籽	0.1*
蔬菜	
结球甘蓝	0.2*
鳞茎类蔬菜	0.5*
芸苔属类蔬菜(结球甘蓝除外)	0.5*
叶菜类蔬菜	0.5*
茄果类蔬菜	0.5*
瓜类蔬菜	0.5*
豆类蔬菜	0.5*
茎类蔬菜	0.5*
根茎类和薯芋类蔬菜	0.5*
水生类蔬菜	0.5*
芽菜类蔬菜	0.5*
其他多年生蔬菜	0.5*
水果	
仁果类水果	0.5*
柑橘类水果	0.5*
核果类水果	0.5*
浆果和其他小型水果	0.5*
热带和亚热带水果	0.5*
瓜果类水果	0.5*
饮料类	
茶叶	0.5*

4.219.5 检测方法：谷物及制品按照 GB/T 14553、GB/T 5009.20 规定的方法测定；油料参照 GB/T 14553、GB/T 5009.20 规定的方法测定；蔬菜、水果按照 GB/T 14553、GB/T 5009.20(鳞茎类蔬菜除外)、GB/T 19648、GB/T 20769、NY/T 761 规定的方法测定；茶叶参照 GB/T 14553、GB/T 5009.20、GB/T 19648、GB/T 20769、NY/T 761 规定的方法测定。

4.220 杀扑磷(methidathion)

4.220.1 主要用途：杀虫剂。

4.220.2 ADI：0.001 mg/kg 体重。

4.220.3 残留物：杀扑磷。

4.220.4 最大残留限量：应符合表 220 的规定。

表 220

食品类别/名称	最大残留限量 mg/kg
水果	
柑橘	2

4.220.5 检测方法：水果按照 GB/T 14553、GB/T 19648、NY/T 761 规定的方法测定。

4.221 双氟磺草胺(florasulam)

4.221.1 主要用途：除草剂。
4.221.2 ADI：0.05 mg/kg 体重。
4.221.3 残留物：双氟磺草胺。
4.221.4 最大残留限量：应符合表 221 的规定。

表 221

食品类别/名称	最大残留限量 mg/kg
谷物	
小麦	0.01

4.221.5 检测方法：谷物参照 GB/T 20769 规定的方法测定。

4.222 双胍三辛烷基苯磺酸盐[iminoctadinetris (albesilate)]

4.222.1 主要用途：杀菌剂。
4.222.2 ADI：0.009 mg/kg 体重。
4.222.3 残留物：双胍辛胺。
4.222.4 最大残留限量：应符合表 222 的规定。

表 222

食品类别/名称	最大残留限量 mg/kg
蔬菜	
黄瓜	2*
水果	
葡萄	1*
西瓜	0.2*

4.223 双甲脒(amitraz)

4.223.1 主要用途：杀螨剂。
4.223.2 ADI：0.01 mg/kg 体重。
4.223.3 残留物：双甲脒及 *N*-(2,4-二甲苯基)-*N*′-甲基甲脒之和，双甲脒表示。
4.223.4 最大残留限量：应符合表 223 的规定。

表 223

食品类别/名称	最大残留限量 mg/kg
谷物	
鲜食玉米	0.5
油料及制品	
棉籽	0.5
棉籽油	0.05
蔬菜	
番茄	0.5
茄子	0.5
辣椒	0.5
水果	
苹果	0.5
梨	0.5
柑橘	0.5
橙	0.5
柚	0.5
柠檬	0.5
食用菌	
蘑菇类(鲜)	0.5

4.223.5 检测方法:油料及制品、蔬菜、水果、食用菌按照 GB/T 5009.143、SN/T 0279 规定的方法测定。

4.224 霜霉威和霜霉威盐酸盐(propamocarb 和 propamocarb hydrochloride)

4.224.1 主要用途:杀菌剂。

4.224.2 ADI:0.4 mg/kg 体重。

4.224.3 残留物:霜霉威。

4.224.4 最大残留限量:应符合表 224 的规定。

表 224

食品类别/名称	最大残留限量 mg/kg
水果	
葡萄	2

4.224.5 检测方法:水果按照 GB/T 20769 规定的方法测定。

4.225 霜脲氰(cymoxanil)

4.225.1 主要用途:杀菌剂。

4.225.2 ADI:0.013 mg/kg 体重。

4.225.3 残留物:霜脲氰。

4.225.4 最大残留限量:应符合表 225 的规定。

表 225

食品类别/名称	最大残留限量 mg/kg
蔬菜	
马铃薯	0.5
黄瓜	0.5
水果	
葡萄	0.5
荔枝	0.1

4.225.5　检测方法：蔬菜、水果按照 GB/T 20769 规定的方法测定。

4.226　水胺硫磷(isocarbophos)

4.226.1　主要用途：杀虫剂。
4.226.2　ADI：0.003 mg/kg 体重。
4.226.3　残留物：水胺硫磷。
4.226.4　最大残留限量：应符合表 226 的规定。

表 226

食品类别/名称	最大残留限量 mg/kg
谷物	
稻谷	0.1
糙米	0.1
油料	
棉籽	0.05
水果	
苹果	0.01
柑橘	0.02

4.226.5　检测方法：谷物按照 GB/T 19649 规定的方法测定；油料参照 GB/T 19649 规定的方法测定；水果按照 GB/T 5009.20 规定的方法测定。

4.227　四聚乙醛(metaldehyde)

4.227.1　主要用途：杀螺剂。
4.227.2　ADI：0.01 mg/kg 体重。
4.227.3　残留物：四聚乙醛。
4.227.4　最大残留限量：应符合表 227 的规定。

表 227

食品类别/名称	最大残留限量 mg/kg
谷物	
糙米	0.2*

表 227（续）

食品类别/名称	最大残留限量 mg/kg
蔬菜	
大白菜	1*
结球甘蓝	2*
普通白菜	3*
菠菜	1*
芹菜	1*
韭菜	1*

4.228 四氯苯酞(fthalide phthalide)

4.228.1 主要用途:杀菌剂。

4.228.2 ADI:0.15 mg/kg 体重。

4.228.3 残留物:四氯苯酞。

4.228.4 最大残留限量:应符合表 228 的规定。

表 228

食品类别/名称	最大残留限量 mg/kg
谷物	
稻谷	0.5*
糙米	1*

4.228.5 检测方法:谷物按照 GB/T 19649 规定的方法测定。

4.229 四螨嗪(clofentezine)

4.229.1 主要用途:杀螨剂。

4.229.2 ADI:0.02 mg/kg 体重。

4.229.3 残留物:四螨嗪。

4.229.4 最大残留限量:应符合表 229 的规定。

表 229

食品类别/名称	最大残留限量 mg/kg
水果	
苹果	0.5
梨	0.5
柑橘	0.5
橙	0.5
柚	0.5
柠檬	0.5
枣	1

4.229.5 检测方法：水果按照 SN/T 1740 规定的方法测定。

4.230 特丁硫磷(terbufos)

4.230.1 主要用途：杀虫剂。

4.230.2 ADI：0.000 6 mg/kg 体重。

4.230.3 残留物：特丁硫磷及其氧类似物(亚砜、砜)之和，以特丁硫磷表示。

4.230.4 最大残留限量：应符合表 230 的规定。

表 230

食品类别/名称	最大残留限量 mg/kg
油料	
花生仁	0.02
蔬菜	
鳞茎类蔬菜	0.01
芸苔属类蔬菜	0.01
叶菜类蔬菜	0.01
茄果类蔬菜	0.01
瓜类蔬菜	0.01
豆类蔬菜	0.01
茎类蔬菜	0.01
根茎类和薯芋类蔬菜	0.01
水生类蔬菜	0.01
芽菜类蔬菜	0.01
其他多年生蔬菜	0.01
水果	
仁果类水果	0.01
柑橘类水果	0.01
核果类水果	0.01
浆果和其他小型水果	0.01
热带和亚热带水果	0.01
瓜果类水果	0.01

4.230.5 检测方法：油料参照 NY/T 761、SN/T 0522 规定的方法测定；蔬菜、水果按照 NY/T 761、NY/T 1379 规定的方法测定。

4.231 涕灭威(aldicarb)

4.231.1 主要用途：杀虫剂。

4.231.2 ADI：0.003 mg/kg 体重。

4.231.3 残留物：涕灭威及其氧类似物(亚砜、砜)之和，以涕灭威表示。

4.231.4 最大残留限量：应符合表 231 的规定。

表 231

食品类别/名称	最大残留限量 mg/kg
油料及制品	
花生仁	0.02
花生油	0.01
棉籽	0.1
棉籽油	0.01
蔬菜	
鳞茎类蔬菜	0.03
芸苔属类蔬菜	0.03
叶菜类蔬菜	0.03
茄果类蔬菜	0.03
瓜类蔬菜	0.03
豆类蔬菜	0.03
茎类蔬菜	0.03
根茎类和薯芋类蔬菜(甘薯、马铃薯、木薯、山药除外)	0.03
水生类蔬菜	0.03
芽菜类蔬菜	0.03
其他多年生蔬菜	0.03
甘薯	0.1
马铃薯	0.1
木薯	0.1
山药	0.1
水果	
仁果类水果	0.02
柑橘类水果	0.02
核果类水果	0.02
浆果和其他小型水果	0.02
热带和亚热带水果	0.02
瓜果类水果	0.02

4.231.5 检测方法:油料及制品按照 GB/T 14929.2 规定的方法测定;蔬菜、水果按照 NY/T 761 规定的方法测定。

4.232 甜菜安(desmedipham)

4.232.1 主要用途:除草剂。

4.232.2 ADI:0.04 mg/kg 体重。

4.232.3 残留物:甜菜安。

4.232.4 最大残留限量:应符合表 232 的规定。

表 232

食品类别/名称	最大残留限量 mg/kg
糖料	
甜菜	0.1*

4.233 甜菜宁(phenmedipham)

4.233.1 主要用途:除草剂。
4.233.2 ADI:0.03 mg/kg 体重。
4.233.3 残留物:甜菜宁。
4.233.4 最大残留限量:应符合表 233 的规定。

表 233

食品类别/名称	最大残留限量 mg/kg
糖料	
甜菜	0.1

4.233.5 检测方法:糖料按照 GB/T 20769 规定的方法测定。

4.234 威百亩(metam-sodium)

4.234.1 主要用途:杀线虫剂。
4.234.2 ADI:0.001 mg/kg 体重。
4.234.3 残留物:威百亩。
4.234.4 最大残留限量:应符合表 234 的规定。

表 234

食品类别/名称	最大残留限量 mg/kg
蔬菜	
黄瓜	0.05*

4.235 萎锈灵(carboxin)

4.235.1 主要用途:杀菌剂。
4.235.2 ADI:0.008 mg/kg 体重。
4.235.3 残留物:萎锈灵。
4.235.4 最大残留限量:应符合表 235 的规定。

表 235

食品类别/名称	最大残留限量 mg/kg
谷物	
糙米	0.2
玉米	0.2
油料	
棉籽	0.2

4.235.5 检测方法:谷物按照 GB/T 19649、GB/T 20770 规定的方法测定;油料参照 GB/T 19649、

GB/T 20770 规定的方法测定。

4.236 肟菌酯(trifloxystrobin)

4.236.1 主要用途:杀菌剂。

4.236.2 ADI:0.04 mg/kg 体重。

4.236.3 残留物:肟菌酯。

4.236.4 最大残留限量:应符合表 236 的规定。

表 236

食品类别/名称	最大残留限量 mg/kg
水果	
柑橘	0.5
苹果	0.7

4.236.5 检测方法:水果按照 GB/T 20769、GB/T 19648 规定的方法测定。

4.237 五氯硝基苯(quintozene)

4.237.1 主要用途:杀菌剂。

4.237.2 ADI:0.01 mg/kg 体重。

4.237.3 残留物:植物源食品为五氯硝基苯,动物源食品为五氯硝基苯、五氯苯胺和五氯苯醚之和。

4.237.4 最大残留限量:应符合表 237 的规定。

表 237

食品类别/名称	最大残留限量 mg/kg
谷物	
小麦	0.01
鲜食玉米	0.1
油料及制品	
大豆	0.01
棉籽油	0.01
蔬菜	
番茄	0.1
茄子	0.1
辣椒	0.1
马铃薯	0.2
水果	
西瓜	0.02
食用菌	
蘑菇类(鲜)	0.1
禽肉类	0.1
禽类内脏	0.1
蛋类	0.03

4.237.5 检测方法:植物源食品按照 GB/T 5009.136、GB/T 5009.19 规定的方法测定;动物源食品按

照 GB/T 5009.162、GB/T 5009.19 规定的方法测定。

4.238 戊唑醇(tebuconazole)

4.238.1 主要用途:杀菌剂。

4.238.2 ADI:0.03 mg/kg 体重。

4.238.3 残留物:戊唑醇。

4.238.4 最大残留限量:应符合表 238 的规定。

表 238

食品类别/名称	最大残留限量 mg/kg
谷物	
糙米	0.5
小麦	0.05
油料	
花生仁	0.1
蔬菜	
黄瓜	1
水果	
苹果	2
柑橘	2
梨	0.5
葡萄	2

4.238.5 检测方法:谷物按照 GB/T 20770 规定的方法测定;油料参照 GB/T 20770 规定的方法测定;蔬菜、水果按照 GB/T 19648、GB/T 20769、NY/T 1379 规定的方法测定。

4.239 西草净(simetryn)

4.239.1 主要用途:除草剂。

4.239.2 ADI:0.025 mg/kg 体重。

4.239.3 残留物:西草净。

4.239.4 最大残留限量:应符合表 239 的规定。

表 239

食品类别/名称	最大残留限量 mg/kg
谷物	
糙米	0.05

4.239.5 检测方法:谷物按照 GB/T 20770 规定的方法测定。

4.240 西玛津(simazine)

4.240.1 主要用途:除草剂。

4.240.2 ADI:0.018 mg/kg 体重。

4.240.3 残留物:西玛津。

4.240.4 最大残留限量:应符合表 240 的规定。

表 240

食品类别/名称	最大残留限量 mg/kg
谷物	
玉米	0.1
糖料	
甘蔗	0.5

4.240.5 检测方法:谷物、糖料参照 GB/T 19648、NY/T 761、NT/T 1379 规定的方法测定。

4.241 烯草酮(clethodim)

4.241.1 主要用途:除草剂。
4.244.2 ADI:0.01 mg/kg 体重。
4.241.3 残留物:烯草酮及代谢物亚砜、砜之和,以烯草酮表示。
4.241.4 最大残留限量:应符合表 241 的规定。

表 241

食品类别/名称	最大残留限量 mg/kg
油料	
大豆	0.1
油菜籽	0.5

4.241.5 检测方法:油料参照 GB/T 20770、SN/T 2325 规定的方法测定。

4.242 烯啶虫胺(nitenpyram)

4.242.1 主要用途:杀虫剂。
4.242.2 ADI:0.53 mg/kg 体重。
4.242.3 残留物:烯啶虫胺和甲基丙烯酰氧乙基三甲基氯化铵之和,以烯啶虫胺表示。
4.242.4 最大残留限量:应符合表 242 的规定。

表 242

食品类别/名称	最大残留限量 mg/kg
油料	
棉籽	0.05*
水果	
柑橘	0.5*

4.242.5 检测方法:油料参照 GB/T 20769 规定的方法测定;水果按照 GB/T 20769 规定的方法测定。

4.243 烯禾啶(sethoxydim)

4.243.1 主要用途:除草剂。

4.243.2　ADI：0.14 mg/kg 体重。

4.243.3　残留物：烯禾啶。

4.243.4　最大残留限量：应符合表 243 的规定。

表 243

食品类别/名称	最大残留限量 mg/kg
油料	
大豆	2
花生仁	2
油菜籽	0.5
亚麻籽	0.5
棉籽	0.5
糖料	
甜菜	0.5

4.243.5　检测方法：油料、糖料参照 GB/T 19649、GB/T 20770 规定的方法测定。

4.244　烯肟菌胺(xiwojunan)

4.244.1　主要用途：杀菌剂。

4.244.2　ADI：0.069 mg/kg 体重。

4.244.3　残留物：烯肟菌胺。

4.244.4　最大残留限量：应符合表 244 的规定。

表 244

食品类别/名称	最大残留限量 mg/kg
谷物	
小麦	0.1*

4.245　烯酰吗啉(dimethomorph)

4.245.1　主要用途：杀菌剂。

4.245.2　ADI：0.2 mg/kg 体重。

4.245.3　残留物：烯酰吗啉。

4.245.4　最大残留限量：应符合表 245 的规定。

表 245

食品类别/名称	最大残留限量 mg/kg
蔬菜	
结球甘蓝	2
黄瓜	5
马铃薯	0.05

表 245（续）

食品类别/名称	最大残留限量 mg/kg
水果	
葡萄	5
甜瓜	0.5

4.245.5 检测方法：蔬菜、水果按照 GB/T 20769 规定的方法测定。

4.246 **烯唑醇(diniconazole)**

4.246.1 主要用途：杀菌剂。

4.246.2 ADI：0.005 mg/kg 体重。

4.246.3 残留物：烯唑醇。

4.246.4 最大残留限量：应符合表 246 的规定。

表 246

食品类别/名称	最大残留限量 mg/kg
谷物	
稻谷	0.05
小麦	0.2
高粱	0.05
粟	0.05
稷	0.05
玉米	0.05
蔬菜	
芦笋	0.5
水果	
苹果	0.2
梨	0.1
柑橘	1
葡萄	0.2
香蕉	2

4.246.5 检测方法：谷物按照 GB/T 20770 规定的方法测定；蔬菜、水果 GB/T 19648、GB/T 20769、GB/T 5009.201、SN/T 1114 规定的方法测定。

4.247 **酰嘧磺隆(amidosulfuron)**

4.247.1 主要用途：除草剂。

4.247.2 ADI：0.2 mg/kg 体重。

4.247.3 残留物：酰嘧磺隆。

4.247.4 最大残留限量：应符合表 247 的规定。

表 247

食品类别/名称	最大残留限量 mg/kg
谷物	
麦类	0.01

4.247.5 检测方法：谷物参照 SN/T 2325 规定的方法测定。

4.248 硝磺草酮(mesotrione)

4.248.1 主要用途：除草剂。

4.248.2 ADI：0.01 mg/kg 体重。

4.248.3 残留物：硝磺草酮。

4.248.4 最大残留限量：应符合表 248 的规定。

表 248

食品名称	最大残留限量 mg/kg
谷物	
玉米	0.01*

4.249 辛硫磷(phoxim)

4.249.1 主要用途：杀虫剂。

4.249.2 ADI：0.004 mg/kg 体重。

4.249.3 残留物：辛硫磷。

4.249.4 最大残留限量：应符合表 249 的规定。

表 249

食品类别/名称	最大残留限量 mg/kg
谷物	
稻谷	0.05
麦类	0.05
旱粮类	0.05
杂粮类	0.05
油料	
大豆	0.05
花生仁	0.05
油菜籽	0.1
蔬菜	
结球甘蓝	0.1
普通白菜	0.1
大蒜	0.1
菜豆	0.05

表 249（续）

食品类别/名称	最大残留限量 mg/kg
蔬菜	
鳞茎类蔬菜(大蒜除外)	0.05
芸苔属类蔬菜(结球甘蓝除外)	0.05
叶菜类蔬菜(普通白菜除外)	0.05
茄果类蔬菜	0.05
瓜类蔬菜	0.05
豆类蔬菜(菜豆除外)	0.05
茎类蔬菜	0.05
根茎类和薯芋类蔬菜	0.05
水生类蔬菜	0.05
芽菜类蔬菜	0.05
其他多年生蔬菜	0.05
水果	
仁果类水果	0.05
柑橘类水果	0.05
核果类水果	0.05
浆果和其他小型水果	0.05
热带和亚热带水果	0.05
瓜果类水果	0.05
糖料	
甘蔗	0.05

4.249.5　检测方法：谷物按照 GB/T 5009.102、SN/T 0209 规定的方法测定；油料参照按 GB/T 5009.102、SN/T 0209 规定的方法测定；蔬菜、水果按照 GB/T 5009.102、GB/T 20769、NY/T 761规定的方法测定；糖料参照 GB/T 5009.102、GB/T 20769、NY/T 761 规定的方法测定。

4.250　溴苯腈(bromoxynil)

4.250.1　主要用途：除草剂。

4.250.2　ADI：0.01 mg/kg 体重。

4.250.3　残留物：溴苯腈。

4.250.4　最大残留限量：应符合表 250 的规定。

表 250

食品类别/名称	最大残留限量 mg/kg
谷物	
玉米	0.1
小麦	0.05

4.250.5　检测方法：谷物按照 SN/T 2228 规定的方法测定。

4.251 溴甲烷(methyl bromide)

4.251.1 主要用途:熏蒸剂。

4.251.2 ADI:1 mg/kg 体重。

4.251.3 残留物:溴甲烷。

4.251.4 最大残留限量:应符合表 251 的规定。

表 251

食品类别/名称	最大残留限量 mg/kg
谷物及制品	
稻谷	5
麦类	5
旱粮类	5
杂粮类	5
成品粮	5
油料	
大豆	5
蔬菜	
薯类蔬菜	5
水果	
草莓	30

4.251.5 检测方法:谷物及制品按照 SN/T 0649 规定的方法测定;油料、蔬菜、水果参照 SN/T 0649 规定的方法测定。

4.252 溴菌腈(bromothalonil)

4.252.1 主要用途:杀菌剂。

4.252.2 ADI:0.001 mg/kg 体重。

4.252.3 残留物:溴菌腈。

4.252.4 最大残留限量:应符合表 252 的规定。

表 252

食品类别/名称	最大残留限量 mg/kg
水果	
苹果	0.2*

4.253 溴螨酯(bromopropylate)

4.253.1 主要用途:杀螨剂。

4.253.2 ADI:0.03 mg/kg 体重。

4.253.3 残留物:溴螨酯。

4.253.4 最大残留限量:应符合表 253 的规定。

表 253

食品类别/名称	最大残留限量 mg/kg
水果	
苹果	2
梨	2
柑橘	2
橙	2
柚	2
柠檬	2

4.253.5　检测方法：水果按照 GB/T 19648、SN/T 0192 规定的方法测定。

4.254　溴氰菊酯(deltamethrin)

4.254.1　主要用途：杀虫剂。

4.254.2　ADI：0.01 mg/kg 体重。

4.254.3　残留物：溴氰菊酯。

4.254.4　最大残留限量：应符合表 254 的规定。

表 254

食品类别/名称	最大残留限量 mg/kg
谷物及制品	
稻谷	0.5
麦类	0.5
旱粮类	0.5
杂粮类	0.5
成品粮(小麦粉除外)	0.5
小麦粉	0.2
鲜食玉米	0.2
油料	
大豆	0.05
花生仁	0.01
油菜籽	0.1
棉籽	0.1
蔬菜	
萝卜	0.2
胡萝卜	0.2
芜菁	0.2
根芹菜	0.2
芋	0.2
甘薯	0.5
花椰菜	0.5
结球甘蓝	0.5
大白菜	0.5
菠菜	0.5

表 254（续）

食品类别/名称	最大残留限量 mg/kg
蔬菜	
普通白菜	0.5
莴苣	0.5
番茄	0.2
茄子	0.2
辣椒	0.2
水果	
苹果	0.1
梨	0.1
柑橘	0.05
橙	0.05
柚	0.05
柠檬	0.05
香蕉	0.05
菠萝	0.05
猕猴桃	0.05
荔枝	0.05
芒果	0.05
饮料类	
茶叶	10
食用菌	
蘑菇类(鲜)	0.2

4.254.5 检测方法：谷物及制品、油料按照 GB/T 5009.110 规定的方法测定；蔬菜、水果按照 NY/T 761规定的方法测定；食用菌参照 NY/T 761 规定的方法测定；茶叶按照 GB/T 5009.110、SN/T 1117规定的方法测定。

4.255 蚜灭磷(vamidothion)

4.255.1 主要用途：杀虫剂。

4.255.2 ADI：0.008 mg/kg 体重。

4.255.3 残留物：蚜灭磷。

4.255.4 最大残留限量：应符合表 255 的规定。

表 255

食品类别/名称	最大残留限量 mg/kg
水果	
苹果	1
梨	1

4.255.5 检测方法：水果按照 GB/T 20769 规定的方法测定。

4.256 亚胺硫磷(phosmet)

4.256.1 主要用途:杀虫剂。
4.256.2 ADI:0.01 mg/kg 体重。
4.256.3 残留物:亚胺硫磷。
4.256.4 最大残留限量:应符合表 256 的规定。

表 256

食品类别/名称	最大残留限量 mg/kg
谷物	
稻谷	0.5
玉米	0.05
油料	
棉籽	0.05
蔬菜	
大白菜	0.5
水果	
柑橘	5
橙	5
柚	5
柠檬	5

4.256.5 检测方法:谷物按照 GB/T 5009.131 规定的方法测定;油料参照 GB/T 5009.131 规定的方法测定;蔬菜按照 GB/T 5009.131、NY/T 761 规定的方法测定;水果按照 NY/T 761 规定的方法测定。

4.257 亚胺唑(imibenconazole)

4.257.1 主要用途:杀菌剂。
4.257.2 ADI:0.009 8 mg/kg 体重。
4.257.3 残留物:亚胺唑。
4.257.4 最大残留限量:应符合表 257 的规定。

表 257

食品类别/名称	最大残留限量 mg/kg
水果	
柑橘	1*
苹果	1*
青梅	3*
葡萄	3*

4.258 烟碱(nicotine)

4.258.1 主要用途:杀虫剂。
4.258.2 ADI:0.000 8 mg/kg 体重。

4.258.3 残留物：烟碱。

4.258.4 最大残留限量：应符合表258的规定。

表 258

食品类别/名称	最大残留限量 mg/kg
蔬菜	
结球甘蓝	0.2
水果	
柑橘	0.2

4.258.5 检测方法：蔬菜、水果按GB/T 20769、SN/T 2397规定的方法测定。

4.259 烟嘧磺隆(nicosulfuron)

4.259.1 主要用途：除草剂。

4.259.2 ADI：2 mg/kg体重。

4.259.3 残留物：烟嘧磺隆。

4.259.4 最大残留限量：应符合表259的规定。

表 259

食品类别/名称	最大残留限量 mg/kg
谷物	
玉米	0.1

4.259.5 检测方法：谷物参照NY/T 1616规定的方法测定。

4.260 氧乐果(omethoate)

4.260.1 主要用途：杀虫剂。

4.260.2 ADI：0.000 3 mg/kg体重。

4.260.3 残留物：氧乐果。

4.260.4 最大残留限量：应符合表260的规定。

表 260

食品类别/名称	最大残留限量 mg/kg
谷物	
小麦	0.02
油料	
大豆	0.05
棉籽	0.02
蔬菜	
鳞茎类蔬菜	0.02
芸苔属类蔬菜	0.02

表 260（续）

食品类别/名称	最大残留限量 mg/kg
蔬菜	
叶菜类蔬菜	0.02
茄果类蔬菜	0.02
瓜类蔬菜	0.02
豆类蔬菜	0.02
茎类蔬菜	0.02
根茎类和薯芋类蔬菜	0.02
水生类蔬菜	0.02
芽菜类蔬菜	0.02
其他多年生蔬菜	0.02
水果	
仁果类水果	0.02
柑橘类水果	0.02
核果类水果	0.02
浆果和其他小型水果	0.02
热带和亚热带水果	0.02
瓜果类水果	0.02

4.260.5 检测方法：谷物按照 GB/T 20770 规定的方法测定；油料参照 SN/T 1739 规定的方法测定；蔬菜、水果按照 NY/T 761、NY/T 1379 规定的方法测定。

4.261 野麦畏(triallate)

4.261.1 主要用途：除草剂。

4.261.2 ADI：0.025 mg/kg 体重。

4.261.3 残留物：野麦畏。

4.261.4 最大残留限量：应符合表 261 的规定。

表 261

食品类别/名称	最大残留限量 mg/kg
谷物	
小麦	0.05

4.261.5 检测方法：谷物按照 GB/T 20770 规定的方法测定。

4.262 野燕枯(difenzoquat)

4.262.1 主要用途：除草剂。

4.262.2 ADI：0.25 mg/kg 体重。

4.262.3 残留物：野燕枯。

4.262.4 最大残留限量：应符合表 262 的规定。

表 262

食品类别/名称	最大残留限量 mg/kg
谷物	
麦类	0.1

4.262.5 检测方法:谷物按照 GB/T 5009.200 规定的方法测定。

4.263 依维菌素(ivermectin)

4.263.1 主要用途:杀虫剂。

4.263.2 ADI:0.001 mg/kg 体重。

4.263.3 残留物:依维菌素。

4.263.4 最大残留限量:应符合表 263 规定。

表 263

食品类别/名称	最大残留限量 mg/kg
蔬菜	
结球甘蓝	0.02

4.263.5 检测方法:蔬菜参照 GB/T 22968 规定的方法测定。

4.264 乙草胺(acetochlor)

4.264.1 主要用途:除草剂。

4.264.2 ADI:0.02 mg/kg 体重。

4.264.3 残留物:乙草胺。

4.264.4 最大残留限量:应符合表 264 的规定。

表 264

食品类别/名称	最大残留限量 mg/kg
谷物	
糙米	0.05
玉米	0.05
油料	
大豆	0.1
油菜籽	0.2
花生仁	0.1

4.264.5 检测方法:谷物按照 GB/T 20770、GB/T 19649、SN/T 2322 规定的测定;油料按照 SN/T 2322规定的方法测定。

4.265 乙虫腈(ethiprole)

4.265.1 主要用途:杀虫剂。

4.265.2 ADI:0.005 mg/kg 体重。

4.265.3 残留物:乙虫腈。

4.265.4 最大残留限量:应符合表 265 的规定。

表 265

食品类别/名称	最大残留限量 mg/kg
谷物	
糙米	0.2

4.265.5 检测方法:谷物参照 GB/T 20769 规定的方法测定。

4.266 乙基多杀菌素(spinetoram)

4.266.1 主要用途:杀虫剂。

4.266.2 ADI:0.05 mg/kg 体重。

4.266.3 残留物:乙基多杀菌素。

4.266.4 最大残留限量:应符合表 266 的规定。

表 266

食品类别/名称	最大残留限量 mg/kg
蔬菜	
结球甘蓝	0.5*
茄子	0.1*
豇豆	0.1*

4.267 乙硫磷(ethion)

4.267.1 主要用途:杀虫剂。

4.267.2 ADI:0.002 mg/kg 体重。

4.267.3 残留物:乙硫磷。

4.267.4 最大残留限量:应符合表 267 的规定。

表 267

食品类别/名称	最大残留限量 mg/kg
谷物	
稻谷	0.2
油料制品	
棉籽油	0.5

4.267.5 检测方法:谷物按照 GB/T 5009.20 规定的方法测定;油料制品参照 GB/T 5009.20 规定的方法测定。

4.268 乙螨唑(etoxazole)

4.268.1 主要用途:杀螨剂。

4.268.2 ADI:0.04 mg/kg 体重。

4.268.3 残留物:乙螨唑。

4.268.4 最大残留限量:应符合表 268 的规定。

表 268

食品类别/名称	最大残留限量 mg/kg
水果	
柑橘	0.5

4.268.5 检测方法:水果按照 GB/T 19648 规定的方法测定。

4.269 乙霉威(diethofencarb)

4.269.1 主要用途:杀菌剂。

4.269.2 ADI:0.004 mg/kg 体重。

4.269.3 残留物:乙霉威。

4.269.4 最大残留限量:应符合表 269 的规定。

表 269

食品类别/名称	最大残留限量 mg/kg
蔬菜	
番茄	1
黄瓜	5

4.269.5 检测方法:蔬菜按照 GB/T 20769 规定的方法测定。

4.270 乙嘧酚(ethirimol)

4.270.1 主要用途:杀菌剂。

4.270.2 ADI:0.035 mg/kg 体重。

4.270.3 残留物:乙嘧酚。

4.270.4 最大残留限量:应符合表 270 的规定。

表 270

食品名称	最大残留限量 mg/kg
蔬菜	
黄瓜	1

4.270.5 检测方法:蔬菜按照 GB/T 20769 规定的方法测定。

4.271 乙羧氟草醚(fluoroglycofen-ethyl)

4.271.1 主要用途:除草剂。
4.271.2 ADI:0.01 mg/kg 体重。
4.271.3 残留物:乙羧氟草醚。
4.271.4 最大残留限量:应符合表 271 的规定。

表 271

食品类别/名称	最大残留限量 mg/kg
油料	
大豆	0.05

4.271.5 检测方法:油料按照 SN/T 1737.2 规定的方法测定。

4.272 乙烯菌核利(vinclozolin)

4.272.1 主要用途:杀菌剂。
4.272.2 ADI:0.01 mg/kg 体重。
4.272.3 残留物:乙烯菌核利及其所有含 3,5-二氯苯胺部分的代谢产物之和,以乙烯菌核利表示。
4.272.4 最大残留限量:应符合表 272 的规定。

表 272

食品类别/名称	最大残留限量 mg/kg
蔬菜	
番茄	3
黄瓜	1

4.272.5 检测方法:蔬菜按照 NY/T 761 规定的方法测定。

4.273 乙烯利(ethephon)

4.273.1 主要用途:植物生长调节剂。
4.273.2 ADI:0.05 mg/kg 体重。
4.273.3 残留物:乙烯利。
4.273.4 最大残留限量:应符合表 273 的规定。

表 273

食品类别/名称	最大残留限量 mg/kg
谷物	
玉米	0.5
油料	
棉籽	2
蔬菜	
番茄	2

表 273（续）

食品类别/名称	最大残留限量 mg/kg
水果	
香蕉	2
菠萝	2
猕猴桃	2
荔枝	2
芒果	2

4.273.5　检测方法：谷物按照 NY/T 1016 规定的方法测定；油料参照 NY/T 1016 规定的方法测定；蔬菜、水果按照 NY/T 1016 规定的方法测定。

4.274　乙酰甲胺磷(acephate)

4.274.1　主要用途：杀虫剂。
4.274.2　ADI：0.03 mg/kg 体重。
4.274.3　残留物：乙酰甲胺磷。
4.274.4　最大残留限量：应符合表 274 的规定。

表 274

食品类别/名称	最大残留限量 mg/kg
谷物	
糙米	1
小麦	0.2
玉米	0.2
油料	
棉籽	2
蔬菜	
鳞茎类蔬菜	1
芸苔属类蔬菜	1
叶菜类蔬菜	1
茄果类蔬菜	1
瓜类蔬菜	1
豆类蔬菜	1
茎类蔬菜	1
根茎类和薯芋类蔬菜	1
水生类蔬菜	1
芽菜类蔬菜	1
其他多年生蔬菜	1
水果	
仁果类水果	0.5
柑橘类水果	0.5
核果类水果	0.5
浆果和其他小型水果	0.5

表 274（续）

食品类别/名称	最大残留限量 mg/kg
水果	
热带和亚热带水果	0.5
瓜果类水果	0.5
饮料类	
茶叶	0.1

4.274.5 检测方法：谷物、油料按照 GB/T 5009.103 规定的方法测定；蔬菜、水果按照 NY/T 761、GB/T 5009.218规定的方法测定；茶叶参照 GB/T 5009.103 规定的方法测定。

4.275 乙氧氟草醚(oxyfluorfen)

4.275.1 主要用途：除草剂。
4.275.2 ADI：0.03 mg/kg 体重。
4.275.3 残留物：乙氧氟草醚。
4.275.4 最大残留限量：应符合表 275 的规定。

表 275

食品类别/名称	最大残留限量 mg/kg
谷物	
糙米	0.05
蔬菜	
大蒜	0.05
蒜薹	0.1
蒜苗	0.1

4.275.5 检测方法：谷物按照 GB/T 19649、GB/T 20770 规定的方法测定；蔬菜按照 GB/T 19648、GB/T 20769 规定的方法测定。

4.276 乙氧磺隆(ethoxysulfuron)

4.276.1 主要用途：除草剂。
4.276.2 ADI：0.04 mg/kg 体重。
4.276.3 残留物：乙氧磺隆。
4.276.4 最大残留限量：应符合表 276 的规定。

表 276

食品类别/名称	最大残留限量 mg/kg
谷物	
糙米	0.05

4.276.5 检测方法:谷物按照 GB/T 20770 规定的方法测定。

4.277 异丙草胺(propisochlor)

4.277.1 主要用途:除草剂。

4.277.2 ADI:2.5 mg/kg 体重。

4.277.3 残留物:异丙草胺。

4.277.4 最大残留限量:应符合表 277 的规定。

表 277

食品名称	最大残留限量 mg/kg
谷物	
玉米	0.1*
油料	
大豆	0.1*
蔬菜	
菜用大豆	0.1*
甘薯	0.05*

4.277.5 检测方法:谷物按照 GB/T 19649 规定的方法测定;油料、蔬菜参照 GB/T 19649 规定的方法测定。

4.278 异丙甲草胺和精异丙甲草胺(metolachlor 和 s-metolachlor)

4.278.1 主要用途:除草剂。

4.278.2 ADI:0.1 mg/kg 体重。

4.278.3 残留物:异丙甲草胺。

4.278.4 最大残留限量:应符合表 278 的规定。

表 278

食品类别/名称	最大残留限量 mg/kg
谷物	
糙米	0.1
玉米	0.1
油料	
油菜籽	0.1
芝麻	0.1
花生仁	0.5
大豆	0.5
蔬菜	
菜用大豆	0.1
糖料	
甘蔗	0.05
甜菜	0.1

4.278.5 检测方法:谷物按照 GB/T 19649 规定的方法测定;油料按照 GB/T 5009.174 规定的方法测定;蔬菜、糖料参照 GB/T 19649 规定的方法测定。

4.279 异丙隆(isoproturon)

4.279.1 主要用途:除草剂。

4.279.2 ADI:0.015 mg/kg 体重。

4.279.3 残留物:异丙隆。

4.279.4 最大残留限量:应符合表 279 的规定。

表 279

食品类别/名称	最大残留限量 mg/kg
谷物	
糙米	0.05
小麦	0.05

4.279.5 检测方法:谷物按照 GB/T 20770 规定的方法测定。

4.280 异丙威(isoprocarb)

4.280.1 主要用途:杀虫剂。

4.280.2 ADI:0.002 mg/kg 体重。

4.280.3 残留物:异丙威。

4.280.4 最大残留限量:应符合表 280 的规定。

表 280

食品类别/名称	最大残留限量 mg/kg
谷物	
大米	0.2
蔬菜	
黄瓜	0.5

4.280.5 检测方法:谷物按照 GB/T 5009.104 规定的方法测定;蔬菜按照 NY/T 761 规定的方法测定。

4.281 异稻瘟净(iprobenfos)

4.281.1 主要用途:杀菌剂。

4.281.2 ADI:0.035 mg/kg 体重。

4.281.3 残留物:异稻瘟净。

4.281.4 最大残留限量:应符合表 281 的规定。

表 281

食品类别/名称	最大残留限量 mg/kg
谷物	
糙米	0.5

4.281.5 检测方法：谷物按照 GB/T 19649、GB/T 20770、SN/T 1967 规定的方法测定。

4.282 异噁草酮(clomazone)

4.282.1 主要用途：除草剂。
4.282.2 ADI：0.133 mg/kg 体重。
4.282.3 残留物：异噁草酮。
4.282.4 最大残留限量：应符合表 282 的规定。

表 282

食品类别/名称	最大残留限量 mg/kg
谷物	
糙米	0.02
油料	
大豆	0.05
糖料	
甘蔗	0.1

4.282.5 检测方法：谷物按照 GB/T 19649 规定的方法测定；油料、糖料参照 GB/T 19649 规定的方法测定。

4.283 异菌脲(iprodione)

4.283.1 主要用途：杀菌剂。
4.283.2 ADI：0.06 mg/kg 体重。
4.283.3 残留物：异菌脲。
4.283.4 最大残留限量：应符合表 283 的规定。

表 283

食品类别/名称	最大残留限量 mg/kg
油料	
油菜籽	2
蔬菜	
番茄	5
黄瓜	2

表 283（续）

食品类别/名称	最大残留限量 mg/kg
水果	
苹果	5
梨	5
葡萄	10
香蕉	10

4.283.5 检测方法：油料按照 GB/T 19654 规定的方法测定；蔬菜、水果按照 GB/T 19648、NY/T 1380、NY/T 761、NY/T 1277、NY/T 1379 规定的方法测定。

4.284 抑霉唑（imazalil）

4.284.1 主要用途：杀菌剂。
4.284.2 ADI：0.03 mg/kg 体重。
4.284.3 残留物：抑霉唑。
4.284.4 最大残留限量：应符合表 284 的规定。

表 284

食品类别/名称	最大残留限量 mg/kg
水果	
柑橘	5
橙	5
柚	5
柠檬	5

4.284.5 检测方法：水果按照 GB/T 20769 规定的方法测定。

4.285 印楝素（azadirachtin）

4.285.1 主要用途：杀虫剂。
4.285.2 ADI：0.1 mg/kg 体重。
4.285.3 残留物：印楝素。
4.285.4 最大残留限量：应符合表 285 的规定。

表 285

食品类别/名称	最大残留限量 mg/kg
蔬菜	
结球甘蓝	0.1*

4.286 茚虫威（indoxacarb）

4.286.1 主要用途：杀虫剂。

4.286.2 ADI:0.01 mg/kg 体重。

4.286.3 残留物:茚虫威。

4.286.4 最大残留限量:应符合表 286 的规定。

表 286

食品类别/名称	最大残留限量 mg/kg
油料	
棉籽	0.1
蔬菜	
结球甘蓝	3
普通白菜	2
芥蓝	2

4.286.5 检测方法:油料参照 GB/T 20770 规定的方法测定;蔬菜按照 GB/T 20769 规定的方法测定。

4.287 蝇毒磷(coumaphos)

4.287.1 主要用途:杀虫剂。

4.287.2 ADI:0.000 3 mg/kg 体重。

4.287.3 残留物:蝇毒磷。

4.287.4 最大残留限量:应符合表 287 的规定。

表 287

食品类别/名称	最大残留限量 mg/kg
蔬菜	
鳞茎类蔬菜	0.05
芸苔属蔬菜	0.05
叶菜类蔬菜	0.05
茄果类蔬菜	0.05
瓜类蔬菜	0.05
豆类蔬菜	0.05
茎类蔬菜	0.05
根茎类和薯芋类蔬菜	0.05
水生类蔬菜	0.05
芽菜类蔬菜	0.05
其他多年生蔬菜	0.05
水果	
仁果类水果	0.05
柑橘类水果	0.05
核果类水果	0.05
浆果和其他小型水果	0.05
热带和亚热带水果	0.05
瓜果类水果	0.05

4.287.5 检测方法:蔬菜、水果按照 NY/T 761、GB/T 19648 规定的方法测定。

4.288 **莠灭净(ametryn)**

4.288.1 主要用途:除草剂。
4.288.2 ADI:0.072 mg/kg 体重。
4.288.3 残留物:莠灭净。
4.288.4 最大残留限量:应符合表 288 的规定。

表 288

食品类别/名称	最大残留限量 mg/kg
水果	
菠萝	0.2
糖料	
甘蔗	0.05

4.288.5 检测方法:水果按照 GB/T 19648 规定的方法测定;糖料参照 GB/T 23816 规定的方法测定。

4.289 **莠去津(atrazine)**

4.289.1 主要用途:除草剂。
4.289.2 ADI:0.02 mg/kg 体重。
4.289.3 残留物:莠去津。
4.289.4 最大残留限量:应符合表 289 的规定。

表 289

食品类别/名称	最大残留限量 mg/kg
谷物	
玉米	0.05
糖料	
甘蔗	0.05

4.289.5 检测方法:谷物、糖料按照 GB/T 5009.132 规定的方法测定。

4.290 **鱼藤酮(rotenone)**

4.290.1 主要用途:杀虫剂。
4.290.2 ADI:0.000 4 mg/kg 体重。
4.290.3 残留物:鱼藤酮。
4.290.4 最大残留限量:应符合表 290 的规定。

表 290

食品类别/名称	最大残留限量 mg/kg
蔬菜	
结球甘蓝	0.5

4.290.5 检测方法:蔬菜参照 GB/T 20769 规定的方法测定。

4.291 治螟磷(sulfotep)

4.291.1 主要用途:杀虫剂。
4.291.2 ADI:0.001 mg/kg 体重。
4.291.3 残留物:治螟磷。
4.291.4 最大残留限量:应符合表 291 的规定。

表 291

食品类别/名称	最大残留限量 mg/kg
蔬菜	
鳞茎类蔬菜	0.01
芸苔属类蔬菜	0.01
叶菜类蔬菜	0.01
茄果类蔬菜	0.01
瓜类蔬菜	0.01
豆类蔬菜	0.01
茎类蔬菜	0.01
根茎类和薯芋类蔬菜	0.01
水生类蔬菜	0.01
芽菜类蔬菜	0.01
其他多年生蔬菜	0.01
水果	
仁果类水果	0.01
柑橘类水果	0.01
核果类水果	0.01
浆果和其他小型水果	0.01
热带和亚热带水果	0.01
瓜果类水果	0.01

4.291.5 检测方法:蔬菜、水果按照 NY/T 761、GB/T 19648 规定的方法测定。

4.292 仲丁灵(butralin)

4.292.1 主要用途:除草剂。
4.292.2 ADI:0.2 mg/kg 体重。
4.292.3 残留物:仲丁灵。
4.292.4 最大残留限量:应符合表 292 的规定。

表 292

食品类别/名称	最大残留限量 mg/kg
油料	
棉籽	0.05

4.292.5 检测方法:油料参照 GB/T 20770、GB/T 19649 规定的方法测定。

4.293 仲丁威(fenobucarb)

4.293.1 主要用途:杀虫剂。

4.293.2 ADI:0.06 mg/kg 体重。

4.293.3 残留物:仲丁威。

4.293.4 最大残留限量:应符合表 293 的规定。

表 293

食品类别/名称	最大残留限量 mg/kg
谷物 稻谷	 0.5
蔬菜 节瓜	 0.05

4.293.5 检测方法:谷物按照 GB/T 5009.145 规定的方法测定;蔬菜按照 GB/T 5009.145、NY/T 1679、NY/T 761、NY/T 1379、SN/T 2560 规定的方法测定。

4.294 唑草酮(carfentrazone-ethyl)

4.294.1 主要用途:除草剂。

4.294.2 ADI:0.03 mg/kg 体重。

4.294.3 残留物:唑草酮。

4.294.4 最大残留限量:应符合表 294 的规定。

表 294

食品类别/名称	最大残留限量 mg/kg
谷物 糙米 小麦	 0.1 0.1

4.294.5 检测方法:谷物参照 GB/T 23216 规定的方法测定。

4.295 唑虫酰胺(tolfenpyrad)

4.295.1 主要用途:杀虫剂。

4.295.2 ADI:0.006 mg/kg 体重。

4.295.3 残留物:唑虫酰胺。

4.295.4 最大残留限量:应符合表 295 的规定。

表 295

食品名称	最大残留限量 mg/kg
蔬菜	
结球甘蓝	0.5
大白菜	0.5
茄子	0.5

4.295.5 检测方法：蔬菜按照 GB/T 20769 规定的方法测定。

4.296 唑螨酯(fenpyroximate)

4.296.1 主要用途：杀螨剂。

4.296.2 ADI：0.01 mg/kg 体重。

4.296.3 残留物：唑螨酯。

4.296.4 最大残留限量：应符合表 296 的规定。

表 296

食品名称	最大残留限量 mg/kg
油料	
棉籽	0.1
水果	
苹果	0.3
柑橘	0.2

4.296.5 检测方法：油料参照 GB/T 19649、GB/T 20770、GB/T 23204 规定的方法测定；水果按照 GB/T 19648、GB/T 20769、SN/T 1977 规定的方法测定。

4.297 唑嘧磺草胺(flumetsulam)

4.297.1 主要用途：除草剂。

4.297.2 ADI：1 mg/kg 体重。

4.297.3 残留物：唑嘧磺草胺。

4.297.4 最大残留限量：应符合表 297 的规定。

表 297

食品类别/名称	最大残留限量 mg/kg
谷物	
玉米	0.05*
油料	
大豆	0.05*

4.298 艾氏剂(aldrin)

4.298.1 主要用途:杀虫剂。

4.298.2 ADI:0.000 1 mg/kg 体重。

4.298.3 残留物:艾氏剂。

4.298.4 再残留限量:应符合表 298 规定。

表 298

食品类别/名称	再残留限量 mg/kg
谷物及制品	
稻谷	0.02
麦类	0.02
旱粮类	0.02
杂粮类	0.02
成品粮	0.02
油料	
大豆	0.05
蔬菜	
鳞茎类蔬菜	0.05
芸苔属类蔬菜	0.05
叶菜类蔬菜	0.05
茄果类蔬菜	0.05
瓜类蔬菜	0.05
豆类蔬菜	0.05
茎类蔬菜	0.05
根茎类和薯芋类蔬菜	0.05
水生类蔬菜	0.05
芽菜类蔬菜	0.05
其他多年生蔬菜	0.05
水果	
仁果类水果	0.05
柑橘类水果	0.05
核果类水果	0.05
浆果和其他小型水果	0.05
热带和亚热带水果	0.05
瓜果类水果	0.05
哺乳动物肉类(海洋哺乳动物除外)	0.2(以脂肪计)
禽肉类	0.2(以脂肪计)
蛋类	0.1
生乳	0.006

4.298.5 检测方法:植物源食品(蔬菜、水果除外)按照 GB/T 5009.19 规定的方法测定;蔬菜、水果按照 NY/T 761、GB/T 5009.19 规定的方法测定;动物源食品按照 GB/T 5009.162、GB/T 5009.19 规定的方法测定。

4.299 **滴滴涕(DDT)**

4.299.1 主要用途:杀虫剂。

4.299.2 ADI:0.01 mg/kg 体重。

4.299.3 残留物:*p*,*p*'-滴滴涕、*o*,*p*'-滴滴涕、*p*,*p*'-滴滴伊和 *p*,*p*'-滴滴滴之和。

4.299.4 再残留限量:应符合表 299 的规定。

表 299

食品类别/名称	再残留限量 mg/kg
谷物及制品	
稻谷	0.1
麦类	0.1
旱粮类	0.1
杂粮类	0.05
成品粮	0.05
油料	
大豆	0.05
蔬菜	
鳞茎类蔬菜	0.05
芸苔属类蔬菜	0.05
叶菜类蔬菜	0.05
茄果类蔬菜	0.05
瓜类蔬菜	0.05
豆类蔬菜	0.05
茎类蔬菜	0.05
根茎类和薯芋类蔬菜(胡萝卜除外)	0.05
水生类蔬菜	0.05
芽菜类蔬菜	0.05
其他多年生蔬菜	0.05
胡萝卜	0.2
水果	
仁果类水果	0.05
柑橘类水果	0.05
核果类水果	0.05
浆果和其他小型水果	0.05
热带和亚热带水果	0.05
瓜果类水果	0.05
饮料类	
茶叶	0.2
哺乳动物肉类及其制品	
脂肪含量 10%以下	0.2(以原样计)
脂肪含量 10%以上	2(以脂肪计)
水产品	0.5
蛋类	0.1
生乳	0.02

4.299.5 检测方法:植物源食品(蔬菜、水果除外)按照 GB/T 5009.19 规定的方法测定;蔬菜、水果按

照 NY/T 761、GB/T 5009.19 规定的方法测定；动物源食品按照 GB/T 5009.162、GB/T 5009.19 规定的方法测定。

4.300 狄氏剂(dieldrin)

4.300.1 主要用途：杀虫剂。

4.300.2 ADI：0.000 1 mg/kg 体重。

4.300.3 残留物：狄氏剂。

4.300.4 再残留限量：应符合表 300 的规定。

表 300

食品类别/名称	再残留限量 mg/kg
谷物及制品	
稻谷	0.02
麦类	0.02
旱粮类	0.02
杂粮类	0.02
成品粮	0.02
油料	
大豆	0.05
蔬菜	
鳞茎类蔬菜	0.05
芸苔属类蔬菜	0.05
叶菜类蔬菜	0.05
茄果类蔬菜	0.05
瓜类蔬菜	0.05
豆类蔬菜	0.05
茎类蔬菜	0.05
根茎类和薯芋类蔬菜	0.05
水生类蔬菜	0.05
芽菜类蔬菜	0.05
其他多年生蔬菜	0.05
水果	
仁果类水果	0.02
柑橘类水果	0.02
核果类水果	0.02
浆果和其他小型水果	0.02
热带和亚热带水果	0.02
瓜果类水果	0.02
哺乳动物肉类(海洋哺乳动物除外)	0.2(以脂肪计)
禽肉类	0.2(以脂肪计)
蛋类	0.1
奶类	0.006

4.300.5 检测方法：植物源食品(蔬菜、水果除外)按照 GB/T 5009.19 规定的方法测定；蔬菜、水果按照 NY/T 761、GB/T 5009.19 规定的方法测定；动物源食品按照 GB/T 5009.162、GB/T 5009.19 规定的方法测定。

4.301 毒杀芬(camphechlor)

4.301.1 主要用途:杀虫剂。

4.301.2 ADI:0.000 25 mg/kg 体重。

4.301.3 残留物:毒杀芬。

4.301.4 再残留限量:应符合表 301 的规定。

表 301

食品类别/名称	再残留限量 mg/kg
谷物	
稻谷	0.01*
麦类	0.01*
旱粮类	0.01*
杂粮类	0.01*
油料	
大豆	0.01*
蔬菜	
鳞茎类蔬菜	0.05*
芸苔属类蔬菜	0.05*
叶菜类蔬菜	0.05*
茄果类蔬菜	0.05*
瓜类蔬菜	0.05*
豆类蔬菜	0.05*
茎类蔬菜	0.05*
根茎类和薯芋类蔬菜	0.05*
水生类蔬菜	0.05*
芽菜类蔬菜	0.05*
其他多年生蔬菜	0.05*
水果	
仁果类水果	0.05*
柑橘类水果	0.05*
核果类水果	0.05*
浆果和其他小型水果	0.05*
热带和亚热带水果	0.05*
瓜果类水果	0.05*

4.301.5 检测方法:谷物、油料、蔬菜、水果参照 YC/T 180 规定的方法测定。

4.302 林丹(lindane)

4.302.1 主要用途:杀虫剂。

4.302.2 ADI:0.005 mg/kg 体重。

4.302.3 残留物:林丹。

4.302.4 再残留限量:应符合表 302 的规定。

表 302

食品类别/名称	再残留限量 mg/kg
谷物	
小麦	0.05
哺乳动物肉类(海洋哺乳动物除外)	
脂肪含量 10%以下(以原样计)	0.1
脂肪含量 10%及以上(以脂肪计)	1
蛋类	0.1
生乳	0.01

4.302.5 检测方法:植物源食品按照 GB/T 5009.19 规定的方法测定;动物源食品按照 GB/T 5009.162、GB/T 5009.19 规定的方法测定。

4.303 **六六六(HCB)**

4.303.1 主要用途:杀虫剂。

4.303.2 ADI:0.005 mg/kg 体重。

4.303.3 残留物:α-六六六、β-六六六、γ-六六六和 δ-六六六之和。

4.303.4 再残留限量:应符合表 303 的规定。

表 303

食品类别/名称	再残留限量 mg/kg
谷物及制品	
稻谷	0.05
麦类	0.05
旱粮类	0.05
杂粮类	0.05
成品粮	0.05
油料	
大豆	0.05
蔬菜	
鳞茎类蔬菜	0.05
芸苔属类蔬菜	0.05
叶菜类蔬菜	0.05
茄果类蔬菜	0.05
瓜类蔬菜	0.05
豆类蔬菜	0.05
茎类蔬菜	0.05
根茎类和薯芋类蔬菜	0.05
水生类蔬菜	0.05
芽菜类蔬菜	0.05
其他多年生蔬菜	0.05
水果	
仁果类水果	0.05

表 303（续）

食品类别/名称	再残留限量 mg/kg
水果	
柑橘类水果	0.05
核果类水果	0.05
浆果和其他小型水果	0.05
热带和亚热带水果	0.05
瓜果类水果	0.05
饮料类	
茶叶	0.2
哺乳动物肉类及其制品(海洋哺乳动物除外)	
脂肪含量10%以下	0.1(以原样计)
脂肪含量10%及以上	1(以脂肪计)
水产品	0.1
蛋类	0.1
生乳	0.02

4.303.5 检测方法：植物源食品(蔬菜、水果除外)按照 GB/T 5009.19 规定的方法测定；蔬菜、水果按照 NY/T 761、GB/T 5009.19 规定的方法测定；动物源食品按照 GB/T 5009.162、GB/T 5009.19 规定的方法测定。

4.304 **氯丹(chlordane)**

4.304.1 主要用途：杀虫剂。

4.304.2 ADI：0.000 5 mg/kg 体重。

4.304.3 残留物：植物源食品为顺式氯丹、反式氯丹之和；动物源食品为顺式氯丹、反式氯丹与氧氯丹之和。

4.304.4 再残留限量：应符合表 304 的规定。

表 304

食品类别/名称	再残留限量 mg/kg
谷物	0.02
油料及制品	
大豆	0.02
植物毛油	0.05
植物油	0.02
蔬菜	
鳞茎类蔬菜	0.02
芸苔属类蔬菜	0.02
叶菜类蔬菜	0.02
茄果类蔬菜	0.02
瓜类蔬菜	0.02
豆类蔬菜	0.02
茎类蔬菜	0.02

表 304（续）

食品类别/名称	再残留限量 mg/kg
蔬菜	
根茎类和薯芋类蔬菜	0.02
水生类蔬菜	0.02
芽菜类蔬菜	0.02
其他多年生蔬菜	0.02
水果	
仁果类水果	0.02
柑橘类水果	0.02
核果类水果	0.02
浆果和其他小型水果	0.02
热带和亚热带水果	0.02
瓜果类水果	0.02
坚果	0.02
哺乳动物肉类(海洋哺乳动物除外)	0.05(以脂肪计)
禽肉类	0.5(以脂肪计)
蛋类	0.02
生乳	0.002

4.304.5 检测方法：植物源食品按照 GB/T 5009.19 规定的方法测定；动物源食品按照 GB/T 5009.162、GB/T 5009.19 规定的方法测定。

4.305 灭蚁灵(mirex)

4.305.1 主要用途：杀虫剂。

4.305.2 ADI：0.000 2 mg/kg 体重。

4.305.3 残留物：灭蚁灵。

4.305.4 再残留限量：应符合表 305 的规定。

表 305

食品类别/名称	再残留限量 mg/kg
谷物	
稻谷	0.01
麦类	0.01
旱粮类	0.01
杂粮类	0.01
油料	
大豆	0.01
蔬菜	
鳞茎类蔬菜	0.01
芸苔属类蔬菜	0.01
叶菜类蔬菜	0.01
茄果类蔬菜	0.01

表 305（续）

食品类别/名称	再残留限量 mg/kg
蔬菜	
瓜类蔬菜	0.01
豆类蔬菜	0.01
茎类蔬菜	0.01
根茎类和薯芋类蔬菜	0.01
水生类蔬菜	0.01
芽菜类蔬菜	0.01
其他多年生蔬菜	0.01
水果	
仁果类水果	0.01
柑橘类水果	0.01
核果类水果	0.01
浆果和其他小型水果	0.01
热带和亚热带水果	0.01
瓜果类水果	0.01

4.305.5　检测方法：谷物、油料、蔬菜、水果按照 GB/T 5009.19 规定的方法测定。

4.306　七氯（**heptachlor**）

4.306.1　主要用途：杀虫剂。

4.306.2　ADI：0.000 1 mg/kg 体重。

4.306.3　残留物：七氯与环氧七氯之和。

4.306.4　再残留限量：应符合表 306 的规定。

表 306

食品类别/名称	再残留限量 mg/kg
谷物及制品	
稻谷	0.02
麦类	0.02
旱粮类	0.02
杂粮类	0.02
成品粮	0.02
油料及制品	
大豆	0.02
大豆毛油	0.05
大豆油	0.02
棉籽	0.02
蔬菜	
鳞茎类蔬菜	0.02
芸苔属类蔬菜	0.02
叶菜类蔬菜	0.02
茄果类蔬菜	0.02

表 306（续）

食品类别/名称	再残留限量 mg/kg
蔬菜	
瓜类蔬菜	0.02
豆类蔬菜	0.02
茎类蔬菜	0.02
根茎类和薯芋类蔬菜	0.02
水生类蔬菜	0.02
芽菜类蔬菜	0.02
其他多年生蔬菜	0.02
水果	
仁果类水果	0.01
柑橘类水果	0.01
核果类水果	0.01
浆果和其他小型水果	0.01
热带和亚热带水果	0.01
瓜果类水果	0.01
禽肉类	0.2
哺乳动物肉类(海洋哺乳动物除外)	0.2
蛋类	0.05
生乳	0.006

4.306.5 检测方法：植物源食品(蔬菜、水果除外)按照 GB/T 5009.19 规定的方法测定；蔬菜、水果按照 NY/T 761、GB/T 5009.19 规定的方法测定；动物源食品按照 GB/T 5009.162、GB/T 5009.19 规定的方法测定。

4.307 异狄氏剂(endrin)

4.307.1 主要用途：杀虫剂。

4.307.2 ADI：0.000 2 mg/kg 体重。

4.307.3 残留物：异狄氏剂与异狄氏剂醛、酮之和。

4.307.4 再残留限量：应符合表 307 的规定。

表 307

食品类别/名称	再残留限量 mg/kg
谷物	
稻谷	0.01
麦类	0.01
旱粮类	0.01
杂粮类	0.01
油料	
大豆	0.01
蔬菜	
鳞茎类蔬菜	0.05

表 307（续）

食品类别/名称	再残留限量 mg/kg
蔬菜	
芸苔属类蔬菜	0.05
叶菜类蔬菜	0.05
茄果类蔬菜	0.05
瓜类蔬菜	0.05
豆类蔬菜	0.05
茎类蔬菜	0.05
根茎类和薯芋类蔬菜	0.05
水生类蔬菜	0.05
芽菜类蔬菜	0.05
其他多年生蔬菜	0.05
水果	
仁果类水果	0.05
柑橘类水果	0.05
核果类水果	0.05
浆果和其他小型水果	0.05
热带和亚热带水果	0.05
瓜果类水果	0.05
哺乳动物肉类(海洋哺乳动物除外)	0.1(以脂肪计)

4.307.5　检测方法:植物源食品(蔬菜、水果除外)按照 GB/T 5009.19 规定的方法测定;蔬菜、水果按照 NY/T 761、GB/T 5009.19 规定的方法测定;动物源食品按照 GB/T 5009.162、GB/T 5009.19 规定的方法测定。

附 录 A
（资料性附录）
食品类别/名称说明

A.1 谷物	1. 稻类 稻谷等 2. 麦类 小麦、大麦、燕麦、黑麦等 3. 旱粮类 玉米、高粱、粟、稷、薏仁、荞麦等 4. 杂粮类 绿豆、豌豆、赤豆、小扁豆、鹰嘴豆等 5. 成品粮 大米粉、小麦粉、全麦粉、玉米糁、玉米粉、高粱米、大麦粉、荞麦粉、莜麦粉、甘薯粉、高粱粉
A.2 油料和油脂	1. 小粒型油籽类 油菜籽、芝麻、亚麻籽、芥菜籽等 2. 中粒型油籽类 棉籽 3. 大粒型油籽类 大豆、花生仁、葵花籽、油茶籽 4. 油脂
A.3 蔬菜	1. 鳞茎类 （1）鳞茎葱类 大蒜、洋葱、薤等 （2）绿叶葱类 韭菜、葱、青蒜、蒜薹等 2. 芸苔属类 （1）结球芸苔属 结球甘蓝、球茎甘蓝、抱子甘蓝、赤球甘蓝等 （2）头状花序芸苔属 花椰菜、青花菜等 （3）茎类芸苔属 芥蓝、菜薹、茎芥菜等 3. 叶菜类 （1）绿叶类 菠菜、普通白菜（小白菜、小油菜、青菜）、苋菜、蕹菜、茼蒿、大叶茼蒿、莴苣、莴笋、苦苣、落葵、油麦菜、叶芥菜等 （2）叶柄类 芹菜、小茴香、球茎茴香等 （3）大白菜 4. 茄果类 （1）番茄类 番茄、樱桃番茄、树番茄等 （2）其他茄果类 茄子、辣椒、甜椒、黄秋葵、酸浆等

A.3 蔬菜	5. 瓜类 (1) 黄瓜 (2) 小型瓜类 西葫芦、节瓜、苦瓜、丝瓜、线瓜、瓠瓜等 (3) 大型瓜类 冬瓜、南瓜、笋瓜等 6. 豆类 (1) 荚可食类 豇豆、菜豆、食荚豌豆、四棱豆、扁豆、刀豆等 (2) 荚不可食类 菜用大豆、蚕豆、豌豆、菜豆等 7. 茎类 芦笋、朝鲜蓟、大黄等 8. 根茎类和薯芋类 (1) 根茎类 萝卜、胡萝卜、根甜菜、根芹菜、根芥菜、姜、辣根、芜菁、桔梗等 (2) 马铃薯 (3) 其他薯芋类 甘薯、山药、牛蒡、木薯、芋、葛、魔芋等 9. 水生类 (1) 茎叶类 水芹、豆瓣菜、茭白、蒲菜等 (2)果实类 菱角、芡等 (3)根类 莲藕、荸荠、慈姑等 10. 芽菜类 绿豆芽、黄豆芽、萝卜芽、苜蓿芽、花椒芽、香椿芽等 11. 其他多年生蔬菜 黄花菜、竹笋、仙人掌等
A.4 水果	1. 柑橘类 橙、橘、柠檬、柚、柑、佛手柑、金橘等 2. 仁果类 苹果、梨、山楂、枇杷、榅桲等 3. 核果类 桃、油桃、杏、枣、李子、樱桃等 4. 浆果和其他小型水果 (1) 藤蔓和灌木类 枸杞、黑莓、蓝莓、覆盆子、醋栗、欧洲越橘、桑葚、唐棣等 (2) 小型攀缘类 a) 皮可食 葡萄、五味子等 b) 皮不可食 猕猴桃、西番莲等 (3) 草莓

A.4 水果	5. 热带和亚热带水果 (1) 皮可食 柿子、杨梅、橄榄、无花果、杨桃、莲雾等 (2) 皮不可食 a) 小型果 荔枝、龙眼、红毛丹等 b) 中型果 芒果、石榴、鳄梨、番荔枝、番石榴、西榴莲、黄皮、山竹等 c) 大型果 香蕉、木瓜、椰子等 d) 带刺果 菠萝、菠萝蜜、榴莲、火龙果等 6. 瓜果类 (1) 西瓜 (2) 甜瓜类 薄皮甜瓜、网纹甜瓜、哈密瓜、白兰瓜、香瓜等
A.5 坚果	1. 小粒坚果 杏仁、榛子、腰果、松仁、开心果等 2. 大粒坚果 核桃、板栗、山核桃、澳洲坚果等
A.6 糖料	1. 甘蔗 2. 甜菜
A.7 饮料类	1. 茶 2. 咖啡豆、可可豆 3. 啤酒花 4. 菊花、玫瑰花等
A.8 食用菌	1. 蘑菇类 香菇、金针菇、平菇、茶树菇、竹荪、草菇、羊肚菌、牛肝菌、口蘑、松茸、双孢蘑菇、猴头、白灵菇、杏鲍菇等 2. 木耳类 木耳、银耳、金耳、毛木耳、石耳等
A.9 调味料	1. 叶类 芫荽、薄荷、罗勒、艾蒿、紫苏等 2. 其他类 花椒、胡椒、桂皮、八角茴香、豆蔻等
A.10 动物源食品	1. 哺乳动物肉类(海洋哺乳动物除外) 2. 哺乳动物(海洋哺乳动物除外)内脏 3. 禽肉类 4. 禽类内脏 5. 蛋类 6. 生乳 7. 水产品

索　引

汉语拼音索引

A

B

C

D

E

F

G

H

J

K

L

M

T

W

X

Y

英文索引

F

G

H

I

ICS 29.160.40
K 52

中华人民共和国国家标准

GB/T 2820.11—2012/IEC 88528-11:2004

往复式内燃机驱动的交流发电机组 第11部分:旋转不间断电源 性能要求和试验方法

Reciprocating internal combustion engine driven alternating current generating sets—Part 11:Rotary uninterruptible power systems—Performance requirements and test methods

(IEC 88528-11:2004,IDT)

2012-11-05 发布 2013-02-01 实施

中华人民共和国国家质量监督检验检疫总局
中国国家标准化管理委员会 发布

前　言

GB/T 2820《往复式内燃机驱动的交流发电机组》由下列各部分组成：

——第1部分：用途、定额和性能；
——第2部分：发动机；
——第3部分：发电机组用交流发电机；
——第4部分：控制装置和开关装置；
——第5部分：发电机组；
——第6部分：试验方法；
——第7部分：用于技术条件和设计的技术说明；
——第8部分：对小功率发电机组的要求和试验；
——第9部分：机械振动的测量和评价；
——第10部分：噪声的测量(包面法)；
——第11部分：旋转不间断电源　性能要求和试验方法；
——第12部分：对安全装置的应急供电。

本部分是GB/T 2820的第11部分。

本部分按照GB/T 1.1—2009给出的规则起草。

本部分使用翻译法等同采用国际标准IEC 88528-11:2004《往复式内燃机驱动的交流发电机组　第11部分：旋转不间断电源　性能要求和试验方法》。

与本标准中规范性引用的国际文件有一致性对应关系的我国文件如下：

——GB/T 2820.9—2002　往复式内燃机驱动的交流发电机组　第9部分：机械振动的测量和评价(ISO 8528-9:1995,MOD)
——GB/T 2820.10—2002　往复式内燃机驱动的交流发电机组　第10部分：噪声的测量(包面法)(ISO 8528-10:1998,MOD)
——GB/T 7260.3—2003　不间断电源设备(UPS)　第3部分：确定性能的方法和试验要求(IEC 62040-3:1999,MOD)
——GB/T 16273.1—2008　设备用图形符号　第1部分：通用符号(ISO 7000:2004,NEQ)

本部分由中国电器工业协会提出。

本部分由全国移动电站标准化技术委员会(SAC/TC 329)归口。

本部分主要起草单位：上海电器科学研究所(集团)有限公司、兰州电源车辆研究所有限公司、上海电科电机科技有限公司、军械工程学院、中船重工电机科技有限公司、郑州佛光发电设备有限公司、中国北车集团永济电机厂、科泰电源(上海)有限公司、兰州电机有限责任公司、深圳市赛瓦特动力科技有限公司、福建福安闽东亚南电机有限公司、英泰集团、泰豪科技股份有限公司、上海麦格特电机有限公司、上海强辉电机有限公司、浙江金龙电机有限公司、卧龙电气集团股份有限公司。

本部分主要起草人：刘宇辉、张洪战、李军丽、赵锦成、周效龙、王忠华、周永江、庄衍平、李杰、张贵财、潘跃明、梁泊山、王丰玉、康茂生、陈伯林、赵文钦、叶锦武、叶月君。

往复式内燃机驱动的交流发电机组
第11部分:旋转不间断电源
性能要求和试验方法

1 范围

GB/T 2820的本部分规定了由机械和电气旋转设备组合而成的旋转不间断电源(UPS)的性能要求和试验方法。本部分适用的电源,主要为用户提供不间断交流电。当无市电输入运行时,输入能量由储存的能量或者往复式内燃机提供,由一台或多台旋转电机输出电能。

本部分适用的交流电源,主要为固定陆用和船用设施提供不间断电能。不包括为航空、陆上车辆和机车供电的电源。也不包括通过静态变换产生输出电能的电源。

本部分对使用旋转UPS改善交流供电品质、实现电压和/或电流变换及削减峰值等情况进行了描述。

对于某些特殊用途(例如医院、近海岸、非固定应用、高层建筑及核设施等),可能需要附加一些其他的要求,本部分的规定应作为基础。

2 规范性引用文件

下列文件对于本文件的应用是必不可少的。凡是注日期的引用文件,仅注日期的版本适用于本文件。凡是不注日期的引用文件,其最新版本(包括所有的修改单)适用于本文件。

GB 755—2008 旋转电机 定额和性能(IEC 60034-1:2004,IDT)

GB/T 2820.1—2009 往复式内燃机驱动的交流发电机组 第1部分:用途、定额和性能(ISO 8528-1:2005,IDT)

GB/T 2820.6—2009 往复式内燃机驱动的交流发电机组 第6部分:试验方法(ISO 8528-6:2005,IDT)

GB 4208—2008 外壳防护等级(IP代码)(IEC 60529:2001,IDT)

GB/T 5465.2—2008 电气设备用图形符号 第2部分:图形符号(IEC 60417 DB:2007,IDT)

GB/T 6072.1—2008 往复式内燃机 性能 第1部分:功率、燃料消耗和机油消耗的标定及试验方法 通用发动机的附加要求(ISO 3046-1:2002,IDT)

GB/T 8190.1—1999 往复式内燃机 排放测量 第1部分:气体和颗粒排放物的试验台测量(ISO 8178-1:1996,IDT)

GB 23640—2009 往复式内燃机(RIC)驱动的交流发电机(IEC 60034-22:1996,IDT)

IEC 61000 电磁兼容(Electromagnetic compatibility)

ISO 8528-9:1995 往复式内燃机驱动的交流发电机组 第9部分:机械振动的测量和评价(Reciprocating internal combustion engines driven alternating current generating sets—Part 9:Measurement and evaluation of mechanical vibrations)

ISO 8528-10:1998 往复式内燃机驱动的交流发电机组 第10部分:噪声的测量(包面法)(Reciprocating internal combustion engines driven alternating current generating sets—Part 10:Measurement of airborne noise by the enveloping surface method)

IEC 62040-3:1999 不间断电源设备(UPS) 第3部分:确定性能的方法和试验要求(Uninterruptible power systems(UPS)—Part 3:Method of specifying the performance and test requirements)

ISO 700:2004 设备用图形符号——索引和简介(Graphical symbols for use on equipment—Indx and synopsis)

3 术语和定义

下列术语和定义适用于本文件。

3.1 一般术语

3.1.1

发电机组 generating set

1台或多台用以产生机械能的RIC发动机、1台或多台将机械能转换为电能的发电机,以及用于传递机械能的部件(例如联轴器、齿轮箱)和适用的轴承与安装部件的组合。

3.1.2

不间断电源 uninterruptible power system;UPS

在市电发生故障时,维持向负载持续供电的供电系统。

3.1.3

旋转UPS rotary UPS

由1台或多台旋转电机提供输出电压的UPS。

3.1.4

变换器 converter

电压和/或频率等特性发生变化,使电流从一种类型变换为另一种类型的装置(静态或旋转的)。

3.1.5

电源电感 power system reactor

与某些种类的UPS输入端串联的可调或不可调电感。

3.1.6

机组 machine set

1台或多台旋转电机的组合。

3.1.7

储能装置 energy storage device

当常用电源发生故障时,能够提供储存能量的装置。该能量在总的故障期间或直到由往复式内燃机提供能量时应能使用。

3.1.8

负载电力的连续性 continuity of load power

电压和频率在稳态和瞬态允差范围内,且畸变率和电力中断时间不超过负载所规定限值时负载电能的可用性。

3.2 系统和部件性能

3.2.1

市电 mains power

通常由电力系统或独立发电装置提供、可持续供电的电源。

3.2.2

反馈 back feed

将 UPS 中的一部分电压或能量，直接或通过漏电回路反馈到任一输入端的情况。

3.2.3

线性负载 linear load

负载阻抗参数(Z)为常数，当施加正弦电压时产生正弦电流的负载。

3.2.4

非线性负载 non-linear load

负载阻抗参数(Z)不再为常数，而是随诸如电压或时间等其他参数而变化的负载。

3.2.5

电源故障 power failure

市电的输入电压或频率超出负载所能接受限值的任何变化。

3.2.6

冗余运行 redundant operation

为确保向负载供电，在系统中额外增加并联功能单元或功能单元组的运行。

3.2.7

电源调理模式 power conditioning mode

UPS 在下列条件下最终达到的稳定运行：

——常用电源存在，并处于给定允差之内；

——在给定的能量恢复时间可得到全部(100%)储存能量；

——运行是或可能是连续的；

——负载在给定范围之内；

——输出电压在给定允差内。

采用旁路方式：

——具有输入电压且在给定允差内；

——锁相有效(如有锁相)

3.2.8

独立模式 independent mode

UPS 在下列情况下的运行：

——常用电源未连接或超出给定的允差；

——由储能装置或往复式内燃机(若配备)提供能量；

——负载在给定的范围内；

——输出电压和频率在给定允差之内。

3.2.9

旁路模式 bypass mode

UPS 通过旁路为负载供电的运行状态。

3.2.10

闲置模式 off mode

断开连接并闲置时 UPS 的状态。

3.2.11

同步 synchronous

将一个交流电源的频率和相位调节到与另一个交流电源相一致。

3.2.12

负载供电　load power

从 UPS 向负载供电。

3.2.13

异步转换　asynchronous transfer

两个不同步电源向负载供电的转换。实施该转换时将发生供电中断。

3.3　规定值

3.3.1

额定值　rated value

针对规定的用途和运行条件,为组件、设备、装置及系统而确定的值。

3.3.2

允差带　tolerance band

某个量在规定限值内的数值范围。

3.3.3

偏差　deviation

某一变量在规定瞬间的预期值与实际值之差。

注:无论期望值是常量还是随时间变化本定义均适用。

3.3.4

额定电压　rated voltage

设备设计或规定的输入或输出电压。

3.3.5

额定频率　rated frequency

制造商规定的输入或输出频率。

3.3.6

相位角　phase angle

1 个或多个交流电流波形中基准点间的角度(通常用电气角度表示)。

3.3.7

波峰系数　crest factor

周期量的峰值与有效值之比。

3.3.8

功率　power

单位时间内传递或转换的能量或所做的功(也称为有功功率)。

3.3.9

视在功率　apparent power

二端元件或二端电路的端电压有效值与其电流有效值的乘积。

$$S=UI$$

3.3.10

环境温度　ambient temperature

设备在其中使用的空气或其他介质的温度。

3.3.11

总谐波畸变率　total harmonic distortion

周期函数中,畸变成分的有效值占基波成分有效值的百分比。

3.3.12

恢复时间 recovery time

稳定的电压或频率超出稳态允差带的瞬间到重新回到并保持在稳态允差带之内的时间间隔。

3.3.13

储能供电时间 stored energy time

当常用电源发生故障，而起用已充分储能的储能装置时，由 UPS 进行供电的最短时间。

3.4 输入值

注：以下定义只适用于电源调理模式(标准工况)。

3.4.1

输入电压允差 input voltage tolerance

在正常运行状态下，持续输入电压的最大变化。

3.4.2

输入功率因数 input power factor

在已充分储能，UPS 以额定输入电压、额定输出功率运行时，输入有功功率与输入视在功率之比。

3.4.3

高阻抗市电故障 high impedance mains failure

出现在 UPS 输入端的市电阻抗是无穷大时的市电故障。

3.4.4

低阻抗市电故障 low impedance fault failure

出现在 UPS 输入端市电阻抗可忽略不计时的市电故障。

3.5 输出值

3.5.1

输出电压 output voltage

输出端子之间的电压有效值(除非对特殊负载另有规定)。

3.5.2

输出电流 output current

输出端子上的电流有效值(除非对特殊负载另有规定)。

3.5.3

额定负载 rated load

系统规定的负载。

4 符号和缩略语

$\cos\varphi$	功率因数
f	旋转 UPS 输出频率
P	有功功率
S	视在功率
U_r	旋转 UPS 的额定输出电压
U_c	整流电压
U_{ac}	旋转 UPS 输出电压(线电压有效值)
Z	负载阻抗

5 选用准则

完整的选用准则应包括如下特征并便于供应商采用：

——旋转 UPS 负载要求；

——要求的运行时间；

——大型电动机带载启动能力；

——排除故障能力；

——输入电能品质；

——环境温度；

——可靠性；

——维修性；

——要求的设备占用面积；

——并联运行要求；

——运行效率；

——减少和/或隔离从输入端到输出端的电压谐波及其他偏差；

——减少和/或隔离从输出端到输入端的电流谐波及其他偏差；

——环境要求(噪音、振动、灰尘及电磁兼容性等)；

——在电源调理模式下与市电的隔离程度(谐波、完全电气隔离等)。

应提供一个输入开关装置隔离旋转 UPS 与输入市电。

如需要，应采取防止逆功率的措施。

6 总体描述

不间断电源的类型如图 1 所示。

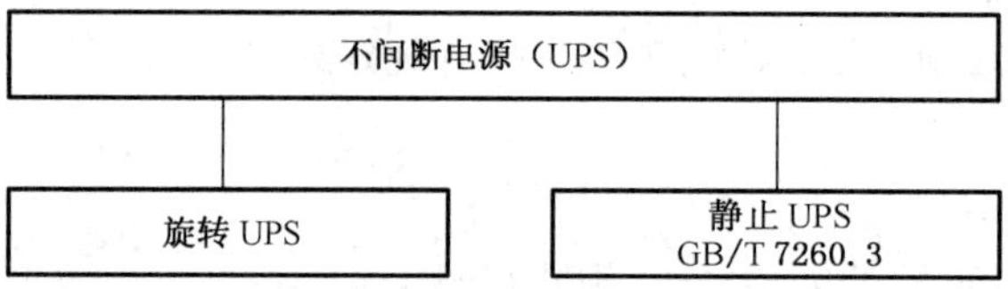

图 1 UPS 的类型

6.1 旋转 UPS

旋转不间断电源供电在本标准中的定义是由旋转电机和(所要求的)往复式内燃机及发电机组联合完成的供电。

为了在较短的中断时间内实现不间断供电，采用了诸如气动、运动及电化学的等不同种类的储能设备。为了延长供电时间，可利用往复式内燃机或发电机组提供能量(见 GB/T 2820.1—2009 中 6.5)。

6.2 旋转 UPS 的类型

根据使用情况和性能要求的不同，旋转 UPS 可有不同的构型。重要的是用户在与制造商签署需求协议时应考虑到 UPS 的构型。

6.2.1 串联式旋转 UPS

串联旋转 UPS 如图 2 所示。

在大部分串联方式下，两台独立的电机(电动机和发电机)或两者的组合作为旋转 UPS 的终端输出。大多数情况下，一对终端输出机器或机器组合通过交流回路直接与市电连接。通过电能转换器可连接至储能装置。直接连接的效率高，并可减少输入谐波。某些串联依靠交流回路。

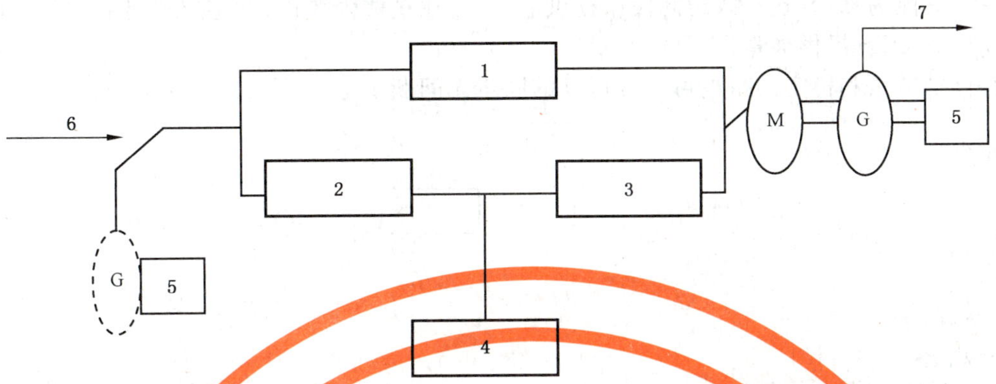

说明：

1——主回路；
2——整流器；
3——逆变器；
4——储能装置；
5——RIC 发动机；
6——交流输入；
7——交流输出；
G——发电机；
M——电动机。

图 2 串联旋转 UPS 的典型示例

——无论外部电源发生故障与否，旋转 UPS 对用户供电所需要的能量均来自于旋转 UPS。当市电发生故障或超出旋转 UPS 的输入允差范围，在往复式内燃机(如配备)启动前，由储存能量进行短时间供电。若装置配备了发动机，则发动机(假定有充足的燃料)提供的能量可为用户提供几乎无限长时间的连续供电(见第 5 章)。当市电恢复后，市电重新为 UPS 供电。

——发动机自身可配备发电机和转换开关，其构型可向串联旋转 UPS 输入端供电。发动机也可通过连轴器直接与串联旋转 UPS 的机组相联。

——为维持旋转 UPS 的电能输出及避免对旋转 UPS 内部造成损害，必须防止在市电短路或旋转 UPS 转换模式时向市电反向馈电。在串联方式下若只有一条回路(即整流器—逆变器—机组)，此时通过整流器的相位控制防止反向馈电；若串联旋转 UPS 有双回路(即静态开关—机组和整流器—逆变器—机组)，此时需通过次循环静态开关和整流器的相位控制防止反向馈电。

——在串联旋转 UPS 中，对用户负载的隔离保护是电气到机械，再回到终端输出机组的电能转换来实现的。对负载隔离保护的等级取决于机组、绝缘、气隙等。发电机根据负载要求提供无功功率补偿、谐波和不平衡。

——在市电发生故障或超出用户的允差范围时，在近乎没有任何中断的情况下将由储存能量进行短期供电，进而由发动机(如配备)供电。

——当稳定的市电恢复时，供电是同步且无中断的。

6.2.2 在线互动式旋转 UPS

在线互动式旋转 UPS 如图 3 所示。

一台机组包括一台发电机、储能装置及一台往复式内燃机(如配备)，与市电并联运行。

储能装置与往复式内燃机可同轴连接，或作为独立单元(如电气、液压或机械等方式)间接连接。

——若电压和频率在市电或用电用户规定的容差范围内，由市电供电。

——市电也向旋转 UPS 供电。采用电抗器实现市电与用户之间一定程度的隔离。电抗器安装在输入端，并联的同步电机可对电压偏差进行补偿，从而满足系统的要求。

——当市电发生低阻抗故障时，电源电抗可限制反馈，并能独立控制输出电压。发电机提供无功功率补偿、谐波和所需的不平衡负载。

——当市电发生故障或超出用户的允差范围，则由同步变压器或类似机组的同步发电机供电。

储能装置只能为 UPS 在有限时间段内提供能量，而往复式内燃机(假定有充足的燃料)可近乎在无限长的时间内为 UPS 提供能量。(见第 5 章)

利用存储的能量和稳定的市电可实现持续的同步无间断供电。

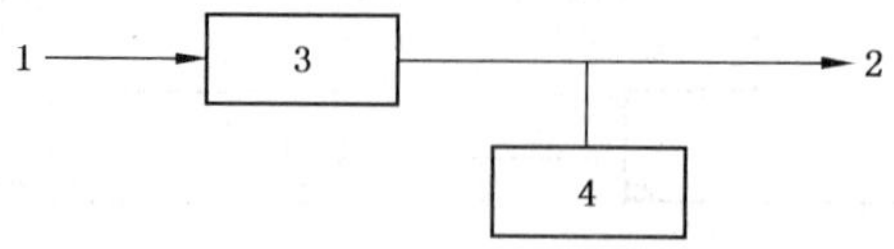

说明：

1——交流输入；

2——交流输出；

3——电源电感；

4——机组。

图 3　在线互动式旋转 UPS 的典型示例

6.3　旋转 UPS 的并联运行

6.3.1　概述

旋转 UPS 的并联运行可以增加功率输出和利用率，或者提供冗余。

6.3.2　并联运行

旋转 UPS 的并联运行如图 4 所示。相同定额的旋转 UPS 并联比较常见。

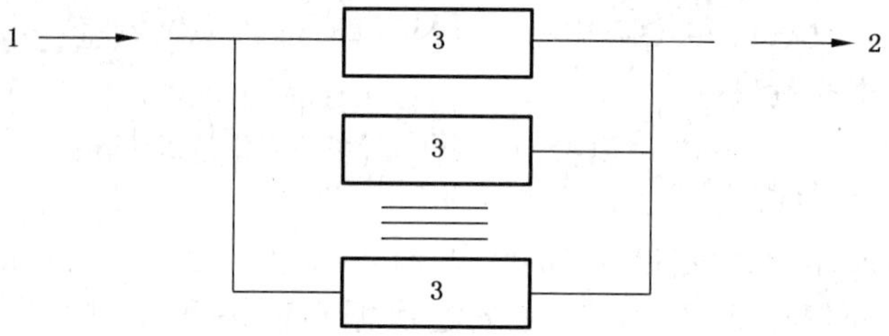

说明：

1——交流输入；

2——交流输出；

3——旋转 UPS。

图 4　旋转 UPS 的并联运行

6.3.3　冗余运行

为了在单台 UPS 维修和发生故障时仍能充分保证向用户负载供电，应增加有源旋转 UPS 的数目，至少要增加一台(1＋n 有源冗余)。

6.4　电源系统与旋转 UPS 之间的转换(旁路)

为了从电气上隔离旋转 UPS，如果标称输入、输出频率相同，一般的市电对于负载适用，则可由旁路供电。旁路可是自动的和/或手动的。在旋转 UPS 并联运行方式中，旁路电路可以是独立的，也可以是公共的，见图 5。

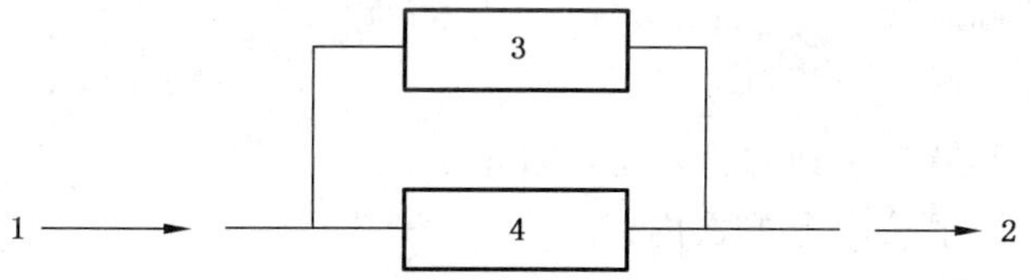

说明：

1——交流输入；

2——交流输出；

3——旋转 UPS；

4——旁路。

图 5　旁路运行

若旋转 UPS 发生故障(无源冗余)，则可自动转换为市电为用户供电。

转换过程中有无中断取决于旋转 UPS 的设计。大部分的转换是不出现中断的。

如果旋转 UPS 与市电是同步的，则转换的过程中不会出现中断；若不同步，则会出现短暂的中断。若无市电或超出允差范围，则此转换可能被(临时)禁止。

6.5　外壳防护

旋转 UPS 设备应具有箱体或外壳，以提供最低程度的保护 IP2X(GB 4208)，以防止人员意外接触带电、发热或运动部件。

7　运行模式

旋转 UPS 的典型运行如图 6 所示。

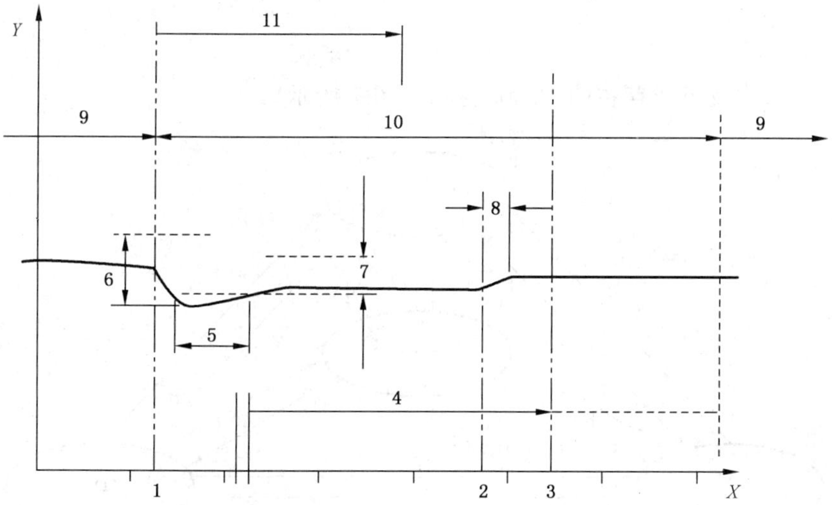

说明：

1——电源故障时间；

2——电源恢复时间；

3——同步时间；

4——往复式内燃机(如配备)；

5——恢复时间；

6——动态限值；

7——稳态限值；

8——同步；

9——电源调理模式；

10——独立模式；

11——储能供电时间；

X 轴——时间，秒；

Y 轴——输出电压频率。

图 6　旋转 UPS 运行图解

7.1 电源调理模式

旋转 UPS 在下列条件下最终达到的稳定运行状态：
——常用电源存在，并处于给定允差之内；
——储能装置正在储能或已储能完毕；
——运行是连续的或可以是连续的；
——负载在给定范围之内；
——输出电压在给定允差内；
——往复式内燃机准备启动(如果有)。

7.2 独立模式

旋转 UPS 在下列情况下的运行状态：
——常用电源未连接或超出给定的允差；
——由储能装置或往复式内燃机(若配备)提供能量；
——负载在给定的范围内；
——输出电压和频率在给定允差之内。

7.3 旁路模式

旋转 UPS 通过旁路为负载供电的运行状态。

7.4 闲置模式

当断开连接和闲置时旋转 UPS 的状态。

7.5 转换

4 种主要的运行模式及可能存在的 12 种转换，如图 7 所示。

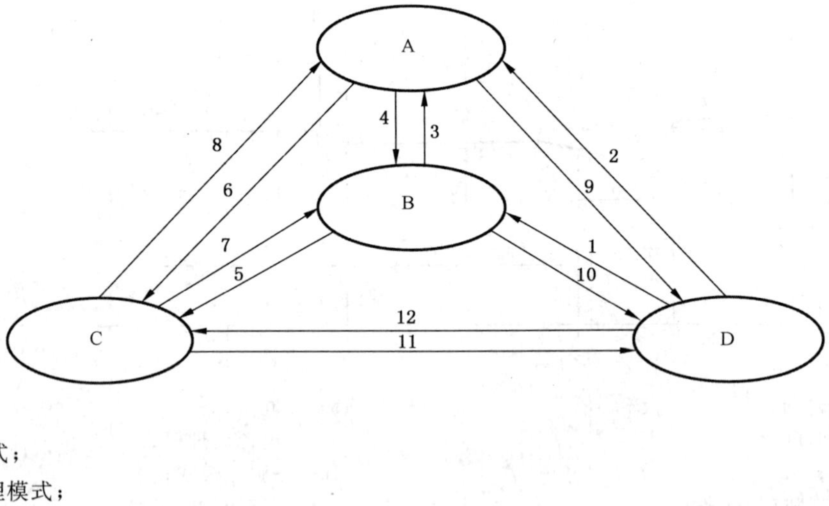

说明：
A——独立模式；
B——电源调理模式；
C——旁路模式；
D——空闲模式。

图 7 运行模式

7.5.1 转换1,有市电启动

在从电网获得能量前,需利用往复式内燃机或小型电动机将旋转部件带动起来。若市电电压和频率均在允差范围内,则旋转UPS进入电源调理模式。

当总负载超过第一单元的容量,且超过部分通过旁路由市电供电时,多模块单元系统可相继启动。

注:当触动紧急"OFF"按钮时,启动(转换1,2或12)至少是被禁止的。

7.5.2 转换2,无市电启动(盲启动)

该启动方式仅适用于具有持久能源装置(如往复式内燃机)的UPS系统。否则,独立运行模式只能维持有限的时间。盲启动是利用内部的能源,如充电电池或燃料的能量进行启动的能力。在闲置模式下,假定至少有一天内部能源不能维持,则认为在盲启动开始前能量已释放。多模块单元(相互并联)可相继启动,但应分步加载或在有足够数量的模块投入运行的情况下才能加载。

7.5.3 转换3,与电网断开

当市电发生故障时,UPS采用独立模式向重要负载继续供电。针对电源不同的故障模式可采用不同的检测方法。例如低阻抗电源故障的判定主要根据低电压;而发生高阻抗电源故障时,出现在旋转UPS输入端的电压和频率起初可能是正常的。对其判定则需要根据频率变化、测量阻抗或相位的变化。可通过开关断开旋转UPS与(有故障)市电的连接。

7.5.4 转换4,与电网连接

当市电恢复后,UPS与市电电压同步并与其连接。

7.5.5 转换6,转移

若出现过载或内部发生故障,负载从旋转UPS转移到旁路。

7.5.6 转换7、8,再转移

在完成维修或初始启动时,从旁路模式自动转换到(标准工况)电源调理模式的再转移可以手动进行。将负载由旁路转换到发电机供电一般没有中断,而由于内部错误而导致负载转换到旁路的再转移则需要手动进行。

其余的转换在图中进行了编号,但未给出进一步的解释。能否进行这些转换取决于旋转UPS的型式,并非全部转换都是可行的。

8 工作条件

8.1 正常工作条件

符合本部分的不间断电源应能在下列条件下正常运行:

海拔高度:0～1 000 m;

环境温度:0 ℃～35 ℃;

相对湿度:20%～80%(无凝露)。

8.2 在其他环境条件下运行

8.2.1 工作环境温度

旋转UPS在本部分中运行的额定条件是最低环境温度范围为0 ℃～35 ℃。若超出此范围,则温度每升高 1 ℃，额定功率降低 1%，直到温度上限为 55 ℃。

8.2.2 储存环境和运输条件

若制造商的说明书没有给出其他条件，符合本部分的旋转 UPS 应能在 8.2.2.1 和 8.2.2.2 规定的条件下进行储存 。

注：由于包括铅酸蓄电池的再充电要求，所以储存期可能受到限制。制造商需要说明这些要求。

8.2.2.1 运输储存温度

旋转式 UPS 在运输时应使用常用的货运集装箱，例如空运或卡车运输。环境温度为 −25 ℃～+55 ℃。

在建筑物中的固定储存环境温度为 −25 ℃～+55 ℃。应考虑蓄电池制造商提出的运输和储存说明。符合本部分的 UPS 设备应能用一般的装运箱运输。

注：当设备包括含有电解液的蓄电池时，由于蓄电池的寿命会下降，所以过高或过低的环境温度的持续时间要受到限制。

8.2.2.2 相对湿度

旋转 UPS 设备用一般的装运箱运输和储存期间，相对湿度范围可为 20%～95%(无凝露)。除非能保证干燥的环境条件，否则装运箱应作充分设计。装运箱若未按潮湿环境条件设计，应有醒目的警告符号标志。

8.2.2.3 特殊运输条件

该条件由制造商制定。可能包括液体排放方法、转动件锁止、低温危害、振动、维修位置(如垂直)和蓄电池保养等。

8.3 发动机

发动机具有符合 GB/T 6072.1—2008 和 GB/T 2820.1—2009 中规定的标准功率。发动机用于旋转 UPS，与储能装置结合(见附录 A)，以延长桥接时间。

若想达到近乎无限长的供电时间，需满足以下条件：

——燃料供应；

——润滑油供应；

——维修间隔。

8.4 旋转电机

旋转电机应符合 GB 755—2008 和 GB 23640—2009 的规定。

8.5 控制逻辑

旋转 UPS 应包括必要的控制装置，以便在表 1 和表 2 给定的允差范围内来实现 UPS 的各种功能模式及其间的转换。

9 电气使用条件和性能

9.1 概述——对所有旋转 UPS

基本旋转 UPS 具有这样的潜在功能，即能提供额外的故障排除载流能力。要利用这一特点，用户应考虑旋转 UPS 输出端的次瞬态阻抗和维持故障排除能力的这种特殊设计特性，从而能够与负载电路保护装置协调工作。

对于线性负载及不超过附录B和附录C所定义的规定数量的非线性负载，输出电压波形应符合IEC 61000-2-2中第4章或IEC 61000-2-12中表1的最低要求。见表1。

表1 市电各次谐波电压的兼容值

非3倍数的奇次谐波		3倍数的奇次谐波		偶次谐波	
谐波次数(n)	谐波电压/%	谐波次数(n)	谐波电压/%	谐波次数(n)	谐波电压/%
5	6	3	5	2	2
7	5	9	1.5	4	1
11	3.5	15	0.3	6	0.5
13	3	21	0.2	8	0.5
17	2	>21	0.2	10	0.5
19	1.5			12	0.2
23	1.5			>12	0.2
25	1.5				
>25	$0.2+0.5\times25/n$				

符合本部分的旋转UPS应有标志，并对旋转UPS控制及指示装置的安装和运行提供说明。

9.2 性能

旋转UPS的电气性能应符合表2和表3的规定。

旋转UPS有不同的用途。以下规定了四种性能等级和对应的运行极限值(由GB/T 2820.1—2009)：

等级G1：基本照明和控制；

等级G2：类似于变化范围较小公用设施、泵、风机和卷扬机；

等级G3：计算机、电信及其他敏感负载；

等级G4：特殊用途。

以下限值适用于任何组合：

——温度在正常的运行范围内；

——市电在稳态限值范围内；

——在额定功率因数下负载从空载到额定值；

——单台或多模块系统。

表2 不同性能等级的稳态运行限值

类别	项目	频率[a]	电压[b]
G1	基本照明和控制	±4%	±8%
G2	泵、风机和卷扬机	±2%	±4%
G3	计算机、电信设备	±1%	±2%
G4	特殊用途	AMC	AMC
AMC：制造商与客户之间的协议。			
[a] 不包括电流补偿。 [b] 10 s运行时间，三相有效值的平均值。			

表 3 不同性能等级动态运行限值(注 1)

类别	项目	骤然移相	频率(注 3)	电压(注 2)	恢复时间
G1	基本照明和控制	无限值	±5 Hz	±30%	5 s
G2	泵、风机和卷扬机	无限值	±3 Hz	±22%	1 s
G3	计算机、电信设备	2%	±1 Hz	±15%	0.7 s
G4	特殊用途	—	AMC	AMC	AMC
AMC:制造厂商与客户之间的协议。					
注 1:在以下状态后的瞬态值 ● 在电源调理模式下,负载变化从 5%～100%,反之亦然; ● 在独立模式下,负载变化从 5%～100%,反之亦然; ● 在市电故障和恢复时; ● 在转换至旁路和从旁路重新转换至原状态时,旁路电源为其标称值; ● 在冗余多台 UPS 系统中,增加/去除某 1 台时。 注 2:较低的瞬态电压值适用于熔断性负载故障产生 10 ms 后。 注 3:在稳态允差带外的频率回转率,上下均不能超过每秒瞬态频率偏差极限值的两倍(采用 10 个周期的平均值)。另外,就性能等级 3 而言,电源调理模式与独立模式下连续循环运行的持续时间之差不能多于 2%。					

各种等级的输出电压波形畸变应小于表 3 中规定的线性负载和规定数量的标准非线性负载。

特殊用途的性能等级 4 按制造商和客户之间的达成的协议。协议可包括其他允差范围或运行条件。

10 制造商的技术声明

10.1 概述

制造商的技术声明应包含如下内容:

——净电气输出;

——输出品质等级(见 9.2 中 G1,G2,G3,G4);

——额定负载时电源调理模式和储能供电模式的净效率,见 8.2.2;

——必要的辅助设备;

——电池的再充电间隔(如有)或能量恢复时间。

10.2 采购者指南

有功功率从不足 100 W 到数 MW 的各种 UPS,可满足用户不同负载类型的供电连续性和供电品质要求。

编撰本部分有助于购买者识别与其应用相关的重要准则,或帮助购买者更好地理解有关信息,以便制造商/供货商根据用途建议适当的旋转 UPS 类型向其提供。

此外,也可用来鉴别制造商/供货商提供的旋转 UPS 性能特性,以及对运行所规定的各种限制是否符合本部分要求。

下列项目可以作为结合表 4 检查内容,帮助购买者选择最适用的旋转 UPS 类型,并可与制造商/供货商共同确定合适的规格。

10.2.1 旋转 UPS 的类型、附加特性和系统要求

a) 单台;

b) 多模块(见10.2.7附加信息);

c) 作为主电源或备用电源系统的旁路;

d) 交流发电机备用电源系统(如适合);

e) 旁路转换时间的要求(如适合);

f) 输入和/或直流环节和/或输出之间电气隔离要求;

g) 输入和/或直流环节和/或输出的接地;

h) 维修旁路电路和其他设备的要求,如旋转UPS系统的隔离器和连接开关;

i) 与指定电源系统的兼容性(例如接地中点,浮中点);

j) 远程紧急断电(EPO)或紧急停机要求。

10.2.2 旋转UPS的输入

对主电源系统和备用电源系统(若有):

a) 标称输入电压和期望的电压允差带;

b) 相数和中性线要求;

c) 标称输入频率和期望的允差带;

d) 相关的特殊条件,例如,高次迭加的谐波、瞬态电压、电源阻抗等;

e) 有关的限值,例如,冲击电流、谐波电流等;

f) 备用电源系统的额定值;

g) 供电保护要求(短路过载、接地故障)。

10.2.3 由旋转UPS供电的负载

a) 类型举例:

——计算机;

——电动机;

——饱和变压器电源;

——二极管整流器;

——晶闸管整流器;

——开关型电源负载和其他类型负载。

b) 持续视在功率和功率因数要求;

c) 单相和/或三相负载;

d) 冲击电流;

e) 启动方法;

f) 负载的特殊特征,如运行方式、相间不平衡及非线性(产生谐波电流);

g) 支路熔断器和断路器的额定值;

h) 最大分级负载和负载曲线图;

i) 旋转UPS输出与负载连接所要求的方法。

注:旋转UPS输出负载。

负载种类的多样性及其相关特性总是随技术的发展而变化。因此,通常给旋转UPS施加无源基准负载来尽可能按实际模拟预期的负载类型,从而获得UPS的输出特性,但这种负载不能完全代表给定应用场合的实际负载。

旋转UPS行业一般规定在线性负载(即阻性或阻性/感性)下确定UPS的输出特性。在现有技术条件下,许多负载都具有非线性特性,因为负载都是单相或三相电容滤波器的整流器(见附录C)。

在多数情况下,不论是稳态还是瞬态,在非线性负载的作用下,旋转UPS输出会偏离制造商/供货商在线性负载条件下所提供的输出特性。原因如下:

a) 由于稳态电流的峰值与有效值之比较高,其输出电压的总谐波畸变可能增加而超过规定限值。在较高等级THD下,与负载的兼容应由制造商/供货商和购买者协商。

b) 非线性分级负载的应用可导致瞬态电压特性偏离线性瞬态电压特性，主要是由于相对稳态的瞬时冲击电流比较大的缘故，特别是 UPS 在正常运行方式下使用电子限流的场合。这种效应也出现于变压器和其他磁性装置在剩磁下合闸的情况。

当负载是依次投入和首次应用或对已经接入的负载不存在有害影响的场合，上述较高的瞬态冲击电流产生的负载电压是可以容忍的。

为缩小 UPS 的体积，某些 UPS 电路结构采用了交流输入电源/旁路。同样，虽然单台 UPS 不允许这种规定的分级负载，而在多模块或冗余系统中，总系统的响应是允许的。

负载电压和频率敏感度：负载对超出正常市电限值的频率变化、或对电压变化、或对波形畸变是敏感的，则应研究适用于这些场合的最佳旋转 UPS 布局。

应征求制造商/供货商关于这些问题的建议。

10.2.4 旋转 UPS 的输出

a) 额定输出功率和功率因数；
b) 相数；
c) 额定输出电压，稳态和瞬态的允差带；
d) 标称输出频率和允差带；
e) 特殊要求，如同步、相对谐波含量和调制；
f) 电压调整范围；
g) 相角允差(仅对三相或单相中心抽头或由三相中的两相供电的单相旋转 UPS)；
h) 不平衡负载要求(仅对三相或单相中心抽头或由三相中的两相供电的单相旋转 UPS)；
i) 旋转 UPS 和负载保护装置之间的协调；
j) 电源保护要求(短路、过载及接地故障)。

10.2.5 蓄电池(如适合)

a) 蓄电池/蓄电池组的类型和结构；
b) 标称电压、电池数目、安时容量(若买方提供)；
c) 额定储能供电时间；
d) 额定能量恢复时间；
e) 电池使用寿命要求；
f) 蓄电池有其他负载及其电压允差；
g) 是否有独立的蓄电池室；
h) 蓄电池保护和隔离装置；
i) 特殊要求，例如，纹波电流；
j) 蓄电池室的温度(推荐 20℃～22℃)；
k) 蓄电池截止电压；
l) 充电电压的温度补偿。

10.2.6 一般用途要求和特殊使用条件

a) 额定负载条件下的效率。

效率是指旋转 UPS 的净输出有用功率与输入总功率之比。为了便于比较，应在平均气候条件下的稳定状态测量和规定。效率是一种经济和热量参数，利用已充分储存能量的储能装置运行超过 15 min 情况下，此时考虑效率才是有意义的。UPS 辅助系统为完成正常任务而消耗的功率也作为损失的一部分。由于变化较大的气候条件而使用的加热或空调所消耗的功率不计入。若能从废气或冷却水中重新获得能量，其将作为 UPS 净输出功率的一部分。

b) 运行环境温度范围；

c） 冷却系统(旋转 UPS 及蓄电池设备)；

d） 仪表(本机/远程)；

e） 遥控和监视系统；

f） 特殊的环境条件：设备可能暴露在烟雾、潮湿、尘埃、盐雾、露天和热源等环境中；

g） 特殊的机械条件：可能遇到振动、冲击或倾斜、特殊的运输或存储条件，空间或重量的限制；

h） 性能限制，例如，电气和听觉噪声；

i） UPS 系统的进一步扩展；

j） 波峰系数；

注：当应用 UPS 的负载电流时，人们通常认为波峰系数是只与负载有关的特性参数。实际上，负载的波峰系数是负载与其供电电源的内部阻抗共同作用的结果。例如，当非线性负载通过旁路由无调整性电网的纯正弦电压供电时，产生的波峰系数可高达 4；而同样的非线性负载由 UPS 供电，则波峰系数只有 2。(非线性)负载电流反映了直流侧的电容器充电时，以交流电压峰值为中心或其周围的短峰值。当由 UPS 供电时，UPS 的输出阻抗会防止窄峰值的出现，而一些宽的、低的峰值将会产生较低的波峰系数。

10.2.7 多模块系统的配置

a） 冗余旋转 UPS；

b） 非冗余旋转 UPS；

c） 公共系统的蓄电池；

d） 独立模块的蓄电池；

e） 旋转 UPS 的开关类型；

f） 旋转 UPS 开关配置。

10.2.8 电磁兼容性

a） 设备应遵守的辐射标准和分类等级要求；

b） 设备应符合的抗干扰度标准和试验等级。

11 试验

以下试验方法用于所有性能试验。

证明与安全性和 EMC 标准一致性的试验受地方法规影响，因而表 5 中没有包括。(见 GB/T 2820.6—2009)

考虑了型式试验和出厂试验。

除非另有说明，试验状态应是额定功率因数、线性对称额定负载。试验环境温度为 15 ℃～25 ℃。若没有给出额定功率因数，则采用 0.8。除非另有说明，所有试验均在单台 UPS 上进行。

11.1 稳态输出电压和频率偏差

所有三相输出的线电压有效值及输出频率应在下列情况下测量，并与表 4 中的稳态值比较：

a） 由市电造成的稳态电压或频率偏差；

b） 由负载变化造成的稳态电压或频率偏差

——额定功率因数时，分别按 0%、25%、50%、75%和 100%施加对称线性负载；

注：若没有给出额定功率因数，则采用 0.8。

——不平衡负载，在额定、对称、阻性负载下，断开其中一线，测量输出电压的不平衡度；

注：若旋转 UPS 没有中性线，剩余负载是线-线连接；若有中性线，则是两倍的线—中性线连接。

注意，在两种情况下线电流均小于其额定值，并且具有不同的功率因数。

——非线性负载；

——过载。

c) 效率；

d) 输出波形畸变；

e) 稳态非线性负载。

测量旋转 UPS 在 50%和 100%线性负载下输出电压的稳态谐波分量，包括线电压和相电压。（若适用低电压）

表 4 技术资料表——制造商的声明

设备特性	制造商的声明值
电源调理模式和储能供电模式时的气电输出特性——稳态特性	
额定输出电压 电压调整类别 输出频率(标称) 额定输出视在功率 线性负载时额定输出有功功率 正弦额定输出功率	……………………………………V(r. m. s.) ……………………………………V ……………………………………Hz ……………………………………kV·A ……………………………………kW ……………………………………kW
满负载运行时的短路能力	见单独声明
过载能力	见单独声明
允许的额定负载功率因数——线性负载 输出相数 输出线数	……………………………………PF …………………………………… ……………………………………
输出电压——直流成分，线性负载	……………………………………V
电源调理模式和储能供电模式(仅适用于 G4 级)时的电气输出特性——瞬态特性	
在电源调理模式/储能供电之间转换运行方式时，输出电压的瞬态变化	见单独声明
由于负载变化而引起的输出电压瞬态变化	见单独声明
回转速率	……………………………………Hz/s
冲击电流	……………………………………A
储能供电方式时的气电输出特性——瞬态特性	
输入/输出效率	……………………………………%
同步(若适用)	
市电匹配同步器	是/否
储能供电方式运行	
额定负载下容许的最大储能持续供电时间	……………………………………s/min/h
储能供电时间（整个蓄电池组）	………………………………min(额定负载)
充电到 90%额定值时的能量恢复时间(整个蓄电池组)	……………………………………h
蓄电池额定值及数量(整个蓄电池组)	…………………×…………
蓄电池再充电截面图	见单独声明
蓄电池截止电压	……………………………………V

表 4（续）

设备特性	制造商的声明值	
控制和监测信号		
参见单独的指示和远程报警/监视或多用装置的完整列表说明		
旁路特性		
旁路的类型	手动 □	自动 □
机械式/静态式	机械式 □	静止式 □
无中断转换/中断转换	不断开转换 □	断开转换 □
分断时间/接通时间	………………… ms/…………… ms	
维修旁路	有 □	无 □
旁路保护熔断器或断路器	额定值	
适用的电气隔离	有 □	无 □
电磁兼容性		
抗干扰度	见相关的国内/国际标准和试验等级	
辐射	见相关的国内/国际标准和分类	
交流市电传导	见单独声明 ………………………………………… dB	
交流输出传导		
辐射的电场		
辐射的磁场		
输入谐波电流		
市电承载的无线电频率衰减——输入至输出		

11.2 瞬态输出电压和频率偏差

通过以下试验观察输出电压和频率。对于没有中性线的三相系统，线电压应记为三线有中线系统的线电压除以$\sqrt{2}$，或将半周期的实际有效值可作为其有效值。频率测量时应使用频率——电压转换器，该转换器能够对单独一个周期的频率进行测量，或至少能够测量 5 个周期的平均频率。

11.3 输入电流特性

在电源调理模式、标定市电电压、额定功率且储能装置充分储能的情况下。

——输入电流谐波；

若系统具有多条回路，则输入电流谐波应在全部回路模式下测量，且持续时间可超过 5 s。

——输入功率因数；

——反馈；

旋转 UPS 在输入端的电压可在高阻抗市电故障时记录。

——冲击电流。

11.4 测量滤波特性

11.4.1 从市电到输出

旋转 UPS 在电源调理模式下，且无负载或有少量的阻性负载。

11.4.1.1 电压谐波

步骤 1：测量输入和输出电压谐波。至少测量线电压的 5 次和 7 次谐波，若旋转 UPS 设备具有中性线，还应测量相电压的 3 次谐波。

步骤 2：在旋转 UPS 设备的输入端至少并联输入电压谐波两倍的整流器负载(按附录 C)。然后按照步骤 1 测量同样的谐波。

步骤 3：计算输入端每次谐波的数值增加值。

步骤 4：计算输出端每次谐波的数值增加值。滤波就是步骤 4 的结果相对于步骤 3 的结果的百分比。

举例：步骤 1 显示输入端的 5 次谐波分量为 5 V(有效值)，输出端为 2 V。在步骤 2 中，输入端 5 次谐波为 10 V，输出为 2.2 V(有效值)。衰减为((2.2−2.0)/(10−5))×100%=4%。

11.4.1.2 过电压和瞬态

为了隔离市电的浪涌电压进入到旋转 UPS 的输入端，需要一个串联阻抗。在旋转 UPS 输入电流为额定值时，合适的串联电感上的压降约为 5%。对于大型系统，该阻抗可能存在于馈电系统中(见图 8)。

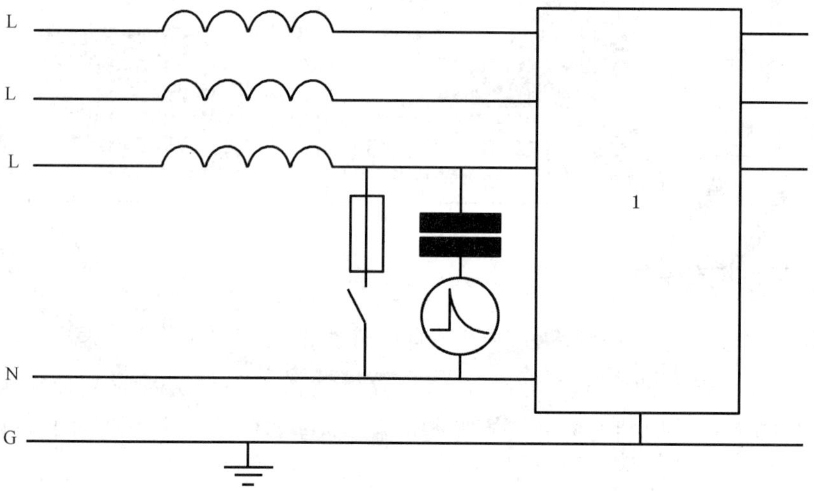

说明：
L——线路；
N——中性线；
G——接地；
1——被测 UPS。

图 8 浪涌电压试验

浪涌电压可应用于：

——线间；

——线与中性线之间；

——地与所有的输入线之间，包括中性线。

试验浪涌电压可按下列方式产生：

——首先，在旋转 UPS 的输入端造成一个短路来产生试验浪涌电压。当熔断器熔断时，上游电感的俘获能量产生浪涌电压。典型的浪涌电压上升时间近似为 0.3 ms，峰值为 500 V。

——试验浪涌电压也可由一个电容性耦合标准浪涌电压发生器产生。其典型脉冲的上升时间为 1.2 μs，峰值为 2.5 kV，衰减时间为 50 μs。耦合的电容器大，则能传导脉冲；若小，则限制线频率进入到脉冲发生器。

应记录输入端的和相应输出端的波形，注意与正常正弦波的最大偏差。旋转 UPS 的衰减是输入端的最大偏差与输出端的比值。

11.4.2 从输出到市电

在电源调理模式下，旋转 UPS 可减少或消除由旋转 UPS 输出端非线性负载所引起的电流谐波分量反馈到市电。旋转 UPS 处于电源调理模式，带有非线性负载。负载所消耗的有功功率至少为旋转 UPS 额定有功功率的 30%。测量的输入电流谐波是指线电流谐波。

11.4.2.1 线电流谐波

步骤 1：对非线性负载测量输入和输出电流谐波(见 11.4.2)。

步骤 2：测量线性负载等于有功功率 P 的输入电流谐波。

步骤 3：计算步骤 1 和步骤 2 之间输入谐波的差值。衰减就是这个差值除以步骤 1 中的输出电流谐波。

11.4.2.2 中性线电流谐波

对中性线采用同样的方法。可采用附录 C 中的三个单相非线性负载。

11.5 系统性能

11.5.1 效率

储能装置储能完毕后，负载分别为 0%、25%、50%、75%和 100%进行测量，25%和 75%是型式试验。效率描述如下：

——电源调理模式效率；

在标定市电电压和线性对称负载下测量。

——储能模式效率(燃料消耗)。

11.5.2 储能供电时间

——储能放电时间；

——储能再充电时间。

11.5.3 多模块旋转 UPS 的性能

以下性能适用于并联运行的多模块旋转式 UPS 系统。在试验时，至少保证两台 UPS 并联运行，并且是线性对称负载，负载大小至少为单台 UPS 额定负载的 1.5 倍。所有的试验均在电源调理模式和独立模式下进行：

——由负载引起的电压和频率变化

分别接通/断开负载测量。

——有功功率分配

记录每台的最低和最高有功功率。

——无功功率分配

记录每台的最低和最高无功功率。

——单台故障试验(若系统具有并联冗余)

负载短路试验。与单台试验基本相同。当负载故障时,发电机可能会失去相互的同步,因此恢复尤为关键。

11.6 盲启动试验

除了燃料和启动器电池(如适合可采用电子电池)外无其他电源的情况下,旋转 UPS 的启动能力。该启动试验在空载下进行。

11.7 环境试验

——往复式内燃机低温启动试验(见 GB/T 2820.1—2009 中 14.1)。

——往复式内燃机在其环境温度上限值时的额定功率试验。

——根据 GB/T 8190.1—1999 测量往复式内燃机废气排放。

——根据 ISO 8528-9:1995 规定测量和评价往复式内燃机和旋转电机的机械振动。

11.8 噪声

根据 ISO 8528-10:1998 规定,在 0%负载和 100%负载下测量空气传播噪声。

——电源调理模式;

——独立模式。

11.9 试验

试验汇总见表 5。

表 5 旋转 UPS 性能特性试验方法

旋转 UPS 特性测量	出厂试验	型式试验	AMC	章节号
稳态输出电压和频率偏差				
由市电引起的稳态 V 或 f 偏差			●	11.1
由负载引起的变化		●		11.1
对称、线性负载	●	●		11.1
不平衡负载		●		11.1
非线性负载		●		11.1
过载	●	●		11.1
效率	●			11.1
输出波形畸变	●			11.1
稳态非线性负载		●		11.1

表 5(续)

旋转 UPS 特性测量	出厂试验	型式试验	AMC	章节号
瞬态输出电压和频率偏差				
由负载变化引起	●			11.2
由运行模式变化引起		●		11.2
从电源调理模式到储能供电模式的转换	●			11.2
高阻抗电源故障	●			11.2
低阻抗电源故障		●		11.2
从储能供电模式到电源调理模式的转换	●			11.2
从电源调理模式到旁路模式	●			11.2
从旁路模式到电源调理模式或储能供电模式	●			11.2
负载端故障		●		11.2
单相故障		●		11.2
三相故障		●		11.2
输入电流特性				
输入电流谐波		●		11.3
输入功率因数		●		11.3
反向馈电		●	●	11.3
冲击电流(磁铁和定子)			●	11.3
滤波特性测量				
从市电到输出			●	11.4.1
电压谐波			●	11.4.1.1
电涌和瞬变			●	11.4.1.2
从输出到市电			●	11.4.2
在线电流谐波		●		11.4.2.1
中性线电流谐波		●		11.4.2.2
系统性能				
额定功率下的效率	●			11.5.1
电源调理模式效率	●			11.5.1
储能供电模式效率(燃料消耗)			●	11.5.1
储能供电时间				
储能充电时间	●			11.5.2
储能再充电时间	●			11.5.2
储能放电时间	●			11.5.2

表 5（续）

旋转 UPS 特性测量	出厂试验	型式试验	AMC	章节号
多模块 UPS 性能				
有功功率分配	●			11.5.3
无功功率分配	●			11.5.3
单台故障试验	●			11.5.3
冗余试验	●			11.5.3
盲启动试验(如适用)	●			11.6
环境试验				
往复式内燃机低温启动试验			●	11.7
往复式内燃机在环境温度上限值时额定功率试验			●	11.7
机械振动测量		●		11.7
往复式内燃机废气排放测量			●	11.7
噪声				
在电源调理模式下空气传播测量		●		11.8
在储能供电模式下空气传播测量		●		11.8
注：AMC 为按用户和制造厂之间的协议选做；●表示应做的试验项目。				

12 维修和产品标志

12.1 铭牌标志

根据 GB 755—2008 的要求，制造商提供的铭牌标志中至少应包括以下信息：

a) 供应商名称；
b) 型号和/或零件名称编号；
c) 序号和/或控制号；
d) 额定输入电压(输入电压允差)；
e) 额定输入电流；
f) 额定输入频率；
g) 额定输出电压；
h) 额定输出频率；
i) 额定输出电流；
j) 额定输出功率和输出容量 kVA；
k) 额定直流输入电压(外配蓄电池旋转 UPS 要求)；
l) 额定直流输入电流(外配蓄电池旋转 UPS 要求)；
m) 额定直流输入电压(可选，内配蓄电池旋转 UPS 要求)；
n) 额定直流输入电压(可选，内配蓄电池旋转 UPS 要求)；
o) 重量(可选)；
p) 性能等级。

12.2 标签要求

不可混淆警告标签和说明标签,警告标签应:

a) 声明危险;

b) 显著、清晰和简明;

c) 描述潜在伤害的严重性;

d) 指导用户如何避免危险;

e) 应永久地附着在产品上。

设备上至少应有如图 9 所示的小心电击或等同的信息。

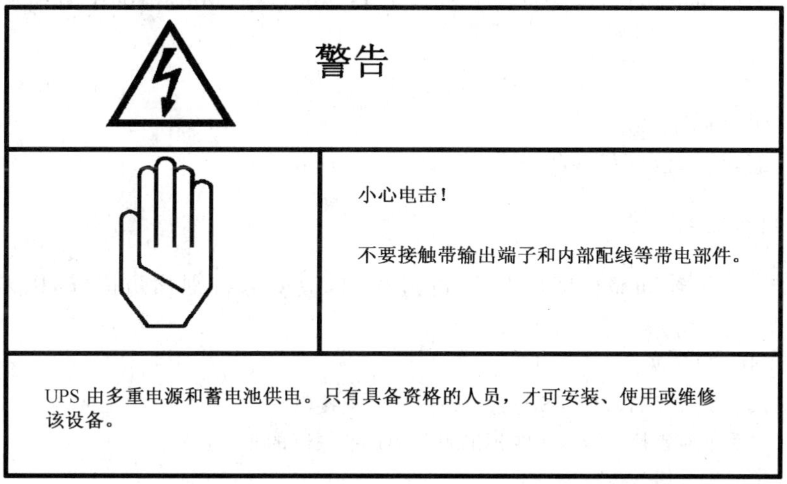

图 9 警告标签

12.3 铭牌标识

设备应有标志,以便详细说明:

a) 输入要求。

b) 输出额定值。

为便于除维修人员以外的任何人员安装 UPS,在操作者可接近的位置或设备的外表面应有明显的标志。若标志位于固定安装的 UPS 设备的外表面,则以正常使用方式安装设备后应能易于观察。

从 UPS 外面无法看见的标志,则在开门和打开盖子时应能直接可见。若标志位于操作者不能接触到的门或盖的背后,则 UPS 应有易辨认的标识,以清楚地指示标志的位置。允许使用临时性标识。

输入和输出标志应包括如下内容:

c) 线电压和/或相电压的额定值或额定值范围,用伏(V)表示。

最小和最大额定值之间应用符号"—"连接表示电压范围。若具有多个额定电压或额定电压范围时,应有斜线符号"/"隔开。

注:额定电压标志的一些例子:额定电压范围:220 V—240 V。表示旋转 UPS 设备可以连接到标称电压范围为 220 V—240 V 的任何电源。

多种额定电压:120/220/240 V,表示通常经过内部调节之后旋转 UPS 设备可连接在标称电压为 120 V、220 V 或 240 的电源上。

d) 额定频率或额定频率范围(Hz)。

e) 额定电流(A)。

若设备具有多个额定电压,则应标出相应的额定电流,不同的额定电流之间也用"/"符号隔开,这样额定电压与额定电流之间的对应关系就一目了然。

若设备具有额定电压范围，则应标记最大的额定电流或电流范围，还应标记如下内容：

——相数(1 相～3 相)，是否有中性线；

——额定输出有功功率，单位：W 或 kW；

——额定输出视在功率，单位：V·A 或 kV·A；

——运行环境的最高温度范围(可选)；

——在环境温度 25 ℃和输出额定有功功率条件下的储能供电时间，用 min 或 h 表示(仅适用于内置电池的)(可选)；

——制造商名称、商标或识别标志；

——制造商的型号或类型。

若需采用符号，则应遵守 ISO 7000:2004 和 GB/T 5465.2—2008，标准中有适用的符号。

12.4 说明标签

在连接点附近，应有以下提示：

“在连接到电源前，请阅读安装说明书”。

12.4.1 安全性说明和文件

在运行、安装、维修、运输和储存旋转 UPS 的过程中，应采取特别预防措施，以避免危险的引入，制造商应有必要的说明。

操作说明应便于用户索取。

注 1：一些特定的预防是必要的，如 UPS 与蓄电池的直流连接(如有)和各独立单元的相互连接。

注 2：必要时安装说明书应包括与国家布线标准限制的这些说明的参考资料。

注 3：维修信息通常只供维修人员使用。

12.5 维修

在维修时应采取隔离旋转 UPS 的输入、输出和旁路的措施；应采取电池组的电气隔离措施；应验证设备是否处于维护闲置状态。

附　录　A
（资料性附录）
典型储能装置

A.1　储能装置

机组是动态 UPS 的核心部件。机组旋转部件储存的能量可在毫秒范围内以电能的形式释放出来。通过增加储能装置如飞轮或电池等，输出电能可延长有限的时间。若与往复式内燃机结合，输出电能的时间可近乎无限延长。

设计 UPS 的储能装置时应考虑以下因素：

——功率(负载)增加/功率(负载)变化(若适用：按步骤)；

——允许的频率偏差；

——允许的恢复时间；

——电机、离合器及往复式内燃机(若适用)的安装惯性；

——要求的备用时间。

A.2　动能储存装置

动能储存在飞轮中。高速飞轮(10 000 r/min～50 000 r/min)可在相对长的时间内提供低转矩，而低速飞轮(1 000 r/min～5 000 r/min)可在短时间内(大约是几秒钟)提供高转矩，因此更适用于旋转 UPS。

动能储存装置可用于双转换 UPS，即在常用模式下，能量通过(取自或送至)媒介进行两次转换，在线互动式 UPS 中，市电能量通常不进行转换。若适用，两种方案均见图 A.1 和图 A.2。

所有的系统都可与往复式内燃机联合使用，或直接与发电机耦合，或作为一个独立的柴油发电机组在交流输入端代替市电。飞轮系统可包括一个辅助电动机，其作用是使转轴的速度接近于同步速度或/和为飞轮储能。

柴油机、辅助电动机以及旁路电路在本附录的图中没有示出。

A.2.1　刚性耦合飞轮储能

带有刚性耦合飞轮的旋转 UPS 是最简单的一种。若使用常规发电机，在储能供电模式时输出频率与飞轮转速成正比。飞轮的转速受到输出频率允差的限制，因此只能利用很小一部分储能。当电源发生故障时，为防止反馈，交流输入端必须与电网断开(图 A.1 和图 A.2)。

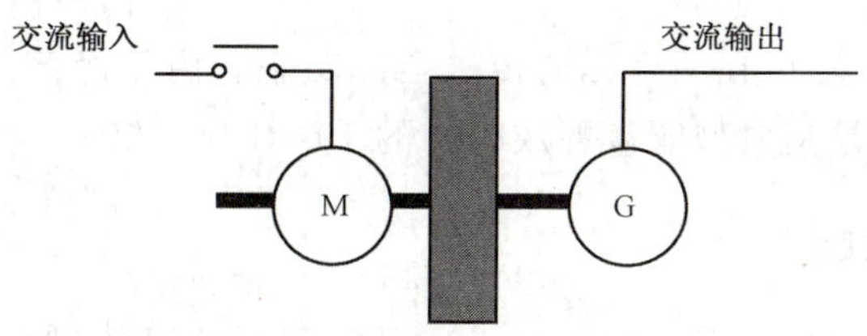

图 A.1　双变换——飞轮直接耦合

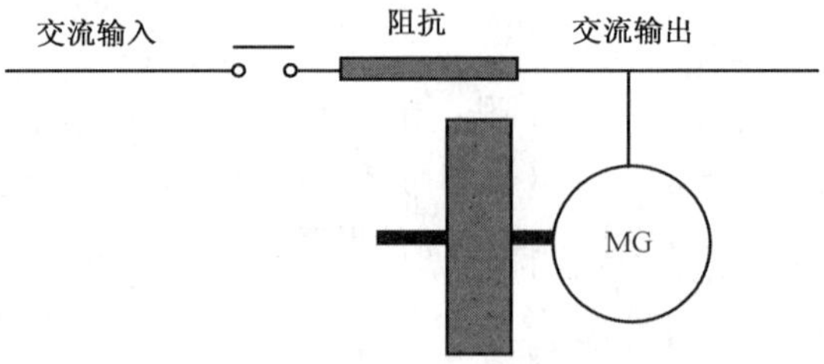

图 A.2 在线互动式——直接耦合飞轮

A.2.2 与飞轮间接耦合

若飞轮通过受控比例传输方式与发电机/电动机耦合，则可更多地利用飞轮中的储能，而且旋转UPS输出频率的变化可以忽略不计(图 A.3 和图 A.4)。

以下为可变比例传输的例子：

a) 飞轮与发电机转轴之间通过电磁控制片耦合；
b) 通过静态频率变换器与同步电动机耦合；
c) 通过高压液压与液压电动机耦合；
d) 持续可变传输(CVT)。

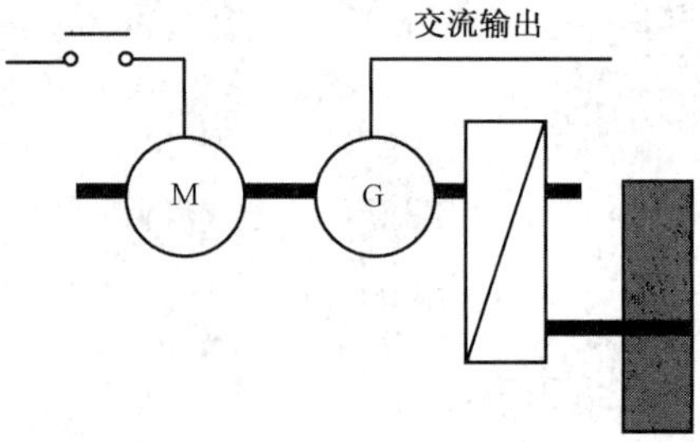

图 A.3 双变换——飞轮间接耦合

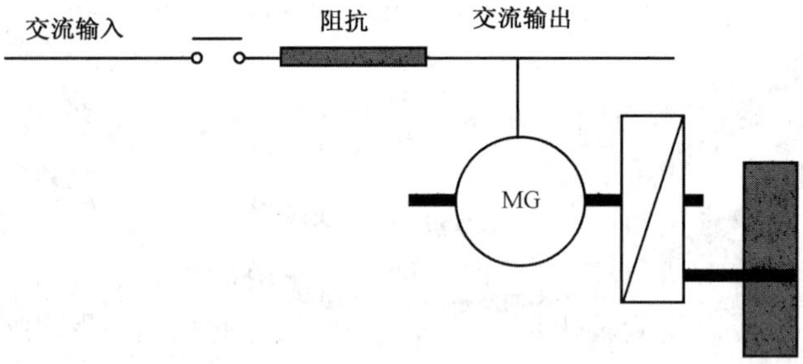

图 A.4 在线互动式——间接耦合飞轮

几乎没有一种可变比例传输可在两个方向传送全部功率。由于经济的原因，其中一个方向上的功率较低，导致飞轮的储能时间是其典型能量释放时间的 10～1 000 倍。

A.2.3 变速/恒定频率发电机

利用频率受控供电转子绕组(双馈电交流电机)，可实现减速直接耦合飞轮输出恒定频率。由频率变换器提供励磁，经过滑环给转子馈电。若换流器可将能量向两个方向转换，则转轴的速度在交流发电机的同步(直流励磁)速度上下徘徊。

在线互动式示例如图 A.5 所示。

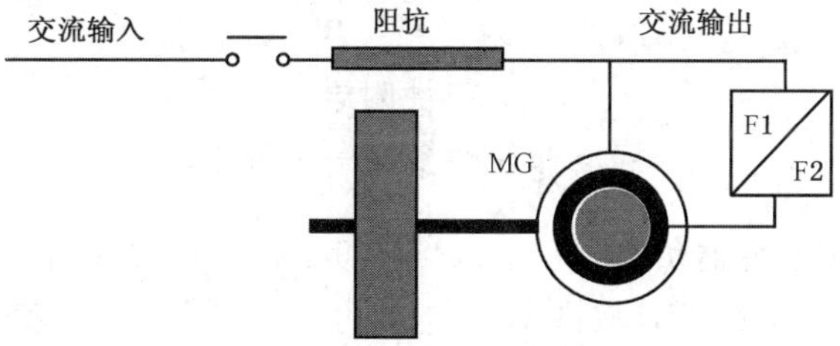

图 A.5 双馈电交流电机

A.3 电化学储能装置

另外一种常用的储能装置是蓄电池。也可用于双变换或在线互动式设计，可用直流发电机直接与蓄电池耦合，或用同步交流电机通过逆变器与蓄电池耦合。

图 A.6 中的电动机是交流电机，因此，只要市电的电压和频率在适当的范围内，可直接通过交流输入端馈电。

若不要求这种，则可以采用图 A.7 中的直流电动机，直接由蓄电池馈电。

蓄电池的储能供电时间大概是几分钟。

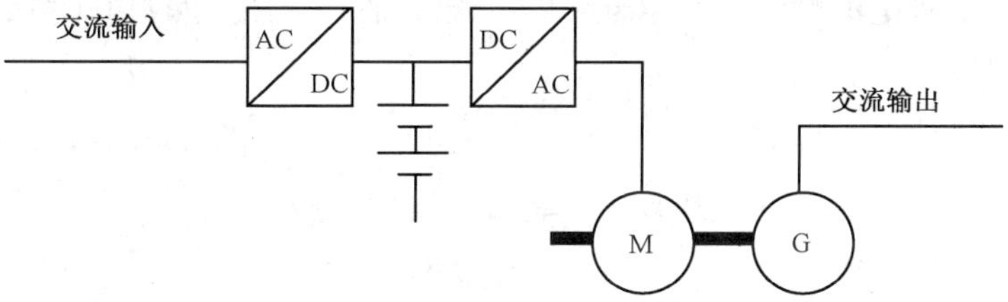

图 A.6 带蓄电池双变换

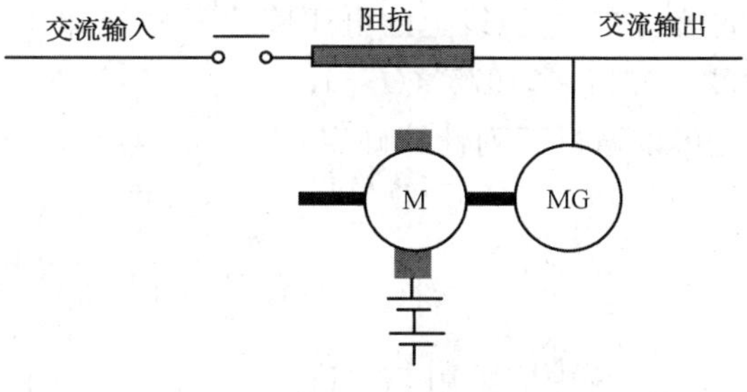

图 A.7 带蓄电池在线互动

A.4 其他可能的储能设备

虽然以上阐述的储能设备在实际中有着广泛的应用，还有一些其他的储能设备，如利用超导磁铁(SMES)、超级电容器及压缩空气等储能。

附 录 B
（规范性附录）
标准非线性负载——单相

为了模拟单相稳态整流/电容器负载，接到 UPS 的负载是一个二极管整流桥，桥的输出侧一个电容器和一个电阻并联。总的单相负载可是按图 B.1 连接的单个负载，或是多个等效负载并联构成。

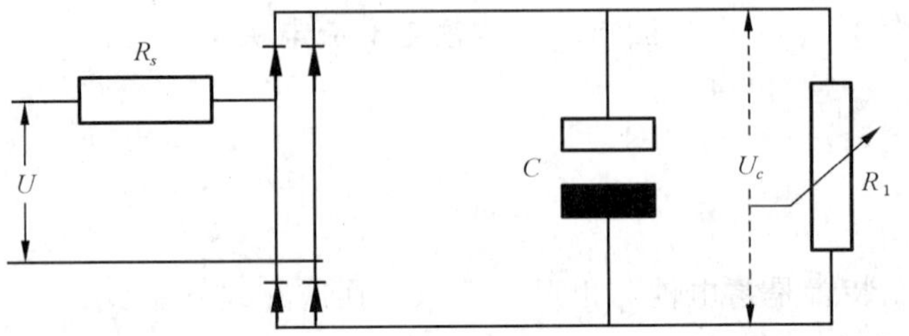

说明：

U ——UPS 额定输出电压，V；

U_c ——整流输出电压，V；

S ——非线性负载的视在功率——功率因数 0.7，即视在功率 S 的 70%将以有功功率消耗在 R_1 和 R_s 上；

R_1 ——负载电阻，设定其消耗有功功率为总视在功率 S 的 66%；

R_s ——串联的线性电阻，设定其消耗有功功率为总视在功率 S 的 4%(4%是根据 IEC/TC 64 对电源线上的压降的建议而设定的)。

注： 电阻 R_s 可以在整流桥的交流侧或直流侧。

图 B.1 单相非线性负载

计算和试验方法：

纹波电压小于 5%的电容器峰-峰值电压 U_c，相应的时间常数为 $R_1 \times C = 7.5/f$（f 为 UPS 输出频率，Hz）。

考虑到峰值电压、线电压波形畸变、电源线上的电压降以及整流输出电压的波纹电压，则整流电压平均值 U_c 为：$U_c = 1.414 \times 0.92 \times 0.96 \times 0.975 \times U = 1.22 \times U$[V]

电阻 R_s、R_1 和电容 C 的值可以通过下列计算确定：

$R_s = 0.04 \times U^2 / S$

$R_1 = U_c^2 / (0.66 \times S)$

$C = 7.5/(f \times R_1)$[F]

对 50 Hz/60 Hz 两种频率，在计算中应采用 50 Hz。

使用的电容值应不小于计算值。

注： 二极管桥的电压降可以忽略不计。

试验方法：

a） 起初，将非线性试验负载电路连接至交流输入电源，该电源的额定输出电压为受试 UPS 的额定电压。

b） 当给本试验负载供电时，交流输入电源阻抗所引起的交流输入波形畸变应不大于 8%（IEC 61000-2-2 要求）。

c） 调节电阻 R_1，直到输出的视在功率(S)和有功功率达到受试 UPS 的规定值。

d） 电阻 R_1 调整后，将非线性试验负载加至受试 UPS 的输出端，此后不再调整。

e） 非线性负载投入后不再调整，可按不同条款的规定用非线性负载完成所有的试验，获得所要求的各种数据。

非线性负载与 UPS 的连接：

a） 对于 33 kV·A 以下的单相 UPS，非线性负载的视在功率 S 等于 UPS 的额定视在功率。

b） 对于额定容量大于 33 kV·A 的单相 UPS，可采用视在功率为 33 kV·A 的非线性负载，再加上线性负载，使之达到 UPS 的额定视在功率和额定有功功率。

c） 对于设计按线—中线连接单相负载的三相 UPS，三个相等的单相负载应按线—中线连接，可用于视在功率及有功功率不超过 100 kV·A 的 UPS。

d） 对于额定容量大于 100 kV·A 的三相 UPS，可采用 c）项非线性负载，然后根据附录 C 增加负载。

附 录 C
（规范性附录）
标准非线性负载——三相

所有小于 100 kV·A 的单相和三相 UPS 的基准负载按附录 B 定义。

对于额定值大于 100 kV·A 的 UPS，第一个 100 kV·A 非线性负载的应符合附录 B 的规定。直到 UPS 额定值的剩余全部功率(kW 或 kV·A)则由以下电路实现(见图 C.1)。该电路结构简单，具有典型的定义好的输入电流谐波(5 次 22%、7 次 11%、11 次 9%、13 次 7%)。主要由于这些谐波的影响，输入电流的功率因数为 0.96。

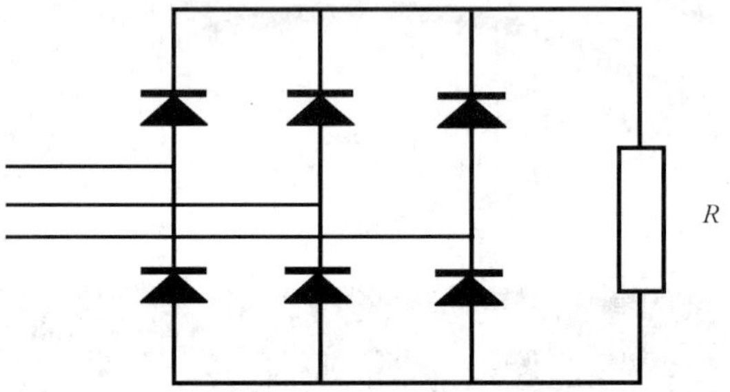

图 C.1 三相非线性负载

若 UPS 输出电压为 U_{ac}(线电压的有效值)，P 为电阻 R 上消耗的有功功率，则

$R=1.872\,U_{ac}^{2}/P$

举例：一台 480 V、60 Hz 的 UPS，在功率因数为 0.8 时额定值为 500 kV·A。假定可接受 100%非线性负载，输出正弦波。本试验中，带中性线的三线连接单相负载，根据附录 B 每相连接 33 kV·A，23 kW，则剩余的 400－(3×23)＝331 kW 采用附录 C 规定的三相非线性负载(R＝1.303 Ω)。

产生的电压畸变应低于(IEC 61000-2-2)表 3 中的规定值。

若假定 UPS 可接受 50%的非线性负载，则单相负载和三相基准非线性负载均为其规定值的一半。

附　录　D
（规范性附录）
输入市电故障——试验方法

当市电发生故障时，UPS的特性应用下述电路进行试验（图D.1）：

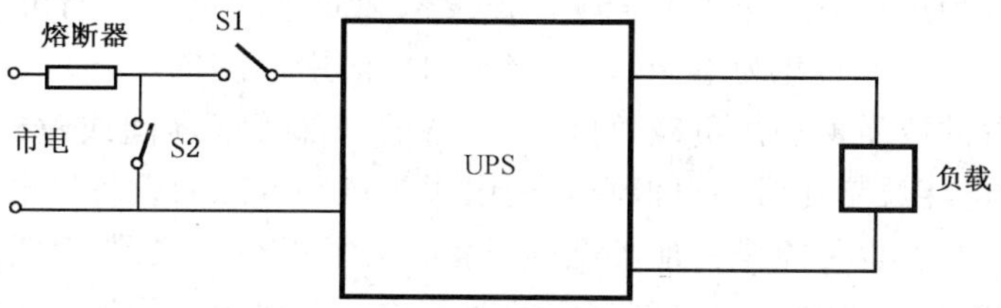

图 D.1　输入市电故障试验方法

试验 D1　高阻抗市电故障

通常运行方式：

——S1 闭合；

——S2 断开；

——断开 S1 模拟市电故障。

试验 D2　低阻抗市电故障试验

通常运行方式：

——S1 闭合；

——S2 断开；

——闭合 S2 模拟市电故障（熔断器 1/4 负载时熔断）。

熔断器的额定值应与 UPS 输入电流一致。S2 的额定值应按熔断器的额定值而定。

用于三相供电，则开关的各个触头应同时断开/闭合。

附 录 E
（资料性附录）
不间断电源（UPS）的结构类型

本部分所述的不间断电源（UPS）是一种惯性电源。其主要功能是：当常用电源，通常是当地的市电局部或全部发生故障时，为用户设备提供符合规定连续性和质量的供电。当市电再不能得到或不符合要求时，通过将某种形式的储能转化为电能，在规定时间内向用户设备供电。

用户设备，特指关键的或受保护的负载，可以是设备的一部分或房间或建筑物的全部设备。因此，用户决定采用稳定性和电能质量比常用电源更好的电源为这些特殊的设备供电。关键设备绝大部分是指数据处理之类的设备，虽然也可能是其他类型的设备，如照明设备、仪器、泵类或通信设备等。为这些负载供电的储能装置通常是蓄电池。需要在规定的时间内为其供电，可能是片刻或在数小时之久。该时间间隔通常称为储能供电时间或备用时间。

目前已开发出功率从不足百瓦到数兆瓦，能满足用户对不同负载类型、供电连续性和供电质量要求的各种类型 UPS。

下面概述各种 UPS 的配置，其范围包括单台 UPS 到为增加安全性而设计的十分复杂的设备。

不同类型的 UPS 配置可实现不同程度的负载供电的连续性要求和/或增加输出额定功率。

本附录阐述了一些典型的配置及每种配置的重要特征。图 E.1 和图 E.2 主要介绍串联 UPS 系统。图 E.3 为在线互动式。UPS 的其他类型配置见图 E.4 和图 E.5。

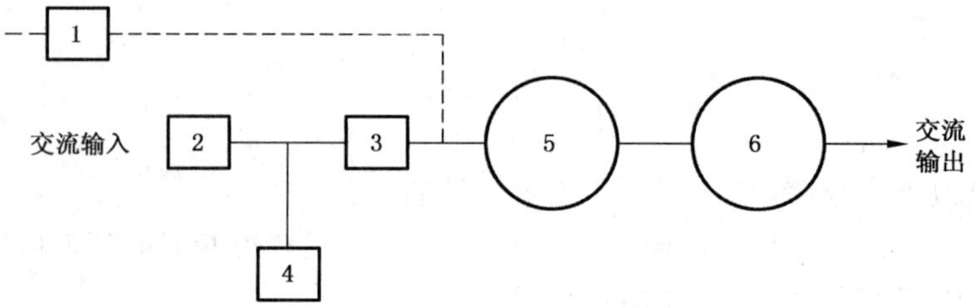

说明：

1——旁路；
2——整流器；
3——逆变器；
4——储能装置；
5——AC 电动机；
6——发电机。

图 E.1　串联类型 1

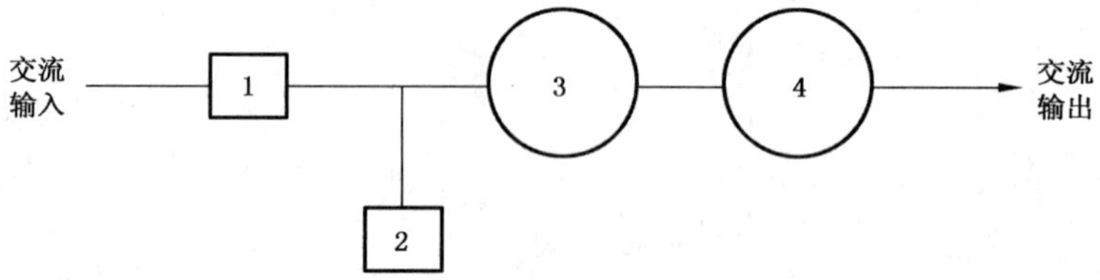

说明：

1——整流器；
2——储能装置；
3——直流电动机；
4——发电机。

图 E.2　串联类型 2

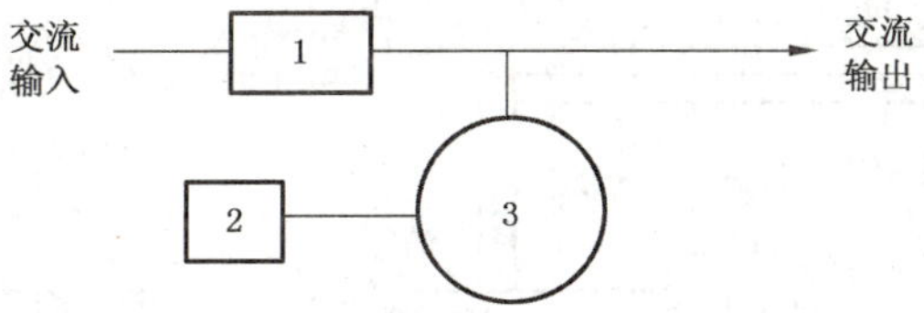

说明：

1——整流器；

2——储能装置；

3——发电机。

图 E.3 在线互动式

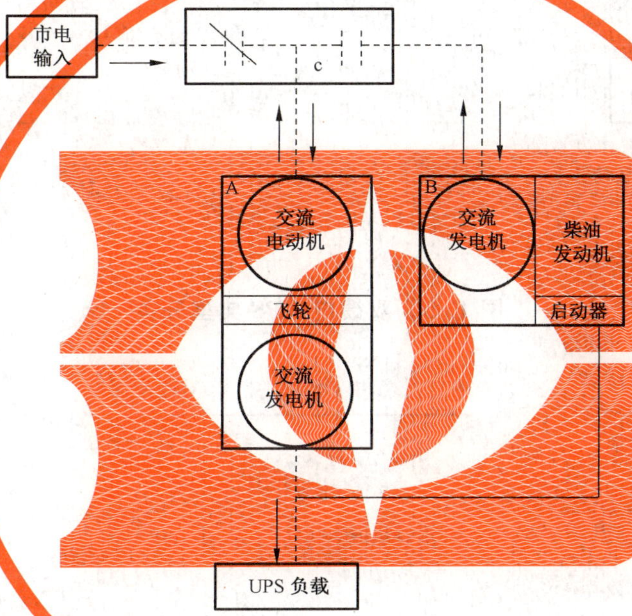

图 E.4 典型 UPS

在图 E.4 中，在正常 24 h 运行中，"A"电动机与市电连接，驱动"A"发电机，为 UPS 负载和储存动能的飞轮供电。

若市电出现故障，则控制"C"将转换电源如下：

——由飞轮中的能量驱动的"A"电动机即刻变为发电机与"B"发电机并联，"B"发电机即刻变为电动机，帮助发动机加速；

——"A"发电机由飞轮提供能量，继续为负载连续供电并作为瞬时电源（经整流后变为直流）驱动发动机启动器。当发动机达到全速时，"B"发动机的发电机替代市电为"A"电动机供电，它又继续驱动"A"发电机而不影响 UPS 负载；

——当市电恢复后，"C"控制将"A"电动机连接至市电，并在数分钟后停止发动机；

——系统初始启动时采用"B"发动机的发电机使飞轮缓慢加速。根据系统容量的大小，此过程大约需要 20 分钟。消除了从市电取电引起的较大冲击电流。

包括两个类似的鼠笼式感应电动机和一个同轴的交流同步发电机的系统，通常的平面图和电气连接如图 E.5 所示。

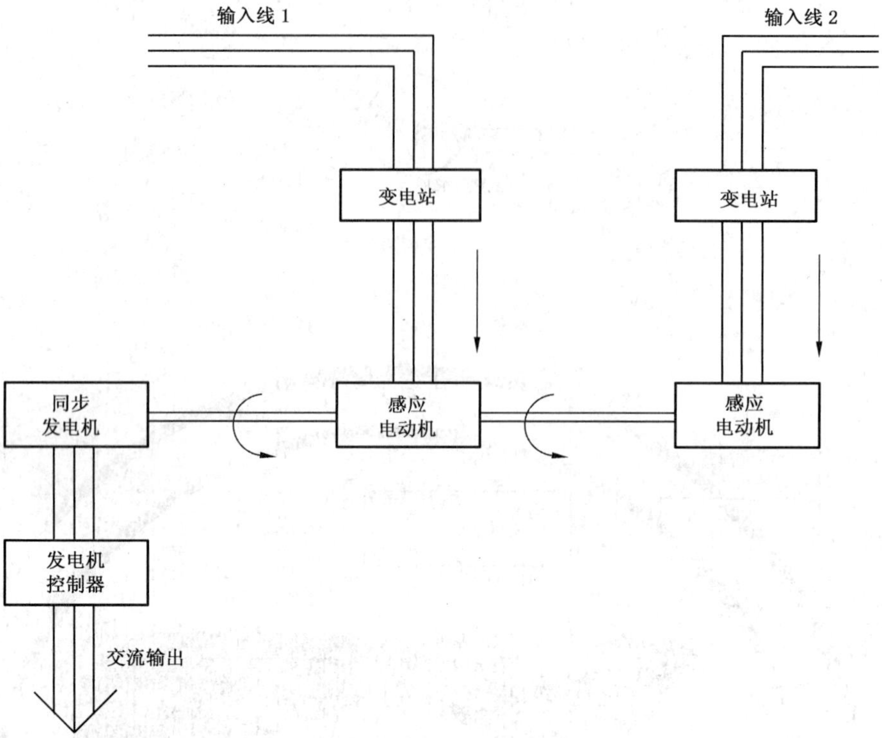

图 E.5　双馈电 UPS 典型开关

ICS 03.120.30
A 41

中华人民共和国国家标准

GB/T 2828.1—2012/ISO 2859-1:1999
代替 GB/T 2828.1—2003

计数抽样检验程序 第1部分:按接收质量限(AQL)检索的逐批检验抽样计划

Sampling procedures for inspection by attributes—Part 1:Sampling schemes indexed by acceptance quality limit (AQL) for lot-by-lot inspection

(ISO 2859-1:1999,IDT)

2012-11-05 发布 2013-02-15 实施

中华人民共和国国家质量监督检验检疫总局
中国国家标准化管理委员会 发布

前言

GB/T 2828《计数抽样检验程序》分为以下几个部分：

——第1部分：按接收质量限(AQL)检索的逐批检验抽样计划(ISO 2859-1:1999,IDT)

——第2部分：按极限质量(LQ)检索的孤立批检验抽样方案(ISO 2859-2:1985,NEQ)

——第3部分：跳批抽样程序(ISO 2859-3:2005,IDT)

——第4部分：声称质量水平的评定程序(ISO 2859-4:2002,MOD)

——第5部分：按接收质量限(AQL)检索的逐批序贯抽样检验系统(ISO 2859-5:2005,IDT)

——第10部分：GB/T 2828计数抽样检验系列标准导则(ISO 2859-10:2006,MOD)

——第11部分：小总体的声称质量水平的评定程序

本部分为GB/T 2828的第1部分。

本部分按照GB/T 1.1—2009给出的规则起草。

本部分代替GB/T 2828.1—2003《计数抽样检验程序　第1部分：按接收质量限(AQL)检索的逐批检验抽样计划》。

本部分与GB/T 2828.1—2003相比较，技术内容的变化主要包括：

——术语和定义、符号按GB/T 3358.2—2009进行了修改。例如，将“抽检特性曲线”改为“操作特性曲线”；对“缺陷”的解释由“当按习惯来评价产品或服务的质量特性时，术语‘缺陷’是适用的”改为“从使用角度而不是从符合规范角度来评价产品或服务的质量特性时，可使用‘缺陷’这个术语”；

——在表9　一次、二次和多次抽样的平均样本量曲线中增加了Ac=4的曲线图；

——对部分文字表述进行了修改。

本部分等同采用国际标准ISO 2859-1:1999《计数抽样检验程序　第1部分：按接收质量限(AQL)检索的逐批检验抽样计划》及2001-03-01发布的ISO 2859-1:1999技术修改单。同时保留了GB/T 2828.1—2003对ISO 2859-1:1999的如下更正：

——在表9中Ac=12的曲线中删去箭头；

——在表9中Ac=7的曲线中，箭头位置从3移至3.15；

——在表9中Ac=27,Ac=30,Ac=41,Ac=44的曲线中，其横坐标改为“$n\times$每百单位产品不合格数/100”。

请注意本文件的某些内容可能涉及专利。本文件的发布机构不承担识别这些专利的责任。

本部分由中国标准化研究院提出。

本部分由全国统计方法与应用标准化技术委员会(SAC/TC 21)归口。

本部分起草单位：中国标准化研究院、中国人民解放军军械工程学院、中国科学院数学与系统科学研究院、厦门市华测检测技术有限公司。

本部分主要起草人：于振凡、张玉柱、丁文兴、肖惠、张帆、冯士雍、马毅林、刘文、万峰。

本部分代替标准历次版本发布情况为：

——GB 2828—1981、GB/T 2828—1987、GB/T 2828.1—2003。

计数抽样检验程序
第1部分:按接收质量限(AQL)检索的逐批检验抽样计划

1 范围

1.1 本部分规定了一个计数抽样检验系统。本部分用接收质量限(AQL)检索。

本部分的目的是通过批不被接收使供方在经济上和心理上产生的压力,促使其将过程平均质量水平值保持在规定的接收质量限以下,而同时给使用方接收劣质批的概率提供一个上限。本部分指定的抽样计划可用于(但不限于)下述检验:

——最终产品;

——零部件和原材料;

——操作;

——在制品;

——库存品;

——维修操作;

——数据或记录;

——管理程序。

1.2 本部分中的抽样计划主要适用于连续系列批。连续系列批的系列的长度足以允许使用转移规则(见9.3)。这些规则为:

a) 一旦发现质量变劣,为给使用方提供保护,应转移到加严检验或暂停抽样检验;

b) 如果质量一直比较好,为减少检验费用,经负责部门同意,根据转移规则,可转移到放宽检验。

本部分的抽样方案也可用于孤立批的检验,但在此情况下,强烈建议使用者应认真分析抽样方案的操作特性曲线(见12.6),确定一个能给予所期望保护的抽样方案;使用者也可参见GB/T 2828.2—2008中给出的按极限质量(LQ)检索的抽样方案。

2 规范性引用文件

下列文件对于本文件的应用是必不可少的。凡是注日期的引用文件,仅注日期的版本适于本文件。凡是不注日期的引用文件,其最新版本(包括所有的修改单)适用于本文件。

GB/T 2828.2—2008 计数抽样检验程序 第2部分:按极限质量(LQ)检索的孤立批检验抽样方案(ISO 2859-2:1985,NEQ)

GB/T 2828.3—2008 计数抽样检验程序 第3部分:跳批抽样程序(ISO 2859-3:2005,IDT)

GB/T 3358.1—2009 统计学词汇及符号 第1部分:一般统计术语与用于概率的术语(ISO 3534-1:2006,IDT)

GB/T 3358.2—2009 统计学词汇及符号 第2部分:应用统计(ISO 3534-2:2006,IDT)

3 术语和定义、符号

3.1 术语和定义

GB/T 3358.1—2009、GB/T 3358.2—2009界定的以及下列术语和定义适用于本文件。

3.1.1

检验 inspection

为确定产品或服务的各特性是否合格，测量、检查、测试或量测产品或服务的一种或多种特性，并且与规定要求进行比较的活动。

3.1.2

初次检验 original inspection

按照本部分的规定对批进行的第一次检验。

注：必须将初次检验和以前未接收而再次提交批的检验加以区别。

3.1.3

计数检验 inspection by attributes

关于规定的一个或一组要求，或者仅将单位产品划分为合格或不合格，或者仅计算单位产品中不合格数的检验。

注：计数检验既包括产品是否合格的检验，又包括每百单位产品不合格数的检验。

3.1.4

单位产品 item

能被单独描述和考虑的一个事物。

例如：

——一个有形的实体；

——一定量的材料；

——一项服务、一次活动或一个过程；

——一个组织或个人；

——上述项目的任何组合。

3.1.5

不合格 nonconformity

不满足规范的要求。

注1：在某些情况下，规范与使用方要求(见缺陷，3.1.6)一致；在另一些情况它们可能不一致，或更严，或更宽，或者不完全知道或不了解两者间的精确关系。

注2：通常按不合格的严重程度将它们分类，例如：

——A类 认为最被关注的一种类型的不合格。在验收抽样中，将给这种类型的不合格指定一个很小的AQL值。

——B类 认为关注程度比A类稍低的一种类型的不合格。如果存在第三类(C类)不合格，可以给B类不合格指定比A类不合格大但比C类不合格小的AQL值。其余不合格类型依此类推。

注3：增加特性和不合格分类通常会影响产品的总接收概率。

注4：不合格分类的项目、归属于哪个类和为各类选择接收质量限，应适合特定情况的质量要求。

3.1.6

缺陷 defect

不满足预期的使用要求。

注1：从使用角度而不是从符合规范角度来评价产品或服务的质量特性时，可使用“缺陷”这个术语。

注2：区分缺陷与不合格的概念是重要的，这是因为其中有法律内涵，特别是与产品责任问题有关。因此，术语“缺陷”应慎用。

3.1.7

不合格品 nonconforming item

具有一个或一个以上不合格的产品。

注：不合格品通常按不合格的严重程度分类，例如：

——A类　包含一个或一个以上A类不合格，同时还可能包含B类和(或)C类不合格的产品。

——B类　包含一个或一个以上B类不合格，同时还可能包含C类等不合格，但不包含A类不合格的产品。

3.1.8

(样本)不合格品百分数　percent nonconforming(in a sample)

样本中的不合格品数除以样本量再乘上100，即：

$$d/n \times 100$$

式中：

d——样本中的不合格品数；

n——样本量。

3.1.9

(总体或批)不合格品百分数　percent nonconforming(in a population or lot)

总体或批中的不合格品数除以总体量或批量再乘上100，即：

$$100p = D/N \times 100$$

式中：

p——不合格品率；

D——总体或批中的不合格品数；

N——总体量或批量。

注：本部分的术语“不合格品百分数”(见3.1.8和3.1.9)和“每百单位产品不合格数”(见3.1.10和3.1.11)，替代理论术语“不合格品率”和“每单位产品不合格数”，因为前者在标准中普遍使用。

3.1.10

(样本)每百单位产品不合格数　nonconformities per 100 items(in a sample)

样本中不合格数除以样本量再乘上100，即：

$$d/n \times 100$$

式中：

d——样本中的不合格数；

n——样本量。

3.1.11

(总体或批)每百单位产品不合格数　nonconformities per 100 items(in a population or lot)

总体或批中的不合格数除以总体量或批量再乘上100，即：

$$100p = D/N \times 100$$

式中：

p——每单位产品不合格数；

D——总体或批中不合格数；

N——总体量或批量。

注：一个单位产品可能包含一个或一个以上的不合格。

3.1.12

负责部门　responsible authority

为维护本部分的中立地位所使用的概念(应在规范中明确)，而不管本部分是否正在被第一、第二或第三方援引或利用。

注1：负责部门可以是：

a)　供方组织内部的质量部门(第一方)；

b)　采购方或采购组织(第二方)；

c)　独立验证或认证机构(第三方)；

d) 按双方的书面协议(如供方和采购方的文件)上所述职能(见注2),不同于a)、b)或c)的任何一方。

注2:本部分概述了负责部门的责任和职能(见5.2、6.2、7.2、7.3、7.5、7.6、9.1、9.3.3、9.4、10.1、10.3和13.1)。

3.1.13

批 lot

汇集在一起的一定数量的某种产品、材料或服务。

注:本部分中的“批”特指提交检验的批,它可由几个生产批或生产批的一部分组成。

3.1.14

批量 lot size

批中包含的单位产品的个数。

3.1.15

样本 sample

取自一个批并且能提供该批信息的一个或一组产品。

3.1.16

样本量 sample size

样本中所包含的单位产品的个数。

3.1.17

抽样方案 sampling plan

样本量和批接收准则的组合。

注1:一次抽样方案是样本量、接收数和拒收数的组合。二次抽样方案是两个样本量、第一样本的接收数和拒收数及联合样本的接收数和拒收数的组合。

注2:抽样方案不包括如何抽取样本的规则。

注3:对于本部分,应区分术语抽样方案(见3.1.17)、抽样计划(见3.1.18)和抽样系统(见3.1.19)。

3.1.18

抽样计划 sampling scheme

抽样方案和从一个抽样方案改变到另一抽样方案的规则的组合。

注:见9.3。

3.1.19

抽样系统 sampling system

抽样方案或抽样计划及抽样程序的集合。其中,抽样计划带有改变抽样方案的规则,而抽样程序则包括选择适当的抽样方案或抽样计划的准则。

注:本部分是一个按批量范围、检验水平和AQL检索的抽样系统。在GB/T 2828.2—2008中给出了按LQ检索的另一个抽样系统。

3.1.20

正常检验 normal inspection

当过程平均(见3.1.25)优于接收质量限(见3.1.26)时,所使用的一种能保证批以高概率接收的抽样方案的检验。

注:当没有理由怀疑过程平均不同于规定的接收质量限时,进行正常检验。

3.1.21

加严检验 tightened inspection

使用比相应正常检验抽样方案接收准则更严厉的接收准则的一种抽样方案的检验。

注1:通常情况下,保持样本量不变,通过减小接收数来生成加严检验的抽样方案;当正常检验抽样方案的接收数为0和部分接收数为1的情况时,要通过增加样本量来生成加严检验的抽样方案。

注2:当预先规定的连续批数的检验结果表明过程平均(见3.1.25)可能比接收质量限(见3.1.26)劣时,进行加严检验。

3.1.22

放宽检验 reduced inspection

使用样本量比相应正常检验抽样方案的样本量小，接收准则和正常检验抽样方案的接收准则相差不大的一种抽样方案的检验。

注1：放宽检验的鉴别能力比正常检验低。

注2：当预先规定连续批数的检验数据表明过程平均（见3.1.25）明显优于接收质量限（见3.1.26）时，可进行放宽检验。

3.1.23

转移得分 switching score

在正常检验情况下，用于确定当前的检验结果是否足以允许转移到放宽检验的指示数。

注：见9.3.3。

3.1.24

接收得分 acceptance score

对于分数接收数抽样方案，用于确定批接收性的指示数。

注：见13.2.1.2。

3.1.25

过程平均 process average

在规定的时段或生产量内质量水平的平均。

注：在本部分中，过程平均是过程处于统计控制状态期间的质量水平（不合格品百分数或每百单位产品不合格数）的平均。

3.1.26

接收质量限 acceptance quality limit

当一个连续系列批被提交验收抽样时，可容忍的最差过程平均质量水平。

注1：仅当抽样计划具有如在本部分和GB/T 6378.1中使用的转移规则和暂停规则时使用此术语。

注2：尽管具有质量与接收质量限同样差的批也可能以较高的概率被接收，但所指定的接收质量限并不表示接收质量限就是所希望的质量水平。本部分中的抽样计划及其转移规则和暂停抽样检验规则是为鼓励供方具有比AQL一贯地好的过程平均而设计的。如果过程平均不比AQL一贯地好，就会有转移到加严检验，使接收准则变得更加严厉的风险。一旦进行加严检验，必须采取质量改进措施对过程质量进行改进，不然可能导致暂停抽样检验。

3.1.27

使用方风险质量 consumer's risk quality

对抽样方案，相应于某一规定的使用方风险的批质量水平或过程质量水平。

注：使用方风险通常规定为10%。

3.1.28

极限质量 limiting quality

对于被认为处于孤立状态的批，抽样检验时，限制在某一低接收概率的质量水平。

3.2 符号和缩略语

Ac ——接收数

AQL ——接收质量限（以不合格品百分数或每百单位产品不合格数表示）

AOQ ——平均检出质量（以不合格品百分数或每百单位产品不合格数表示）

AOQL ——平均检出质量上限（以不合格品百分数或每百单位产品不合格数表示）

ASN ——平均样本量

CRQ ——使用方风险质量（以不合格品百分数或每百单位产品不合格数表示）

d ——从批中抽取的样本中发现的不合格品数或不合格数

D ——总体或批中的不合格品数或不合格数

LQ ——极限质量(以不合格品百分数或每百单位产品不合格数表示)

N ——批量

n ——样本量

p ——过程平均(以不合格品百分数或每百单位产品不合格数表示)

p_x ——接收概率为 x 的质量水平($0 \leqslant x \leqslant 1$)

P_a ——接收概率(以百分数表示)

Re ——拒收数

注:在二次或多次抽样中,用数字下标 i 表示第 i 次抽样,如 n_i 表示第 i 个样本的样本量。

4 不合格的表示

4.1 总则

不合格的程度以不合格品百分数(见 3.1.8 和 3.1.9)或每百单位产品不合格数(见 3.1.10 和 3.1.11)表示。表 7、表 8 和表 10 是基于假定不合格的出现是随机且统计独立的。如果已知产品的某个不合格可能由某一条件引起,此条件还可能引起其他一些不合格,则应仅考虑该产品是否为合格品,而不管该产品有多少个不合格。

4.2 不合格的分类

因为大多数验收抽样涉及一个以上的质量特性,它们在质量和(或)经济效果上的重要性可能不同,往往需要根据如 3.1.5 中定义的分类来划分不合格类型。不合格类型的指定、类型的数目和给每个类型选择的 AQL 应适合特定场合的质量要求。

5 接收质量限(AQL)

5.1 AQL 的应用

本部分使用 AQL 和样本量字码(见 10.2)检索抽样方案和抽样计划。

当为某个不合格或一组不合格指定一个 AQL 值时,它表明如果质量水平(不合格品百分数或每百单位产品不合格数)不大于指定的 AQL 时,抽样计划会接收绝大多数的提交批。抽样方案有以下特点:在给定的 AQL 处的接收概率依赖于样本量,一般来讲,大样本(样本量大)的接收概率要高于小样本(样本量小)的接收概率。

AQL 是抽样计划的一个参数,不应与反映制造过程操作水平的过程平均相混淆。在本抽样系统中,为避免过多的批不被接收,要求过程平均比 AQL 更小。

警示:指定 AQL 并不意味着供方有权故意供应任何不合格品。

5.2 AQL 的规定

所使用的 AQL 应在合同中规定或由负责部门指定。如在 3.1.5 中定义的那样,可以给不合格组或单个的不合格指定不同的 AQL。不合格组的划分应适应特定场合的质量要求。除了给单个的不合格指定 AQL 外,还可给不合格组指定 AQL。当以不合格品百分数(3.1.8 和 3.1.9)表示质量水平时,AQL 值应不超过 10(%)。当以每百单位产品不合格数(见 3.1.10 和 3.1.11)表示质量水平时,AQL 值应不超过 1 000。

5.3 优先的 AQL

本部分的表中给出的 AQL 值系列为优先的 AQL 系列。对任何产品，如果指定的 AQL 不是这些数值中的某一个，则这些表不适用。

6 产品批的提交

6.1 批的组成

产品应汇集成可识别的批、子批或可交付的其他形式(见 6.2)。就实用而言，每个批应由同型号、同等级、同类型、同尺寸、同成分，在基本相同的时段和一致的条件下制造的产品组成。

6.2 批的提取

批的组成、批量和识别批的方式，应经负责部门指定或批准。必要时，供方应对每个批提供足够且合适的贮存场地、正确识别和提取批所需的设备，以及为抽取样本而运送产品的人员。

7 接收与不接收

7.1 批的接收性

批的接收性应通过使用一个或多个抽样方案来判定。

当涉及采用本程序的结果时，用术语“不接收”来代替“拒收”，但在抽样方案中使用“拒收数”。术语“拒收”仅用于当涉及使用方可能采取行动的场合。

7.2 不接收批的处置

负责部门应决定怎样处置不接收的批。对不接收批中的产品可以报废、分选(替换或不替换不合格品)、返工、根据更明确的使用性准则再评定，或等待进一步信息再作处置。

7.3 不合格品

如果批已被接收，有权不接收在检验中发现的任何不合格品，而不管该产品是否构成样本的一部分。所发现的不合格品可以返工或以合格品替换。经负责部门批准，对批按其规定的方式再次提交检验。

7.4 不合格或不合格品的分类

对于两类或两类以上的不合格或不合格品可能有不同的 AQL，应使用一组抽样方案。通常，这组抽样方案使用相同的样本量，但可有不同的接收准则，如表 2、表 3 和表 4 所示。

7.5 对致命不合格类的特别保留条款

某些不合格类型可能极为重要，对这种指定的不合格类型专门规定了本特别条款。经负责部门同意，对这些指定的不合格类型，使用方有“检验提交的每件单位产品，并且只要发现一个这种类型的不合格立即不接收该批”的权利。同时使用方有权对指定的不合格类，抽取供方提交的每个批，只要从一个批抽取的样本中发现包含一个或一个以上这种类型的不合格就不接收任何批。

7.6 批的再提交

如果发现一个批不接收，应立即通知所有各方。在批中的所有单位产品被重新检测或重新试验，而且确信供方已剔除所有不合格品或以合格品替换,或者已修正所有的不合格之前,这样的批不应再提交。负责部门应确定再检验应使用正常检验还是加严检验,再检验是针对所有类型的不合格还是只针对初次检验造成批不接收的特定类型。

8 样本的抽取

8.1 抽取样本的方法

应按简单随机抽样从批中抽取作为样本中的单位产品。但是,当批由子批或(按某个合理的准则识别的)层组成时,应使用按比例配置的分层抽样,在此情形下,各子批或各层的样本量与其大小成比例。

8.2 抽取样本的时间

样本可在批生产出来以后或在批生产期间抽取。两种情形均应按 8.1 抽取样本。

8.3 二次或多次抽样

使用二次或多次抽样时,每个后继的样本应从同一批的剩余部分中抽取。

9 正常、加严和放宽检验

9.1 检验的开始

除非负责部门另有规定,检验开始时应采用正常检验。

9.2 检验的继续

除非转移程序(见 9.3)要求改变检验的严格度,对接连的批,正常、加严或者放宽检验应继续不变。转移程序应分别地用于各类不合格或不合格品。

9.3 转移规则和程序(见图 1)

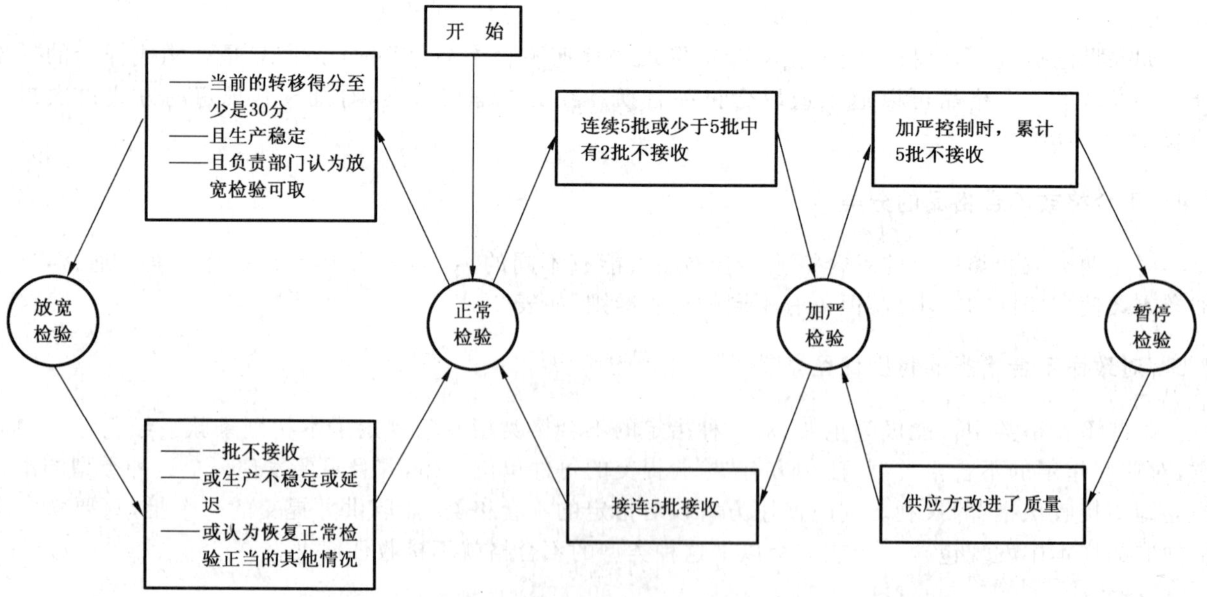

图 1 转移规则简图

9.3.1 正常到加严

当正在采用正常检验时,只要初次检验中连续5批或少于5批中有2批不接收,则转移到加严检验。本程序不考虑再提交批。

9.3.2 加严到正常

当正在采用加严检验时,如果初次检验的接连5批接收,应恢复正常检验。

9.3.3 正常到放宽

9.3.3.1 总则

当正在采用正常检验时,如果下列各条件均满足,应转移到放宽检验:

a) 当前的转移得分(见9.3.3.2)至少是30分;

b) 生产稳定;

c) 负责部门同意使用放宽检验。

9.3.3.2 转移得分

除非负责部门另有规定,正常检验开始时就应计算转移得分。

在正常检验开始时,应将转移得分设定为0,而在检验每个后继的批以后应更新转移得分。

a) 一次抽样方案

1) 当接收数等于或大于2时,如果当AQL加严一级后该批接收,则给转移得分加3;否则将转移得分重新设定为0。

2) 当接收数为0或1时,如果该批接收,则给转移得分加2;否则将转移得分重新设定为0。

b) 二次和多次抽样

1) 当使用二次抽样方案时,如果该批在检验第一样本后接收,给转移得分加3;否则将转移得分重新设定为0。

2) 当使用多次抽样方案时,如果该批在检验第一样本或第二样本后接收,则给转移得分加3;否则将转移得分重新设定为0。

注:在附录A中举例说明了转移得分的用法。

9.3.4 放宽到正常

当正在执行放宽检验时,如果初次检验出现下列任一情况,应恢复正常检验。

a) 一个批不接收;

b) 生产不稳定、生产过程中断后恢复生产;

c) 有恢复正常检验的其他正当理由。

9.4 暂停检验

如果在初次加严检验的一系列连续批中不接收批的累计数达到5批,应暂时停止检验。直到供方为改进所提供产品或服务的质量已采取行动,且负责部门认为此行动可能有效时,才能恢复本部分的检验程序。恢复检验应按9.3.1那样,从使用加严检验开始。

9.5 跳批抽样

当满足GB/T 2828.3—2008的要求时,可用跳批抽样代替本部分的逐批检验。

注:使用GB/T 2828.3—2008的跳批程序代替本部分的放宽检验是有限制的,某些AQL值和检验水平不能使用跳批程序。

10 抽样方案

10.1 检验水平

检验水平对应着检验量。表1中给出了3个一般检验水平Ⅰ、Ⅱ和Ⅲ。除非另有规定,应使用水平Ⅱ。当要求鉴别力较低时可使用水平Ⅰ,当要求鉴别力较高时可使用水平Ⅲ。在表1中还给出了另外4个特殊检验水平S-1、S-2、S-3和S-4,它们可用于必须使用相对小的样本量而且能容许较大抽样风险的情形。

所使用的具体检验水平应由负责部门规定。对某些用途要求较高的鉴别力,而对另一些用途要求较低的鉴别力。

在每一检验水平下,应按照第9章规定运用转移规则进行正常、加严和放宽检验。检验水平的选择与正常、加严和放宽检验的严格度是两个完全不同的概念。因此,当在正常、加严和放宽检验间进行转移时,已规定的检验水平应保持不变。

在指定检验水平S-1至S-4时,应避免AQL同这些检验水平不协调。例如,在检验水平S-1情形下字码(顺序)未超过D,而与字码D相对应的正常检验一次抽样方案的样本量为8,如果规定AQL为0.1(%),其最小样本量为125,故指定检验水平S-1是无效的。

如果样本量相对于被检验批的批量比较小,那么通过检验从批中抽取的样本所获得的批质量的信息量仅依赖于样本量的绝对大小,而不依赖样本量对于批量的相对大小。不过,还有以下三方面的原因,对不同的批量需要考虑不同的样本量:

a) 当错误判定造成的损失很大时,作出正确判定更为重要;

b) 对大批(批量大的批)能负担得起的样本量,对小批(批量小的批)可能是不经济的;

c) 如果批量大且样本占批的比例不大,真正做到随机抽样比较困难。

10.2 样本量字码

样本量通过样本量字码确定。对给定的批量和规定的检验水平使用表1检索适用的字码。

注:为节省表的篇幅或避免正文中不必要的重复,样本量字码有时简称为"字码"。

10.3 抽样方案的检索

应使用AQL和样本量字码从抽样方案表(表2、表3、表4或表11)中检索抽样方案。对于一个规定的AQL和一个给定的批量,应使用AQL和样本量字码的同一组合从正常、加严和放宽检验表检索抽样方案。

注:检索方法:由10.2得到样本量字码后,在抽样方案表中由该字码所在行向右,在样本量栏内读出样本量n,再以样本量字码所在行和指定的接收质量限所在列相交处,读出接收数Ac和拒收数Re。若在相交处是箭头,则沿着箭头方向读出箭头所指的第一个接收数Ac和拒收数Re,然后由此接收数和拒收数所在行向左,在样本量栏内读出相应的样本量n。

对于给定的一个样本量字码和一个AQL的组合,如无相应的抽样方案可用时,应使用表中箭头所指的接收数和拒收数所在行的字码,此时应按新的样本量字码所对应的样本量而不是按原来的样本量字码所对应的样本量。如果对不同类别的不合格品或不合格导致不同的样本量,经负责部门指定或批准,所有类别的不合格品或不合格均可使用所得到的最大样本量相应的样本量字码。经负责部门指定或批准,对某一指定的AQL,可使用样本量较大、接收数为1的一次抽样方案来代替接收数为0的一次抽样方案。另外一种选择是经负责部门指定或批准时,可采用第13章中的分数接收数抽样方案。

10.4 抽样方案的类型

表2、表3和表4分别给出一次、二次和多次三种类型的抽样方案。对于给定的AQL和样本量字

码,如果有几种不同类型的抽样方案时,可以使用其中任一种。对于给定的 AQL 和样本量字码,如果有一次、二次和多次抽样方案可采用时,通常应通过比较这些抽样方案的平均样本量与管理上的难易程度来决定使用哪一种类型的抽样方案。对本部分给出的抽样方案,多次抽样方案的平均样本量小于二次抽样方案的平均样本量,而二次和多次抽样方案的平均样本量均小于一次抽样方案的样本量(见表 9)。通常,一次抽样的管理难度和每个产品的抽样费用均低于二次和多次抽样方案。

11 接收性的判定

11.1 对不合格品的检验

在不合格品百分数检验的情形下,应使用合适的抽样方案,并按照 11.1.1 至 11.1.3 来确定批的接收性。

11.1.1 一次抽样方案(整数接收数)

对抽取的样本进行检验,如果样本中发现的不合格品数小于或等于接收数,则判定该批接收;如果样本中发现的不合格品数大于或等于拒收数,则判定该批不接收。

11.1.2 二次抽样方案

对抽取的样本进行检验,如果第一样本中发现的不合格品数小于或等于第一接收数,则判定该批接收;如果第一样本中发现的不合格品数大于或等于第一拒收数,则判定该批不接收。

如果第一样本中发现的不合格品数介于第一接收数与第一拒收数之间,应检验第二样本(样本量 n_2 在方案中给出)并累计两个样本中发现的不合格品数。如果不合格品累计数小于或等于第二接收数,则判定该批接收;如果不合格品累计数大于或等于第二拒收数,则判定该批不接收。

11.1.3 多次抽样方案

多次抽样方案的程序类似于在 11.1.2 中规定的程序。本部分的多次抽样方案为五次抽样方案,最多在检验第五样本后作出是否接收的判定。

11.2 对不合格的检验

在每百单位产品不合格数检验的情形下,为判定批的接收性,使用不合格品检验所规定的程序(见 11.1),只不过以术语“不合格”取代“不合格品”。

12 附加信息(抽样方案的统计特性)

12.1 操作特性曲线(OC 曲线)

表 10 所示的正常和加严检验的操作特性曲线(如表 10-A 的图 A),表明对一个给定的批(过程)质量水平,各抽样方案预期可接收批的百分数。对整数接收数一次抽样方案,给出了操作特性曲线;二次和多次抽样方案与相匹配的一次抽样方案的操作特性曲线基本一致。对于大于 10 的 AQL,所示的 OC 曲线仅适用于每百单位产品不合格数检验;对于小于或等于 10 的 AQL,这些 OC 曲线既可用于不合格品百分数检验,也可用于每百单位产品不合格数检验。

在所示的每条曲线中,对于不合格品百分数检验(AQL≤10),对所选定的接收概率,表(如表 10-A-1)分别给出了正常检验和加严检验对应的批(过程)质量水平;对于每百单位产品不合格数检验,对所选定的接收概率,表(如表 10-A-1)分别给出了正常检验和加严检验对应的批(过程)质量水平。

在表12中的抽样计划的OC曲线设计值，表明在考虑到转移规则，但不考虑暂停检验(见9.4)的影响后，各种质量的批(过程)被接收的长期百分数。曲线的横坐标是批(过程)质量与AQL的比值。每条曲线代表正常检验的一个接收数。

12.2 过程平均

为了估计过程平均，应检验样本中的所有单位产品。过程平均由供方提交初次检验产品的样本中得到的平均不合格品百分数或平均每百单位产品不合格数来估计；当使用二次或多次抽样方案时，应仅使用第一样本的结果估计过程平均。

12.3 平均检出质量(AOQ)

平均检出质量是对所提交检验的具有给定质量水平的产品，经过抽样检验后，检出产品的长期平均质量。检出产品包括所有接收批，加上未被接收而后经过100%检验，且以合格品代替所有不合格品的批。

12.4 平均检出质量上限(AOQL)

平均检出质量上限是对一个给定的验收抽样方案，平均检出质量的最大值。在表8-A中，对每个正常检验一次抽样方案给出了AOQL的近似值。在表8-B中，对每个加严检验一次抽样方案给出了AOQL的近似值。

12.5 平均样本量(ASN)曲线

为了比较一次抽样方案与相对应的二次和多次抽样方案的平均样本量，在表9中对每个接收数给出了它们的平均样本量曲线。对于给定的过程质量水平，这些曲线显示出不同类型抽样方案预期的平均样本量。这些曲线是基于所有样本产品都需进行检验的假定。

12.6 生产方风险和使用方风险

12.6.1 单个抽样方案的使用

本部分作为一个抽样系统来使用，它通过将正常、加严和放宽检验用于连续系列批来达到对使用方的保护；与此同时，保证当其质量优于AQL时绝大多数的批会被接收，以保护生产方。

有时，从本部分选用指定的单个抽样方案，而不使用转移规则。例如，采购方可能仅为了验证产品批质量而使用这些方案。这种使用法不应认为是“按GB/T 2828.1检验”。使用这种方法仅相当于从一个抽样方案库中用AQL检索了单个抽样方案，应由所提供的抽样方案的OC曲线和其他统计特性来单独地评价该抽样方案。

12.6.2 使用方风险质量表

如果批系列的长度不足以允许使用转移规则，应选择与某一指定的AQL值有关联，并且使用方风险质量不比某一规定的极限质量保护更差的抽样方案。为此，可通过选取与AQL相关联的使用方风险质量(CRQ)和使用方风险(即对CRQ的接收概率)来选择抽样方案。

表6和表7给出了使用方风险为10%的使用方风险质量(CRQ)的数值。对不合格品数检验时使用表6；对不合格数检验时使用表7。对于质量水平大于或等于使用方风险质量的表值的单个批，接收概率小于或等于10%。当有理由对某个批的规定极限质量进行保护时，为了固定与系列批检验规定的AQL和检验水平相关的最小样本量可使用表6和表7。GB/T 2828.2—2008给出了用于选择孤立批抽样方案的程序的细节。

示例：假定使用方风险质量是5(以不合格品百分数表示)时，要求单个批接收的概率小于或等于10%。如果为系列批检验所指定的AQL是1(以不合格品百分数表示)时，表6-A表明最小样本量应由样本量字码L给出。

12.6.3 生产方风险表

表5-A、表5-B和表5-C分别给出在正常、加严和放宽检验状态下,质量水平为AQL的批的拒收概率。在GB/T 3358.2—2009的4.6.4中以此概率表示生产方风险。

13 分数接收数一次抽样方案(供选择)

13.1 分数接收数一次抽样方案的应用

本条规定了关于分数接收数抽样方案的供选择的程序。经负责部门批准可使用本程序。除非另有规定,应遵循前几章给出的标准程序。

表11-A、表11-B和表11-C列出了分数接收数方案。对于正常和加严检验,用分数接收数1/3和1/2分别替代了表2-A和表2-B中接收数0和接收数1之间带有箭头的两个地方。对于放宽检验,用分数接收数1/5、1/3和1/2分别替代了表2-C中接收数0和接收数1之间带有箭头的三个地方。

如10.3所述,当样本量字码与AQL导致接收数0和接收数1之间的一个方案时,使用分数接收数方案,虽然样本量有相应改变,但不要求改变样本量字码。

13.2 接收性的判定

13.2.1 不合格品数的检验

13.2.1.1 固定抽样方案的情形

当所有批的分数接收数抽样方案保持固定时,使用下述规定:

a) 当样本中无不合格品时,则接收该批。

b) 当样本中有2个或多于2个不合格品时,则不接收该批。

c) 当来自当前批的样本中只有1个不合格品时,仅当向前追溯紧邻的一定数量的批的样本中的不合格品数为0时,则接收该批;对接收数1/2,向前追溯的批数为1;对接收数1/3,向前追溯的批数为2;对接收数1/5,向前追溯的批数为4。若向前可追溯的批数不够时,不接收该批。

13.2.1.2 不固定抽样方案的情形

当由于批量变化和(或)检验的严格度转移,抽样方案不能对每个后继的批都保持不变时,应计算和使用接收得分,其方法如下:

a) 任一正常、加严和放宽检验的状态开始时,均将接收得分重新设定为0。

b) 如果所得抽样方案的接收数为0,接收得分保持不变;
如果所得抽样方案的接收数为1/5,给接收得分加2分;
如果所得抽样方案的接收数为1/3,给接收得分加3分;
如果所得抽样方案的接收数为1/2,给接收得分加5分;
如果所得抽样方案的接收数为1或大于1,给接收得分加7分。

c) 对于分数接收数方案,如果检验前最新的接收得分不超过8分,仅当样本中未发现不合格品时接收该批;如果检验前最新的接收得分不低于9分,仅当样本中最多有一个不合格品时接收该批。当接收数为整数时,使用该接收数来确定批的接收性(依据11.1.1或11.2)。

d) 如果在样本中发现1个或多于1个不合格品,在判定该批的接收性后,将接收得分重新设定为0。

在得到抽样方案后,但在判定批的接收性以前,应更新接收得分。在判定接收性后应重新定出接收得分。可是,在作出批的接收性判定后,应给转移得分追加得分或重新设定转移得分(见9.3.3.2)。

注:在固定抽样方案的情形下使用接收得分时,其结果与13.2.1.1相同。

13.2.2 不合格数检验

当按不合格数检验时，为确定批的接收性，除应以术语“不合格”代替“不合格品”外，应使用不合格品数检验所规定的程序(见13.2.1)。

13.3 转移规则

13.3.1 正常到加严及加严到正常

其规则分别与9.3.1和9.3.2指出的规则相同。

13.3.2 正常到放宽

在使用分数接收数的一次抽样方案的情况下，修正转移得分的规则如下：

a) 当给定接收数为1/3或1/2时，如果批接收，则给转移得分增加2分；否则，将转移得分重新设定为0。

b) 当给定接收数为0时，如果在样本中未发现不合格品，则给转移得分增加2分；否则，将转移得分重新设定为0。

13.3.3 放宽到正常及加严到暂停

其规则分别与9.3.4和9.4指出的规则相同。

注：在GB/T 2828.3—2008跳批抽样系统中，分数接收数抽样方案不适用。

13.4 不固定抽样方案的示例

附录A给出的示例，通过使用随批量变化的分数接收数方案来说明本验收抽样系统的应用。

此例假定，有一系列的批被提交进行不合格品数检验，并且已同意使用一般检验的水平Ⅱ和规定AQL为1.0(%)。附录A给出了最初25批的结果。

表1 样本量字码(见10.1和10.2)

批量	特殊检验水平				一般检验水平		
	S-1	S-2	S-3	S-4	Ⅰ	Ⅱ	Ⅲ
2～8	A	A	A	A	A	A	B
9～15	A	A	A	A	A	B	C
16～25	A	A	B	B	B	C	D
26～50	A	B	B	C	C	D	E
51～90	B	B	C	C	C	E	F
91～150	B	B	C	D	D	F	G
151～280	B	C	D	E	E	G	H
281～500	B	C	D	E	F	H	J
501～1 200	C	C	E	F	G	J	K
1 201～3 200	C	D	E	G	H	K	L
3 201～10 000	C	D	F	G	J	L	M
10 001～35 000	C	D	F	H	K	M	N
35 001～150 000	D	E	G	J	L	N	P
150 001～500 000	D	E	G	J	M	P	Q
500 001及以上	D	E	H	K	N	Q	R

表 2-A　正常检验一次抽样方案(主表)

样本量字码	样本量	接收质量限(AQL)																									
		0.010	0.015	0.025	0.040	0.065	0.10	0.15	0.25	0.40	0.65	1.0	1.5	2.5	4.0	6.5	10	15	25	40	65	100	150	250	400	650	1 000
		Ac Re	Ac Re	Ac Re	Ac Re	Ac Re	Ac Re	Ac Re	Ac Re	Ac Re	Ac Re	Ac Re	Ac Re	Ac Re	Ac Re	Ac Re	Ac Re	Ac Re	Ac Re	Ac Re	Ac Re	Ac Re	Ac Re	Ac Re	Ac Re	Ac Re	Ac Re
A	2	⇩	⇩	⇩	⇩	⇩	⇩	⇩	⇩	⇩	⇩	⇩	⇩	⇩	⇩	0 1	⇩	⇩	1 2	2 3	3 4	5 6	7 8	10 11	14 15	21 22	30 31
B	3	⇩	⇩	⇩	⇩	⇩	⇩	⇩	⇩	⇩	⇩	⇩	⇩	⇩	0 1	⇧	⇩	1 2	2 3	3 4	5 6	7 8	10 11	14 15	21 22	30 31	44 45
C	5	⇩	⇩	⇩	⇩	⇩	⇩	⇩	⇩	⇩	⇩	⇩	⇩	0 1	⇧	⇩	1 2	2 3	3 4	5 6	7 8	10 11	14 15	21 22	30 31	44 45	⇧
D	8	⇩	⇩	⇩	⇩	⇩	⇩	⇩	⇩	⇩	⇩	⇩	0 1	⇧	⇩	1 2	2 3	3 4	5 6	7 8	10 11	14 15	21 22	30 31	44 45	⇧	⇧
E	13	⇩	⇩	⇩	⇩	⇩	⇩	⇩	⇩	⇩	⇩	0 1	⇧	⇩	1 2	2 3	3 4	5 6	7 8	10 11	14 15	21 22	30 31	44 45	⇧	⇧	⇧
F	20	⇩	⇩	⇩	⇩	⇩	⇩	⇩	⇩	⇩	0 1	⇧	⇩	1 2	2 3	3 4	5 6	7 8	10 11	14 15	21 22	⇧	⇧	⇧	⇧	⇧	⇧
G	32	⇩	⇩	⇩	⇩	⇩	⇩	⇩	⇩	0 1	⇧	⇩	1 2	2 3	3 4	5 6	7 8	10 11	14 15	21 22	⇧	⇧	⇧	⇧	⇧	⇧	⇧
H	50	⇩	⇩	⇩	⇩	⇩	⇩	⇩	0 1	⇧	⇩	1 2	2 3	3 4	5 6	7 8	10 11	14 15	21 22	⇧	⇧	⇧	⇧	⇧	⇧	⇧	⇧
J	80	⇩	⇩	⇩	⇩	⇩	⇩	0 1	⇧	⇩	1 2	2 3	3 4	5 6	7 8	10 11	14 15	21 22	⇧	⇧	⇧	⇧	⇧	⇧	⇧	⇧	⇧
K	125	⇩	⇩	⇩	⇩	⇩	0 1	⇧	⇩	1 2	2 3	3 4	5 6	7 8	10 11	14 15	21 22	⇧	⇧	⇧	⇧	⇧	⇧	⇧	⇧	⇧	⇧
L	200	⇩	⇩	⇩	⇩	0 1	⇧	⇩	1 2	2 3	3 4	5 6	7 8	10 11	14 15	21 22	⇧	⇧	⇧	⇧	⇧	⇧	⇧	⇧	⇧	⇧	⇧
M	315	⇩	⇩	⇩	0 1	⇧	⇩	1 2	2 3	3 4	5 6	7 8	10 11	14 15	21 22	⇧	⇧	⇧	⇧	⇧	⇧	⇧	⇧	⇧	⇧	⇧	⇧
N	500	⇩	⇩	0 1	⇧	⇩	1 2	2 3	3 4	5 6	7 8	10 11	14 15	21 22	⇧	⇧	⇧	⇧	⇧	⇧	⇧	⇧	⇧	⇧	⇧	⇧	⇧
P	800	⇩	0 1	⇧	⇩	1 2	2 3	3 4	5 6	7 8	10 11	14 15	21 22	⇧	⇧	⇧	⇧	⇧	⇧	⇧	⇧	⇧	⇧	⇧	⇧	⇧	⇧
Q	1 250	0 1	⇧	⇩	1 2	2 3	3 4	5 6	7 8	10 11	14 15	21 22	⇧	⇧	⇧	⇧	⇧	⇧	⇧	⇧	⇧	⇧	⇧	⇧	⇧	⇧	⇧
R	2 000	⇧	⇧	1 2	2 3	3 4	5 6	7 8	10 11	14 15	21 22	⇧	⇧	⇧	⇧	⇧	⇧	⇧	⇧	⇧	⇧	⇧	⇧	⇧	⇧	⇧	⇧

⇩——使用箭头下面的第一个抽样方案。如果样本量等于或超过批量,则执行100%检验。

⇧——使用箭头上面的第一个抽样方案。

Ac——接收数。

Re——拒收数。

表 2-B　加严检验一次抽样方案(主表)

样本量字码	样本量	接收质量限(AQL)																									
		0.010	0.015	0.025	0.040	0.065	0.10	0.15	0.25	0.40	0.65	1.0	1.5	2.5	4.0	6.5	10	15	25	40	65	100	150	250	400	650	1 000
		Ac Re	Ac Re	Ac Re	Ac Re	Ac Re	Ac Re	Ac Re	Ac Re	Ac Re	Ac Re	Ac Re	Ac Re	Ac Re	Ac Re	Ac Re	Ac Re	Ac Re	Ac Re	Ac Re	Ac Re	Ac Re	Ac Re	Ac Re	Ac Re	Ac Re	Ac Re
A	2	↓	↓	↓	↓	↓	↓	↓	↓	↓	↓	↓	↓	↓	↓	↓	0 1	↓	↓	1 2	2 3	3 4	5 6	8 9	12 13	18 19	27 28
B	3	↓	↓	↓	↓	↓	↓	↓	↓	↓	↓	↓	↓	↓	↓	0 1	↓	↓	1 2	2 3	3 4	5 6	8 9	12 13	18 19	27 28	41 42
C	5	↓	↓	↓	↓	↓	↓	↓	↓	↓	↓	↓	↓	↓	0 1	↓	↓	1 2	2 3	3 4	5 6	8 9	12 13	18 19	27 28	41 42	↑
D	8	↓	↓	↓	↓	↓	↓	↓	↓	↓	↓	↓	↓	0 1	↓	↓	1 2	2 3	3 4	5 6	8 9	12 13	18 19	27 28	41 42	↑	↑
E	13	↓	↓	↓	↓	↓	↓	↓	↓	↓	↓	↓	0 1	↓	↓	1 2	2 3	3 4	5 6	8 9	12 13	18 19	27 28	41 42	↑	↑	↑
F	20	↓	↓	↓	↓	↓	↓	↓	↓	↓	↓	0 1	↓	↓	1 2	2 3	3 4	5 6	8 9	12 13	18 19	↑	↑	↑	↑	↑	↑
G	32	↓	↓	↓	↓	↓	↓	↓	↓	↓	0 1	↓	↓	1 2	2 3	3 4	5 6	8 9	12 13	18 19	↑	↑	↑	↑	↑	↑	↑
H	50	↓	↓	↓	↓	↓	↓	↓	↓	0 1	↓	↓	1 2	2 3	3 4	5 6	8 9	12 13	18 19	↑	↑	↑	↑	↑	↑	↑	↑
J	80	↓	↓	↓	↓	↓	↓	↓	0 1	↓	↓	1 2	2 3	3 4	5 6	8 9	12 13	18 19	↑	↑	↑	↑	↑	↑	↑	↑	↑
K	125	↓	↓	↓	↓	↓	↓	0 1	↓	↓	1 2	2 3	3 4	5 6	8 9	12 13	18 19	↑	↑	↑	↑	↑	↑	↑	↑	↑	↑
L	200	↓	↓	↓	↓	↓	0 1	↓	↓	1 2	2 3	3 4	5 6	8 9	12 13	18 19	↑	↑	↑	↑	↑	↑	↑	↑	↑	↑	↑
M	315	↓	↓	↓	↓	0 1	↓	↓	1 2	2 3	3 4	5 6	8 9	12 13	18 19	↑	↑	↑	↑	↑	↑	↑	↑	↑	↑	↑	↑
N	500	↓	↓	↓	0 1	↓	↓	1 2	2 3	3 4	5 6	8 9	12 13	18 19	↑	↑	↑	↑	↑	↑	↑	↑	↑	↑	↑	↑	↑
P	800	↓	↓	0 1	↓	↓	1 2	2 3	3 4	5 6	8 9	12 13	18 19	↑	↑	↑	↑	↑	↑	↑	↑	↑	↑	↑	↑	↑	↑
Q	1 250	↓	0 1	↓	↓	1 2	2 3	3 4	5 6	8 9	12 13	18 19	↑	↑	↑	↑	↑	↑	↑	↑	↑	↑	↑	↑	↑	↑	↑
R	2 000	0 1	↑	↓	1 2	2 3	3 4	5 6	8 9	12 13	18 19	↑	↑	↑	↑	↑	↑	↑	↑	↑	↑	↑	↑	↑	↑	↑	↑
S	3 150			1 2																							

⇩——使用箭头下面的第一个抽样方案。如果样本量等于或超过批量,则执行 100%检验。

⇧——使用箭头上面的第一个抽样方案。

Ac——接收数。

Re——拒收数。

表 2-C 放宽检验一次抽样方案(主表)

样本量字码	样本量	接收质量限(AQL) 0.010	0.015	0.025	0.040	0.065	0.10	0.15	0.25	0.40	0.65	1.0	1.5	2.5	4.0	6.5	10	15	25	40	65	100	150	250	400	650	1 000
		Ac Re	Ac Re	Ac Re	Ac Re	Ac Re	Ac Re	Ac Re	Ac Re	Ac Re	Ac Re	Ac Re	Ac Re	Ac Re	Ac Re	Ac Re	Ac Re	Ac Re	Ac Re	Ac Re	Ac Re	Ac Re	Ac Re	Ac Re	Ac Re	Ac Re	Ac Re
A	2	↓	↓	↓	↓	↓	↓	↓	↓	↓	↓	↓	↓	↓	↓	0 1	↓	↓	1 2	2 3	3 4	5 6	7 8	10 11	14 15	21 22	30 31
B	2	↓	↓	↓	↓	↓	↓	↓	↓	↓	↓	↓	↓	↓	0 1	↑	↓	↓	1 2	2 3	3 4	5 6	7 8	10 11	14 15	21 22	30 31
C	2	↓	↓	↓	↓	↓	↓	↓	↓	↓	↓	↓	↓	0 1	↑	↓	↓	1 2	2 3	3 4	5 6	6 7	8 9	10 11	14 15	21 22	↑
D	3	↓	↓	↓	↓	↓	↓	↓	↓	↓	↓	↓	0 1	↑	↓	↓	1 2	2 3	3 4	5 6	6 7	8 9	10 11	14 15	21 22	↑	↑
E	5	↓	↓	↓	↓	↓	↓	↓	↓	↓	↓	0 1	↑	↓	↓	1 2	2 3	3 4	5 6	6 7	8 9	10 11	14 15	21 22	↑	↑	↑
F	8	↓	↓	↓	↓	↓	↓	↓	↓	↓	0 1	↑	↓	↓	1 2	2 3	3 4	5 6	6 7	8 9	10 11	↑	↑	↑	↑	↑	↑
G	13	↓	↓	↓	↓	↓	↓	↓	↓	0 1	↑	↓	↓	1 2	2 3	3 4	5 6	6 7	8 9	10 11	↑	↑	↑	↑	↑	↑	↑
H	20	↓	↓	↓	↓	↓	↓	↓	0 1	↑	↓	↓	1 2	2 3	3 4	5 6	6 7	8 9	10 11	↑	↑	↑	↑	↑	↑	↑	↑
J	32	↓	↓	↓	↓	↓	↓	0 1	↑	↓	↓	1 2	2 3	3 4	5 6	6 7	8 9	10 11	↑	↑	↑	↑	↑	↑	↑	↑	↑
K	50	↓	↓	↓	↓	↓	0 1	↑	↓	↓	1 2	2 3	3 4	5 6	6 7	8 9	10 11	↑	↑	↑	↑	↑	↑	↑	↑	↑	↑
L	80	↓	↓	↓	↓	0 1	↑	↓	↓	1 2	2 3	3 4	5 6	6 7	8 9	10 11	↑	↑	↑	↑	↑	↑	↑	↑	↑	↑	↑
M	125	↓	↓	↓	0 1	↑	↓	↓	1 2	2 3	3 4	5 6	6 7	8 9	10 11	↑	↑	↑	↑	↑	↑	↑	↑	↑	↑	↑	↑
N	200	↓	↓	0 1	↑	↓	↓	1 2	2 3	3 4	5 6	6 7	8 9	10 11	↑	↑	↑	↑	↑	↑	↑	↑	↑	↑	↑	↑	↑
P	315	↓	0 1	↑	↓	↓	1 2	2 3	3 4	5 6	6 7	8 9	10 11	↑	↑	↑	↑	↑	↑	↑	↑	↑	↑	↑	↑	↑	↑
Q	500	0 1	↑	↑	↓	1 2	2 3	3 4	5 6	6 7	8 9	10 11	↑	↑	↑	↑	↑	↑	↑	↑	↑	↑	↑	↑	↑	↑	↑
R	800	↑	↑	↑	1 2	2 3	3 4	5 6	6 7	8 9	10 11	↑	↑	↑	↑	↑	↑	↑	↑	↑	↑	↑	↑	↑	↑	↑	↑

⇩——使用箭头下面的第一个抽样方案。如果样本量等于或超过批量,则执行 100%检验。

⇧——使用箭头上面的第一个抽样方案。

Ac——接收数。

Re——拒收数。

表 3-A　正常检验二次抽样方案(主表)

样本量字码	样本	样本量	累计样本量	接收质量限(AQL) 0.010	0.015	0.025	0.040	0.065	0.10	0.15	0.25	0.40	0.65	1.0	1.5	2.5	4.0	6.5	10	15	25	40	65	100	150	250	400	650	1 000
				Ac Re	Ac Re	Ac Re	Ac Re	Ac Re	Ac Re	Ac Re	Ac Re	Ac Re	Ac Re	Ac Re	Ac Re	Ac Re	Ac Re	Ac Re	Ac Re	Ac Re	Ac Re	Ac Re	Ac Re	Ac Re	Ac Re	Ac Re	Ac Re	Ac Re	Ac Re
A				⇩	⇩	⇩	⇩	⇩	⇩	⇩	⇩	⇩	⇩	⇩	⇩	⇩	⇩	*	⇩	⇩	*	*	*	*	*	*	*	*	*
B	第一 第二	2 2	2 4	⇩	⇩	⇩	⇩	⇩	⇩	⇩	⇩	⇩	⇩	⇩	⇩	⇩	*	⇧	⇩	0 2 1 2	0 3 3 4	1 3 4 5	2 5 6 7	3 6 9 10	5 9 12 13	7 11 18 19	11 16 26 27	17 22 37 38	25 31 56 57
C	第一 第二	3 3	3 6	⇩	⇩	⇩	⇩	⇩	⇩	⇩	⇩	⇩	⇩	⇩	⇩	*	⇧	⇩	0 2 1 2	0 3 3 4	1 3 4 5	2 5 6 7	3 6 9 10	5 9 12 13	7 11 18 19	11 16 26 27	17 22 37 38	25 31 56 57	⇧
D	第一 第二	5 5	5 10	⇩	⇩	⇩	⇩	⇩	⇩	⇩	⇩	⇩	⇩	⇩	*	⇧	⇩	0 2 1 2	0 3 3 4	1 3 4 5	2 5 6 7	3 6 9 10	5 9 12 13	7 11 18 19	11 16 26 27	17 22 37 38	25 31 56 57	⇧	⇧
E	第一 第二	8 8	8 16	⇩	⇩	⇩	⇩	⇩	⇩	⇩	⇩	⇩	⇩	*	⇧	⇩	0 2 1 2	0 3 3 4	1 3 4 5	2 5 6 7	3 6 9 10	5 9 12 13	7 11 18 19	11 16 26 27	17 22 37 38	25 31 56 57	⇧	⇧	⇧
F	第一 第二	13 13	13 26	⇩	⇩	⇩	⇩	⇩	⇩	⇩	⇩	⇩	*	⇧	⇩	0 2 1 2	0 3 3 4	1 3 4 5	2 5 6 7	3 6 9 10	5 9 12 13	7 11 18 19	11 16 26 27	⇧	⇧	⇧	⇧	⇧	⇧
G	第一 第二	20 20	20 40	⇩	⇩	⇩	⇩	⇩	⇩	⇩	⇩	*	⇧	⇩	0 2 1 2	0 3 3 4	1 3 4 5	2 5 6 7	3 6 9 10	5 9 12 13	7 11 18 19	11 16 26 27	⇧	⇧	⇧	⇧	⇧	⇧	⇧
H	第一 第二	32 32	32 64	⇩	⇩	⇩	⇩	⇩	⇩	⇩	*	⇧	⇩	0 2 1 2	0 3 3 4	1 3 4 5	2 5 6 7	3 6 9 10	5 9 12 13	7 11 18 19	11 16 26 27	⇧	⇧	⇧	⇧	⇧	⇧	⇧	⇧
J	第一 第二	50 50	50 100	⇩	⇩	⇩	⇩	⇩	⇩	*	⇧	⇩	0 2 1 2	0 3 3 4	1 3 4 5	2 5 6 7	3 6 9 10	5 9 12 13	7 11 18 19	11 16 26 27	⇧	⇧	⇧	⇧	⇧	⇧	⇧	⇧	⇧
K	第一 第二	80 80	80 160	⇩	⇩	⇩	⇩	⇩	*	⇧	⇩	0 2 1 2	0 3 3 4	1 3 4 5	2 5 6 7	3 6 9 10	5 9 12 13	7 11 18 19	11 16 26 27	⇧	⇧	⇧	⇧	⇧	⇧	⇧	⇧	⇧	⇧
L	第一 第二	125 125	125 250	⇩	⇩	⇩	⇩	*	⇧	⇩	0 2 1 2	0 3 3 4	1 3 4 5	2 5 6 7	3 6 9 10	5 9 12 13	7 11 18 19	11 16 26 27	⇧	⇧	⇧	⇧	⇧	⇧	⇧	⇧	⇧	⇧	⇧
M	第一 第二	200 200	200 400	⇩	⇩	⇩	*	⇧	⇩	0 2 1 2	0 3 3 4	1 3 4 5	2 5 6 7	3 6 9 10	5 9 12 13	7 11 18 19	11 16 26 27	⇧	⇧	⇧	⇧	⇧	⇧	⇧	⇧	⇧	⇧	⇧	⇧
N	第一 第二	315 315	315 630	⇩	⇩	*	⇧	⇩	0 2 1 2	0 3 3 4	1 3 4 5	2 5 6 7	3 6 9 10	5 9 12 13	7 11 18 19	11 16 26 27	⇧	⇧	⇧	⇧	⇧	⇧	⇧	⇧	⇧	⇧	⇧	⇧	⇧
P	第一 第二	500 500	500 1 000	⇩	*	⇧	⇩	0 2 1 2	0 3 3 4	1 3 4 5	2 5 6 7	3 6 9 10	5 9 12 13	7 11 18 19	11 16 26 27	⇧	⇧	⇧	⇧	⇧	⇧	⇧	⇧	⇧	⇧	⇧	⇧	⇧	⇧
Q	第一 第二	800 800	800 1 600	*	⇧	⇩	0 2 1 2	0 3 3 4	1 3 4 5	2 5 6 7	3 6 9 10	5 9 12 13	7 11 18 19	11 16 26 27	⇧	⇧	⇧	⇧	⇧	⇧	⇧	⇧	⇧	⇧	⇧	⇧	⇧	⇧	⇧
R	第一 第二	1 250 1 250	1 250 2 500	⇧	⇧	0 2 1 2	0 3 3 4	1 3 4 5	2 5 6 7	3 6 9 10	5 9 12 13	7 11 18 19	11 16 26 27	⇧	⇧	⇧	⇧	⇧	⇧	⇧	⇧	⇧	⇧	⇧	⇧	⇧	⇧	⇧	⇧

⇩——使用箭头下面的第一个抽样方案。如果样本量等于或超过批量,则执行100%检验。

⇧——使用箭头上面的第一个抽样方案。

Ac——接收数。

Re——拒收数。

*——使用对应的一次抽样方案(或者使用下面适用的二次抽样方案)。

表 3-B　加严检验二次抽样方案(主表)

样本量字码	样本	样本量	累计样本量	接收质量限(AQL) 0.010 Ac Re	0.015 Ac Re	0.025 Ac Re	0.040 Ac Re	0.065 Ac Re	0.10 Ac Re	0.15 Ac Re	0.25 Ac Re	0.40 Ac Re	0.65 Ac Re	1.0 Ac Re	1.5 Ac Re	2.5 Ac Re	4.0 Ac Re	6.5 Ac Re	10 Ac Re	15 Ac Re	25 Ac Re	40 Ac Re	65 Ac Re	100 Ac Re	150 Ac Re	250 Ac Re	400 Ac Re	650 Ac Re	1 000 Ac Re
A				↓	↓	↓	↓	↓	↓	↓	↓	↓	↓	↓	↓	↓	↓	↓	↓	↓	↓	*	*	*	*	*	*	*	*
B	第一 第二	2 2	2 4	↓	↓	↓	↓	↓	↓	↓	↓	↓	↓	↓	↓	↓	↓	*	↓	↓	0 2 1 2	0 3 3 4	1 3 4 5	2 5 6 7	4 7 10 11	6 10 15 16	9 14 23 24	15 20 34 35	23 29 52 53
C	第一 第二	3 3	3 6	↓	↓	↓	↓	↓	↓	↓	↓	↓	↓	↓	↓	↓	*	↓	↓	0 2 1 2	0 3 3 4	1 3 4 5	2 5 6 7	4 7 10 11	6 10 15 16	9 14 23 24	15 20 34 35	23 29 52 53	↑
D	第一 第二	5 5	5 10	↓	↓	↓	↓	↓	↓	↓	↓	↓	↓	↓	↓	*	↓	↓	0 2 1 2	0 3 3 4	1 3 4 5	2 5 6 7	4 7 10 11	6 10 15 16	9 14 23 24	15 20 34 35	23 29 52 53	↑	↑
E	第一 第二	8 8	8 16	↓	↓	↓	↓	↓	↓	↓	↓	↓	↓	↓	*	↓	↓	0 2 1 2	0 3 3 4	1 3 4 5	2 5 6 7	4 7 10 11	6 10 15 16	9 14 23 24	15 20 34 35	23 29 52 53	↑	↑	↑
F	第一 第二	13 13	13 26	↓	↓	↓	↓	↓	↓	↓	↓	↓	↓	*	↓	↓	0 2 1 2	0 3 3 4	1 3 4 5	2 5 6 7	4 7 10 11	6 10 15 16	9 14 23 24	↑	↑	↑	↑	↑	↑
G	第一 第二	20 20	20 40	↓	↓	↓	↓	↓	↓	↓	↓	↓	*	↓	↓	0 2 1 2	0 3 3 4	1 3 4 5	2 5 6 7	4 7 10 11	6 10 15 16	9 14 23 24	↑	↑	↑	↑	↑	↑	↑
H	第一 第二	32 32	32 64	↓	↓	↓	↓	↓	↓	↓	↓	*	↓	↓	0 2 1 2	0 3 3 4	1 3 4 5	2 5 6 7	4 7 10 11	6 10 15 16	9 14 23 24	↑	↑	↑	↑	↑	↑	↑	↑
J	第一 第二	50 50	50 100	↓	↓	↓	↓	↓	↓	↓	*	↓	↓	0 2 1 2	0 3 3 4	1 3 4 5	2 5 6 7	4 7 10 11	6 10 15 16	9 14 23 24	↑	↑	↑	↑	↑	↑	↑	↑	↑
K	第一 第二	80 80	80 160	↓	↓	↓	↓	↓	↓	*	↓	↓	0 2 1 2	0 3 3 4	1 3 4 5	2 5 6 7	4 7 10 11	6 10 15 16	9 14 23 24	↑	↑	↑	↑	↑	↑	↑	↑	↑	↑
L	第一 第二	125 125	125 250	↓	↓	↓	↓	↓	*	↓	↓	0 2 1 2	0 3 3 4	1 3 4 5	2 5 6 7	4 7 10 11	6 10 15 16	9 14 23 24	↑	↑	↑	↑	↑	↑	↑	↑	↑	↑	↑
M	第一 第二	200 200	200 400	↓	↓	↓	↓	*	↓	↓	0 2 1 2	0 3 3 4	1 3 4 5	2 5 6 7	4 7 10 11	6 10 15 16	9 14 23 24	↑	↑	↑	↑	↑	↑	↑	↑	↑	↑	↑	↑
N	第一 第二	315 315	315 630	↓	↓	↓	*	↓	↓	0 2 1 2	0 3 3 4	1 3 4 5	2 5 6 7	4 7 10 11	6 10 15 16	9 14 23 24	↑	↑	↑	↑	↑	↑	↑	↑	↑	↑	↑	↑	↑
P	第一 第二	500 500	500 1 000	↓	↓	*	↓	↓	0 2 1 2	0 3 3 4	1 3 4 5	2 5 6 7	4 7 10 11	6 10 15 16	9 14 23 24	↑	↑	↑	↑	↑	↑	↑	↑	↑	↑	↑	↑	↑	↑
Q	第一 第二	800 800	800 1 600	↓	*	↓	↓	0 2 1 2	0 3 3 4	1 3 4 5	2 5 6 7	4 7 10 11	6 10 15 16	9 14 23 24	↑	↑	↑	↑	↑	↑	↑	↑	↑	↑	↑	↑	↑	↑	↑
R	第一 第二	1 250 1 250	1 250 2 500	*	↑	↓	0 2 1 2	0 3 3 4	1 3 4 5	2 5 6 7	4 7 10 11	6 10 15 16	9 14 23 24	↑	↑	↑	↑	↑	↑	↑	↑	↑	↑	↑	↑	↑	↑	↑	↑
S	第一 第二	2 000 2 000	2 000 4 000			0 2 1 2																							

↓——使用箭头下面的第一个抽样方案。如果样本量等于或超过批量，则执行 100% 检验。

↑——使用箭头上面的第一个抽样方案。

Ac——接收数。

Re——拒收数。

*——使用对应的一次抽样方案(或者使用下面适用的二次抽样方案)。

表 3-C 放宽检验二次抽样方案(主表)

样本量字码	样本	样本量	累计样本量	接收质量限(AQL) 0.010	0.015	0.025	0.040	0.065	0.10	0.15	0.25	0.40	0.65	1.0	1.5	2.5	4.0	6.5	10	15	25	40	65	100	150	250	400	650	1 000
				Ac Re	Ac Re	Ac Re	Ac Re	Ac Re	Ac Re	Ac Re	Ac Re	Ac Re	Ac Re	Ac Re	Ac Re	Ac Re	Ac Re	Ac Re	Ac Re	Ac Re	Ac Re	Ac Re	Ac Re	Ac Re	Ac Re	Ac Re	Ac Re	Ac Re	Ac Re
A				⇩	⇩	⇩	⇩	⇩	⇩	⇩	⇩	⇩	⇩	⇩	⇩	⇩	⇩	*	⇩	⇩	*	*	*	*	*	*	*	*	*
B				⇩	⇩	⇩	⇩	⇩	⇩	⇩	⇩	⇩	⇩	⇩	⇩	⇩	*	⇧	⇩	⇩	*	*	*	*	*	*	*	*	*
C				⇩	⇩	⇩	⇩	⇩	⇩	⇩	⇩	⇩	⇩	⇩	⇩	*	⇧	⇩	⇩	*	*	*	*	*	*	*	*	*	⇧
D	第一 第二	2 2	2 4	⇩	⇩	⇩	⇩	⇩	⇩	⇩	⇩	⇩	⇩	⇩	*	⇧	⇩	⇩	0 2 1 2	0 3 3 4	1 3 4 5	2 4 5 6	3 6 7 8	4 7 10 11	5 9 12 13	7 11 18 19	11 16 26 27	⇧	⇧
E	第一 第二	3 3	3 6	⇩	⇩	⇩	⇩	⇩	⇩	⇩	⇩	⇩	⇩	*	⇧	⇩	⇩	0 2 1 2	0 3 3 4	1 3 4 5	2 4 5 6	3 6 7 8	4 7 10 11	5 9 12 13	7 11 18 19	11 16 26 27	⇧	⇧	⇧
F	第一 第二	5 5	5 10	⇩	⇩	⇩	⇩	⇩	⇩	⇩	⇩	⇩	*	⇧	⇩	⇩	0 2 1 2	0 3 3 4	1 3 4 5	2 4 5 6	3 6 7 8	4 7 10 11	5 9 12 13	⇧	⇧	⇧	⇧	⇧	⇧
G	第一 第二	8 8	8 16	⇩	⇩	⇩	⇩	⇩	⇩	⇩	⇩	*	⇧	⇩	⇩	0 2 1 2	0 3 3 4	1 3 4 5	2 4 5 6	3 6 7 8	4 7 10 11	5 9 12 13	⇧	⇧	⇧	⇧	⇧	⇧	⇧
H	第一 第二	13 13	13 26	⇩	⇩	⇩	⇩	⇩	⇩	⇩	*	⇧	⇩	⇩	0 2 1 2	0 3 3 4	1 3 4 5	2 4 5 6	3 6 7 8	4 7 10 11	5 9 12 13	⇧	⇧	⇧	⇧	⇧	⇧	⇧	⇧
J	第一 第二	20 20	20 40	⇩	⇩	⇩	⇩	⇩	⇩	*	⇧	⇩	⇩	0 2 1 2	0 3 3 4	1 3 4 5	2 4 5 6	3 6 7 8	4 7 10 11	5 9 12 13	⇧	⇧	⇧	⇧	⇧	⇧	⇧	⇧	⇧
K	第一 第二	32 32	32 64	⇩	⇩	⇩	⇩	⇩	*	⇧	⇩	⇩	0 2 1 2	0 3 3 4	1 3 4 5	2 4 5 6	3 6 7 8	4 7 10 11	5 9 12 13	⇧	⇧	⇧	⇧	⇧	⇧	⇧	⇧	⇧	⇧
L	第一 第二	50 50	50 100	⇩	⇩	⇩	⇩	*	⇧	⇩	⇩	0 2 1 2	0 3 3 4	1 3 4 5	2 4 5 6	3 6 7 8	4 7 10 11	5 9 12 13	⇧	⇧	⇧	⇧	⇧	⇧	⇧	⇧	⇧	⇧	⇧
M	第一 第二	80 80	80 160	⇩	⇩	⇩	*	⇧	⇩	⇩	0 2 1 2	0 3 3 4	1 3 4 5	2 4 5 6	3 6 7 8	4 7 10 11	5 9 12 13	⇧	⇧	⇧	⇧	⇧	⇧	⇧	⇧	⇧	⇧	⇧	⇧
N	第一 第二	125 125	125 250	⇩	⇩	*	⇧	⇩	⇩	0 2 1 2	0 3 3 4	1 3 4 5	2 4 5 6	3 6 7 8	4 7 10 11	5 9 12 13	⇧	⇧	⇧	⇧	⇧	⇧	⇧	⇧	⇧	⇧	⇧	⇧	⇧
P	第一 第二	200 200	200 400	⇩	*	⇧	⇩	⇩	0 2 1 2	0 3 3 4	1 3 4 5	2 4 5 6	3 6 7 8	4 7 10 11	5 9 12 13	⇧	⇧	⇧	⇧	⇧	⇧	⇧	⇧	⇧	⇧	⇧	⇧	⇧	⇧
Q	第一 第二	315 315	315 630	*	⇧	⇧	⇩	0 2 1 2	0 3 3 4	1 3 4 5	2 4 5 6	3 6 7 8	4 7 10 11	5 9 12 13	⇧	⇧	⇧	⇧	⇧	⇧	⇧	⇧	⇧	⇧	⇧	⇧	⇧	⇧	⇧
R	第一 第二	500 500	500 1 000	⇧	⇧	⇧	0 2 1 2	0 3 3 4	1 3 4 5	2 4 5 6	3 6 7 8	4 7 10 11	5 9 12 13	⇧	⇧	⇧	⇧	⇧	⇧	⇧	⇧	⇧	⇧	⇧	⇧	⇧	⇧	⇧	⇧

⇩——使用箭头下面的第一个抽样方案。如果样本量等于或超过批量,则执行 100%检验。

⇧——使用箭头上面的第一个抽样方案。

Ac——接收数。

Re——拒收数。

*——使用对应的一次抽样方案(或者使用下面适用的二次抽样方案)。

表 4-A 正常检验多次抽样方案(主表)

样本量字码	样本	样本量	累计样本量	接收质量限(AQL)																									
				0.010	0.015	0.025	0.040	0.065	0.10	0.15	0.25	0.40	0.65	1.0	1.5	2.5	4.0	6.5	10	15	25	40	65	100	150	250	400	650	1 000
				Ac Re	Ac Re	Ac Re	Ac Re	Ac Re	Ac Re	Ac Re	Ac Re	Ac Re	Ac Re	Ac Re	Ac Re	Ac Re	Ac Re	Ac Re	Ac Re	Ac Re	Ac Re	Ac Re	Ac Re	Ac Re	Ac Re	Ac Re	Ac Re	Ac Re	Ac Re
A				⇩	⇩	⇩	⇩	⇩	⇩	⇩	⇩	⇩	⇩	⇩	⇩	⇩	⇩	*	⇩	⇩	⇩	*	*	*	*	*	*	*	*
B																	*	⇧			++	++	++	++	++	++	++	++	++
C																*	⇧	⇩		++	++	++	++	++	++	++	++	++	⇧
D	第一	2	2												*	⇧	⇩	# 2	# 2	# 3	# 4	0 4	0 5	1 7	2 9	4 12	6 16	⇧	
	第二	2	4															0 2	0 3	0 3	1 5	1 6	3 8	4 10	7 14	11 19	17 27		
	第三	2	6															0 2	0 3	1 4	2 6	3 8	6 10	8 13	13 19	19 27	29 38		
	第四	2	8															0 2	1 3	2 5	4 7	5 9	9 12	12 17	20 25	28 34	40 48		
	第五	2	10															1 2	3 4	4 5	6 7	9 10	12 13	18 19	26 27	37 38	56 57		
E	第一	3	3											*	⇧	⇩	# 2	# 2	# 3	# 4	0 4	0 5	1 7	2 9	4 12	6 16	⇧		
	第二	3	6														0 2	0 3	0 3	1 5	1 6	3 8	4 10	7 14	11 19	17 27			
	第三	3	9														0 2	0 3	1 4	2 6	3 8	6 10	8 13	13 19	19 27	29 38			
	第四	3	12														0 2	1 3	2 5	4 7	5 9	9 12	12 17	20 25	28 34	40 48			
	第五	3	15														1 2	3 4	4 5	6 7	9 10	12 13	18 19	26 27	37 38	56 57			
F	第一	5	5										*	⇧	⇩	# 2	# 2	# 3	# 4	0 4	0 5	1 7	2 9	⇧	⇧	⇧			
	第二	5	10													0 2	0 3	0 3	1 5	1 6	3 8	4 10	7 14						
	第三	5	15													0 2	0 3	1 4	2 6	3 8	6 10	8 13	13 19						
	第四	5	20													0 2	1 3	2 5	4 7	5 9	9 12	12 17	20 25						
	第五	5	25													1 2	3 4	4 5	6 7	9 10	12 13	18 19	26 27						
G	第一	8	8									*	⇧	⇩	# 2	# 2	# 3	# 4	0 4	0 5	1 7	2 9	⇧						
	第二	8	16												0 2	0 3	0 3	1 5	1 6	3 8	4 10	7 14							
	第三	8	24												0 2	0 3	1 4	2 6	3 8	6 10	8 13	13 19							
	第四	8	32												0 2	1 3	2 5	4 7	5 9	9 12	12 17	20 25							
	第五	8	40												1 2	3 4	4 5	6 7	9 10	12 13	18 19	26 27							

⇩ ——使用箭头下面的第一个抽样方案。如果样本量等于或超过批量,则执行100%检验。

⇧ ——使用箭头上面的第一个抽样方案。

Ac ——接收数。

Re ——拒收数。

* ——使用对应的一次抽样方案(或者使用下面适用的二次抽样方案)。

++——使用对应的二次抽样方案(或者使用下面适用的多次抽样方案)。

\# ——此样本量下不允许接收。

表 4-A（续）

样本量字码	样本	样本量	累计样本量	接收质量限（AQL）																									
				0.010	0.015	0.025	0.040	0.065	0.10	0.15	0.25	0.40	0.65	1.0	1.5	2.5	4.0	6.5	10	15	25	40	65	100	150	250	400	650	1 000
				Ac Re	Ac Re	Ac Re	Ac Re	Ac Re	Ac Re	Ac Re	Ac Re	Ac Re	Ac Re	Ac Re	Ac Re	Ac Re	Ac Re	Ac Re	Ac Re	Ac Re	Ac Re	Ac Re	Ac Re	Ac Re	Ac Re	Ac Re	Ac Re	Ac Re	Ac Re
H	第一	13	13	⇩	⇩	⇩	⇩	⇩	⇩	⇩	*	⇧	⇩	# 2	# 2	# 3	# 4	0 4	0 5	1 7	2 9	⇧	⇧	⇧	⇧	⇧	⇧	⇧	⇧
	第二	13	26											0 2	0 3	0 3	1 5	1 6	3 8	4 10	7 14								
	第三	13	39											0 2	0 3	1 4	2 6	3 8	6 10	8 13	13 19								
	第四	13	52											0 2	1 3	2 5	4 7	5 9	9 12	12 17	20 25								
	第五	13	65											1 2	3 4	4 5	6 7	9 10	12 13	18 19	26 27								
J	第一	20	20	⇩	⇩	⇩	⇩	⇩	⇩	*	⇧	⇩	# 2	# 2	# 3	# 4	0 4	0 5	1 7	2 9	⇧	⇧	⇧	⇧	⇧	⇧	⇧	⇧	⇧
	第二	20	40										0 2	0 3	0 3	1 5	1 6	3 8	4 10	7 14									
	第三	20	60										0 2	0 3	1 4	2 6	3 8	6 10	8 13	13 19									
	第四	20	80										0 2	1 3	2 5	4 7	5 9	9 12	12 17	20 25									
	第五	20	100										1 2	3 4	4 5	6 7	9 10	12 13	18 19	26 27									
K	第一	32	32	⇩	⇩	⇩	⇩	⇩	*	⇧	⇩	# 2	# 2	# 3	# 4	0 4	0 5	1 7	2 9	⇧	⇧	⇧	⇧	⇧	⇧	⇧	⇧	⇧	⇧
	第二	32	64									0 2	0 3	0 3	1 5	1 6	3 8	4 10	7 14										
	第三	32	96									0 2	0 3	1 4	2 6	3 8	6 10	8 13	13 19										
	第四	32	128									0 2	1 3	2 5	4 7	5 9	9 12	12 17	20 25										
	第五	32	160									1 2	3 4	4 5	6 7	9 10	12 13	18 19	26 27										
L	第一	50	50	⇩	⇩	⇩	⇩	*	⇧	⇩	# 2	# 2	# 3	# 4	0 4	0 5	1 7	2 9	⇧	⇧	⇧	⇧	⇧	⇧	⇧	⇧	⇧	⇧	⇧
	第二	50	100								0 2	0 3	0 3	1 5	1 6	3 8	4 10	7 14											
	第三	50	150								0 2	0 3	1 4	2 6	3 8	6 10	8 13	13 19											
	第四	50	200								0 2	1 3	2 5	4 7	5 9	9 12	12 17	20 25											
	第五	50	250								1 2	3 4	4 5	6 7	9 10	12 13	18 19	26 27											
M	第一	80	80	⇩	⇩	⇩	*	⇧	⇩	# 2	# 2	# 3	# 4	0 4	0 5	1 7	2 9	⇧	⇧	⇧	⇧	⇧	⇧	⇧	⇧	⇧	⇧	⇧	⇧
	第二	80	160							0 2	0 3	0 3	1 5	1 6	3 8	4 10	7 14												
	第三	80	240							0 2	0 3	1 4	2 6	3 8	6 10	8 13	13 19												
	第四	80	320							0 2	1 3	2 5	4 7	5 9	9 12	12 17	20 25												
	第五	80	400							1 2	3 4	4 5	6 7	9 10	12 13	18 19	26 27												

⇩ ——使用箭头下面的第一个抽样方案。如果样本量等于或超过批量，则执行 100% 检验。

⇧ ——使用箭头上面的第一个抽样方案。

Ac ——接收数。

Re ——拒收数。

* ——使用对应的一次抽样方案（或者使用下面适用的二次抽样方案）。

++——使用对应的二次抽样方案（或者使用下面适用的多次抽样方案）。

\# ——此样本量下不允许接收。

表 4-A(续)

样本量字码	样本	样本量	累计样本量	0.010	0.015	0.025	0.040	0.065	0.10	0.15	0.25	0.40	0.65	1.0	1.5	2.5	4.0	6.5	10	15	25	40	65	100	150	250	400	650	1 000
				Ac Re	Ac Re	Ac Re	Ac Re	Ac Re	Ac Re	Ac Re	Ac Re	Ac Re	Ac Re	Ac Re	Ac Re	Ac Re	Ac Re	Ac Re	Ac Re	Ac Re	Ac Re	Ac Re	Ac Re	Ac Re	Ac Re	Ac Re	Ac Re	Ac Re	Ac Re
N	第一	125	125	⇩	⇩		⇧	⇩	# 2	# 2	# 3	# 4	0 4	0 5	1 7	2 9	⇧	⇧	⇧	⇧	⇧	⇧	⇧	⇧	⇧	⇧	⇧	⇧	⇧
	第二	125	250						0 2	0 3	0 3	1 5	1 6	3 8	4 10	7 14													
	第三	125	375			*			0 2	0 3	1 4	2 6	3 8	6 10	8 13	13 19													
	第四	125	500						0 2	1 3	2 5	4 7	5 9	9 12	12 17	20 25													
	第五	125	625						1 2	3 4	4 5	6 7	9 10	12 13	18 19	26 27													
P	第一	200	200			⇧	⇩	# 2	# 2	# 3	# 4	0 4	0 5	1 7	2 9	⇧													
	第二	200	400					0 2	0 3	0 3	1 5	1 6	3 8	4 10	7 14														
	第三	200	600		*			0 2	0 3	1 4	2 6	3 8	6 10	8 13	13 19														
	第四	200	800					0 2	1 3	2 5	4 7	5 9	9 12	12 17	20 25														
	第五	200	1 000					1 2	3 4	4 5	6 7	9 10	12 13	18 19	26 27														
Q	第一	315	315		⇧	⇩	# 2	# 2	# 3	# 4	0 4	0 5	1 7	2 9	⇧														
	第二	315	630				0 2	0 3	0 3	1 5	1 6	3 8	4 10	7 14															
	第三	315	945	*			0 2	0 3	1 4	2 6	3 8	6 10	8 13	13 19															
	第四	315	1 260				0 2	1 3	2 5	4 7	5 9	9 12	12 17	20 25															
	第五	315	1 575				1 2	3 4	4 5	6 7	9 10	12 13	18 19	26 27															
R	第一	500	500	⇧		# 2	# 2	# 3	# 4	0 4	0 5	1 7	2 9	⇧															
	第二	500	1 000			0 2	0 3	0 3	1 5	1 6	3 8	4 10	7 14																
	第三	500	1 500			0 2	0 3	1 4	2 6	3 8	6 10	8 13	13 19																
	第四	500	2 000			0 2	1 3	2 5	4 7	5 9	9 12	12 17	20 25																
	第五	500	2 500			1 2	3 4	4 5	6 7	9 10	12 13	18 19	26 27																

⇩ ——使用箭头下面的第一个抽样方案。如果样本量等于或超过批量,则执行100%检验。

⇧ ——使用箭头上面的第一个抽样方案。

Ac ——接收数。

Re ——拒收数。

* ——使用对应的一次抽样方案(或者使用下面适用的二次抽样方案)。

++——使用对应的二次抽样方案(或者使用下面适用的多次抽样方案)。

\# ——此样本量下不允许接收。

表 4-B 加严检验多次抽样方案(主表)

样本量字码	样本	样本量	累计样本量	接收质量限(AQL)																									
				0.010	0.015	0.025	0.040	0.065	0.10	0.15	0.25	0.40	0.65	1.0	1.5	2.5	4.0	6.5	10	15	25	40	65	100	150	250	400	650	1 000
				Ac Re	Ac Re	Ac Re	Ac Re	Ac Re	Ac Re	Ac Re	Ac Re	Ac Re	Ac Re	Ac Re	Ac Re	Ac Re	Ac Re	Ac Re	Ac Re	Ac Re	Ac Re	Ac Re	Ac Re	Ac Re	Ac Re	Ac Re	Ac Re	Ac Re	Ac Re
A				⇩	⇩	⇩	⇩	⇩	⇩	⇩	⇩	⇩	⇩	⇩	⇩	⇩	⇩	⇩	⇩	⇩	⇩	*	*	*	*	*	*	*	*
B				⇩	⇩	⇩	⇩	⇩	⇩	⇩	⇩	⇩	⇩	⇩	⇩	⇩	⇩	*	⇩	⇩	++	++	++	++	++	++	++	++	++
C				⇩	⇩	⇩	⇩	⇩	⇩	⇩	⇩	⇩	⇩	⇩	⇩	⇩	*	⇩	⇩	++	++	++	++	++	++	++	++	++	⇧
D	第一	2	2	⇩	⇩	⇩	⇩	⇩	⇩	⇩	⇩	⇩	⇩	⇩	⇩	*	⇩	⇩	# 2	# 2	# 3	# 4	0 4	0 6	1 8	3 10	6 15	⇧	⇧
	第二	2	4	⇩	⇩	⇩	⇩	⇩	⇩	⇩	⇩	⇩	⇩	⇩	⇩	*	⇩	⇩	0 2	0 3	0 3	1 5	2 7	3 9	6 12	10 17	16 25	⇧	⇧
	第三	2	6	⇩	⇩	⇩	⇩	⇩	⇩	⇩	⇩	⇩	⇩	⇩	⇩	*	⇩	⇩	0 2	0 3	1 4	2 6	4 9	7 12	11 17	17 24	26 35	⇧	⇧
	第四	2	8	⇩	⇩	⇩	⇩	⇩	⇩	⇩	⇩	⇩	⇩	⇩	⇩	*	⇩	⇩	0 2	1 3	2 5	4 7	6 11	11 15	16 22	25 31	38 45	⇧	⇧
	第五	2	10	⇩	⇩	⇩	⇩	⇩	⇩	⇩	⇩	⇩	⇩	⇩	⇩	*	⇩	⇩	1 2	3 4	4 5	6 7	10 11	15 16	23 24	34 35	52 53	⇧	⇧
E	第一	3	3	⇩	⇩	⇩	⇩	⇩	⇩	⇩	⇩	⇩	⇩	⇩	*	⇩	⇩	# 2	# 2	# 3	# 4	0 4	0 6	1 8	3 10	6 15	⇧	⇧	⇧
	第二	3	6	⇩	⇩	⇩	⇩	⇩	⇩	⇩	⇩	⇩	⇩	⇩	*	⇩	⇩	0 2	0 3	0 3	1 5	2 7	3 9	6 12	10 17	16 25	⇧	⇧	⇧
	第三	3	9	⇩	⇩	⇩	⇩	⇩	⇩	⇩	⇩	⇩	⇩	⇩	*	⇩	⇩	0 2	0 3	1 4	2 6	4 9	7 12	11 17	17 24	26 35	⇧	⇧	⇧
	第四	3	12	⇩	⇩	⇩	⇩	⇩	⇩	⇩	⇩	⇩	⇩	⇩	*	⇩	⇩	0 2	1 3	2 5	4 7	6 11	11 15	16 22	25 31	38 45	⇧	⇧	⇧
	第五	3	15	⇩	⇩	⇩	⇩	⇩	⇩	⇩	⇩	⇩	⇩	⇩	*	⇩	⇩	1 2	3 4	4 5	6 7	10 11	15 16	23 24	34 35	52 53	⇧	⇧	⇧
F	第一	5	5	⇩	⇩	⇩	⇩	⇩	⇩	⇩	⇩	⇩	⇩	*	⇩	⇩	# 2	# 2	# 3	# 4	0 4	0 6	1 8	⇧	⇧	⇧	⇧	⇧	⇧
	第二	5	10	⇩	⇩	⇩	⇩	⇩	⇩	⇩	⇩	⇩	⇩	*	⇩	⇩	0 2	0 3	0 3	1 5	2 7	3 9	6 12	⇧	⇧	⇧	⇧	⇧	⇧
	第三	5	15	⇩	⇩	⇩	⇩	⇩	⇩	⇩	⇩	⇩	⇩	*	⇩	⇩	0 2	0 3	1 4	2 6	4 9	7 12	11 17	⇧	⇧	⇧	⇧	⇧	⇧
	第四	5	20	⇩	⇩	⇩	⇩	⇩	⇩	⇩	⇩	⇩	⇩	*	⇩	⇩	0 2	1 3	2 5	4 7	6 11	11 15	16 22	⇧	⇧	⇧	⇧	⇧	⇧
	第五	5	25	⇩	⇩	⇩	⇩	⇩	⇩	⇩	⇩	⇩	⇩	*	⇩	⇩	1 2	3 4	4 5	6 7	10 11	15 16	23 24	⇧	⇧	⇧	⇧	⇧	⇧
G	第一	8	8	⇩	⇩	⇩	⇩	⇩	⇩	⇩	⇩	⇩	*	⇩	⇩	# 2	# 2	# 3	# 4	0 4	0 6	1 8	⇧	⇧	⇧	⇧	⇧	⇧	⇧
	第二	8	16	⇩	⇩	⇩	⇩	⇩	⇩	⇩	⇩	⇩	*	⇩	⇩	0 2	0 3	0 3	1 5	2 7	3 9	6 12	⇧	⇧	⇧	⇧	⇧	⇧	⇧
	第三	8	24	⇩	⇩	⇩	⇩	⇩	⇩	⇩	⇩	⇩	*	⇩	⇩	0 2	0 3	1 4	2 6	4 9	7 12	11 17	⇧	⇧	⇧	⇧	⇧	⇧	⇧
	第四	8	32	⇩	⇩	⇩	⇩	⇩	⇩	⇩	⇩	⇩	*	⇩	⇩	0 2	1 3	2 5	4 7	6 11	11 15	16 22	⇧	⇧	⇧	⇧	⇧	⇧	⇧
	第五	8	40	⇩	⇩	⇩	⇩	⇩	⇩	⇩	⇩	⇩	*	⇩	⇩	1 2	3 4	4 5	6 7	10 11	15 16	23 24	⇧	⇧	⇧	⇧	⇧	⇧	⇧

⇩ ——使用箭头下面的第一个抽样方案。如果样本量等于或超过批量，则执行 100% 检验。

⇧ ——使用箭头上面的第一个抽样方案。

Ac ——接收数。

Re ——拒收数。

* ——使用对应的一次抽样方案(或者使用下面适用的二次抽样方案)。

++——使用对应的二次抽样方案(或者使用下面适用的多次抽样方案)。

\# ——此样本量下不允许接收。

表 4-B（续）

样本量字码	样本	样本量	累计样本量	0.010 Ac Re	0.015 Ac Re	0.025 Ac Re	0.040 Ac Re	0.065 Ac Re	0.10 Ac Re	0.15 Ac Re	0.25 Ac Re	0.40 Ac Re	0.65 Ac Re	1.0 Ac Re	1.5 Ac Re	2.5 Ac Re	4.0 Ac Re	6.5 Ac Re	10 Ac Re	15 Ac Re	25 Ac Re	40 Ac Re	65 Ac Re	100 Ac Re	150 Ac Re	250 Ac Re	400 Ac Re	650 Ac Re	1 000 Ac Re
H	第一	13	13	⇩	⇩	⇩	⇩	⇩	⇩	⇩	⇩		⇩	⇩	# 2	# 2	# 3	# 4	0 4	0 6	1 8	⇧	⇧	⇧	⇧	⇧	⇧	⇧	⇧
	第二	13	26												0 2	0 3	0 3	1 5	2 7	3 9	6 12								
	第三	13	39									*			0 2	0 3	1 4	2 6	4 9	7 12	11 17								
	第四	13	52												0 2	1 3	2 5	4 7	6 11	11 15	16 22								
	第五	13	65												1 2	3 4	4 5	6 7	10 11	15 16	23 24								
J	第一	20	20	⇩	⇩	⇩	⇩	⇩	⇩	⇩		⇩	⇩	# 2	# 2	# 3	# 4	0 4	0 6	1 8	⇧	⇧	⇧	⇧	⇧	⇧	⇧	⇧	⇧
	第二	20	40											0 2	0 3	0 3	1 5	2 7	3 9	6 12									
	第三	20	60								*			0 2	0 3	1 4	2 6	4 9	7 12	11 17									
	第四	20	80											0 2	1 3	2 5	4 7	6 11	11 15	16 22									
	第五	20	100											1 2	3 4	4 5	6 7	10 11	15 16	23 24									
K	第一	32	32	⇩	⇩	⇩	⇩	⇩	⇩		⇩	⇩	# 2	# 2	# 3	# 4	0 4	0 6	1 8	⇧	⇧	⇧	⇧	⇧	⇧	⇧	⇧	⇧	⇧
	第二	32	64										0 2	0 3	0 3	1 5	2 7	3 9	6 12										
	第三	32	96							*			0 2	0 3	1 4	2 6	4 9	7 12	11 17										
	第四	32	128										0 2	1 3	2 5	4 7	6 11	11 15	16 22										
	第五	32	160										1 2	3 4	4 5	6 7	10 11	15 16	23 24										
L	第一	50	50	⇩	⇩	⇩	⇩	⇩		⇩	⇩	# 2	# 2	# 3	# 4	0 4	0 6	1 8	⇧	⇧	⇧	⇧	⇧	⇧	⇧	⇧	⇧	⇧	⇧
	第二	50	100									0 2	0 3	0 3	1 5	2 7	3 9	6 12											
	第三	50	150						*			0 2	0 3	1 4	2 6	4 9	7 12	11 17											
	第四	50	200									0 2	1 3	2 5	4 7	6 11	11 15	16 22											
	第五	50	250									1 2	3 4	4 5	6 7	10 11	15 16	23 24											
M	第一	80	80	⇩	⇩	⇩	⇩		⇩	⇩	# 2	# 2	# 3	# 4	0 4	0 6	1 8	⇧	⇧	⇧	⇧	⇧	⇧	⇧	⇧	⇧	⇧	⇧	⇧
	第二	80	160								0 2	0 3	0 3	1 5	2 7	3 9	6 12												
	第三	80	240					*			0 2	0 3	1 4	2 6	4 9	7 12	11 17												
	第四	80	320								0 2	1 3	2 5	4 7	6 11	11 15	16 22												
	第五	80	400								1 2	3 4	4 5	6 7	10 11	15 16	23 24												

⇩ ——使用箭头下面的第一个抽样方案。如果样本量等于或超过批量，则执行 100%检验。
⇧ ——使用箭头上面的第一个抽样方案。
Ac ——接收数。
Re ——拒收数。
* ——使用对应的一次抽样方案（或者使用下面适用的二次抽样方案）。
++——使用对应的二次抽样方案（或者使用下面适用的多次抽样方案）。
\# ——此样本量下不允许接收。

表 4-B（续）

样本量字码	样本	样本量	累计样本量	接收质量限（AQL）																									
				0.010	0.015	0.025	0.040	0.065	0.10	0.15	0.25	0.40	0.65	1.0	1.5	2.5	4.0	6.5	10	15	25	40	65	100	150	250	400	650	1 000
				Ac Re	Ac Re	Ac Re	Ac Re	Ac Re	Ac Re	Ac Re	Ac Re	Ac Re	Ac Re	Ac Re	Ac Re	Ac Re	Ac Re	Ac Re	Ac Re	Ac Re	Ac Re	Ac Re	Ac Re	Ac Re	Ac Re	Ac Re	Ac Re	Ac Re	Ac Re
N	第一	125	125	↓	↓	↓	*	↓	↓	# 2	# 2	# 3	# 4	0 4	0 6	1 8	↑	↑	↑	↑	↑	↑	↑	↑	↑	↑	↑	↑	↑
	第二	125	250							0 2	0 3	0 3	1 5	2 7	3 9	6 12													
	第三	125	375							0 2	0 3	1 4	2 6	4 9	7 12	11 17													
	第四	125	500							0 2	1 3	2 5	4 7	6 11	11 15	16 22													
	第五	125	625							1 2	3 4	4 5	6 7	10 11	15 16	23 24													
P	第一	200	200	↓	↓	*	↓	↓	# 2	# 2	# 3	# 4	0 4	0 6	1 8	↑	↑	↑	↑	↑	↑	↑	↑	↑	↑	↑	↑	↑	↑
	第二	200	400						0 2	0 3	0 3	1 5	2 7	3 9	6 12														
	第三	200	600						0 2	0 3	1 4	2 6	4 9	7 12	11 17														
	第四	200	800						0 2	1 3	2 5	4 7	6 11	11 15	16 22														
	第五	200	1 000						1 2	3 4	4 5	6 7	10 11	15 16	23 24														
Q	第一	315	315	↓	*	↓	↓	# 2	# 2	# 3	# 4	0 4	0 6	1 8	↑	↑	↑	↑	↑	↑	↑	↑	↑	↑	↑	↑	↑	↑	↑
	第二	315	630					0 2	0 3	0 3	1 5	2 7	3 9	6 12															
	第三	315	945					0 2	0 3	1 4	2 6	4 9	7 12	11 17															
	第四	315	1 260					0 2	1 3	2 5	4 7	6 11	11 15	16 22															
	第五	315	1 575					1 2	3 4	4 5	6 7	10 11	15 16	23 24															
R	第一	500	500	*	↑	↓	# 2	# 2	# 3	# 4	0 4	0 6	1 8	↑	↑	↑	↑	↑	↑	↑	↑	↑	↑	↑	↑	↑	↑	↑	↑
	第二	500	1 000				0 2	0 3	0 3	1 5	2 7	3 9	6 12																
	第三	500	1 500				0 2	0 3	1 4	2 6	4 9	7 12	11 17																
	第四	500	2 000				0 2	1 3	2 5	4 7	6 11	11 15	16 22																
	第五	500	2 500				1 2	3 4	4 5	6 7	10 11	15 16	23 24																
S	第一	800	800			# 2																							
	第二	800	1 600			0 2																							
	第三	800	2 400			0 2																							
	第四	800	3 200			0 2																							
	第五	800	4 000			1 2																							

⇩ ——使用箭头下面的第一个抽样方案。如果样本量等于或超过批量，则执行 100%检验。

⇧ ——使用箭头上面的第一个抽样方案。

Ac ——接收数。

Re ——拒收数。

* ——使用对应的一次抽样方案(或者使用下面适用的二次抽样方案)。

++——使用对应的二次抽样方案(或者使用下面适用的多次抽样方案)。

——此样本量下不允许接收。

表 4-C 放宽检验多次抽样方案(主表)

样本量字码	样本	样本量	累计样本量	接收质量限(AQL)																									
				0.010	0.015	0.025	0.040	0.065	0.10	0.15	0.25	0.40	0.65	1.0	1.5	2.5	4.0	6.5	10	15	25	40	65	100	150	250	400	650	1 000
				Ac Re	Ac Re	Ac Re	Ac Re	Ac Re	Ac Re	Ac Re	Ac Re	Ac Re	Ac Re	Ac Re	Ac Re	Ac Re	Ac Re	Ac Re	Ac Re	Ac Re	Ac Re	Ac Re	Ac Re	Ac Re	Ac Re	Ac Re	Ac Re	Ac Re	Ac Re
A				↓	↓	↓	↓	↓	↓	↓	↓	↓	↓	↓	↓	↓	↓	*	↓	↓	*	*	*	*	*	*	*	*	*
B				↓	↓	↓	↓	↓	↓	↓	↓	↓	↓	↓	↓	↓	*	↑	↓	↓	*	*	*	*	*	*	*	*	*
C				↓	↓	↓	↓	↓	↓	↓	↓	↓	↓	↓	↓	*	↑	↓	↓	*	*	*	*	*	*	*	*	*	↑
D				↓	↓	↓	↓	↓	↓	↓	↓	↓	↓	↓	*	↑	↓	↓	++	++	++	++	++	++	++	++	++	↑	↑
E				↓	↓	↓	↓	↓	↓	↓	↓	↓	↓	*	↑	↓	↓	++	++	++	++	++	++	++	++	++	↑	↑	↑
F	第一	2	2	↓	↓	↓	↓	↓	↓	↓	↓	↓	*	↑	↓	↓	# 2	# 2	# 3	# 3	0 4	0 4	0 5	↑	↑	↑	↑	↑	↑
	第二	2	4	↓	↓	↓	↓	↓	↓	↓	↓	↓	*	↑	↓	↓	0 2	0 3	0 3	1 4	1 6	2 7	3 8	↑	↑	↑	↑	↑	↑
	第三	2	6	↓	↓	↓	↓	↓	↓	↓	↓	↓	*	↑	↓	↓	0 2	0 3	1 4	2 5	2 7	4 9	6 10	↑	↑	↑	↑	↑	↑
	第四	2	8	↓	↓	↓	↓	↓	↓	↓	↓	↓	*	↑	↓	↓	0 2	1 3	2 5	3 5	4 8	6 11	9 12	↑	↑	↑	↑	↑	↑
	第五	2	10	↓	↓	↓	↓	↓	↓	↓	↓	↓	*	↑	↓	↓	1 2	3 4	4 5	5 6	7 8	10 11	12 13	↑	↑	↑	↑	↑	↑
G	第一	3	3	↓	↓	↓	↓	↓	↓	↓	↓	*	↑	↓	↓	# 2	# 2	# 3	# 3	0 4	0 4	0 5	↑	↑	↑	↑	↑	↑	↑
	第二	3	6	↓	↓	↓	↓	↓	↓	↓	↓	*	↑	↓	↓	0 2	0 3	0 3	1 4	1 6	2 7	3 8	↑	↑	↑	↑	↑	↑	↑
	第三	3	9	↓	↓	↓	↓	↓	↓	↓	↓	*	↑	↓	↓	0 2	0 3	1 4	2 5	2 7	4 9	6 10	↑	↑	↑	↑	↑	↑	↑
	第四	3	12	↓	↓	↓	↓	↓	↓	↓	↓	*	↑	↓	↓	0 2	1 3	2 5	3 5	4 8	6 11	9 12	↑	↑	↑	↑	↑	↑	↑
	第五	3	15	↓	↓	↓	↓	↓	↓	↓	↓	*	↑	↓	↓	1 2	3 4	4 5	5 6	7 8	10 11	12 13	↑	↑	↑	↑	↑	↑	↑
H	第一	5	5	↓	↓	↓	↓	↓	↓	↓	*	↑	↓	↓	# 2	# 2	# 3	# 3	0 4	0 4	0 5	↑	↑	↑	↑	↑	↑	↑	↑
	第二	5	10	↓	↓	↓	↓	↓	↓	↓	*	↑	↓	↓	0 2	0 3	0 3	1 4	1 6	2 7	3 8	↑	↑	↑	↑	↑	↑	↑	↑
	第三	5	15	↓	↓	↓	↓	↓	↓	↓	*	↑	↓	↓	0 2	0 3	1 4	2 5	2 7	4 9	6 10	↑	↑	↑	↑	↑	↑	↑	↑
	第四	5	20	↓	↓	↓	↓	↓	↓	↓	*	↑	↓	↓	0 2	1 3	2 5	3 5	4 8	6 11	9 12	↑	↑	↑	↑	↑	↑	↑	↑
	第五	5	25	↓	↓	↓	↓	↓	↓	↓	*	↑	↓	↓	1 2	3 4	4 5	5 6	7 8	10 11	12 13	↑	↑	↑	↑	↑	↑	↑	↑

⇩ ——使用箭头下面的第一个抽样方案。如果样本量等于或超过批量,则执行 100%检验。

⇧ ——使用箭头上面的第一个抽样方案。

Ac ——接收数。

Re ——拒收数。

* ——使用对应的一次抽样方案(或者使用下面适用的二次抽样方案)。

++——使用对应的二次抽样方案(或者使用下面适用的多次抽样方案)。

\# ——此样本量下不允许接收。

表 4-C(续)

样本量字码	样本	样本量	累计样本量	0.010	0.015	0.025	0.040	0.065	0.10	0.15	0.25	0.40	0.65	1.0	1.5	2.5	4.0	6.5	10	15	25	40	65	100	150	250	400	650	1 000
				Ac Re	Ac Re	Ac Re	Ac Re	Ac Re	Ac Re	Ac Re	Ac Re	Ac Re	Ac Re	Ac Re	Ac Re	Ac Re	Ac Re	Ac Re	Ac Re	Ac Re	Ac Re	Ac Re	Ac Re	Ac Re	Ac Re	Ac Re	Ac Re	Ac Re	Ac Re
J	第一	8	8	⇩	⇩	⇩	⇩	⇩	⇩	*	⇧	⇩	⇩	# 2	# 2	# 3	# 3	0 4	0 4	0 5	⇧	⇧	⇧	⇧	⇧	⇧	⇧	⇧	⇧
	第二	8	16											0 2	0 3	0 3	1 4	1 6	2 7	3 8									
	第三	8	24											0 2	0 3	1 4	2 5	2 7	4 9	6 10									
	第四	8	32											0 2	1 3	2 5	3 5	4 8	6 11	9 12									
	第五	8	40											1 2	3 4	4 5	5 6	7 8	10 11	12 13									
K	第一	13	13					⇩	*	⇧	⇩	⇩	# 2	# 2	# 3	# 3	0 4	0 4	0 5	⇧									
	第二	13	26										0 2	0 3	0 3	1 4	1 6	2 7	3 8										
	第三	13	39										0 2	0 3	1 4	2 5	2 7	4 9	6 10										
	第四	13	52										0 2	1 3	2 5	3 5	4 8	6 11	9 12										
	第五	13	65										1 2	3 4	4 5	5 6	7 8	10 11	12 13										
L	第一	20	20				⇩	*	⇧	⇩	⇩	# 2	# 2	# 3	# 3	0 4	0 4	0 5	⇧										
	第二	20	40									0 2	0 3	0 3	1 4	1 6	2 7	3 8											
	第三	20	60									0 2	0 3	1 4	2 5	2 7	4 9	6 10											
	第四	20	80									0 2	1 3	2 5	3 5	4 8	6 11	9 12											
	第五	20	100									1 2	3 4	4 5	5 6	7 8	10 11	12 13											
M	第一	32	32				*	⇧	⇩	⇩	# 2	# 2	# 3	# 3	0 4	0 4	0 5	⇧											
	第二	32	64								0 2	0 3	0 3	1 4	1 6	2 7	3 8												
	第三	32	96								0 2	0 3	1 4	2 5	2 7	4 9	6 10												
	第四	32	128								0 2	1 3	2 5	3 5	4 8	6 11	9 12												
	第五	32	160								1 2	3 4	4 5	5 6	7 8	10 11	12 13												

⇩ ——使用箭头下面的第一个抽样方案。如果样本量等于或超过批量,则执行 100%检验。

⇧ ——使用箭头上面的第一个抽样方案。

Ac ——接收数。

Re ——拒收数。

* ——使用对应的一次抽样方案(或者使用下面适用的二次抽样方案)。

++——使用对应的二次抽样方案(或者使用下面适用的多次抽样方案)。

\# ——此样本量下不允许接收。

表 4-C（续）

样本量字码	样本	样本量	累计样本量	0.010	0.015	0.025	0.040	0.065	0.10	0.15	0.25	0.40	0.65	1.0	1.5	2.5	4.0	6.5	10	15	25	40	65	100	150	250	400	650	1 000
				Ac Re	Ac Re	Ac Re	Ac Re	Ac Re	Ac Re	Ac Re	Ac Re	Ac Re	Ac Re	Ac Re	Ac Re	Ac Re	Ac Re	Ac Re	Ac Re	Ac Re	Ac Re	Ac Re	Ac Re	Ac Re	Ac Re	Ac Re	Ac Re	Ac Re	Ac Re
N	第一	50	50	↓	↓	*	↑	↓	↓	# 2	# 2	# 3	# 3	0 4	0 4	0 5	↑	↑	↑	↑	↑	↑	↑	↑	↑	↑	↑	↑	↑
	第二	50	100							0 2	0 3	0 3	1 4	1 6	2 7	3 8													
	第三	50	150							0 2	0 3	1 4	2 5	2 7	4 9	6 10													
	第四	50	200							0 2	1 3	2 5	3 5	4 8	6 11	9 12													
	第五	50	250							1 2	3 4	4 5	5 6	7 8	10 11	12 13													
P	第一	80	80	↓	*	↑	↓	↓	# 2	# 2	# 3	# 3	0 4	0 4	0 5	↑	↑	↑	↑	↑	↑	↑	↑	↑	↑	↑	↑	↑	↑
	第二	80	160						0 2	0 3	0 3	1 4	1 6	2 7	3 8														
	第三	80	240						0 2	0 3	1 4	2 5	2 7	4 9	6 10														
	第四	80	320						0 2	1 3	2 5	3 5	4 8	6 11	9 12														
	第五	80	400						1 2	3 4	4 5	5 6	7 8	10 11	12 13														
Q	第一	125	125	*	↑	↑	↓	# 2	# 2	# 3	# 3	0 4	0 4	0 5	↑	↑	↑	↑	↑	↑	↑	↑	↑	↑	↑	↑	↑	↑	↑
	第二	125	250					0 2	0 3	0 3	1 4	1 6	2 7	3 8															
	第三	125	375					0 2	0 3	1 4	2 5	2 7	4 9	6 10															
	第四	125	500					0 2	1 3	2 5	3 5	4 8	6 11	9 12															
	第五	125	625					1 2	3 4	4 5	5 6	7 8	10 11	12 13															
R	第一	200	200	↑	↑	↑	# 2	# 2	# 3	# 3	0 4	0 4	0 5	↑	↑	↑	↑	↑	↑	↑	↑	↑	↑	↑	↑	↑	↑	↑	↑
	第二	200	400				0 2	0 3	0 3	1 4	1 6	2 7	3 8																
	第三	200	600				0 2	0 3	1 4	2 5	2 7	4 9	6 10																
	第四	200	800				0 2	1 3	2 5	3 5	4 8	6 11	9 12																
	第五	200	1 000				1 2	3 4	4 5	5 6	7 8	10 11	12 13																

⇩ ——使用箭头下面的第一个抽样方案。如果样本量等于或超过批量，则执行 100% 检验。

⇧ ——使用箭头上面的第一个抽样方案。

Ac ——接收数。

Re ——拒收数。

* ——使用对应的一次抽样方案(或者使用下面适用的二次抽样方案)。

++——使用对应的二次抽样方案(或者使用下面适用的多次抽样方案)。

\# ——此样本量下不允许接收。

表 5-A　正常检验的生产方风险

（对一次抽样方案以预期不接收批的百分数表示）

样本量字码	样本量	接收质量限（AQL）																									
		0.010	0.015	0.025	0.040	0.065	0.10	0.15	0.25	0.40	0.65	1.0	1.5	2.5	4.0	6.5	10	15	25	40	65	100	150	250	400	650	1 000
A	2															12.2 12.6	7.15* 7.19*	9.45*	9.02	4.74	4.31	1.66	1.19	1.37	1.73	1.41	1.35
B	3														11.3 11.5	6.85* 6.87*	9.45* 9.39*	7.54	4.05	3.38	1.48	1.19	0.667	1.03	0.607	0.979	0.627
C	5													11.8 11.9	7.15* 7.17*	10.8* 10.8*	9.02 8.15	4.05	3.83	1.66	1.83	1.37	1.03	0.940	1.35	2.17	
D	8												11.3 11.4	7.15* 7.16*	10.5* 10.5*	9.63 9.10	4.74 3.81	3.38	1.66	1.68	1.77	1.73	0.607	1.35	1.73		
E	13											12.2 12.2	6.85* 6.86*	10.8* 10.8*	9.63 9.32	5.41 4.80	4.31 3.42	1.48	1.83	1.77	2.62	1.41	0.979	2.17			
F	20										12.2 12.2	7.15* 7.16*	9.45* 9.45*	9.02 8.82	4.74 4.39	4.31 3.74	1.66 1.13	1.19	1.37	1.73	1.41						
G	32									12.0 12.0	7.63* 7.64*	10.5* 10.5*	8.42 8.30	4.74 4.52	4.11 3.77	1.96 1.58	1.68 1.17	1.04	1.73	1.20							
H	50								11.8 11.8	7.15* 7.15*	10.8* 10.8*	9.02 8.94	4.05 3.92	3.83 3.62	1.66 1.44	1.83 1.47	1.37 0.935	1.03	0.940								
J	80							11.3 11.3	7.15* 7.15*	10.5* 10.5*	9.63 9.58	4.74 4.66	3.38 3.26	1.66 1.52	1.68 1.47	1.77 1.43	1.73 1.23	0.607									
K	125						11.8 11.8	6.41* 6.41*	10.1* 10.1*	9.02 8.99	4.92 4.87	3.83 3.74	1.25 1.18	1.48 1.36	1.37 1.19	1.95 1.60	0.940 0.626										
L	200					12.2 12.2	7.15* 7.15*	9.45* 9.45*	9.02 9.00	4.74 4.71	4.31 4.25	1.66 1.60	1.19 1.13	1.37 1.26	1.73 1.52	1.41 1.13											
M	315				11.8 11.8	7.44* 7.44*	10.2* 10.2*	8.20 8.19	4.56 4.54	3.92 3.89	1.83 1.80	1.55 1.50	0.936 0.882	1.52 1.41	1.02 0.883												
N	500			11.8 11.8	7.15* 7.15*	10.8* 10.8*	9.02 9.01	4.05 4.04	3.83 3.81	1.66 1.63	1.83 1.79	1.37 1.32	1.03 0.971	0.940 0.857													
P	800		11.3 11.3	7.15* 7.15*	10.5* 10.5*	9.63 9.63	4.74 4.73	3.38 3.37	1.66 1.64	1.68 1.66	1.77 1.74	1.73 1.68	0.607 0.570														
Q	1 250	11.8 11.8	6.41* 6.41*	10.1* 10.1*	9.02 9.02	4.92 4.92	3.83 3.82	1.25 1.24	1.48 1.47	1.37 1.35	1.95 1.91	0.940 0.907															
R	2 000	7.15* 7.15*	9.45* 9.45*	9.02 9.02	4.74 4.74	4.31 4.30	1.66 1.65	1.19 1.18	1.37 1.36	1.73 1.71	1.41 1.38																

注 1：生产方风险是不接收质量为 AQL 的批的概率。

注 2：上面的表值适合于每百单位产品不合格数检验，并且基于泊松分布。下面的表值适合于不合格品百分数检验，并且基于二项分布。

注 3：上标＊表示该值适合于供选择的分数接收数一次抽样方案(见表 11-A)。

表 5-B　加严检验的生产方风险

（对一次抽样方案以预期不接收批的百分数表示）

样本量字码	样本量	接收质量限（AQL）																									
		0.010	0.015	0.025	0.040	0.065	0.10	0.15	0.25	0.40	0.65	1.0	1.5	2.5	4.0	6.5	10	15	25	40	65	100	150	250	400	650	1 000
A	2																18.1 19.0	13.7*	21.0*	19.1	14.3	14.3	8.39	6.81	6.38	6.98	5.25
B	3															17.7 18.3	13.7* 14.2*	17.9*	17.3	12.1	13.4	8.39	4.03	4.27	3.74	4.09	2.21
C	5														18.1 18.5	15.5* 15.9*	21.0* 21.6*	17.3	13.2	14.3	11.1	6.81	4.27	5.19	5.25	6.16	
D	8													18.1 18.3	15.1* 15.3*	22.2* 22.6*	19.1 18.7	12.1	14.3	10.5	8.19	6.38	3.74	5.25	5.12		
E	13												17.7 17.8	15.5* 15.6*	22.2* 22.4*	20.7 20.5	14.3 13.4	13.4	11.1	8.19	8.79	6.98	4.09	6.16			
F	20											18.1 18.2	13.7* 13.8*	21.0* 21.1*	19.1 19.0	14.3 13.7	14.3 13.3	8.39	6.81	6.38	6.98						
G	32										18.8 18.8	15.1* 15.2*	19.7* 19.8*	19.1 19.0	13.8 13.5	15.8 15.2	10.5 9.44	5.58	6.38	6.22							
H	50									18.1 18.2	15.5* 15.5*	21.0* 21.0*	17.3 17.3	13.2 12.9	14.3 13.9	11.1 10.4	6.81 5.79	4.27	5.19								
J	80								18.1 18.1	15.1* 15.2*	22.2* 22.2*	19.1 19.1	12.1 11.9	14.3 14.1	10.5 10.1	8.19 7.51	6.38 5.38	3.74									
K	125							17.1 17.1	14.6* 14.6*	21.0* 21.0*	19.6 19.5	13.2 13.1	12.1 12.0	9.70 9.44	6.81 6.41	7.00 6.34	5.19 4.28										
L	200						18.1 18.1	13.7* 13.7*	21.0* 21.0*	19.1 19.1	14.3 14.2	14.3 14.2	8.39 8.24	6.81 6.56	6.38 5.99	6.98 6.32											
M	315					18.5 18.5	14.8* 14.8*	19.3* 19.3*	18.7 18.7	13.4 13.3	15.2 15.1	9.98 9.88	5.16 5.03	5.80 5.56	5.52 5.15												
N	500				18.1 18.1	15.5* 15.5*	21.0* 21.0*	17.3 17.3	13.2 13.1	14.3 14.3	11.1 11.1	6.81 6.71	4.27 4.14	5.19 4.96													
P	800			18.1 18.1	15.1* 15.1*	22.2* 22.2*	19.1 19.1	12.1 12.0	14.3 14.3	10.5 10.5	8.19 8.13	6.38 6.28	3.74 3.63														
Q	1 250		17.1 17.1	14.6* 14.6*	21.0* 21.0*	19.6 19.6	13.2 13.1	12.1 12.1	9.70 9.68	6.81 6.77	7.00 6.94	5.19 5.10															
R	2 000	18.1 18.1	13.7* 13.7*	21.0* 21.0*	19.1 19.1	14.3 14.3	14.3 14.3	8.39 8.38	6.81 6.78	6.38 6.34	6.98 6.92																
S	3 150			18.7 18.7																							

注 1：生产方风险是不接收质量为 AQL 的批的概率。

注 2：上面的表值适合于每百单位产品不合格数检验，并且基于泊松分布。下面的表值适合于不合格品百分数检验，并且基于二项分布。

注 3：上标 * 表示该值适合于供选择的分数接收数一次抽样方案（见表 11-A）。

表 5-C 放宽检验的生产方风险

（对一次抽样方案以预期不接收批的百分数表示）

样本量字码	样本量	接收质量限（AQL）																									
		0.010	0.015	0.025	0.040	0.065	0.10	0.15	0.25	0.40	0.65	1.0	1.5	2.5	4.0	6.5	10	15	25	40	65	100	150	250	400	650	1 000
A	2															12.2 12.6	7.15* 7.19*	9.45*	9.02	4.74	4.31	1.66	1.19	1.37	1.73	1.41	1.35
B	2														7.69 7.84	5.40* 5.48*	7.15* 7.19*	9.45*	9.02	4.74	4.31	1.66	1.19	1.37	1.73	1.41	1.35
C	2													4.88 4.94	2.33* 2.30*	3.39* 3.29*	4.72* 4.42*	3.69	1.44	0.908	1.07	0.453	0.380	1.37	1.73	1.41	
D	3												4.40 4.43	2.07* 2.05*	2.94* 2.87*	4.51* 4.33*	3.69 2.80	1.09	0.729	0.775	0.396	0.38	0.667	1.03	0.607		
E	5											4.88 4.90	2.07* 2.06*	3.16* 3.12*	4.72* 4.61*	4.27 3.70	1.44 0.856	0.729	0.912	0.453	0.629	1.37	1.03	0.940			
F	8										5.07 5.08	2.33* 2.32*	2.94* 2.91*	4.72* 4.65*	4.15 3.81	1.59 1.20	0.908 0.502	0.775	0.453	0.571	1.77						
G	13									5.07 5.08	2.56* 2.56*	3.39* 3.37*	4.51* 4.47*	4.27 4.06	1.59 1.35	1.09 0.793	1.07 0.646	0.396	0.629	1.77							
H	20								4.88 4.88	2.33* 2.32*	3.39* 3.38*	4.72* 4.69*	3.69 3.57	1.44 1.30	0.908 0.741	1.07 0.788	0.453 0.239	0.380	1.37								
J	32							4.69 4.69	2.33* 2.32*	3.30* 3.29*	5.06* 5.04*	4.15 4.07	1.29 1.21	0.908 0.803	1.00 0.836	0.558 0.389	0.571 0.330	1.04									
K	50						4.88 4.88	2.07* 2.07*	3.16* 3.16*	4.72* 4.71*	4.27 4.21	1.44 1.38	0.729 0.674	0.912 0.813	0.453 0.361	0.629 0.454	1.37 0.935										
L	80					5.07 5.07	2.33* 2.33*	2.94* 2.93*	4.72* 4.71*	4.15 4.12	1.59 1.56	0.908 0.866	0.775 0.720	0.453 0.395	0.571 0.468	1.77 1.43											
M	125				4.88 4.88	2.39* 2.39*	3.16* 3.16*	4.21* 4.21*	3.98 3.96	1.44 1.42	0.957 0.929	0.912 0.873	0.321 0.293	0.493 0.434	1.37 1.19												
N	200			4.88 4.88	2.33* 2.33*	3.39* 3.39*	4.72* 4.72*	3.69 3.68	1.44 1.42	0.908 0.891	1.07 1.04	0.453 0.430	0.380 0.350	1.37 1.26													
P	315		4.62 4.62	2.26* 2.26*	3.20* 3.20*	4.92* 4.92*	4.03 4.02	1.24 1.23	0.861 0.851	0.942 0.926	0.513 0.496	0.518 0.493	0.936 0.882														
Q	500	4.88 4.88	2.07* 2.07*	3.16* 3.16*	4.72* 4.72*	4.27 4.26	1.44 1.43	0.729 0.724	0.912 0.902	0.453 0.444	0.629 0.611	1.37 1.32															
R	800	2.33* 2.33*	2.94* 2.94*	4.72* 4.72*	4.15 4.15	1.59 1.59	0.908 0.904	0.775 0.769	0.453 0.447	0.571 0.561	1.77 1.74																

注 1：生产方风险是不接收质量为 AQL 的批的概率。

注 2：上面的表值适合于每百单位产品不合格数检验，并且基于泊松分布。下面的表值适合于不合格品百分数检验，并且基于二项分布。

注 3：上标 * 表示该值适合于供选择的分数接收数一次抽样方案（见表 11-A）。

表 6-A 正常检验的使用方风险质量

（对一次抽样方案以不合格品百分数表示，适合于不合格品百分数检验）

样本量字码	样本量	接收质量限（AQL） 0.010	0.015	0.025	0.040	0.065	0.10	0.15	0.25	0.40	0.65	1.0	1.5	2.5	4.0	6.5	10
A	2															68.4	69.0*
B	3														53.6	54.1*	57.6*
C	5													36.9	37.3*	39.8*	58.4
D	8												25.0	25.2*	27.0*	40.6	53.8
E	13											16.2	16.4*	17.5*	26.8	36.0	44.4
F	20										10.9	11.0*	11.8*	18.1	24.5	30.4	41.5
G	32									6.94	7.01*	7.50*	11.6	15.8	19.7	27.1	34.0
H	50								4.50	4.54*	4.87*	7.56	10.3	12.9	17.8	22.4	29.1
J	80							2.84	2.86*	3.07*	4.78	6.52	8.16	11.3	14.3	18.6	24.2
K	125						1.83	1.84*	1.97*	3.08	4.20	5.27	7.29	9.24	12.1	15.7	21.9
L	200					1.14	1.16*	1.24*	1.93	2.64	3.31	4.59	5.82	7.60	9.91	13.8	
M	315				0.728	0.735*	0.788*	1.23	1.68	2.11	2.92	3.71	4.85	6.33	8.84		
N	500			0.459	0.464*	0.497*	0.776	1.06	1.33	1.85	2.34	3.06	4.00	5.60			
P	800		0.287	0.290*	0.311*	0.485	0.664	0.833	1.16	1.47	1.92	2.51	3.51				
Q	1 250	0.184	0.186*	0.199*	0.311	0.425	0.534	0.741	0.940	1.23	1.61	2.25					
R	2 000	0.116*	0.124*	0.194	0.266	0.334	0.463	0.588	0.769	1.00	1.41						

注 1：在使用方风险质量处，预期 10％的批会被接收。

注 2：所有表值均基于二项分布。

注 3：上标 * 表示该值适合于供选择的分数接收数一次抽样方案（见表 11-A）。

表 6-B 加严检验的使用方风险质量

（对一次抽样方案以不合格品百分数表示，适合于不合格品百分数检验）

样本量字码	样本量	接收质量限（AQL）															
		0.010	0.015	0.025	0.040	0.065	0.10	0.15	0.25	0.40	0.65	1.0	1.5	2.5	4.0	6.5	10
A	2																68.4
B	3															53.6	54.1*
C	5														36.9	37.3*	39.8*
D	8													25.0	25.2*	27.0*	40.6
E	13												16.2	16.4*	17.5*	26.8	36.0
F	20											10.9	11.0*	11.8*	18.1	24.5	30.4
G	32										6.94	7.01*	7.50*	11.6	15.8	19.7	27.1
H	50									4.50	4.54*	4.87*	7.56	10.3	12.9	17.8	24.7
J	80								2.84	2.86*	3.07*	4.78	6.52	8.16	11.3	15.7	21.4
K	125							1.83	1.84*	1.97*	3.08	4.20	5.27	7.29	10.2	13.9	19.3
L	200						1.14	1.16*	1.24*	1.93	2.64	3.31	4.59	6.42	8.76	12.2	
M	315					0.728	0.735*	0.788*	1.23	1.68	2.11	2.92	4.09	5.59	7.77		
N	500				0.459	0.464*	0.497*	0.776	1.06	1.33	1.85	2.59	3.54	4.92			
P	800			0.287	0.290*	0.311*	0.485	0.664	0.833	1.16	1.62	2.21	3.08				
Q	1 250		0.184	0.186*	0.199*	0.311	0.425	0.534	0.741	1.04	1.42	1.98					
R	2 000	0.115	0.116*	0.124*	0.194	0.266	0.334	0.463	0.649	0.888	1.24						
S	3 150			0.123													

注 1：在使用方风险质量处，预期 10％的批会被接收。

注 2：所有表值均基于二项分布。

注 3：上标 * 表示该值适合于供选择的分数接收数一次抽样方案（见表 11-B）。

表 6-C　放宽检验的使用方风险质量

（对一次抽样方案以不合格品百分数表示，适合于不合格品百分数检验）

样本量字码	样本量	接收质量限（AQL）															
		0.010	0.015	0.025	0.040	0.065	0.10	0.15	0.25	0.40	0.65	1.0	1.5	2.5	4.0	6.5	10
A	2															68.4	69.0*
B	2														68.4	68.4*	69.0*
C	2													68.4	68.4*	69.0*	73.2*
D	3												53.6	53.6*	54.1*	57.6*	80.4
E	5											36.9	36.9*	37.3*	39.8*	58.4	75.3
F	8										25.0	25.0*	25.2*	27.0*	40.6	53.8	65.5
G	13									16.2	16.2*	16.4*	17.5*	26.8	36.0	44.4	52.3
H	20								10.9	10.9*	11.0*	11.8*	18.1	24.5	30.4	36.1	46.7
J	32							6.94	6.94*	7.01*	7.50*	11.6	15.8	19.7	23.4	30.6	37.4
K	50						4.50	4.50*	4.54*	4.87*	7.56	10.3	12.9	15.4	20.1	24.7	29.1
L	80					2.84	2.84*	2.86*	3.07*	4.78	6.52	8.16	9.74	12.8	15.7	18.6	
M	125				1.83	1.83*	1.84*	1.97*	3.08	4.20	5.27	6.29	8.27	10.2	12.1		
N	200			1.14	1.14*	1.16*	1.24*	1.93	2.64	3.31	3.96	5.21	6.42	7.60			
P	315		0.728	0.728*	0.735*	0.788*	1.23	1.68	2.11	2.52	3.32	4.09	4.85				
Q	500	0.459	0.460*	0.464*	0.497*	0.776	1.06	1.33	1.59	2.10	2.59	3.06					
R	800	0.287*	0.290*	0.311*	0.485	0.664	0.833	0.997	1.31	1.62	1.92						

注 1：在使用方风险质量处，预期 10% 的批会被接收。

注 2：所有表值均基于二项分布。

注 3：上标 * 表示该值适合于供选择的分数接收数一次抽样方案（见表 11-C）。

表 7-A　正常检验的使用方风险质量

（对一次抽样方案以每百单位产品不合格数表示，适合于每百单位产品不合格数检验）

样本量字码	样本量	接收质量限（AQL）																									
		0.010	0.015	0.025	0.040	0.065	0.10	0.15	0.25	0.40	0.65	1.0	1.5	2.5	4.0	6.5	10	15	25	40	65	100	150	250	400	650	1 000
A	2															115	116*	125*	194	266	334	464	589	770	1 006	1 409	1 916
B	3														76.8	77.5*	83.0*	130	177	223	309	392	514	671	939	1 277	1 793
C	5													46.1	46.5*	49.8*	77.8	106	134	185	235	308	403	564	766	1 076	
D	8												28.8	29.1*	31.1*	48.6	66.5	83.5	116	147	193	252	352	479	672		
E	13											17.7	17.9*	19.2*	29.9	40.9	51.4	71.3	90.5	119	155	217	295	414			
F	20										11.5	11.6*	12.5*	19.4	26.6	33.4	46.4	58.9	77.0	101	141						
G	32									7.20	7.26*	7.78*	12.2	16.6	20.9	29.0	36.8	48.1	62.9	88.1							
H	50								4.61	4.65*	4.98*	7.78	10.6	13.4	18.5	23.5	30.8	40.3	56.4								
J	80							2.88	2.91*	3.11*	4.86	6.65	8.35	11.6	14.7	19.3	25.2	35.2									
K	125						1.84	1.86*	1.99*	3.11	4.26	5.34	7.42	9.42	12.3	16.1	22.5										
L	200					1.15	1.16*	1.25*	1.94	2.66	3.34	4.64	5.89	7.70	10.1	14.1											
M	315				0.731	0.738*	0.791*	1.23	1.69	2.12	2.94	3.74	4.89	6.39	8.95												
N	500			0.461	0.465*	0.498*	0.778	1.06	1.34	1.85	2.35	3.08	4.03	5.64													
P	800		0.288	0.291*	0.311*	0.486	0.665	0.835	1.16	1.47	1.93	2.52	3.52														
Q	1 250	0.184	0.186*	0.199*	0.311	0.426	0.534	0.742	0.942	1.23	1.61	2.25															
R	2 000	0.116*	0.125*	0.266	0.334	0.334	0.464	0.589	0.770	1.01	1.41																

注 1：在使用方风险质量处，预期 10％的批会被接收。

注 2：所有表值均基于泊松分布。

注 3：上标＊表示该值适合于供选择的分数接收数一次抽样方案（见表 11-A）。

表 7-B　加严检验的使用方风险质量

（对一次抽样方案以每百单位产品不合格数表示，适合于每百单位产品不合格数检验）

样本量字码	样本量	接收质量限（AQL） 0.010	0.015	0.025	0.040	0.065	0.10	0.15	0.25	0.40	0.65	1.0	1.5	2.5	4.0	6.5	10	15	25	40	65	100	150	250	400	650	1 000
A	2																115	116*	125*	194	266	334	464	650	889	1 238	1 748
B	3															76.8	77.5*	83.0*	130	177	223	309	433	593	825	1 165	1 683
C	5														46.1	46.5*	49.8*	77.8	106	134	185	260	356	495	699	1 010	
D	8													28.8	29.1*	31.1*	48.6	66.5	83.5	116	162	222	309	437	631		
E	13												17.7	17.9*	19.2*	29.9	40.9	51.4	71.3	100	137	190	269	388			
F	20											11.5	11.6*	12.5*	19.4	26.6	33.4	46.4	65.0	88.9	124						
G	32										7.20	7.26*	7.78*	12.2	16.6	20.9	29.0	40.6	55.6	77.4							
H	50									4.61	4.65*	4.98*	7.78	10.6	13.4	18.5	26.0	35.6	49.5								
J	80								2.88	2.91*	3.11*	4.86	6.65	8.35	11.6	16.2	22.2	30.9									
K	125							1.84	1.86*	1.99*	3.11	4.26	5.34	7.42	10.4	14.2	19.8										
L	200						1.15	1.16*	1.25*	1.94	2.66	3.34	4.64	6.50	8.89	12.4											
M	315					0.731	0.738*	0.791*	1.23	1.69	2.12	2.94	4.13	5.64	7.86												
N	500				0.461	0.465*	0.498*	0.778	1.06	1.34	1.85	2.60	3.56	4.95													
P	800			0.288	0.291*	0.311*	0.486	0.665	0.835	1.16	1.62	2.22	3.09														
Q	1 250		0.184	0.186*	0.199*	0.311	0.426	0.534	0.742	1.04	1.42	1.98															
R	2 000	0.115	0.116*	0.125*	0.194	0.266	0.334	0.464	0.650	0.889	1.24																
S	3 150			0.123																							

注 1：在使用方风险质量处，预期 10%的批会被接收。

注 2：所有表值均基于泊松分布。

注 3：上标＊表示该值适合于供选择的分数接收数一次抽样方案（见表 11-B）。

表 7-C　放宽检验的使用方风险质量

（对一次抽样方案以每百单位产品不合格数表示，适合于每百单位产品不合格数检验）

样本量字码	样本量	接收质量限（AQL）																									
		0.010	0.015	0.025	0.040	0.065	0.10	0.15	0.25	0.40	0.65	1.0	1.5	2.5	4.0	6.5	10	15	25	40	65	100	150	250	400	650	1 000
A	2															115	116*	125*	194*	266	334	464	589	770	1 006	1 409	1 916
B	2														115	115*	116*	125*	194	266	334	464	589	770	1 006	1 409	1 916
C	2													115	115*	116*	125*	194	266	334	400	527	650	770	1 006	1 409	
D	3												76.8	76.8*	77.5*	83.0*	130	177	223	266	351	433	514	671	939		
E	5											46.1	46.1*	46.5*	49.8*	77.8	106	134	160	211	260	308	403	564			
F	8										28.8	28.8*	29.1*	31.1*	48.6	66.5	83.5	99.9	132	162	193						
G	13									17.7	17.7*	17.9*	19.2*	29.9	40.9	51.4	61.5	81.0	100	119							
H	20								11.5	11.5*	11.6*	12.5*	19.4	26.6	33.4	40.0	52.7	65.0	77.0								
J	32							7.20	7.20*	7.26*	7.78*	12.2	16.6	20.9	25.0	32.9	40.6	48.1									
K	50						4.61	4.61*	4.65*	4.98*	7.78	10.6	13.4	16.0	21.1	26.0	30.8										
L	80					2.88	2.88*	2.91*	3.11*	4.86	6.65	8.35	9.99	13.2	16.2	19.3											
M	125				1.84	1.84*	1.86*	1.99*	3.11	4.26	5.34	6.39	8.43	10.4	12.3												
N	200			1.15	1.15*	1.16*	1.25*	1.94	2.66	3.34	4.00	5.27	6.50	7.70													
P	315		0.731	0.731*	0.738*	0.791*	1.23	1.69	2.12	2.54	3.34	4.13	4.89														
Q	500	0.461	0.461*	0.465*	0.498*	0.778	1.06	1.34	1.60	2.11	2.60	3.08															
R	800	0.288*	0.291*	0.311*	0.486	0.665	0.835	0.999	1.32	1.62	1.93																

注 1：在使用方风险质量处，预期 10%的批会被接收。

注 2：所有表值均基于泊松分布。

注 3：上标 * 表示该值适合于供选择的分数接收数一次抽样方案。

表 8-A 正常检验的平均检出质量上限(一次抽样方案)

样本量字码	样本量	接收质量限(AQL)																									
		0.010	0.015	0.025	0.040	0.065	0.10	0.15	0.25	0.40	0.65	1.0	1.5	2.5	4.0	6.5	10	15	25	40	65	100	150	250	400	650	1 000
A	2															18.4 14.8			42.0	68.6	97.1	158	224	326	470	733	1 085
B	3														12.3 10.5			28.0	45.7	64.7	106	149	218	313	489	723	1 102
C	5													7.36 6.70			16.8 16.0	27.4	38.8	63.4	89.4	131	188	293	434	661	
D	8												4.60 4.33			10.5 10.1	17.1 17.0	24.3	39.6	55.9	81.6	117	183	271	413		
E	13											2.83 2.73			6.46 6.32	10.5 10.5	14.9 15.1	24.4	34.4	50.2	72.3	113	167	254			
F	20										1.84 1.79			4.20 4.14	6.86 6.82	9.71 9.75	15.8 16.2	22.4	32.6	47.0	73.3						
G	32									1.15 1.13			2.62 2.60	4.28 4.27	6.07 6.08	9.90 10.0	14.0 14.3	20.4	29.4	45.8							
H	50								0.736 0.728			1.68 1.67	2.74 2.74	3.88 3.89	6.34 6.38	8.94 9.06	13.1 13.3	18.8	29.3								
J	80							0.460 0.457			1.05 1.05	1.71 1.71	2.43 2.43	3.96 3.98	5.59 5.63	8.16 8.27	11.7 12.0	18.3									
K	125						0.294 0.293			0.672 0.670	1.10 1.10	1.55 1.55	2.53 2.54	3.58 3.60	5.22 5.26	7.52 7.61	11.7 11.9										
L	200					0.184 0.183			0.420 0.419	0.686 0.685	0.971 0.971	1.58 1.59	2.24 2.24	3.26 3.28	4.70 4.73	7.33 7.41											
M	315				0.117 0.117			0.267 0.266	0.435 0.435	0.617 0.617	1.01 1.01	1.42 1.42	2.07 2.08	2.98 3.00	4.65 4.69												
N	500			0.0736 0.0735			0.168 0.168	0.274 0.274	0.388 0.388	0.634 0.634	0.894 0.895	1.31 1.31	1.88 1.89	2.93 2.94													
P	800		0.0460 0.0460			0.105 0.105	0.171 0.171	0.243 0.243	0.396 0.396	0.559 0.559	0.816 0.817	1.17 1.18	1.83 1.84														
Q	1 250	0.0294 0.0294			0.0672 0.0672	0.110 0.110	0.155 0.155	0.253 0.254	0.358 0.358	0.522 0.523	0.752 0.753	1.17 1.17															
R	2 000			0.0420 0.0420	0.0686 0.0686	0.0971 0.0971	0.158 0.158	0.224 0.224	0.326 0.327	0.470 0.470	0.733 0.734																

注：上面的表值适合于每百单位产品不合格数检验，并且基于泊松分布。
下面的表值适合于不合格品百分数检验，并且基于二项分布。

表 8-B 加严检验的平均检出质量上限(一次抽样方案)

样本量字码	样本量	接收质量限(AQL)																									
		0.010	0.015	0.025	0.040	0.065	0.10	0.15	0.25	0.40	0.65	1.0	1.5	2.5	4.0	6.5	10	15	25	40	65	100	150	250	400	650	1 000
A	2																18.4 14.8			42.0	68.6	97.1	158	257	397	619	966
B	3															12.3 10.5			28.0	45.7	64.7	106	172	265	412	644	1 020
C	5														7.36 6.70			16.8	27.4	38.8	63.4	103	159	247	387	612	
D	8													4.60 4.33			10.5 10.1	17.1	24.3	39.6	64.3	99.3	155	242	382		
E	13												2.83 2.73			6.46 6.32	10.5 10.5	14.9	24.4	39.6	61.1	95.2	149	235			
F	20											1.84 1.79			4.20 4.14	6.86 6.82	9.71 9.75	15.8	25.7	39.7	61.9						
G	32										1.15 1.13			2.62 2.60	4.28 4.27	6.07 6.08	9.90 10.0	16.1	24.8	38.7							
H	50									0.736 0.728			1.68 1.67	2.74 2.74	3.88 3.89	6.34 6.38	10.3 10.5	15.9	24.7								
J	80								0.460 0.457			1.05 1.05	1.71 1.71	2.43 2.43	3.96 3.98	6.43 6.49	9.93 10.1	15.5									
K	125							0.294 0.293			0.672 0.670	1.10 1.10	1.55 1.55	2.53 2.54	4.12 4.14	6.36 6.42	9.90 10.1										
L	200						0.184 0.183			0.420 0.419	0.686 0.685	0.971 0.971	1.58 1.59	2.57 2.58	3.97 4.00	6.19 6.25											
M	315					0.117 0.117			0.267 0.266	0.435 0.435	0.617 0.617	1.01 1.01	1.63 1.64	2.52 2.53	3.93 3.95												
N	500				0.0736 0.0735			0.168 0.168	0.274 0.274	0.388 0.388	0.634 0.634	1.03 1.03	1.59 1.59	2.47 2.48													
P	800			0.0460 0.0460			0.105 0.105	0.171 0.171	0.243 0.243	0.396 0.396	0.643 0.644	0.993 0.995	1.55 1.55														
Q	1 250		0.0294 0.0294			0.0672 0.0672	0.110 0.110	0.155 0.155	0.253 0.254	0.412 0.412	0.636 0.636	0.990 0.991															
R	2 000	0.0184 0.0184			0.0420 0.0420	0.0686 0.0686	0.0971 0.0971	0.158 0.158	0.257 0.257	0.397 0.398	0.619 0.619																
S	3150			0.0267 0.0267																							

注:上面的表值适合于每百单位产品不合格数检验,并且基于泊松分布。
下面的表值适合于不合格品百分数检验,并且基于二项分布。

表 9 一次、二次和多次抽样的平均样本量曲线
（正常、加严和放宽检验）

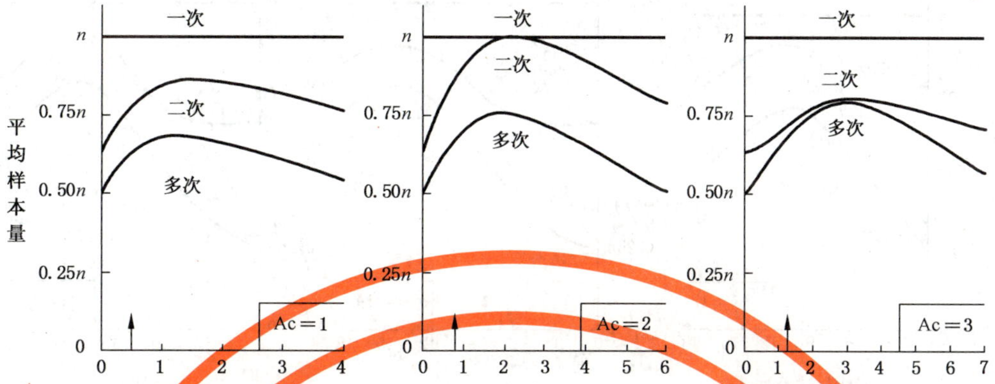

n×不合格品百分数/100

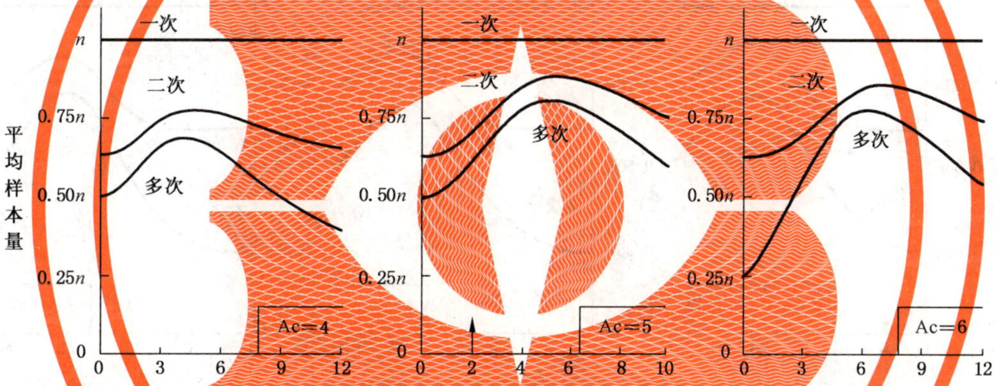

n×不合格品百分数/100

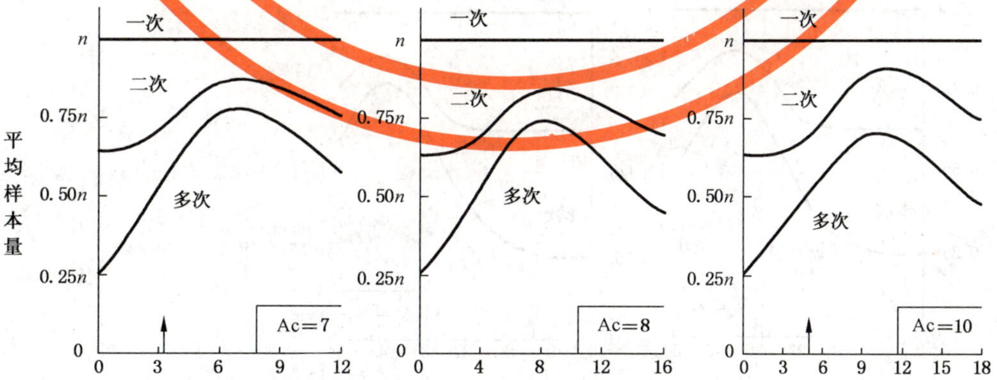

n×不合格品百分数/100

表 9（续）

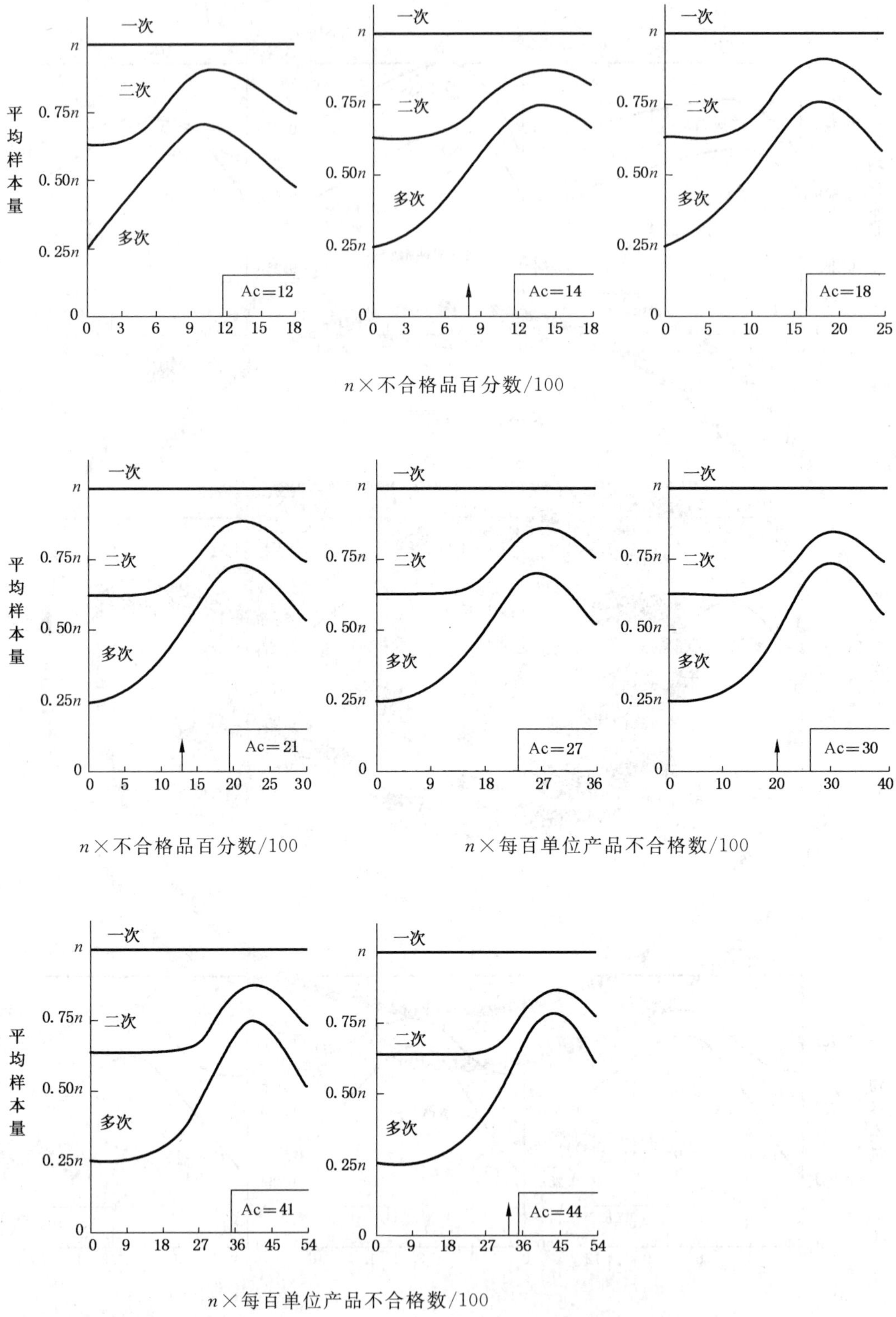

n ——等效的一次抽样方案的样本量。

Ac——一次抽样方案的接收数。

注： 图中箭头所指向的三条平均样本量曲线上的点指明正常检验当批（过程）质量为 AQL 时相应的三个平均样本量。

表 10-A　关于样本量字码 A 的表(单个方案)

图 A　一次抽样方案的操作特性曲线

(二次和多次抽样方案的操作特性曲线与其匹配)

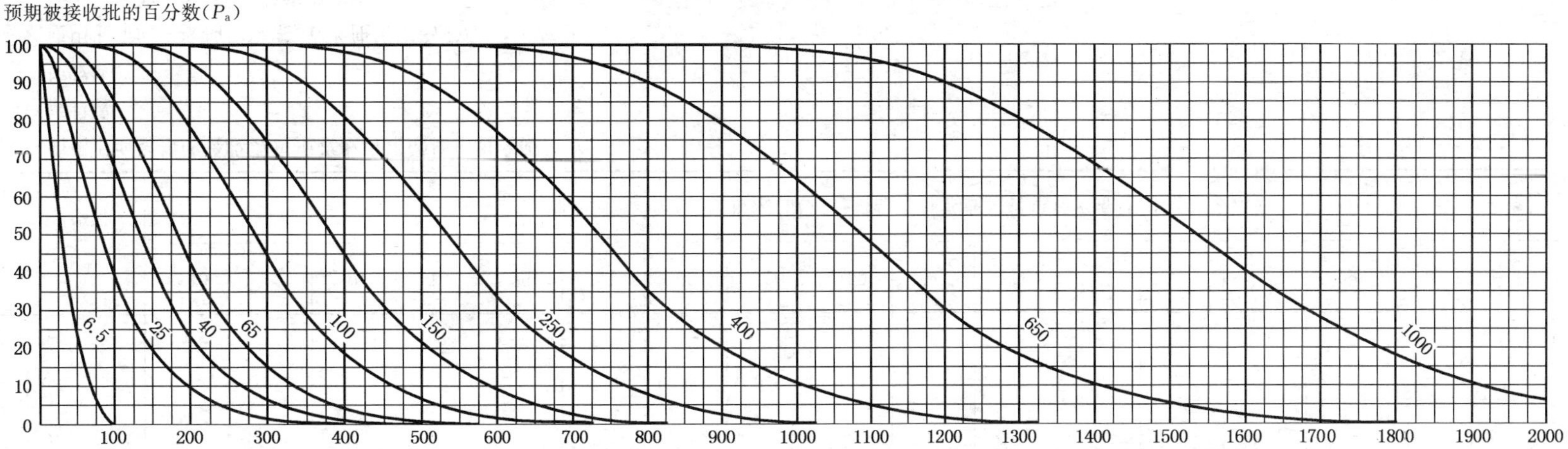

注:曲线上的数值是正常检验的接收质量限(AQL)。

表 10-A-1　一次抽样方案操作特性曲线的表值

P_a	正常检验　接收质量限(AQL)														
	6.5	6.5	25	40	65	100	150	╳	250	╳	400	╳	650	╳	1 000
	p(以不合格品百分数表示)	p(以每百单位产品不合格数表示)													
99.0	0.501	0.503	7.43	21.8	41.2	89.3	145	175	239	305	374	517	629	859	977
95.0	2.53	2.56	17.8	40.9	68.3	131	199	235	308	384	462	622	745	995	1 122
90.0	5.13	5.27	26.6	55.1	87.2	158	233	272	351	432	515	684	812	1 073	1 206
75.0	13.4	14.4	48.1	86.4	127	211	298	342	431	521	612	795	934	1 214	1 354
50.0	29.3	34.7	83.9	134	184	284	383	433	533	633	733	933	1 083	1 383	1 533
25.0	50.0	69.3	135	196	255	371	484	540	651	761	870	1 087	1 248	1 568	1 728
10.0	68.4	115	194	266	334	464	589	650	770	889	1 006	1 238	1 409	1 748	1 916
5.0	77.6	150	237	315	388	526	657	722	848	972	1 094	1 335	1 512	1 862	2 035
1.0	90.0	230	332	420	502	655	800	870	1 007	1 141	1 272	1 529	1 718	2 088	2 270
	╳	╳	40	65	100	150	╳	250	╳	400	╳	650	╳	1 000	╳
	加严检验　接收质量限(AQL)														

注:对应于不合格品检验的表值使用二项分布,对应于不合格检验的表值使用泊松分布。

表 10-A-2 关于样本量字码 A 的抽样方案

抽样方案类型	累计样本量	正常检验 接收质量限(以不合格品百分数或每百单位产品不合格数表示)																	
		<6.5	6.5	╳	10	15	25	40	65	100	150	╳	250	╳	400	╳	650	╳	1 000
		Ac Re	Ac Re	Ac Re	Ac Re	Ac Re	Ac Re	Ac Re	Ac Re	Ac Re	Ac Re	Ac Re	Ac Re	Ac Re	Ac Re	Ac Re	Ac Re	Ac Re	Ac Re
一次	2	⇓	0 1	使用字码 D	使用字码 C	使用字码 B	1 2	2 3	3 4	5 6	7 8	8 9	10 11	12 13	14 15	18 19	21 22	27 28	30 31
二次		⇓	*				(*)	(*)	(*)	(*)	(*)	(*)	(*)	(*)	(*)	(*)	(*)	(*)	(*)
多次		⇓	*				*	*	*	*	*	*	*	*	*	*	*	*	*
		<10	╳	10	15	25	40	65	100	150	╳	250	╳	400	╳	650	╳	1 000	╳
		加严检验 接收质量限(以不合格品百分数或每百单位产品不合格数表示)																	

⇓ ——使用下面紧接的接收数与拒收数可用的样本量字码。

Ac ——接收数。

Re ——拒收数。

* ——使用上面的一次抽样方案(或者使用字码 D)。

(*)——使用一次抽样方案(或者使用字码 B)。

表 10-B　关于样本量字码 B 的表(单个方案)

图 B　一次抽样方案的操作特性曲线

(二次和多次抽样方案的操作特性曲线与其匹配)

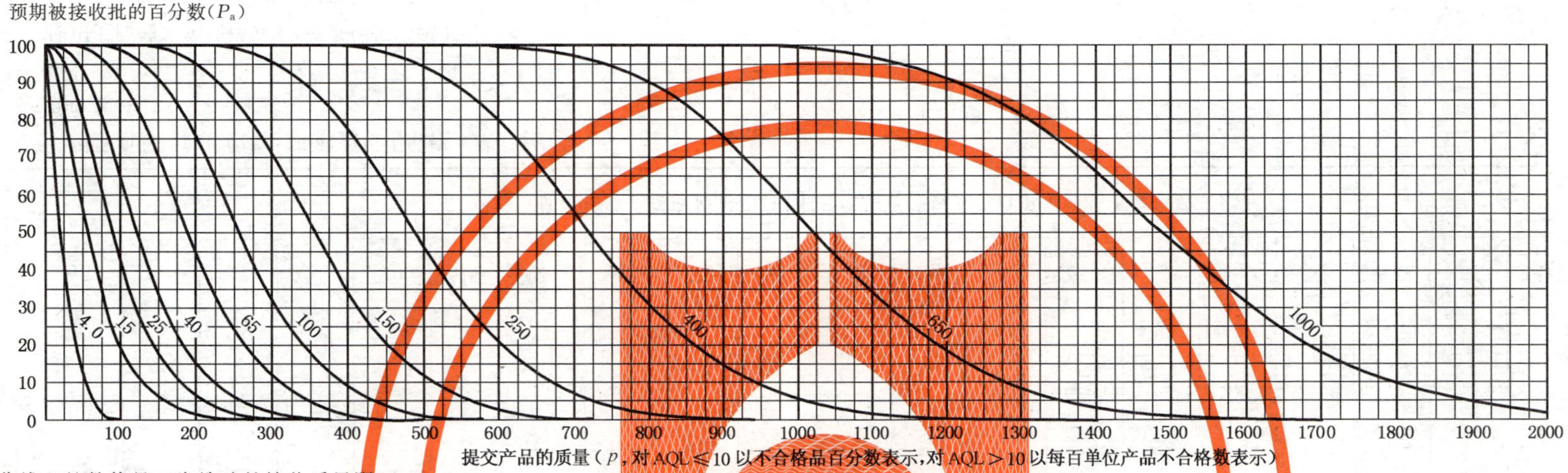

注:曲线上的数值是正常检验的接收质量限(AQL)。

表 10-B-1　一次抽样方案操作特性曲线的表值

P_a	正常检验　接收质量限(AQL)																
	4.0	4.0	15	25	40	65	100	X	150	X	250	X	400	X	650	X	1 000
	p(以不合格品百分数表示)	p(以每百单位产品不合格数表示)															
99.0	0.334	0.335	4.95	14.5	27.4	59.5	96.9	117	159	203	249	345	419	572	651	947	1 029
95.0	1.70	1.71	11.8	27.3	45.5	87.1	133	157	206	256	308	415	496	663	748	1 065	1 152
90.0	3.45	3.51	17.7	36.7	58.2	105	144	181	234	288	343	456	541	716	804	1 131	1 222
75.0	9.14	9.59	32.0	57.6	84.5	141	199	228	287	347	408	530	623	809	903	1 249	1 344
50.0	20.6	23.1	55.9	89.1	122	189	256	289	356	422	489	622	722	922	1 022	1 389	1 489
25.0	37.0	46.2	89.8	131	170	247	323	360	434	507	580	724	832	1 045	1 152	1 539	1 644
10.0	53.6	76.8	130	177	223	309	392	433	514	593	671	825	939	1 165	1 277	1 683	1 793
5.0	63.2	99.9	158	210	258	350	438	481	565	648	730	890	1 008	1 241	1 356	1 773	1 886
1.0	78.5	154	221	280	335	437	533	580	671	761	848	1 019	1 145	1 392	1 513	1 951	2 069
	6.5	6.5	25	40	65	100	X	150	X	250	X	400	X	650	X	1 000	X
	加严检验　接收质量限(AQL)																

注:对应于不合格品检验的表值使用二项分布,对应于不合格检验的表值使用泊松分布。

表 10-B-2　关于样本量字码 B 的抽样方案

抽样方案类型	累计样本量	正常检验　接收质量限(以不合格品百分数或每百单位产品不合格数表示)																			
		<4.0	4.0	6.5	╳	10	15	25	40	65	100	╳	150	╳	250	╳	400	╳	650	╳	1 000
		Ac Re	Ac Re	Ac Re	Ac Re	Ac Re	Ac Re	Ac Re	Ac Re	Ac Re	Ac Re	Ac Re	Ac Re	Ac Re	Ac Re	Ac Re	Ac Re	Ac Re	Ac Re	Ac Re	Ac Re
一次	3	⇓	0 1	使用字码 A	使用字码 D	使用字码 C	1 2	2 3	3 4	5 6	7 8	8 9	10 11	12 13	14 15	18 19	21 22	27 28	30 31	41 42	44 45
二次	2 4	⇓	*				0 2 1 2	0 3 3 4	1 3 4 5	2 5 6 7	3 6 9 10	4 7 10 11	5 9 12 13	6 10 15 16	7 11 18 19	9 14 23 24	11 16 26 27	15 20 34 35	17 22 37 38	23 29 52 53	25 31 56 57
多次		⇓	*				++	++	++	++	++	++	++	++	++	++	++	++	++	++	++
		6.5	6.5	╳	10	15	25	40	65	100	╳	150	╳	250	╳	400	╳	650	╳	1 000	╳
		加严检验　接收质量限(以不合格品百分数或每百单位产品不合格数表示)																			

⇓ ——使用下面紧接的接收数与拒收数可用的样本量字码。

Ac ——接收数。

Re ——拒收数。

* ——使用上面的一次抽样方案(或者使用字码 E)。

++——使用上面的二次抽样方案(或者使用字码 D)。

表 10-C 关于样本量字码 C 的表(单个方案)

图 C 一次抽样方案的操作特性曲线

(二次和多次抽样方案的操作特性曲线与其匹配)

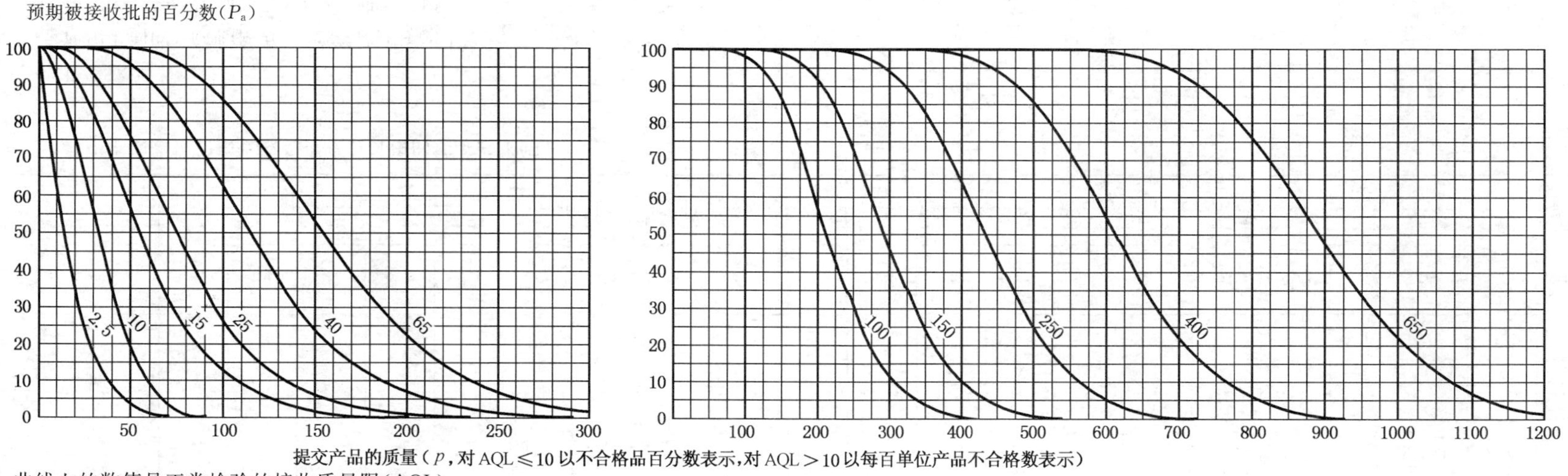

注:曲线上的数值是正常检验的接收质量限(AQL)。

表 10-C-1 一次抽样方案操作特性曲线的表值

P_a	正常检验 接收质量限(AQL)																	
	2.5	10	2.5	10	15	25	40	65	╳	100	╳	150	╳	250	╳	400	╳	650
	p(以不合格品百分数表示)		p(以每百单位产品不合格数表示)															
99.0	0.201	3.27	0.201	2.97	8.72	16.5	35.7	58.1	70.1	95.4	122	150	207	251	343	391	568	618
95.0	1.02	7.64	1.03	7.11	16.4	27.3	52.3	79.6	93.9	123	154	185	249	298	398	449	639	691
90.0	2.09	11.2	2.11	10.6	22.0	34.9	63.0	93.1	109	140	173	206	273	325	429	482	679	733
75.0	5.59	19.4	5.75	19.2	34.5	50.7	84.4	119	137	172	208	245	318	374	485	542	749	806
50.0	12.9	31.4	13.9	33.6	53.5	73.4	113	153	173	213	253	293	373	433	553	613	833	893
25.0	24.2	45.4	27.7	53.9	78.4	102	148	194	216	260	304	348	435	499	627	691	923	986
10.0	36.9	58.4	46.1	77.8	106	134	185	235	260	308	356	403	495	564	699	766	1 010	1 076
5.0	45.1	65.7	59.9	94.9	126	155	210	263	289	339	389	438	534	605	745	814	1 064	1 131
1.0	60.2	77.8	92.1	133	168	201	262	320	348	403	456	509	612	687	835	908	1 171	1 241
	4.0	╳	4.0	15	25	40	65	╳	100	╳	150	╳	250	╳	400	╳	650	╳
	加严检验 接收质量限(AQL)																	

注:对应于不合格品检验的表值使用二项分布,对应于不合格检验的表值使用泊松分布。

表 10-C-2 关于样本量字码 C 的抽样方案

抽样方案类型	累计样本量	正常检验 接收质量限(以不合格品百分数或每百单位产品不合格数表示)																				
		<2.5	2.5	4.0	╳	6.5	10	15	25	40	65	╳	100	╳	150	╳	250	╳	400	╳	650	1 000
		Ac Re	Ac Re	Ac Re	Ac Re	Ac Re	Ac Re	Ac Re	Ac Re	Ac Re	Ac Re	Ac Re	Ac Re	Ac Re	Ac Re	Ac Re	Ac Re	Ac Re	Ac Re	Ac Re	Ac Re	Ac Re
一次	5	⇓	0 1	使用字码B	使用字码E	使用字码D	1 2	2 3	3 4	5 6	7 8	8 9	10 11	12 13	14 15	18 19	21 22	27 28	30 31	41 42	44 45	使用字码B
二次	3 6	⇓	*				0 2 1 2	0 3 3 4	1 3 4 5	2 5 6 7	3 6 9 10	4 7 10 11	5 9 12 13	6 10 15 16	7 11 18 19	9 14 23 24	11 16 26 27	15 20 34 35	17 22 37 38	23 29 52 53	25 31 56 57	
多次		⇓	*				++	++	++	++	++	++	++	++	++	++	++	++	++	++	++	
		<4.0	4.0	╳	6.5	10	15	25	40	65	╳	100	╳	150	╳	250	╳	400	╳	650	╳	1 000
		加严检验 接收质量限(以不合格品百分数或每百单位产品不合格数表示)																				

⇓ ——使用下面紧接的接收数与拒收数可用的样本量字码。

Ac ——接收数。

Re ——拒收数。

* ——使用上面的一次抽样方案(或者使用字码 F)。

++——使用上面的二次抽样方案(或者使用字码 D)。

表 10-D 关于样本量字码 D 的表(单个方案)

图 D 一次抽样方案的操作特性曲线
(二次和多次抽样方案的操作特性曲线与其匹配)

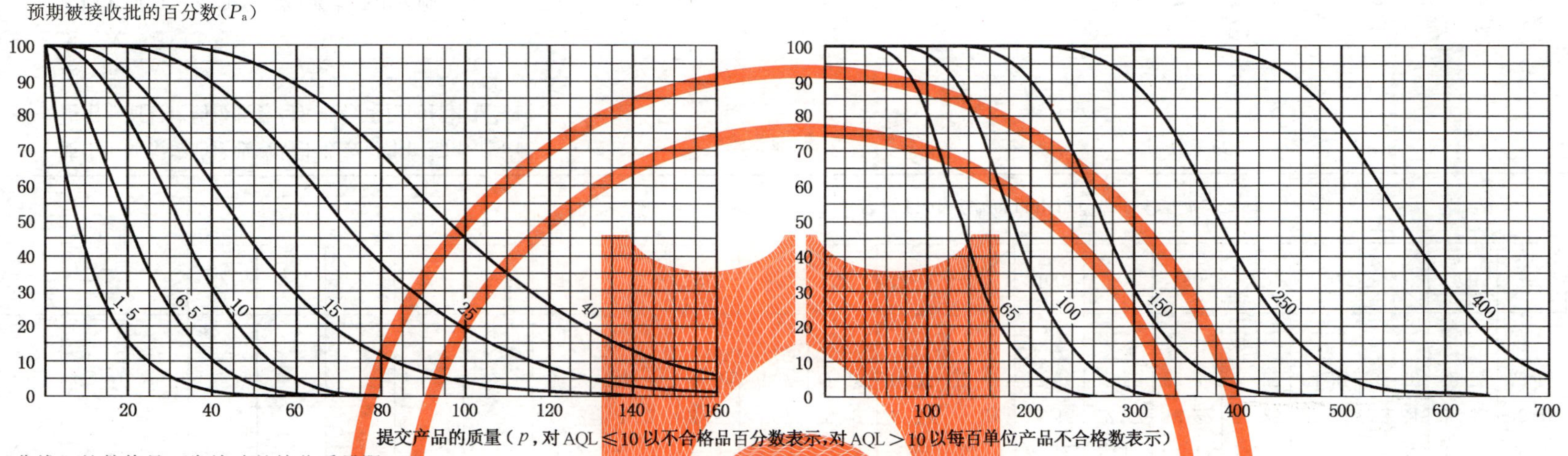

注:曲线上的数值是正常检验的接收质量限(AQL)。

表 10-D-1 一次抽样方案操作特性曲线的表值

P_a	正常检验 接收质量限(AQL)																		
	1.5	6.5	10	1.5	6.5	10	15	25	40	—	65	—	100	—	150	—	250	—	400
	p(以不合格品百分数表示)			p(以每百单位产品不合格数表示)															
99.0	0.126	1.97	6.08	0.126	1.86	5.45	10.3	22.3	36.3	43.8	59.6	76.2	93.5	129	157	215	244	355	386
95.0	0.639	4.64	11.1	0.641	4.44	10.2	17.1	32.7	49.8	58.7	77.1	96.1	116	156	186	249	281	399	432
90.0	1.31	6.86	14.7	1.32	6.65	13.8	21.8	39.4	58.2	67.9	87.8	108	129	171	203	268	301	424	458
75.0	3.53	12.1	22.1	3.60	12.0	21.6	31.7	52.7	74.5	85.5	108	130	153	199	234	303	339	468	504
50.0	8.30	20.1	32.1	8.66	21.0	33.4	45.9	70.9	95.9	108	133	158	183	233	271	346	383	521	558
25.0	15.9	30.3	43.3	17.3	33.7	49.0	63.9	92.8	121	135	163	190	217	272	312	392	432	577	617
10.0	25.0	40.6	53.8	28.8	48.6	66.5	83.5	116	147	162	193	222	252	309	352	437	479	631	672
5.0	31.2	47.1	60.0	37.4	59.3	78.7	96.9	131	164	180	212	243	274	334	378	465	509	665	707
1.0	43.8	59.0	70.7	57.6	83.0	105	126	164	200	218	252	285	318	382	429	522	568	732	776
	2.5	10	—	2.5	10	15	25	40	—	65	—	100	—	150	—	250	—	400	—
	加严检验 接收质量限(AQL)																		

注:对应于不合格品检验的表值使用二项分布,对应于不合格检验的表值使用泊松分布。

表 10-D-2 关于样本量字码 D 的抽样方案

抽样方案类型	累计样本量	正常检验 接收质量限(以不合格品百分数或每百单位产品不合格数表示)																				
		<1.5	1.5	2.5		4.0	6.5	10	15	25	40		65		100		150		250		400	>400
		Ac Re	Ac Re	Ac Re	Ac Re	Ac Re	Ac Re	Ac Re	Ac Re	Ac Re	Ac Re	Ac Re	Ac Re	Ac Re	Ac Re	Ac Re	Ac Re	Ac Re	Ac Re	Ac Re	Ac Re	Ac Re
一次	8	⇓	0 1	使用字码 C	使用字码 F	使用字码 E	1 2	2 3	3 4	5 6	7 8	8 9	10 11	12 13	14 15	18 19	21 22	27 28	30 31	41 42	44 45	⇑
二次	5 10	⇓	*				0 2 1 2	0 3 3 4	1 3 4 5	2 5 6 7	3 6 9 10	4 7 10 11	5 9 12 13	6 10 15 16	7 11 18 19	9 14 23 24	11 16 26 27	15 20 34 35	17 22 37 38	23 29 52 53	25 31 56 57	⇑
多次	2 4 6 8 10	⇓	*				# 2 0 2 0 2 0 2 1 2	# 2 0 3 0 3 1 3 3 4	# 3 0 3 1 4 2 5 4 5	# 4 1 5 2 6 4 7 6 7	0 4 1 6 3 8 5 9 9 10	0 4 2 7 4 9 6 11 10 11	0 5 3 8 6 10 9 12 12 13	0 6 3 9 7 12 11 15 15 16	1 7 4 10 8 13 12 17 18 19	1 8 6 12 11 17 16 22 23 24	2 9 7 14 13 19 20 25 26 27	3 10 10 17 17 24 25 31 34 35	6 12 11 19 13 27 23 34 37 38	6 15 16 25 26 35 38 45 52 53	6 16 17 27 29 38 40 48 56 57	⇑
		<2.5	2.5		4.0	6.5	10	15	25	40		65		100		150		250		400		>400
		加严检验 接收质量限(以不合格品百分数或每百单位产品不合格数表示)																				

⇑ ——使用上面紧接的接收数与拒收数可用的样本量字码。

⇓ ——使用下面紧接的接收数与拒收数可用的样本量字码。

Ac ——接收数。

Re ——拒收数。

* ——使用上面的一次抽样方案(或者使用字码 G)。

——此样本量不允许接收。

表 10-E　关于样本量字码 E 的表(单个方案)

图 E　一次抽样方案的操作特性曲线
(二次和多次抽样方案的操作特性曲线与其匹配)

预期被接收批的百分数(P_a)

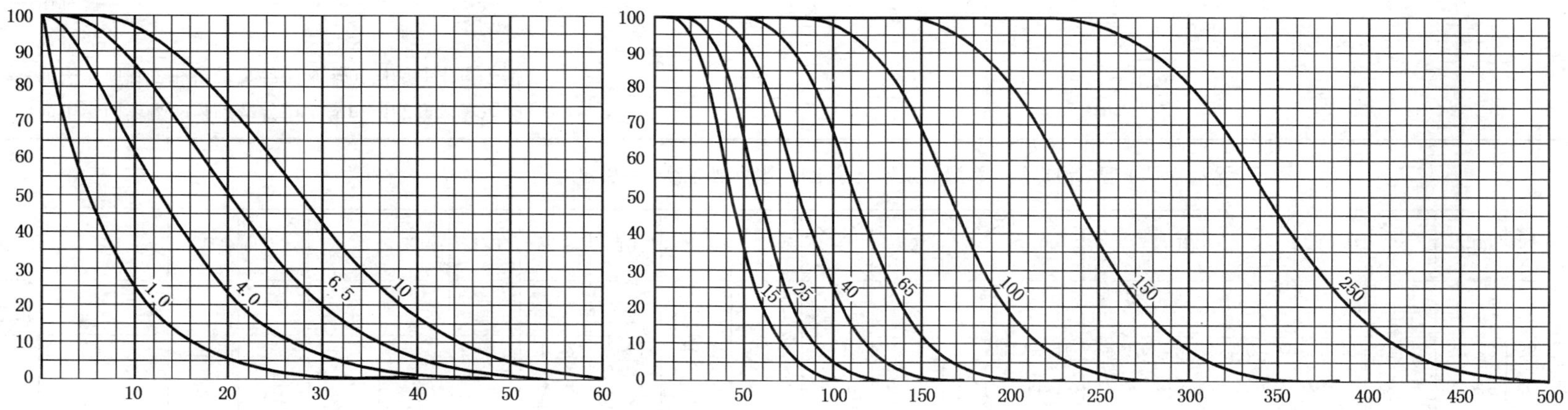

提交产品的质量(p,对 AQL≤10 以不合格品百分数表示,对 AQL＞10 以每百单位产品不合格数表示)

注:曲线上的数值是正常检验的接收质量限(AQL)。

表 10-E-1　一次抽样方案操作特性曲线的表值

P_a	正常检验　接收质量限(AQL)																			
	1.0	4.0	6.5	10	1.0	4.0	6.5	10	15	25	X	40	X	65	X	100	X	150	X	250
	p(以不合格品百分数表示)				p(以每百单位产品不合格数表示)															
99.0	0.077 3	1.18	3.58	6.95	0.077 3	1.14	3.35	6.33	13.7	22.4	27.0	36.7	46.9	57.5	79.6	96.7	132	150	219	238
95.0	0.394	2.81	6.60	11.3	0.395	2.73	6.29	10.5	20.1	30.6	36.1	47.5	59.2	71.1	95.7	115	153	173	246	266
90.0	0.807	4.17	8.80	14.2	0.810	4.09	8.48	13.4	24.2	35.8	41.8	54.0	66.5	79.2	105	125	165	185	261	282
75.0	2.19	7.41	13.4	19.9	2.21	7.39	13.3	19.5	32.5	45.8	52.6	66.3	80.2	94.1	122	144	187	208	288	310
50.0	5.19	12.6	20.0	27.5	5.33	12.9	20.6	28.2	43.6	59.0	66.7	82.1	97.4	113	144	167	213	236	321	344
25.0	10.1	19.4	28.0	36.1	10.7	20.7	30.2	39.3	57.1	74.5	83.1	100	117	134	167	192	241	266	355	379
10.0	16.2	26.8	36.0	44.4	17.7	29.9	40.9	51.4	71.3	90.5	100	119	137	155	190	217	269	295	388	414
5.0	20.6	31.6	41.0	49.5	23.0	36.5	48.4	59.6	80.9	101	111	130	150	168	205	233	286	313	409	435
1.0	29.8	41.3	50.6	58.8	35.4	51.1	64.7	77.3	101	123	134	155	176	196	235	264	321	349	450	477
	1.5	6.5	10	X	1.5	6.5	10	15	25	X	40	X	65	X	100	X	150	X	250	X
	加严检验　接收质量限(AQL)																			

注:对应于不合格品检验的表值使用二项分布,对应于不合格检验的表值使用泊松分布。

表 10-E-2 关于样本量字码 E 的抽样方案

抽样方案类型	累计样本量	正常检验 接收质量限(以不合格品百分数或每百单位产品不合格数表示)																				
		<1.0	1.0	1.5	X	2.5	4.0	6.5	10	15	25	X	40	X	65	X	100	X	150	X	250	>250
		Ac Re	Ac Re	Ac Re	Ac Re	Ac Re	Ac Re	Ac Re	Ac Re	Ac Re	Ac Re	Ac Re	Ac Re	Ac Re	Ac Re	Ac Re	Ac Re	Ac Re	Ac Re	Ac Re	Ac Re	Ac Re
一次	13	⇓	0 1	使用字码D	使用字码G	使用字码F	1 2	2 3	3 4	5 6	7 8	8 9	10 11	12 13	14 15	18 19	21 22	27 28	30 31	41 42	44 45	⇑
二次	8	⇓	*				0 2	0 3	1 3	2 5	3 6	4 7	5 9	6 10	7 11	9 14	11 16	15 20	17 22	23 29	25 31	⇑
	16						1 2	3 4	4 5	6 7	9 10	10 11	12 13	15 16	18 19	23 24	26 27	34 35	37 38	52 53	56 57	
多次	3	⇓	*				# 2	# 2	# 3	# 4	0 4	0 4	0 5	0 6	1 7	1 8	2 9	3 10	4 12	6 15	6 16	⇑
	6						0 2	0 3	0 3	1 5	1 6	2 7	3 8	3 9	4 10	6 12	7 14	10 17	11 19	16 25	17 27	
	9						0 2	0 3	1 4	2 6	3 8	4 9	6 10	7 12	8 13	11 17	13 19	17 24	19 27	26 35	29 38	
	12						0 2	1 3	2 5	4 7	5 9	6 11	9 12	11 15	12 17	16 22	20 25	25 31	28 34	38 45	40 48	
	15						1 2	3 4	4 5	6 7	9 10	10 11	12 13	15 16	18 19	23 24	26 27	34 35	37 38	52 53	56 57	
		<1.5	1.5	X	2.5	4.0	6.5	10	15	25	X	40	X	65	X	100	X	150	X	250	X	>250
		加严检验 接收质量限(以不合格品百分数或每百单位产品不合格数表示)																				

⇑ ——使用上面紧接的接收数与拒收数可用的样本量字码。

⇓ ——使用下面紧接的接收数与拒收数可用的样本量字码。

Ac ——接收数。

Re ——拒收数。

* ——使用上面的一次抽样方案(或者使用字码 H)。

\# ——此样本量不允许接收。

表 10-F 关于样本量字码 F 的表(单个方案)

图 F 一次抽样方案的操作特性曲线

(二次和多次抽样方案的操作特性曲线与其匹配)

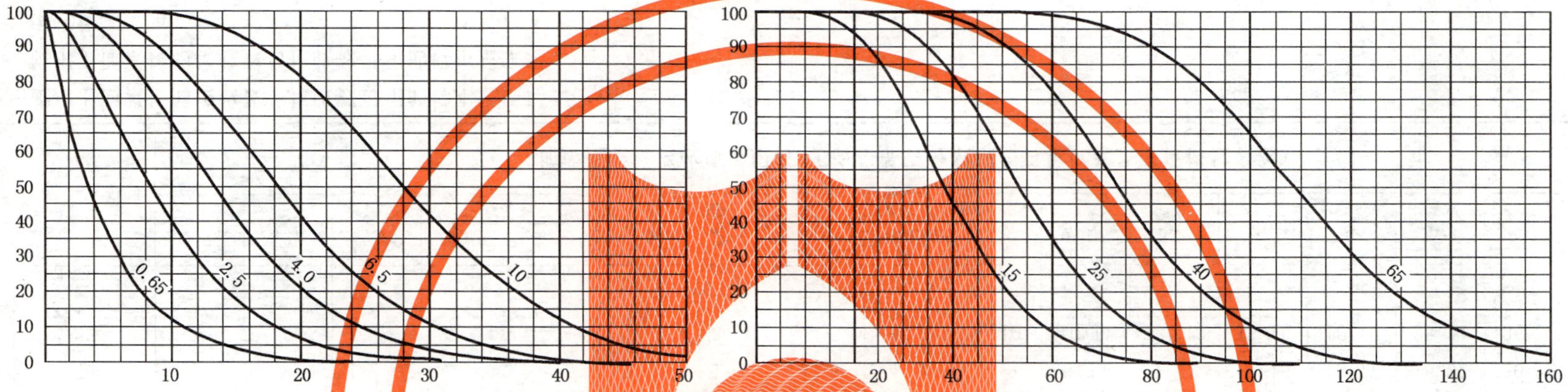

注:曲线上的数值是正常检验的接收质量限(AQL)。

表 10-F-1 一次抽样方案操作特性曲线的表值

P_a	正常检验 接收质量限(AQL)																
	0.65	2.5	4.0	6.5	10	0.65	2.5	4.0	6.5	10	15		25		40		65
	p(以不合格品百分数表示)					p(以每百单位产品不合格数表示)											
99.0	0.050 2	0.759	2.27	4.36	9.75	0.050 3	0.743	2.18	4.12	8.93	14.5	17.5	23.9	30.5	37.4	51.7	62.9
95.0	0.256	1.81	4.22	7.14	14.0	0.256	1.78	4.09	6.83	13.1	19.9	23.5	30.8	38.4	46.2	62.2	74.5
90.0	0.525	2.69	5.64	9.02	16.6	0.527	2.66	5.51	8.72	15.8	23.3	27.2	35.1	43.2	51.5	68.4	81.2
75.0	1.43	4.81	8.70	12.8	21.6	1.44	4.81	8.64	12.7	21.1	29.8	34.2	43.1	52.1	61.2	79.5	93.4
50.0	3.41	8.25	13.1	18.1	27.9	3.47	8.39	13.4	18.4	28.4	38.3	43.3	53.3	63.3	73.3	93.3	108
25.0	6.70	12.9	18.7	24.2	34.8	6.93	13.5	19.6	25.5	37.1	48.4	54.0	65.1	76.1	87.0	109	125
10.0	10.9	18.1	24.5	30.4	41.5	11.5	19.4	26.6	33.4	46.4	58.9	65.0	77.0	88.9	101	124	141
5.0	13.9	21.6	28.3	34.4	45.6	15.0	23.7	31.5	38.8	52.6	65.7	72.2	84.8	97.2	109	133	151
1.0	20.6	28.9	35.8	42.1	53.2	23.0	33.2	42.0	50.2	65.5	80.0	87.0	101	114	127	153	172
	1.0	4.0	6.5	10		1.0	4.0	6.5	10	15		25		40		65	
	加严检验 接收质量限(AQL)																

注:对应于不合格品检验的表值使用二项分布,对应于不合格检验的表值使用泊松分布。

表 10-F-2 关于样本量字码 F 的抽样方案

抽样方案类型	累计样本量	正常检验 接收质量限(以不合格品百分数或每百单位产品不合格数表示)																
		<0.65	0.65	1.0		1.5	2.5	4.0	6.5	10	15		25		40		65	>65
		Ac Re	Ac Re	Ac Re	Ac Re	Ac Re	Ac Re	Ac Re	Ac Re	Ac Re	Ac Re	Ac Re	Ac Re	Ac Re	Ac Re	Ac Re	Ac Re	Ac Re
一次	20	⇓	0 1	使用字码E	使用字码H	使用字码G	1 2	2 3	3 4	5 6	7 8	8 9	10 11	12 13	14 15	18 19	21 22	⇑
二次	13 26	⇓	*				0 2 1 2	0 3 3 4	1 3 4 5	2 5 6 7	3 6 9 10	4 7 10 11	5 9 12 13	6 0 15 16	7 11 18 19	9 14 23 24	11 6 26 27	⇑
多次	5 10 15 20 25	⇓	*				# 2 0 2 0 2 0 2 1 2	# 2 0 3 0 3 1 3 3 4	# 3 0 3 1 4 2 5 4 5	# 4 1 5 2 6 4 7 6 7	0 4 1 6 3 8 5 9 9 10	0 4 2 7 4 9 6 11 10 11	0 5 3 8 6 10 9 12 12 13	0 6 3 9 7 12 11 15 15 16	1 7 4 10 8 13 12 17 18 19	1 8 6 12 11 17 16 22 23 24	2 9 7 14 13 19 20 25 26 27	⇑
		<1.0	1.0		1.5	2.5	4.0	6.5	10	15		25		40		65		>65
		加严检验 接收质量限(以不合格品百分数或每百单位产品不合格数表示)																

⇑——使用上面紧接的接收数与拒收数可用的样本量字码。

⇓——使用下面紧接的接收数与拒收数可用的样本量字码。

Ac——接收数。

Re——拒收数。

*——使用上面的一次抽样方案(或者使用字码 J)。

#——此样本量不允许接收。

表 10-G　关于样本量字码 G 的表(单个方案)
图 G　一次抽样方案的操作特性曲线
(二次和多次抽样方案的操作特性曲线与其匹配)

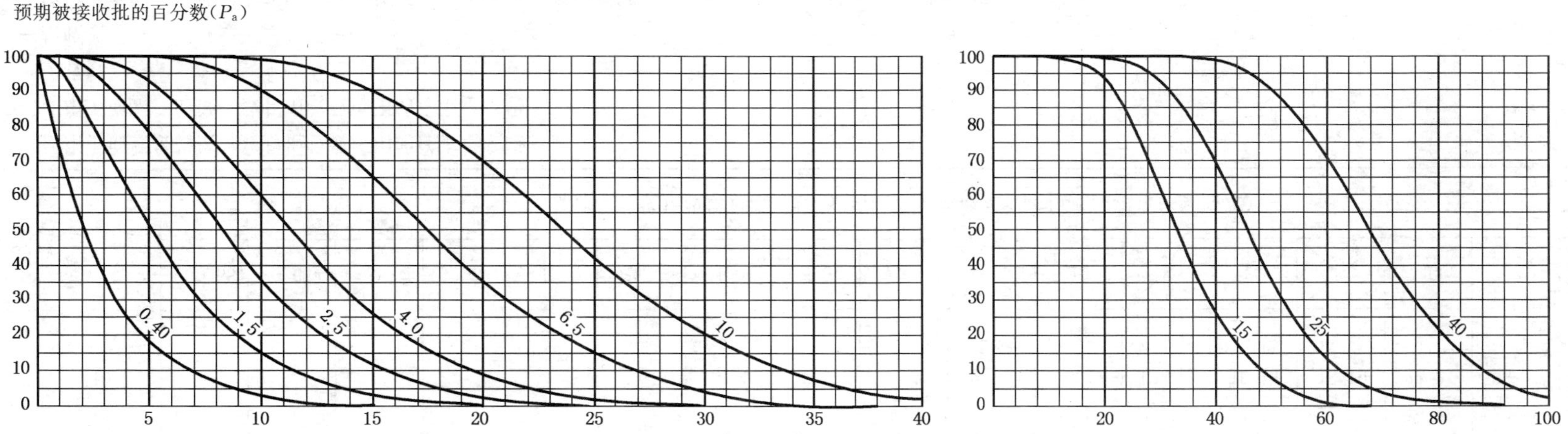

注：曲线上的数值是正常检验的接收质量限(AQL)。

表 10-G-1　一次抽样方案操作特性曲线的表值

P_a	正常检验　接收质量限(AQL)																	
	0.40	1.5	2.5	4.0	6.5	10	0.40	1.5	2.5	4.0	6.5	10	╳	15	╳	25	╳	40
	p(以不合格品百分数表示)						p(以每百单位产品不合格数表示)											
99.0	0.031 4	0.471	1.40	2.67	5.88	9.73	0.031 4	0.464	1.36	2.57	5.58	9.08	11.0	14.9	19.1	23.4	32.3	39.3
95.0	0.160	1.12	2.60	4.38	8.50	13.1	0.160	1.11	2.56	4.27	8.17	12.4	14.7	19.3	24.0	28.9	38.9	46.5
90.0	0.329	1.67	3.49	5.56	10.2	15.1	0.329	1.66	3.44	5.45	9.85	14.6	17.0	21.9	27.0	32.2	42.7	50.8
75.0	0.895	3.01	5.42	7.98	13.4	19.0	0.899	3.00	5.40	7.92	13.2	18.6	21.4	26.9	32.6	38.2	49.7	58.4
50.0	2.14	5.19	8.27	11.4	17.5	23.7	2.17	5.24	8.36	11.5	17.7	24.0	27.1	33.3	39.6	45.8	58.3	67.7
25.0	4.24	8.19	11.9	15.4	22.3	29.0	4.33	8.41	12.3	16.0	23.2	30.3	33.8	40.7	47.6	54.4	67.9	78.0
10.0	6.94	11.6	15.8	19.7	27.1	34.0	7.20	12.2	16.6	20.9	29.0	36.8	40.6	48.1	55.6	62.9	77.4	88.1
5.0	8.94	14.0	18.4	22.5	30.1	37.2	9.36	14.8	19.7	24.2	32.9	41.1	45.1	53.0	60.8	68.4	83.4	94.5
1.0	13.4	19.0	23.8	28.1	36.0	43.2	14.4	20.7	26.3	31.4	41.0	50.0	54.4	63.0	71.3	79.5	95.6	107
	0.65	2.5	4.0	6.5	10	╳	0.65	2.5	4.0	6.5	10	╳	15	╳	25	╳	40	╳
	加严检验　接收质量限(AQL)																	

注：对应于不合格品检验的表值使用二项分布，对应于不合格检验的表值使用泊松分布。

表 10-G-2　关于样本量字码 G 的抽样方案

抽样方案类型	累计样本量	正常检验　接收质量限(以不合格品百分数或每百单位产品不合格数表示)																
		<0.40	0.40	0.65	×	1.0	1.5	2.5	4.0	6.5	10	×	15	×	25	×	40	>40
		Ac Re	Ac Re	Ac Re	Ac Re	Ac Re	Ac Re	Ac Re	Ac Re	Ac Re	Ac Re	Ac Re	Ac Re	Ac Re	Ac Re	Ac Re	Ac Re	Ac Re
一次	32	⇓	0 1	使用字码F	使用字码J	使用字码H	1 2	2 3	3 4	5 6	7 8	8 9	10 11	12 13	14 15	18 19	21 22	⇑
二次	20 40	⇓	*				0 2 1 2	0 3 3 4	1 3 4 5	2 5 6 7	3 6 9 10	4 7 10 11	5 9 12 13	6 10 15 16	7 11 18 19	9 14 23 24	11 16 26 27	⇑
多次	8 16 24 32 40	⇓	*				# 2 0 2 0 2 0 2 1 2	# 2 0 3 0 3 1 3 3 4	# 3 0 3 1 4 2 5 4 5	# 4 1 5 2 6 4 7 6 7	0 4 1 6 3 8 5 9 9 10	0 4 2 7 4 9 6 11 10 11	0 5 3 8 6 10 9 12 12 13	0 6 3 9 7 12 11 15 15 16	1 7 4 10 8 13 12 17 18 19	1 8 6 12 11 17 16 22 23 24	2 9 7 14 13 19 20 25 26 27	⇑
		<0.65	0.65	×	1.0	1.5	2.5	4.0	6.5	10	×	15	×	25	×	40	×	>40
		加严检验　接收质量限(以不合格品百分数或每百单位产品不合格数表示)																

⇑ ——使用上面紧接的接收数与拒收数可用的样本量字码。

⇓ ——使用下面紧接的接收数与拒收数可用的样本量字码。

Ac ——接收数。

Re ——拒收数。

* ——使用上面的一次抽样方案(或者使用字码 K)。

\# ——此样本量不允许接收。

表 10-H 关于样本量字码 H 的表(单个方案)

图 H 一次抽样方案的操作特性曲线

(二次和多次抽样方案的操作特性曲线与其匹配)

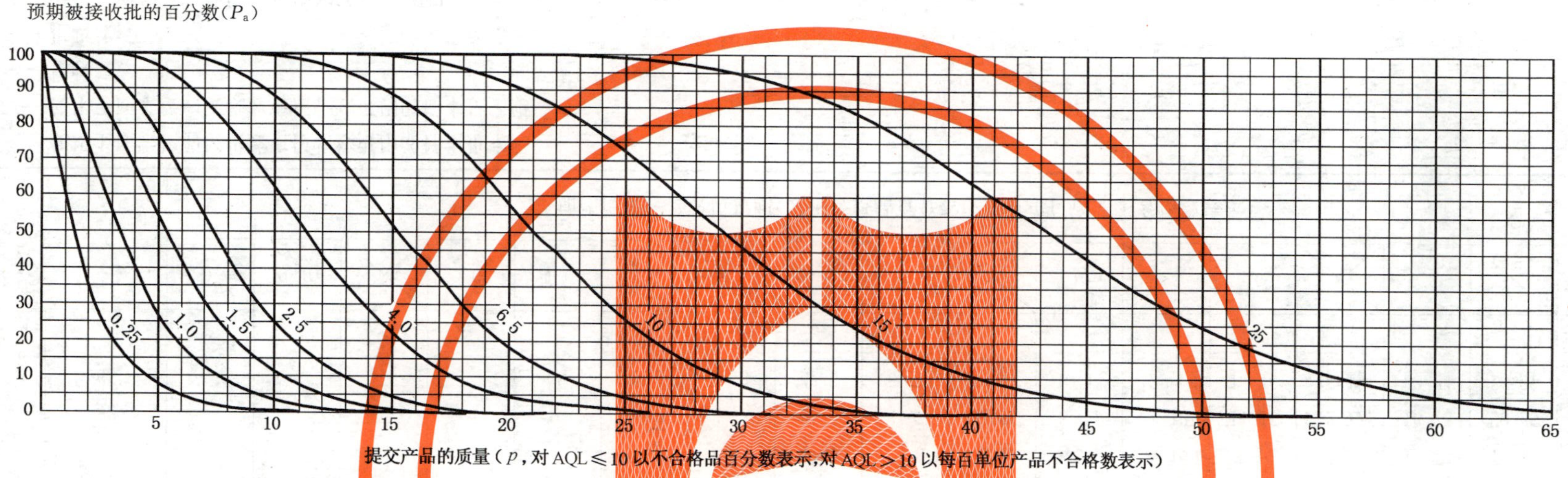

注:曲线上的数值是正常检验的接收质量限(AQL)。

表 10-H-1 一次抽样方案操作特性曲线的表值

P_a	正常检验 接收质量限(AQL)																			
	0.25	1.0	1.5	2.5	4.0	6.5	X	10	0.25	1.0	1.5	2.5	4.0	6.5	X	10	X	15	X	25
	p(以不合格品百分数表示)								p(以每百单位产品不合格数表示)											
99.0	0.020 1	0.300	0.886	1.68	3.69	6.07	7.36	10.1	0.020 1	0.297	0.872	1.65	3.57	5.81	7.01	9.54	12.2	15.0	20.7	25.1
95.0	0.103	0.715	1.66	2.78	5.36	8.22	9.72	12.9	0.103	0.711	1.64	2.73	5.23	7.96	9.39	12.3	15.4	18.5	24.9	29.8
90.0	0.210	1.07	2.22	3.53	6.43	9.54	11.2	14.5	0.211	1.06	2.20	3.49	6.30	9.31	10.9	14.0	17.3	20.6	27.3	32.5
75.0	0.574	1.92	3.46	5.10	8.51	12.0	13.8	17.5	0.575	1.92	3.45	5.07	8.44	11.9	13.7	17.2	20.8	24.5	31.8	37.4
50.0	1.38	3.33	5.31	7.29	11.3	15.2	17.2	21.2	1.39	3.36	5.35	7.34	11.3	15.3	17.3	21.3	25.3	29.3	37.3	43.3
25.0	2.73	5.29	7.69	10.0	14.5	18.8	21.0	25.2	2.77	5.39	7.84	10.2	14.8	19.4	21.6	26.0	30.4	34.8	43.5	49.9
10.0	4.50	7.56	10.3	12.9	17.8	22.4	24.7	29.1	4.61	7.78	10.6	13.4	18.5	23.5	26.0	30.8	35.6	40.3	49.5	56.4
5.0	5.82	9.14	12.1	14.8	19.9	24.7	27.0	31.6	5.99	9.49	12.6	15.5	21.0	26.3	28.9	33.9	38.9	43.8	53.4	60.5
1.0	8.80	12.6	15.8	18.7	24.2	29.2	31.6	36.3	9.21	13.3	16.8	20.1	26.2	32.0	34.8	40.3	45.6	50.9	61.2	68.7
	0.40	1.5	2.5	4.0	6.5	X	10	X	0.40	1.5	2.5	4.0	6.5	X	10	X	15	X	25	X
	加严检验 接收质量限(AQL)																			

注:对应于不合格品检验的表值使用二项分布,对应于不合格检验的表值使用泊松分布。

表 10-H-2　关于样本量字码 H 的抽样方案

抽样方案类型	累计样本量	正常检验　接收质量限(以不合格品百分数或每百单位产品不合格数表示)																
		<0.25	0.25	0.40	X	0.65	1.0	1.5	2.5	4.0	6.5	X	10	X	15	X	25	>25
		Ac Re	Ac Re	Ac Re	Ac Re	Ac Re	Ac Re	Ac Re	Ac Re	Ac Re	Ac Re	Ac Re	Ac Re	Ac Re	Ac Re	Ac Re	Ac Re	Ac Re
一次	50	⇓	0 1	使用字码G	使用字码K	使用字码J	1 2	2 3	3 4	5 6	7 8	8 9	10 11	12 13	14 15	18 19	21 22	⇑
二次	32 64	⇓	*				0 2 1 2	0 3 3 4	1 3 4 5	2 5 6 7	3 6 9 10	4 7 10 11	5 9 12 13	6 10 15 16	7 11 18 19	9 14 23 24	11 16 26 27	⇑
多次	13 26 39 52 65	⇓	*				# 2 0 2 0 2 0 2 1 2	# 2 0 3 0 3 1 3 3 4	# 3 0 3 1 4 2 5 4 5	# 4 1 5 2 6 4 7 6 7	0 4 1 6 3 8 5 9 9 10	0 4 2 7 4 9 6 11 10 11	0 5 3 8 6 10 9 12 12 13	0 6 3 9 7 12 11 15 15 16	1 7 4 10 8 13 12 17 18 19	1 8 6 12 11 17 16 22 23 24	2 9 7 14 13 19 20 25 26 27	⇑
		<0.40	0.40	X	0.65	1.0	1.5	2.5	4.0	6.5	X	10	X	15	X	25	X	>25
		加严检验　接收质量限(以不合格品百分数或每百单位产品不合格数表示)																

⇑ ——使用上面紧接的接收数与拒收数可用的样本量字码。

⇓ ——使用下面紧接的接收数与拒收数可用的样本量字码。

Ac ——接收数。

Re ——拒收数。

* ——使用上面的一次抽样方案(或者使用字码 L)。

\# ——此样本量不允许接收。

表 10-J　关于样本量字码 J 的表(单个方案)

图 J　一次抽样方案的操作特性曲线

(二次和多次抽样方案的操作特性曲线与其匹配)

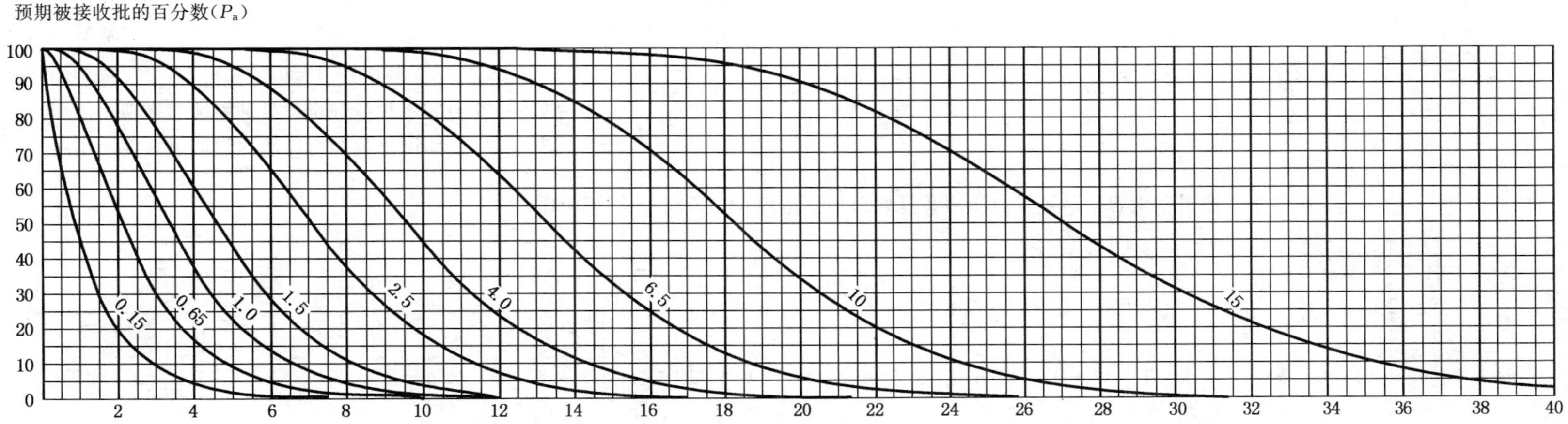

注:曲线上的数值是正常检验的接收质量限(AQL)。

表 10-J-1　一次抽样方案操作特性曲线的表值

P_a	正常检验　接收质量限(AQL)																					
	0.15	0.65	1.0	1.5	2.5	4.0		6.5		10	0.15	0.65	1.0	1.5	2.5	4.0		6.5		10		15
	p(以不合格品百分数表示)										p(以每百单位产品不合格数表示)											
99.0	0.012 6	0.187	0.550	1.04	2.28	3.73	4.51	6.17	7.93	9.76	0.012 6	0.186	0.545	1.03	2.23	3.63	4.38	5.96	7.62	9.35	12.9	15.7
95.0	0.064 1	0.446	1.03	1.73	3.32	5.07	6.00	7.91	9.89	11.9	0.064 1	0.444	1.02	1.71	3.27	4.98	5.87	7.71	9.61	11.6	15.6	18.6
90.0	0.132	0.667	1.39	2.20	3.99	5.91	6.90	8.95	11.0	13.2	0.132	0.665	1.38	2.18	3.94	5.82	6.79	8.78	10.8	12.9	17.1	20.3
75.0	0.359	1.20	2.16	3.18	5.30	7.50	8.61	10.9	13.2	15.5	0.360	1.20	2.16	3.17	5.27	7.45	8.55	10.8	13.0	15.3	19.9	23.4
50.0	0.863	2.09	3.33	4.57	7.06	9.55	10.8	13.3	15.8	18.3	0.866	2.10	3.34	4.59	7.09	9.59	10.8	13.3	15.8	18.3	23.3	27.1
25.0	1.72	3.33	4.84	6.30	9.14	11.9	13.3	16.0	18.6	21.3	1.73	3.37	4.90	6.39	9.28	12.1	13.5	16.3	19.0	21.7	27.2	31.2
10.0	2.84	4.78	6.52	8.16	11.3	14.3	15.7	18.6	21.4	24.2	2.88	4.86	6.65	8.35	11.6	14.7	16.2	19.3	22.2	25.2	30.9	35.2
5.0	3.68	5.79	7.66	9.41	12.7	15.8	17.3	20.3	23.2	26.0	3.74	5.93	7.87	9.69	13.1	16.4	18.0	21.2	24.3	27.4	33.4	37.8
1.0	5.59	8.01	10.1	12.0	15.6	18.9	20.5	23.6	26.6	29.5	5.76	8.30	10.5	12.6	16.4	20.0	21.8	25.2	28.5	31.8	38.2	42.9
	0.25	1.0	1.5	2.5	4.0		6.5		10		0.25	1.0	1.5	2.5	4.0		6.5		10		15	
	加严检验　接收质量限(AQL)																					

注:对应于不合格品检验的表值使用二项分布,对应于不合格检验的表值使用泊松分布。

表 10-J-2 关于样本量字码 J 的抽样方案

抽样方案类型	累计样本量	正常检验 接收质量限(以不合格品百分数或每百单位产品不合格数表示)																
		<0.15	0.15	0.25	╳	0.40	0.65	1.0	1.5	2.5	4.0	╳	6.5	╳	10	╳	15	>15
		Ac Re	Ac Re	Ac Re	Ac Re	Ac Re	Ac Re	Ac Re	Ac Re	Ac Re	Ac Re	Ac Re	Ac Re	Ac Re	Ac Re	Ac Re	Ac Re	Ac Re
一次	80	⇓	0 1	使用字码 H	使用字码 L	使用字码 K	1 2	2 3	3 4	5 6	7 8	8 9	10 11	12 13	14 15	18 19	21 22	⇑
二次	50	⇓	*				0 2	0 3	1 3	2 5	3 6	4 7	5 9	6 10	7 11	9 14	11 16	⇑
	100						1 2	3 4	4 5	6 7	9 10	10 11	12 13	15 16	18 19	23 24	26 27	
多次	20	⇓	*				# 2	# 2	# 3	# 4	0 4	0 4	0 5	0 6	1 7	1 8	2 9	⇑
	40						0 2	0 3	0 3	1 5	1 6	2 7	3 8	3 9	4 10	6 12	7 14	
	60						0 2	0 3	1 4	2 6	3 8	4 9	6 10	7 12	8 13	11 17	13 19	
	80						0 2	1 3	2 5	4 7	5 9	6 11	9 12	11 15	12 17	16 22	20 25	
	100						1 2	3 4	4 5	6 7	9 10	10 11	12 13	15 16	18 19	23 24	26 27	
		<0.25	0.25	╳	0.40	0.65	1.0	1.5	2.5	4.0	╳	6.5	╳	10	╳	15	╳	>15
		加严检验 接收质量限(以不合格品百分数或每百单位产品不合格数表示)																

⇑ ——使用上面紧接的接收数与拒收数可用的样本量字码。

⇓ ——使用下面紧接的接收数与拒收数可用的样本量字码。

Ac ——接收数。

Re ——拒收数。

* ——使用上面的一次抽样方案(或者使用字码 M)。

——此样本量不允许接收。

表 10-K　关于样本量字码 **K** 的表(单个方案)

图 K　一次抽样方案的操作特性曲线

(二次和多次抽样方案的操作特性曲线与其匹配)

预期被接收批的百分数(P_a)

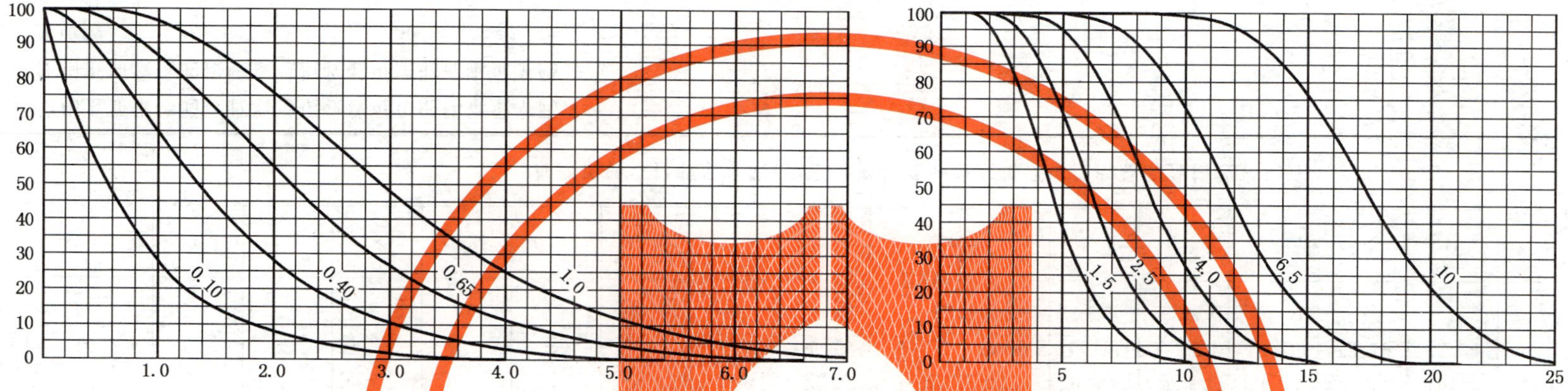

提交产品的质量(p,对 AQL≤10 以不合格品百分数表示,对 AQL>10 以每百单位产品不合格数表示)

注:曲线上的数值是正常检验的接收质量限(AQL)。

表 10-K-1　一次抽样方案操作特性曲线的表值

P_a	正常检验　接收质量限(AQL)																							
	0.10	0.40	0.65	1.0	1.5	2.5	X	4.0	X	6.5	X	10	0.10	0.40	0.65	1.0	1.5	2.5	X	4.0	X	6.5	X	10
	p(以不合格品百分数表示)												p(以每百单位产品不合格数表示)											
99.0	0.008 04	0.119	0.351	0.664	1.45	2.36	2.86	3.90	5.00	6.15	8.55	10.4	0.008 04	0.119	0.349	0.659	1.43	2.32	2.81	3.82	4.88	5.98	8.28	10.1
95.0	0.041 0	0.285	0.657	1.10	2.11	3.22	3.81	5.01	6.26	7.54	10.2	12.2	0.041 0	0.284	0.654	1.09	2.09	3.18	3.76	4.94	6.15	7.40	9.95	11.9
90.0	0.084 3	0.426	0.885	1.40	2.54	3.76	4.39	5.69	7.01	8.37	11.1	13.3	0.084 3	0.425	0.882	1.40	2.52	3.72	4.35	5.62	6.92	8.24	10.9	13.0
75.0	0.230	0.769	1.38	2.03	3.39	4.79	5.50	6.94	8.39	9.86	12.8	15.1	0.230	0.769	1.38	2.03	3.38	4.76	5.47	6.90	8.34	9.79	12.7	14.9
50.0	0.553	1.34	2.13	2.93	4.52	6.12	6.92	8.51	10.1	11.7	14.9	17.3	0.555	1.34	2.14	2.94	4.54	6.14	6.94	8.53	10.1	11.7	14.9	17.3
25.0	1.10	2.14	3.11	4.05	5.88	7.66	8.54	10.3	12.0	13.7	17.1	19.6	1.11	2.15	3.14	4.09	5.94	7.75	8.64	10.4	12.2	13.9	17.4	20.0
10.0	1.83	3.08	4.20	5.27	7.29	9.24	10.2	12.1	13.9	15.7	19.3	21.9	1.84	3.11	4.26	5.34	7.42	9.42	10.4	12.3	14.2	16.1	19.8	22.5
5.0	2.37	3.74	4.95	6.09	8.23	10.3	11.3	13.2	15.1	17.0	20.6	23.3	2.40	3.80	5.04	6.20	8.41	10.5	11.5	13.6	15.6	17.5	21.4	24.2
1.0	3.62	5.19	6.55	7.81	10.2	12.3	13.4	15.5	17.5	19.4	23.2	26.0	3.68	5.31	6.72	8.04	10.5	12.8	13.9	16.1	18.3	20.4	24.5	27.5
	0.15	0.65	1.0	1.5	2.5	X	4.0	X	6.5	X	10	X	0.15	0.65	1.0	1.5	2.5	X	4.0	X	6.5	X	10	X
	加严检验　接收质量限(AQL)																							

注:对应于不合格品检验的表值使用二项分布,对应于不合格检验的表值使用泊松分布。

表 10-K-2　关于样本量字码 K 的抽样方案

抽样方案类型	累计样本量	正常检验　接收质量限(以不合格品百分数或每百单位产品不合格数表示)																
		<0.10	0.10	0.15	╳	0.25	0.40	0.65	1.0	1.5	2.5	╳	4.0	╳	6.5	╳	10	>10
		Ac Re	Ac Re	Ac Re	Ac Re	Ac Re	Ac Re	Ac Re	Ac Re	Ac Re	Ac Re	Ac Re	Ac Re	Ac Re	Ac Re	Ac Re	Ac Re	Ac Re
一次	125	⇓	0 1	使用字码 J	使用字码 M	使用字码 L	1 2	2 3	3 4	5 6	7 8	8 9	10 11	12 13	14 15	18 19	21 22	⇑
二次	80 160	⇓	*				0 2 1 2	0 3 3 4	1 3 4 5	2 5 6 7	3 6 9 10	4 7 10 11	5 9 12 13	6 10 15 16	7 11 18 19	9 14 23 24	11 16 26 27	⇑
多次	32 64 96 128 160	⇓	*				# 2 0 2 0 2 0 2 1 2	# 2 0 3 0 3 1 3 3 4	# 3 0 3 1 4 2 5 4 5	# 4 1 5 2 6 4 7 6 7	0 4 1 6 3 8 5 9 9 10	0 4 2 7 4 9 6 11 10 11	0 5 3 8 6 10 9 12 12 13	0 6 3 9 7 12 11 15 15 16	1 7 4 10 8 13 12 17 18 19	1 8 6 12 11 17 16 22 23 24	2 9 7 14 13 19 20 25 26 27	⇑
		<0.15	0.15	╳	0.25	0.40	0.65	1.0	1.5	2.5	╳	4.0	╳	6.5	╳	10	╳	>10
		加严检验　接收质量限(以不合格品百分数或每百单位产品不合格数表示)																

⇑ ——使用上面紧接的接收数与拒收数可用的样本量字码。

⇓ ——使用下面紧接的接收数与拒收数可用的样本量字码。

Ac ——接收数。

Re ——拒收数。

* ——使用上面的一次抽样方案(或者使用字码 N)。

——此样本量不允许接收。

表 10-L 关于样本量字码 L 的表(单个方案)

图 L 一次抽样方案的操作特性曲线

(二次和多次抽样方案的操作特性曲线与其匹配)

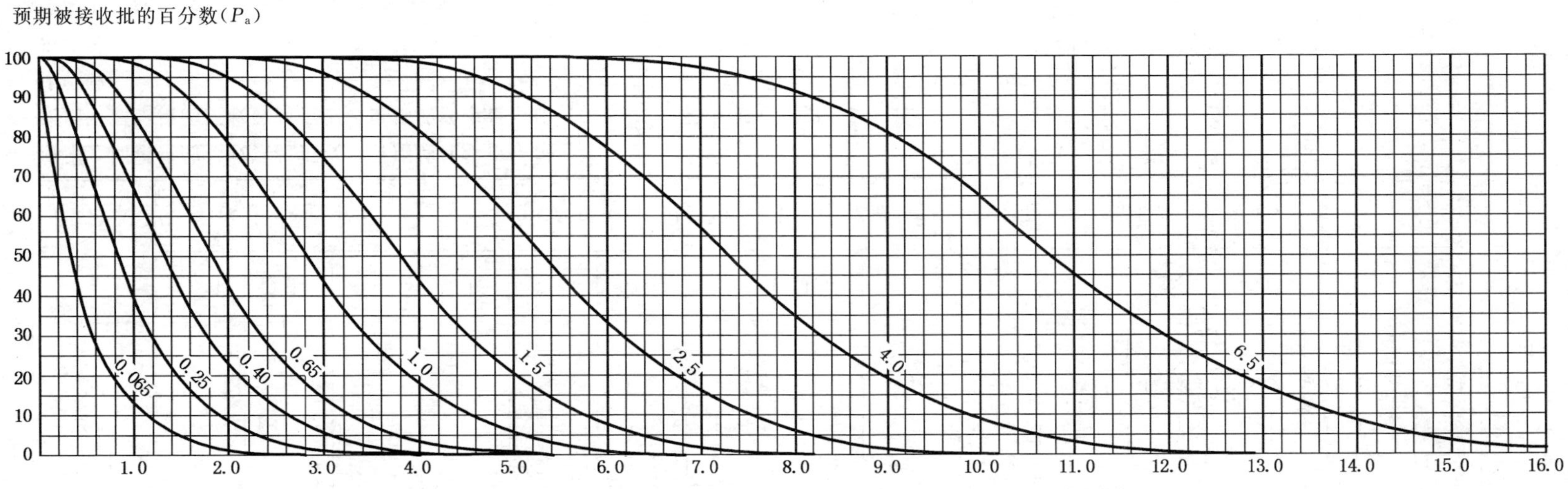

注:曲线上的数值是正常检验的接收质量限(AQL)。

表 10-L-1 一次抽样方案操作特性曲线的表值

P_a	正常检验 接收质量限(AQL)																							
	0.065	0.25	0.40	0.65	1.0	1.5		2.5		4.0		6.5	0.065	0.25	0.40	0.65	1.0	1.5		2.5		4.0		6.5
	p(以不合格品百分数表示)												p(以每百单位产品不合格数表示)											
99.0	0.005 03	0.074	0.219	0.414	0.900	1.47	1.77	2.42	3.10	3.80	5.28	6.43	0.005 03	0.074	0.218	0.412	0.893	1.45	1.75	2.39	3.05	3.74	5.17	6.29
95.0	0.025 6	0.178	0.410	0.686	1.31	2.01	2.37	3.11	3.89	4.68	6.31	7.57	0.025 6	0.178	0.409	0.683	1.31	1.99	2.35	3.08	3.84	4.62	6.22	7.45
90.0	0.052 7	0.266	0.552	0.875	1.58	2.34	2.73	3.54	4.36	5.20	6.91	8.22	0.052 7	0.266	0.551	0.872	1.58	2.33	2.72	3.51	4.32	5.15	6.84	8.12
75.0	0.144	0.481	0.864	1.27	2.11	2.99	3.43	4.33	5.23	6.15	8.00	9.40	0.144	0.481	0.864	1.27	2.11	2.98	3.42	4.31	5.21	6.12	7.95	9.34
50.0	0.346	0.838	1.33	1.83	2.83	3.83	4.33	5.33	6.32	7.32	9.32	10.8	0.347	0.839	1.34	1.84	2.84	3.83	4.33	5.33	6.33	7.33	9.33	10.8
25.0	0.691	1.34	1.95	2.54	3.69	4.81	5.36	6.46	7.55	8.63	10.8	12.4	0.693	1.35	1.96	2.55	3.71	4.84	5.40	6.51	7.61	8.70	10.9	12.5
10.0	1.14	1.93	2.64	3.31	4.59	5.82	6.42	7.60	8.76	9.91	12.2	13.8	1.15	1.94	2.66	3.34	4.64	5.89	6.50	7.70	8.89	10.1	12.4	14.1
5.0	1.49	2.35	3.11	3.83	5.18	6.47	7.10	8.33	9.54	10.7	13.1	14.8	1.50	2.37	3.15	3.88	5.26	6.57	7.22	8.48	9.72	10.9	13.3	15.1
1.0	2.28	3.27	4.14	4.93	6.42	7.82	8.50	9.82	11.1	12.4	14.8	16.6	2.30	3.32	4.20	5.02	6.55	8.00	8.70	10.1	11.4	12.7	15.3	17.2
	0.10	0.40	0.65	1.0	1.5		2.5		4.0		6.5		0.10	0.40	0.65	1.0	1.5		2.5		4.0		6.5	
	加严检验 接收质量限(AQL)																							

注:对应于不合格品检验的表值使用二项分布,对应于不合格检验的表值使用泊松分布。

表 10-L-2　关于样本量字码 L 的抽样方案

抽样方案类型	累计样本量	正常检验　接收质量限(以不合格品百分数或每百单位产品不合格数表示)																
		<0.065	0.065	0.10	╳	0.15	0.25	0.40	0.65	1.0	1.5	╳	2.5	╳	4.0	╳	6.5	>6.5
		Ac Re	Ac Re	Ac Re	Ac Re	Ac Re	Ac Re	Ac Re	Ac Re	Ac Re	Ac Re	Ac Re	Ac Re	Ac Re	Ac Re	Ac Re	Ac Re	Ac Re
一次	200	⇓	0 1	使用字码K	使用字码N	使用字码M	1 2	2 3	3 4	5 6	7 8	8 9	10 11	12 13	14 15	18 19	21 22	⇑
二次	125 250	⇓	*				0 2 1 2	0 3 3 4	1 3 4 5	2 5 6 7	3 6 9 10	4 7 10 11	5 9 12 13	6 10 15 16	7 11 18 19	9 14 23 24	11 16 26 27	⇑
多次	50 100 150 200 250	⇓	*				# 2 0 2 0 2 0 2 1 2	# 2 0 3 0 3 1 3 3 4	# 3 0 3 1 4 2 5 4 5	# 4 1 5 2 6 4 7 6 7	0 4 1 6 3 8 5 9 9 10	0 4 2 7 4 9 6 11 10 11	0 5 3 8 6 10 9 12 12 13	0 6 3 9 7 12 11 15 15 16	1 7 4 10 8 13 12 17 18 19	1 8 6 12 11 17 16 22 23 24	2 9 7 14 13 19 20 25 26 27	⇑
		<0.10	0.10	╳	0.15	0.25	0.40	0.65	1.0	1.5	╳	2.5	╳	4.0	╳	6.5	╳	>6.5
		加严检验　接收质量限(以不合格品百分数或每百单位产品不合格数表示)																

⇑ ——使用上面紧接的接收数与拒收数可用的样本量字码。

⇓ ——使用下面紧接的接收数与拒收数可用的样本量字码。

Ac ——接收数。

Re ——拒收数。

* ——使用上面的一次抽样方案(或者使用字码 P)。

\# ——此样本量不允许接收。

表 10-M　关于样本量字码 M 的表（单个方案）

图 M　一次抽样方案的操作特性曲线

（二次和多次抽样方案的操作特性曲线与其匹配）

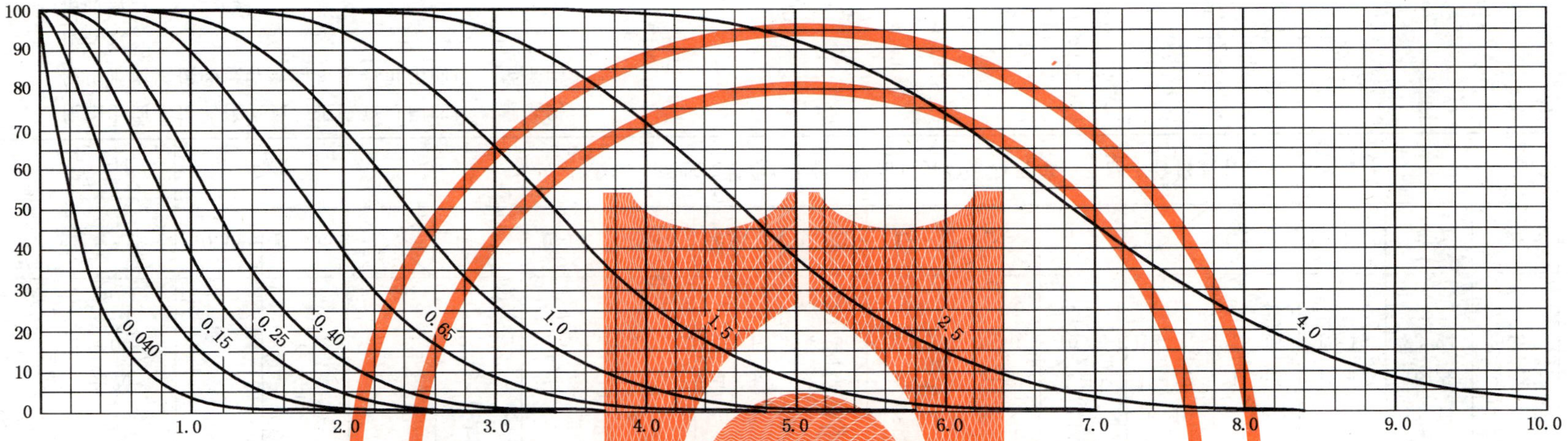

注：曲线上的数值是正常检验的接收质量限（AQL）。

表 10-M-1　一次抽样方案操作特性曲线的表值

P_a	正常检验　接收质量限（AQL）																							
	0.040	0.15	0.25	0.40	0.65	1.0	╳	1.5	╳	2.5	╳	4.0	0.040	0.15	0.25	0.40	0.65	1.0	╳	1.5	╳	2.5	╳	4.0
	p（以不合格品百分数表示）												p（以每百单位产品不合格数表示）											
99.0	0.003 19	0.047	0.139	0.262	0.570	0.929	1.12	1.53	1.95	2.40	3.33	4.05	0.003 19	0.047	0.138	0.261	0.567	0.923	1.11	1.51	1.94	2.37	3.28	3.99
95.0	0.016 3	0.113	0.260	0.435	0.833	1.27	1.50	1.97	2.46	2.96	3.99	4.78	0.016 3	0.113	0.260	0.434	0.830	1.26	1.49	1.96	2.44	2.94	3.95	4.73
90.0	0.033 4	0.169	0.350	0.555	1.00	1.48	1.73	2.24	2.76	3.29	4.37	5.20	0.033 4	0.169	0.350	0.554	1.00	1.48	1.72	2.23	2.74	3.27	4.34	5.16
75.0	0.091 3	0.305	0.549	0.805	1.34	1.89	2.17	2.74	3.32	3.90	5.07	5.95	0.091 3	0.305	0.548	0.805	1.34	1.89	2.17	2.74	3.31	3.89	5.05	5.93
50.0	0.220	0.532	0.848	1.16	1.80	2.43	2.75	3.38	4.02	4.65	5.92	6.87	0.220	0.533	0.849	1.17	1.80	2.43	2.75	3.39	4.02	4.66	5.93	6.88
25.0	0.439	0.853	1.24	1.62	2.35	3.06	3.41	4.11	4.81	5.49	6.86	7.87	0.440	0.855	1.24	1.62	2.36	3.07	3.43	4.13	4.83	5.52	6.90	7.92
10.0	0.728	1.23	1.68	2.11	2.92	3.71	4.09	4.85	5.59	6.33	7.77	8.84	0.731	1.23	1.69	2.12	2.94	3.74	4.13	4.89	5.64	6.39	7.86	8.95
5.0	0.947	1.50	1.99	2.44	3.31	4.13	4.54	5.33	6.10	6.86	8.36	9.46	0.951	1.51	2.00	2.46	3.34	4.17	4.58	5.38	6.17	6.95	8.47	9.60
1.0	1.45	2.09	2.64	3.15	4.11	5.01	5.44	6.29	7.12	7.93	9.51	10.7	1.46	2.11	2.67	3.19	4.16	5.08	5.52	6.40	7.24	8.08	9.71	10.9
	0.065	0.25	0.40	0.65	1.0	╳	1.5	╳	2.5	╳	4.0	╳	0.065	0.25	0.40	0.65	1.0	╳	1.5	╳	2.5	╳	4.0	╳
	加严检验　接收质量限（AQL）																							

注：对应于不合格品检验的表值使用二项分布，对应于不合格检验的表值使用泊松分布。

表 10-M-2　关于样本量字码 M 的抽样方案

抽样方案类型	累计样本量	正常检验　接收质量限(以不合格品百分数或每百单位产品不合格数表示)																
		<0.040	0.040	0.065	╳	0.10	0.15	0.25	0.40	0.65	1.0	╳	1.5	╳	2.5	╳	4.0	<4.0
		Ac Re	Ac Re	Ac Re	Ac Re	Ac Re	Ac Re	Ac Re	Ac Re	Ac Re	Ac Re	Ac Re	Ac Re	Ac Re	Ac Re	Ac Re	Ac Re	Ac Re
一次	315	⇓	0 1	使用字码L	使用字码P	使用字码N	1 2	2 3	3 4	5 6	7 8	8 9	10 11	12 13	14 15	18 19	21 22	⇑
二次	200 400	⇓	*				0 2 1 2	0 3 3 4	1 3 4 5	2 5 6 7	3 6 9 10	4 7 10 11	5 9 12 13	6 10 15 16	7 11 18 19	9 14 23 24	11 16 26 27	⇑
多次	80 160 240 320 400	⇓	*				# 2 0 2 0 2 0 2 1 2	# 2 0 3 0 3 1 3 3 4	# 3 0 3 1 4 2 5 4 5	# 4 1 5 2 6 4 7 6 7	0 4 1 6 3 8 5 9 9 10	0 4 2 7 4 9 6 11 10 11	0 5 3 8 6 10 9 12 12 13	0 6 3 9 7 12 11 15 15 16	1 7 4 10 8 13 12 17 18 19	1 8 6 12 11 17 16 22 23 24	2 9 7 14 13 19 20 25 26 27	⇑
		<0.065	0.065	╳	0.10	0.15	0.25	0.40	0.65	1.0	╳	1.5	╳	2.5	╳	4.0	╳	>4.0
		加严检验　接收质量限(以不合格品百分数或每百单位产品不合格数表示)																

⇑ ——使用上面紧接的接收数与拒收数可用的样本量字码。

⇓ ——使用下面紧接的接收数与拒收数可用的样本量字码。

Ac ——接收数。

Re ——拒收数。

* ——使用上面的一次抽样方案(或者使用字码 Q)。

——此样本量不允许接收。

表 10-N　关于样本量字码 N 的表(单个方案)

图 N　一次抽样方案的操作特性曲线
(二次和多次抽样方案的操作特性曲线与其匹配)

预期被接收批的百分数(P_a)

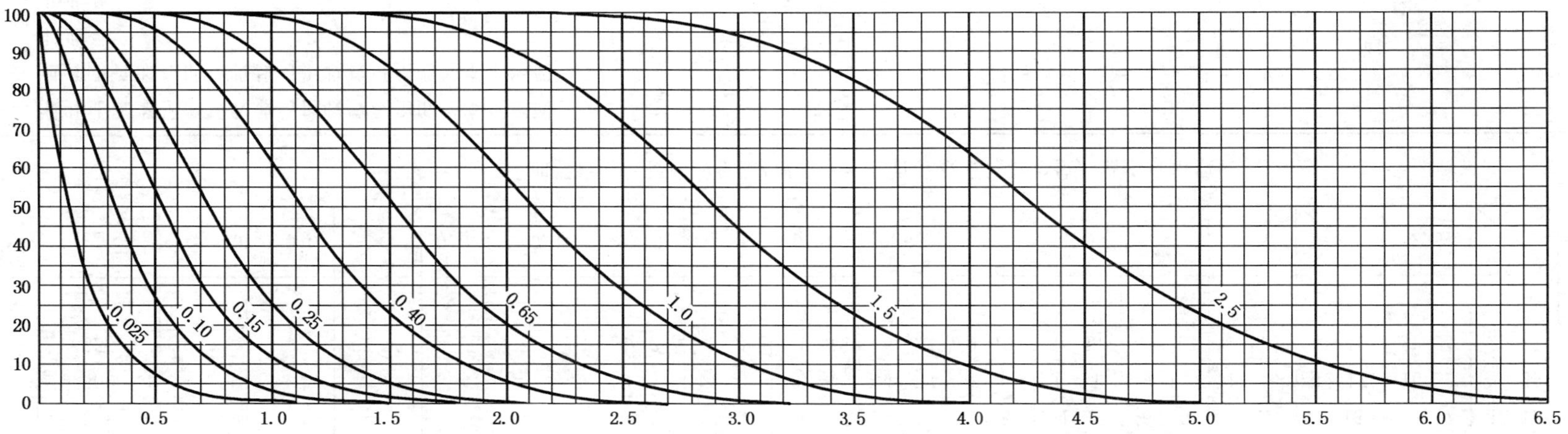

提交产品的质量(p,对 AQL≤10 以不合格品百分数表示,对 AQL＞10 以每百单位产品不合格数表示)

注：曲线上的数值是正常检验的接收质量限(AQL)。

表 10-N-1　一次抽样方案操作特性曲线的表值

P_a	正常检验　接收质量限(AQL)																							
	0.025	0.10	0.15	0.25	0.40	0.65	X	1.0	X	1.5	X	2.5	0.025	0.10	0.15	0.25	0.40	0.65	X	1.0	X	1.5	X	2.5
	p(以不合格品百分数表示)												p(以每百单位产品不合格数表示)											
99.0	0.002 01	0.03	0.087	0.165	0.358	0.584	0.705	0.959	1.23	1.51	2.09	2.54	0.002 01	0.03	0.087	0.165	0.357	0.581	0.701	0.954	1.22	1.50	2.07	2.51
95.0	0.010 3	0.071	0.164	0.274	0.524	0.799	0.942	1.24	1.54	1.86	2.50	3.00	0.010 3	0.071	0.164	0.273	0.523	0.796	0.939	1.23	1.54	1.85	2.49	2.98
90.0	0.021 1	0.106	0.221	0.349	0.632	0.933	1.09	1.41	1.74	2.07	2.75	3.26	0.021 1	0.106	0.220	0.349	0.630	0.931	1.09	1.40	1.73	2.06	2.73	3.25
75.0	0.057 5	0.192	0.346	0.507	0.845	1.19	1.37	1.73	2.09	2.45	3.19	3.75	0.057 5	0.192	0.345	0.507	0.844	1.19	1.37	1.72	2.08	2.45	3.18	3.74
50.0	0.139	0.335	0.534	0.734	1.13	1.53	1.73	2.13	2.53	2.93	3.73	4.33	0.139	0.336	0.535	0.734	1.13	1.53	1.73	2.13	2.53	2.93	3.73	4.33
25.0	0.277	0.538	0.783	1.02	1.48	1.93	2.15	2.60	3.03	3.47	4.33	4.97	0.277	0.539	0.784	1.02	1.48	1.94	2.16	2.60	3.04	3.48	4.35	4.99
10.0	0.459	0.776	1.06	1.33	1.85	2.34	2.59	3.06	3.54	4.00	4.92	5.60	0.461	0.778	1.06	1.34	1.85	2.35	2.60	3.08	3.56	4.03	4.95	5.64
5.0	0.597	0.945	1.25	1.54	2.09	2.61	2.87	3.37	3.86	4.34	5.29	5.99	0.599	0.949	1.26	1.55	2.10	2.63	2.89	3.39	3.89	4.38	5.34	6.05
1.0	0.917	1.32	1.67	1.99	2.60	3.17	3.45	3.99	4.51	5.03	6.04	6.78	0.921	1.33	1.68	2.01	2.62	3.20	3.48	4.03	4.56	5.09	6.12	6.87
	0.040	0.15	0.25	0.40	0.65	X	1.0	X	1.5	X	2.5	X	0.040	0.15	0.25	0.40	0.65	X	1.0	X	1.5	X	2.5	X
	加严检验　接收质量限(AQL)																							

注：对应于不合格品检验的表值使用二项分布,对应于不合格检验的表值使用泊松分布。

表 10-N-2　关于样本量字码 N 的抽样方案

抽样方案类型	累计样本量	正常检验　接收质量限(以不合格品百分数或每百单位产品不合格数表示)																
		<0.025	0.025	0.040		0.065	0.10	0.15	0.25	0.40	0.65		1.0		1.5		2.5	>2.5
		Ac Re	Ac Re	Ac Re	Ac Re	Ac Re	Ac Re	Ac Re	Ac Re	Ac Re	Ac Re	Ac Re	Ac Re	Ac Re	Ac Re	Ac Re	Ac Re	Ac Re
一次	500	⇓	0 1	使用字码M	使用字码Q	使用字码P	1 2	2 3	3 4	5 6	7 8	8 9	10 11	12 13	14 15	18 19	21 22	⇑
二次	315 630	⇓	*				0 2 1 2	0 3 3 4	1 3 4 5	2 5 6 7	3 6 9 10	4 7 10 11	5 9 12 13	6 10 15 16	7 11 18 19	9 14 23 24	11 16 26 27	⇑
多次	125 250 375 500 625	⇓	*				# 2 0 2 0 2 0 2 1 2	# 2 0 3 0 3 1 3 3 4	# 3 0 3 1 4 2 5 4 5	# 4 1 5 2 6 4 7 6 7	0 4 1 6 3 8 5 9 9 10	0 4 2 7 4 9 6 11 10 11	0 5 3 8 6 10 9 12 12 13	0 6 3 9 7 12 11 15 15 16	1 7 4 10 8 13 12 17 18 19	1 8 6 12 11 17 16 22 23 24	2 9 7 14 13 19 20 25 26 27	⇑
		<0.040	0.040		0.065	0.10	0.15	0.25	0.40	0.65		1.0		1.5		2.5		>2.5
		加严检验　接收质量限(以不合格品百分数或每百单位产品不合格数表示)																

⇑ ——使用上面紧接的接收数与拒收数可用的样本量字码。

⇓ ——使用下面紧接的接收数与拒收数可用的样本量字码。

Ac ——接收数。

Re ——拒收数。

* ——使用上面的一次抽样方案(或者使用字码 R)。

\# ——此样本量不允许接收。

表 10-P 关于样本量字码 P 的表(单个方案)

图 P 一次抽样方案的操作特性曲线

(二次和多次抽样方案的操作特性曲线与其匹配)

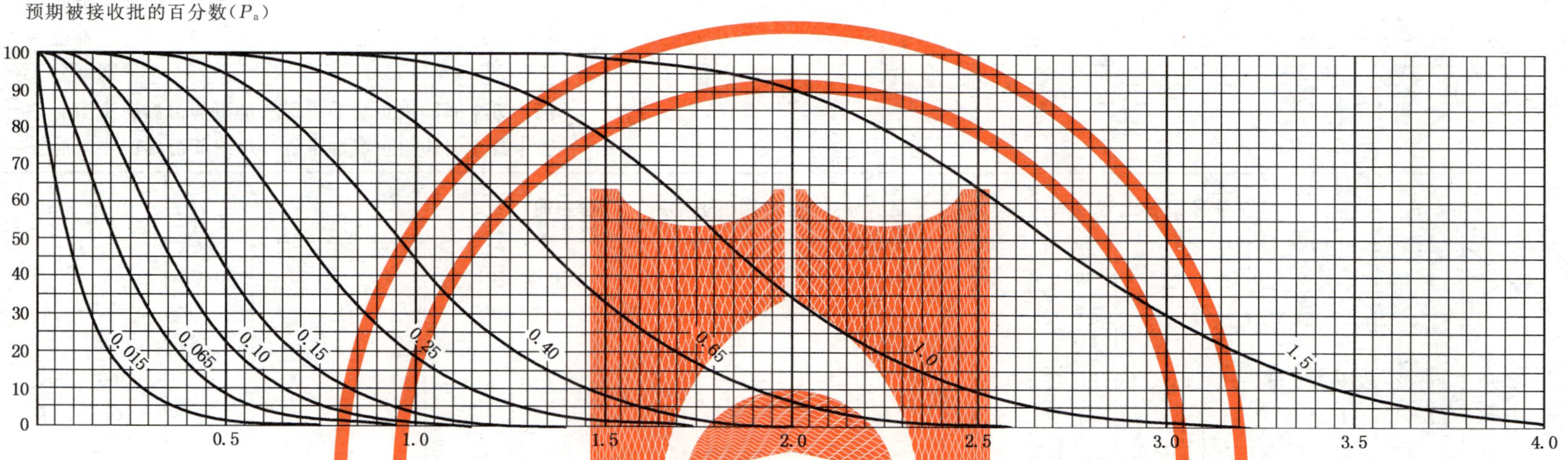

注：曲线上的数值是正常检验的接收质量限(AQL)。

表 10-P-1 一次抽样方案操作特性曲线的表值

P_a	正常检验 接收质量限(AQL)																							
	0.015	0.065	0.10	0.15	0.25	0.40	X	0.65	X	1.0	X	1.5	0.015	0.065	0.10	0.15	0.25	0.40	X	0.65	X	1.0	X	1.5
	p(以不合格品百分数表示)												p(以每百单位产品不合格数表示)											
99.0	0.001 26	0.018 6	0.054 6	0.103	0.224	0.364	0.440	0.598	0.765	0.938	1.30	1.58	0.001 26	0.018 6	0.054 5	0.103	0.223	0.363	0.438	0.596	0.762	0.935	1.29	1.57
95.0	0.006 41	0.044 4	0.102	0.171	0.327	0.499	0.588	0.773	0.964	1.16	1.56	1.87	0.006 41	0.044 4	0.102	0.171	0.327	0.498	0.587	0.771	0.961	1.16	1.56	1.86
90.0	0.013 2	0.066 5	0.138	0.218	0.394	0.583	0.680	0.879	1.08	1.29	1.71	2.04	0.013 2	0.066 5	0.138	0.218	0.394	0.582	0.679	0.878	1.08	1.29	1.71	2.03
75.0	0.036 0	0.120	0.216	0.317	0.528	0.745	0.855	1.08	1.30	1.53	1.99	2.34	0.036 0	0.120	0.216	0.317	0.527	0.745	0.855	1.08	1.30	1.53	1.99	2.34
50.0	0.086 6	0.210	0.334	0.459	0.708	0.958	1.08	1.33	1.58	1.83	2.33	2.71	0.086 6	0.210	0.334	0.459	0.709	0.959	1.08	1.33	1.58	1.83	2.33	2.71
25.0	0.173	0.336	0.489	0.638	0.926	1.21	1.35	1.62	1.90	2.17	2.71	3.11	0.173	0.337	0.490	0.639	0.928	1.21	1.35	1.63	1.90	2.17	2.72	3.12
10.0	0.287	0.485	0.664	0.833	1.16	1.47	1.62	1.92	2.21	2.51	3.08	3.51	0.288	0.486	0.665	0.835	1.16	1.47	1.62	1.93	2.22	2.52	3.09	3.52
5.0	0.374	0.592	0.785	0.966	1.31	1.64	1.80	2.11	2.42	2.72	3.32	3.76	0.374	0.593	0.787	0.969	1.31	1.64	1.80	2.12	2.43	2.74	3.34	3.78
1.0	0.574	0.827	1.05	1.25	1.63	1.99	2.16	2.50	2.83	3.16	3.79	4.26	0.576	0.830	1.05	1.26	1.64	2.00	2.18	2.52	2.85	3.18	3.82	4.29
	0.025	0.10	0.15	0.25	0.40	X	0.65	X	1.0	X	1.5	X	0.025	0.10	0.15	0.25	0.40	X	0.65	X	1.0	X	1.5	X
	加严检验 接收质量限(AQL)																							

注：对应于不合格品检验的表值使用二项分布,对应于不合格检验的表值使用泊松分布。

表 10-P-2 关于样本量字码 P 的抽样方案

抽样方案类型	累计样本量	正常检验 接收质量限(以不合格品百分数或每百单位产品不合格数表示)																
		0.010	0.015	0.025	╳	0.040	0.065	0.10	0.15	0.25	0.40	╳	0.65	╳	1.0	╳	1.5	>1.5
		Ac Re	Ac Re	Ac Re	Ac Re	Ac Re	Ac Re	Ac Re	Ac Re	Ac Re	Ac Re	Ac Re	Ac Re	Ac Re	Ac Re	Ac Re	Ac Re	Ac Re
一次	800	⇓	0 1	使用字码 N	使用字码 R	使用字码 Q	1 2	2 3	3 4	5 6	7 8	8 9	10 11	12 13	14 15	18 19	21 22	⇑
二次	500 1 000	⇓	*				0 2 1 2	0 3 3 4	1 3 4 5	2 5 6 7	3 6 9 10	4 7 10 11	5 9 12 13	6 10 15 16	7 11 18 19	9 14 23 24	11 16 26 27	⇑
多次	200 400 600 800 1 000	⇓	*				# 2 0 2 0 2 0 2 1 2	# 2 0 3 0 3 1 3 3 4	# 3 0 3 1 4 2 5 4 5	# 4 1 5 2 6 4 7 6 7	0 4 1 6 3 8 5 9 9 10	0 4 2 7 4 9 6 11 10 11	0 5 3 8 6 10 9 12 12 13	0 6 3 9 7 12 11 15 15 16	1 7 4 10 8 13 12 17 18 19	1 8 6 12 11 17 16 22 23 24	2 9 7 14 13 19 20 25 26 27	⇑
		<0.025	0.025	╳	0.040	0.065	0.10	0.15	0.25	0.40	╳	0.65	╳	1.0	╳	1.5	╳	>1.5
		加严检验 接收质量限(以不合格品百分数或每百单位产品不合格数表示)																

⇑ ——使用上面紧接的接收数与拒收数可用的样本量字码。

⇓ ——使用下面紧接的接收数与拒收数可用的样本量字码。

Ac ——接收数。

Re ——拒收数。

* ——使用上面的一次抽样方案。

\# ——此样本量不允许接收。

表 10-Q 关于样本量字码 Q 的表(单个方案)

图 Q 一次抽样方案的操作特性曲线
(二次和多次抽样方案的操作特性曲线与其匹配)

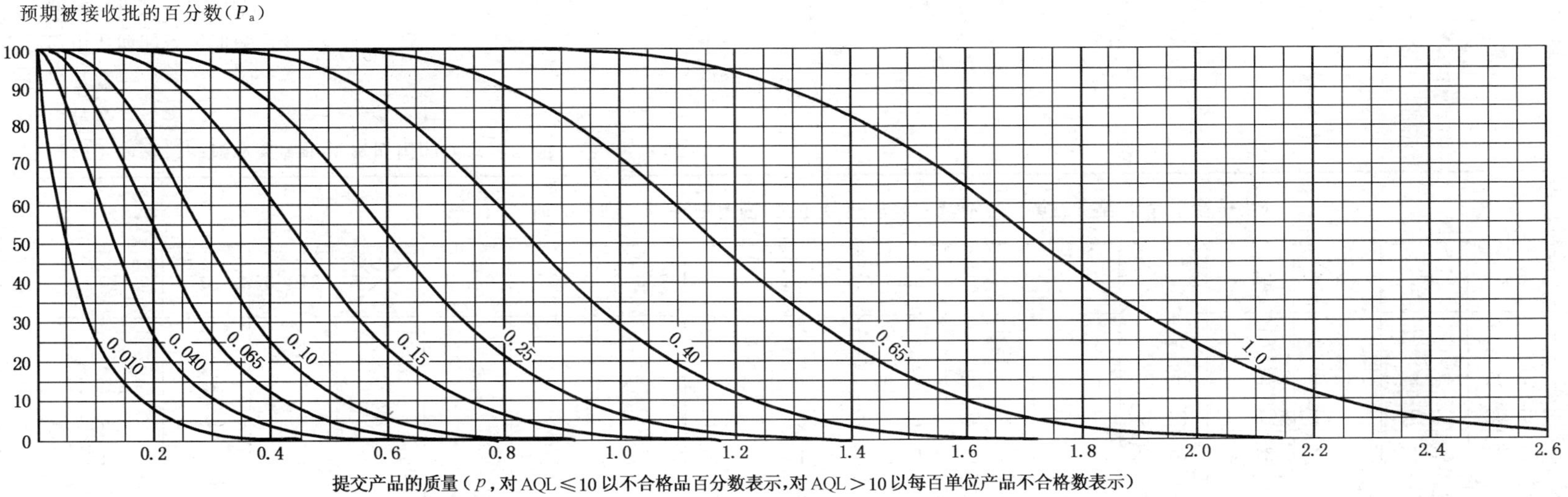

注:曲线上的数值是正常检验的接收质量限(AQL)。

表 10-Q-1 一次抽样方案操作特性曲线的表值

P_a	正常检验 接收质量限(AQL)																							
	0.010	0.040	0.065	0.10	0.15	0.25		0.40		0.65		1.0	0.010	0.040	0.065	0.10	0.15	0.25		0.40		0.65		1.0
	p(以不合格品百分数表示)												p(以每百单位产品不合格数表示)											
99.0	0.000 8	0.011 9	0.034 9	0.065 9	0.143	0.233	0.281	0.383	0.489	0.600	0.830	1.01	0.000 8	0.011 9	0.034 9	0.065 9	0.143	0.232	0.281	0.382	0.488	0.598	0.828	1.01
95.0	0.004 1	0.028 4	0.065 4	0.109	0.209	0.319	0.376	0.494	0.616	0.741	0.998	1.19	0.004 10	0.028 4	0.065 4	0.109	0.209	0.318	0.376	0.494	0.615	0.740	0.995	1.19
90.0	0.008 43	0.042 6	0.088 2	0.140	0.252	0.373	0.435	0.562	0.693	0.825	1.10	1.30	0.008 43	0.042 5	0.088 2	0.140	0.252	0.372	0.435	0.562	0.692	0.824	1.09	1.30
75.0	0.023 0	0.076 9	0.138	0.203	0.338	0.477	0.547	0.690	0.834	0.980	1.27	1.50	0.023 0	0.076 9	0.138	0.203	0.338	0.476	0.547	0.690	0.834	0.979	1.27	1.49
50.0	0.055 4	0.134	0.214	0.294	0.453	0.613	0.693	0.853	1.01	1.17	1.49	1.73	0.055 5	0.134	0.214	0.294	0.454	0.614	0.694	0.853	1.01	1.17	1.49	1.73
25.0	0.111	0.215	0.313	0.408	0.593	0.774	0.863	1.04	1.22	1.39	1.74	1.99	0.111	0.215	0.314	0.409	0.594	0.775	0.864	1.04	1.22	1.39	1.74	2.00
10.0	0.184	0.311	0.425	0.534	0.741	0.940	1.04	1.23	1.42	1.61	1.98	2.25	0.184	0.311	0.426	0.534	0.742	0.942	1.04	1.23	1.42	1.61	1.98	2.25
5.0	0.239	0.379	0.503	0.619	0.839	1.05	1.15	1.35	1.55	1.75	2.13	2.41	0.240	0.380	0.504	0.620	0.841	1.05	1.15	1.36	1.56	1.75	2.14	2.42
1.0	0.368	0.530	0.671	0.801	1.05	1.28	1.39	1.61	1.82	2.03	2.43	2.73	0.368	0.531	0.672	0.804	1.05	1.28	1.39	1.61	1.83	2.04	2.45	2.75
	0.015	0.065	0.10	0.15	0.25		0.40		0.65		1.0		0.015	0.065	0.10	0.15	0.25		0.40		0.65		1.0	
	加严检验 接收质量限(AQL)																							

注:对应于不合格品检验的表值使用二项分布,对应于不合格检验的表值使用泊松分布。

表 10-Q-2 关于样本量字码 Q 的抽样方案

抽样方案类型	累计样本量	正常检验 接收质量限(以不合格品百分数或每百单位产品不合格数表示)																
		╳	0.010	0.015	╳	0.025	0.040	0.065	0.10	0.15	0.25	╳	0.40	╳	0.65	╳	1.0	>1.0
		Ac Re	Ac Re	Ac Re	Ac Re	Ac Re	Ac Re	Ac Re	Ac Re	Ac Re	Ac Re	Ac Re	Ac Re	Ac Re	Ac Re	Ac Re	Ac Re	Ac Re
一次	1 250	使用字码R	0 1	使用字码P	使用字码S	使用字码R	1 2	2 3	3 4	5 6	7 8	8 9	10 11	12 13	14 15	18 19	21 22	⇑
二次	800 1 600		*				0 2 1 2	0 3 3 4	1 3 4 5	2 5 6 7	3 6 9 10	4 7 10 11	5 9 12 13	6 10 15 16	7 11 18 19	9 14 23 24	11 16 26 27	⇑
多次	315 630 945 1 260 1 575		*				# 2 0 2 0 2 0 2 1 2	# 2 0 3 0 3 1 3 3 4	# 3 0 3 1 4 2 5 4 5	# 4 1 5 2 6 4 7 6 7	0 4 1 6 3 8 5 9 9 10	0 4 2 7 4 9 6 11 10 11	0 5 3 8 6 10 9 12 12 13	0 6 3 9 7 12 11 15 15 16	1 7 4 10 8 13 12 17 18 19	1 8 6 12 11 17 16 22 23 24	2 9 7 14 13 19 20 25 26 27	⇑
		0.010	0.015	╳	0.025	0.040	0.065	0.10	0.15	0.25	╳	0.40	╳	0.65	╳	1.0	╳	>1.0
		加严检验 接收质量限(以不合格品百分数或每百单位产品不合格数表示)																

⇑ ——使用上面紧接的接收数与拒收数可用的样本量字码。

Ac ——接收数。

Re ——拒收数。

* ——使用上面的一次抽样方案。

——此样本量不允许接收。

表 10-R　关于样本量字码 R 的表(单个方案)

图 R　一次抽样方案的操作特性曲线
(二次和多次抽样方案的操作特性曲线与其匹配)

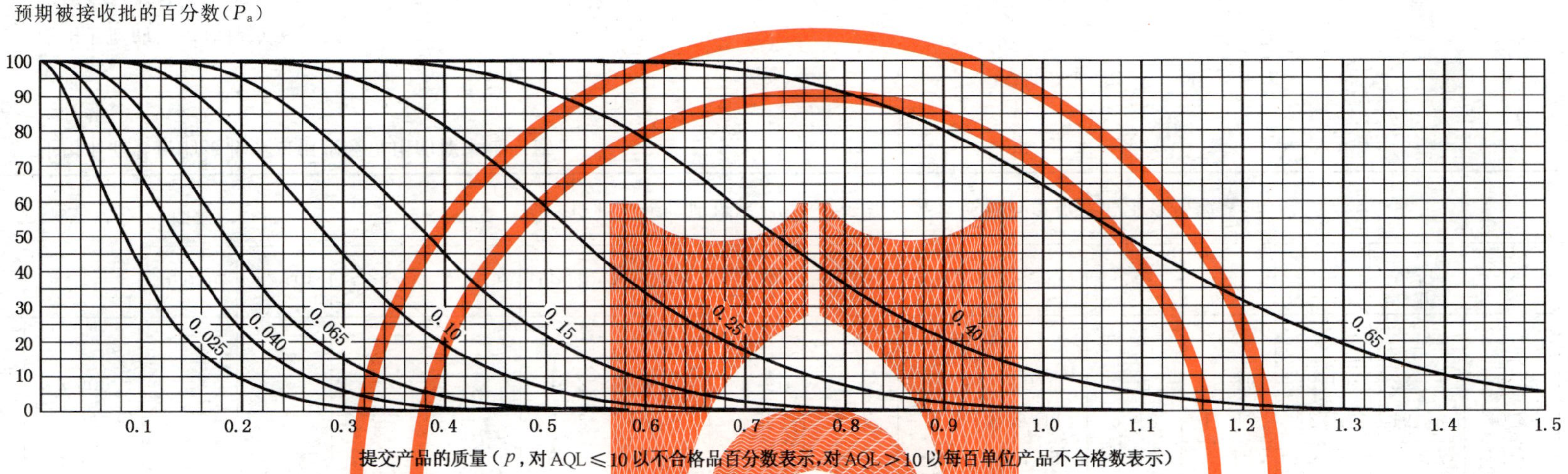

注:曲线上的数值是正常检验的接收质量限(AQL)。

表 10-R-1　一次抽样方案操作特性曲线的表值

P_a	正常检验　接收质量限(AQL)																					
	0.025	0.040	0.065	0.10	0.15		0.25		0.40		0.65	0.025	0.040	0.065	0.10	0.15		0.25		0.40		0.65
	p(以不合格品百分数表示)											p(以每百单位产品不合格数表示)										
99.0	0.007 43	0.021 8	0.041 2	0.089 3	0.145	0.176	0.239	0.305	0.374	0.518	0.630	0.007 43	0.021 8	0.041 2	0.089 3	0.145	0.175	0.239	0.305	0.374	0.517	0.629
95.0	0.017 8	0.040 9	0.068 3	0.131	0.199	0.235	0.309	0.385	0.463	0.623	0.746	0.017 8	0.040 9	0.068 3	0.131	0.199	0.235	0.308	0.384	0.462	0.622	0.745
90.0	0.026 6	0.055 1	0.087 3	0.158	0.233	0.272	0.351	0.433	0.515	0.684	0.813	0.026 6	0.055 1	0.087 2	0.158	0.233	0.272	0.351	0.432	0.515	0.684	0.812
75.0	0.048 1	0.086 4	0.127	0.211	0.298	0.342	0.431	0.521	0.612	0.796	0.935	0.048 1	0.086 4	0.127	0.211	0.298	0.342	0.431	0.521	0.612	0.795	0.934
50.0	0.083 9	0.134	0.184	0.283	0.383	0.433	0.533	0.633	0.733	0.933	1.08	0.083 9	0.134	0.184	0.284	0.383	0.433	0.533	0.633	0.733	0.933	1.08
25.0	0.135	0.196	0.255	0.371	0.484	0.540	0.650	0.760	0.869	1.09	1.25	0.135	0.196	0.255	0.371	0.484	0.540	0.651	0.761	0.870	1.09	1.25
10.0	0.194	0.266	0.334	0.463	0.588	0.649	0.769	0.888	1.00	1.24	1.41	0.194	0.266	0.334	0.464	0.589	0.650	0.770	0.889	1.01	1.24	1.41
5.0	0.237	0.314	0.387	0.525	0.656	0.721	0.847	0.970	1.09	1.33	1.51	0.237	0.315	0.388	0.526	0.657	0.722	0.848	0.972	1.09	1.33	1.51
1.0	0.331	0.420	0.501	0.654	0.798	0.868	1.00	1.14	1.27	1.52	1.71	0.332	0.420	0.502	0.655	0.800	0.870	1.01	1.14	1.27	1.53	1.72
	0.040	0.065	0.10	0.15		0.25		0.40		0.65		0.040	0.065	0.10	0.15		0.25		0.40		0.65	
	加严检验　接收质量限(AQL)																					

注:对应于不合格品检验的表值使用二项分布,对应于不合格检验的表值使用泊松分布。

表 10-R-2 关于样本量字码 R 的抽样方案

抽样方案类型	累计样本量	正常检验 接收质量限(以不合格品百分数或每百单位产品不合格数表示)															
			0.010	0.015		0.025	0.040	0.065	0.10	0.15		0.25		0.40		0.65	>0.65
		Ac Re	Ac Re	Ac Re	Ac Re	Ac Re	Ac Re	Ac Re	Ac Re	Ac Re	Ac Re	Ac Re	Ac Re	Ac Re	Ac Re	Ac Re	Ac Re
一次	2 000	0 1	使用字码 Q	使用字码 P	使用字码 S	1 2	2 3	3 4	5 6	7 8	8 9	10 11	12 13	14 15	18 19	21 22	⇑
二次	1 250 2 500	*				0 2 1 2	0 3 3 4	1 3 4 5	2 5 6 7	3 6 9 10	4 7 10 11	5 9 12 13	6 10 15 16	7 11 18 19	9 14 23 24	11 16 26 27	⇑
多次	500 1 000 1 500 2 000 2 500	*				# 2 0 2 0 2 0 2 1 2	# 2 0 3 0 3 1 3 3 4	# 3 0 3 1 4 2 5 4 5	# 4 1 5 2 6 4 7 6 7	0 4 1 6 3 8 5 9 9 10	0 4 2 7 4 9 6 11 10 11	0 5 3 8 6 10 9 12 12 13	0 6 3 9 7 12 11 15 15 16	1 7 4 10 8 13 12 17 18 19	1 8 6 12 11 17 16 22 23 24	2 9 7 14 13 19 20 25 26 27	⇑
		0.010	0.015		0.025	0.040	0.065	0.10	0.15		0.25		0.40		0.65		>0.65
		加严检验 接收质量限(以不合格品百分数或每百单位产品不合格数表示)															

⇑ ——使用上面紧接的接收数与拒收数可用的样本量字码。

Ac ——接收数。

Re ——拒收数。

* ——使用上面的一次抽样方案。

\# ——此样本量不允许接收。

表 10-S 关于样本量字码 S 的表(单个方案)

图 S 一次抽样方案的操作特性曲线

(二次和多次抽样方案的操作特性曲线与其匹配)

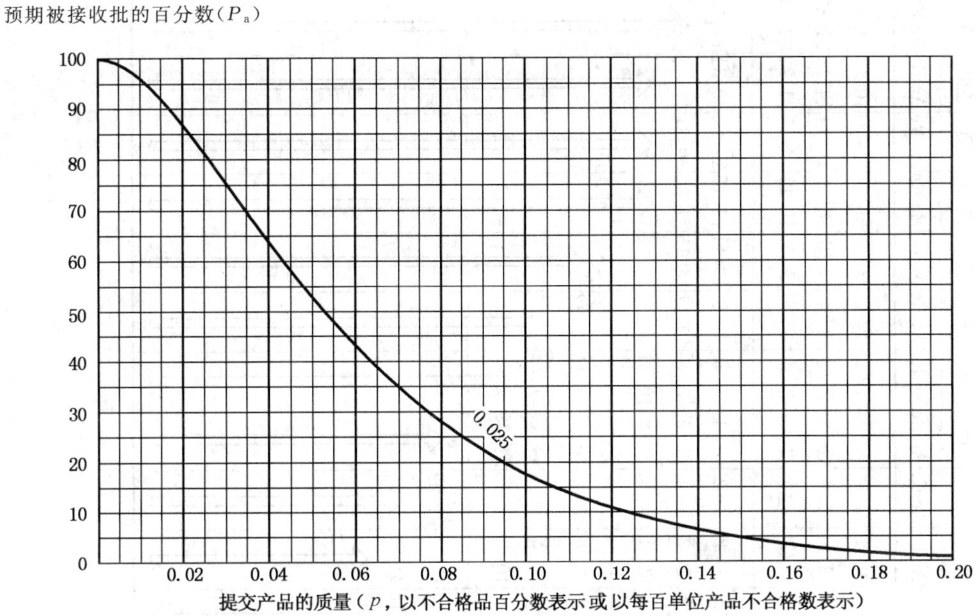

注:正常检验抽样方案操作特性曲线上的数值是接收质量限(AQL)。

表 10-S-1 一次抽样方案操作特性曲线的表值

P_a	正常检验 接收质量限(AQL)	
	p(以不合格品百分数表示)	p(以每百单位产品不合格数表示)
99.0	0.004 72	0.004 72
95.0	0.011 3	0.011 3
90.0	0.016 9	0.016 9
75.0	0.030 5	0.030 5
50.0	0.053 3	0.053 3
25.0	0.085 5	0.085 5
10.0	0.123	0.123
5.0	0.151	0.151
1.0	0.211	0.211
	0.025	0.025
	加严检验 接收质量限(AQL)	

表 10-S-2 样本量字码 S 的抽样方案

抽样方案类型	累计样本量	正常检验 接收质量限(AQL)	
		Ac	Re
一次	3 150	1	2
二次	2 000	0	2
	4 000	1	2
多次	800	#	2
	1 600	0	2
	2 400	0	2
	3 200	0	2
	4 000	1	2
		0.025	
		加严检验 接收质量限(AQL)	

Ac——接收数。

Re——拒收数。

——此样本量不允许接收。

注:对应于不合格品检验的表值使用二项分布,对应于不合格数检验的表值使用泊松分布。

表 11-A 正常检验一次抽样方案(辅助主表)

样本量字码	样本量	接收质量限(AQL)																									
		0.010	0.015	0.025	0.040	0.065	0.10	0.15	0.25	0.40	0.65	1.0	1.5	2.5	4.0	6.5	10	15	25	40	65	100	150	250	400	650	1 000
		Ac Re	Ac Re	Ac Re	Ac Re	Ac Re	Ac Re	Ac Re	Ac Re	Ac Re	Ac Re	Ac Re	Ac Re	Ac Re	Ac Re	Ac Re	Ac Re	Ac Re	Ac Re	Ac Re	Ac Re	Ac Re	Ac Re	Ac Re	Ac Re	Ac Re	Ac Re
A	2	⇩	⇩	⇩	⇩	⇩	⇩	⇩	⇩	⇩	⇩	⇩	⇩	⇩	⇩	0 1	1/3	1/2	1 2	2 3	3 4	5 6	7 8	10 11	14 15	21 22	30 31
B	3	⇩	⇩	⇩	⇩	⇩	⇩	⇩	⇩	⇩	⇩	⇩	⇩	⇩	0 1	1/3	1/2	1 2	2 3	3 4	5 6	7 8	10 11	14 15	21 22	30 31	44 45
C	5	⇩	⇩	⇩	⇩	⇩	⇩	⇩	⇩	⇩	⇩	⇩	⇩	0 1	1/3	1/2	1 2	2 3	3 4	5 6	7 8	10 11	14 15	21 22	30 31	44 45	⇧
D	8	⇩	⇩	⇩	⇩	⇩	⇩	⇩	⇩	⇩	⇩	⇩	0 1	1/3	1/2	1 2	2 3	3 4	5 6	7 8	10 11	14 15	21 22	30 31	44 45	⇧	⇧
E	13	⇩	⇩	⇩	⇩	⇩	⇩	⇩	⇩	⇩	⇩	0 1	1/3	1/2	1 2	2 3	3 4	5 6	7 8	10 11	14 15	21 22	30 31	44 45	⇧	⇧	⇧
F	20	⇩	⇩	⇩	⇩	⇩	⇩	⇩	⇩	⇩	0 1	1/3	1/2	1 2	2 3	3 4	5 6	7 8	10 11	14 15	21 22	⇧	⇧	⇧	⇧	⇧	⇧
G	32	⇩	⇩	⇩	⇩	⇩	⇩	⇩	⇩	0 1	1/3	1/2	1 2	2 3	3 4	5 6	7 8	10 11	14 15	21 22	⇧	⇧	⇧	⇧	⇧	⇧	⇧
H	50	⇩	⇩	⇩	⇩	⇩	⇩	⇩	0 1	1/3	1/2	1 2	2 3	3 4	5 6	7 8	10 11	14 15	21 22	⇧	⇧	⇧	⇧	⇧	⇧	⇧	⇧
J	80	⇩	⇩	⇩	⇩	⇩	⇩	0 1	1/3	1/2	1 2	2 3	3 4	5 6	7 8	10 11	14 15	21 22	⇧	⇧	⇧	⇧	⇧	⇧	⇧	⇧	⇧
K	125	⇩	⇩	⇩	⇩	⇩	0 1	1/3	1/2	1 2	2 3	3 4	5 6	7 8	10 11	14 15	21 22	⇧	⇧	⇧	⇧	⇧	⇧	⇧	⇧	⇧	⇧
L	200	⇩	⇩	⇩	⇩	0 1	1/3	1/2	1 2	2 3	3 4	5 6	7 8	10 11	14 15	21 22	⇧	⇧	⇧	⇧	⇧	⇧	⇧	⇧	⇧	⇧	⇧
M	315	⇩	⇩	⇩	0 1	1/3	1/2	1 2	2 3	3 4	5 6	7 8	10 11	14 15	21 22	⇧	⇧	⇧	⇧	⇧	⇧	⇧	⇧	⇧	⇧	⇧	⇧
N	500	⇩	⇩	0 1	1/3	1/2	1 2	2 3	3 4	5 6	7 8	10 11	14 15	21 22	⇧	⇧	⇧	⇧	⇧	⇧	⇧	⇧	⇧	⇧	⇧	⇧	⇧
P	800	⇩	0 1	1/3	1/2	1 2	2 3	3 4	5 6	7 8	10 11	14 15	21 22	⇧	⇧	⇧	⇧	⇧	⇧	⇧	⇧	⇧	⇧	⇧	⇧	⇧	⇧
Q	1 250	0 1	1/3	1/2	1 2	2 3	3 4	5 6	7 8	10 11	14 15	21 22	⇧	⇧	⇧	⇧	⇧	⇧	⇧	⇧	⇧	⇧	⇧	⇧	⇧	⇧	⇧
R	2 000	1/3	1/2	1 2	2 3	3 4	5 6	7 8	10 11	14 15	21 22	⇧	⇧	⇧	⇧	⇧	⇧	⇧	⇧	⇧	⇧	⇧	⇧	⇧	⇧	⇧	⇧

⇩——使用箭头下面的第一个抽样方案。如果样本量等于或超过批量,则执行100%检验。

⇧——使用箭头上面的第一个抽样方案。

Ac——接收数。

Re——拒收数。

表 11-B　加严检验一次抽样方案(辅助主表)

样本量字码	样本量	接收质量限(AQL)																									
		0.010	0.015	0.025	0.040	0.065	0.10	0.15	0.25	0.40	0.65	1.0	1.5	2.5	4.0	6.5	10	15	25	40	65	100	150	250	400	650	1 000
		Ac Re	Ac Re	Ac Re	Ac Re	Ac Re	Ac Re	Ac Re	Ac Re	Ac Re	Ac Re	Ac Re	Ac Re	Ac Re	Ac Re	Ac Re	Ac Re	Ac Re	Ac Re	Ac Re	Ac Re	Ac Re	Ac Re	Ac Re	Ac Re	Ac Re	Ac Re
A	2	↓	↓	↓	↓	↓	↓	↓	↓	↓	↓	↓	↓	↓	↓	↓	0 1	1/3	1/2	1 2	2 3	3 4	5 6	8 9	12 13	18 19	27 28
B	3	↓	↓	↓	↓	↓	↓	↓	↓	↓	↓	↓	↓	↓	↓	0 1	1/3	1/2	1 2	2 3	3 4	5 6	8 9	12 13	18 19	27 28	41 42
C	5	↓	↓	↓	↓	↓	↓	↓	↓	↓	↓	↓	↓	↓	0 1	1/3	1/2	1 2	2 3	3 4	5 6	8 9	12 13	18 19	27 28	41 42	↑
D	8	↓	↓	↓	↓	↓	↓	↓	↓	↓	↓	↓	↓	0 1	1/3	1/2	1 2	2 3	3 4	5 6	8 9	12 13	18 19	27 28	41 42	↑	↑
E	13	↓	↓	↓	↓	↓	↓	↓	↓	↓	↓	↓	0 1	1/3	1/2	1 2	2 3	3 4	5 6	8 9	12 13	18 19	27 28	41 42	↑	↑	↑
F	20	↓	↓	↓	↓	↓	↓	↓	↓	↓	↓	0 1	1/3	1/2	1 2	2 3	3 4	5 6	8 9	12 13	18 19	↑	↑	↑	↑	↑	↑
G	32	↓	↓	↓	↓	↓	↓	↓	↓	↓	0 1	1/3	1/2	1 2	2 3	3 4	5 6	8 9	12 13	18 19	↑	↑	↑	↑	↑	↑	↑
H	50	↓	↓	↓	↓	↓	↓	↓	↓	0 1	1/3	1/2	1 2	2 3	3 4	5 6	8 9	12 13	18 19	↑	↑	↑	↑	↑	↑	↑	↑
J	80	↓	↓	↓	↓	↓	↓	↓	0 1	1/3	1/2	1 2	2 3	3 4	5 6	8 9	12 13	18 19	↑	↑	↑	↑	↑	↑	↑	↑	↑
K	125	↓	↓	↓	↓	↓	↓	0 1	1/3	1/2	1 2	2 3	3 4	5 6	8 9	12 13	18 19	↑	↑	↑	↑	↑	↑	↑	↑	↑	↑
L	200	↓	↓	↓	↓	↓	0 1	1/3	1/2	1 2	2 3	3 4	5 6	8 9	12 13	18 19	↑	↑	↑	↑	↑	↑	↑	↑	↑	↑	↑
M	315	↓	↓	↓	↓	0 1	1/3	1/2	1 2	2 3	3 4	5 6	8 9	12 13	18 19	↑	↑	↑	↑	↑	↑	↑	↑	↑	↑	↑	↑
N	500	↓	↓	↓	0 1	1/3	1/2	1 2	2 3	3 4	5 6	8 9	12 13	18 19	↑	↑	↑	↑	↑	↑	↑	↑	↑	↑	↑	↑	↑
P	800	↓	↓	0 1	1/3	1/2	1 2	2 3	3 4	5 6	8 9	12 13	18 19	↑	↑	↑	↑	↑	↑	↑	↑	↑	↑	↑	↑	↑	↑
Q	1 250	↓	0 1	1/3	1/2	1 2	2 3	3 4	5 6	8 9	12 13	18 19	↑	↑	↑	↑	↑	↑	↑	↑	↑	↑	↑	↑	↑	↑	↑
R	2 000	0 1	1/3	1/2	1 2	2 3	3 4	5 6	8 9	12 13	18 19	↑	↑	↑	↑	↑	↑	↑	↑	↑	↑	↑	↑	↑	↑	↑	↑

⇩——使用箭头下面的第一个抽样方案。如果样本量等于或超过批量,则执行100%检验。

⇧——使用箭头上面的第一个抽样方案。

Ac——接收数。

Re——拒收数。

表 11-C 放宽检验一次抽样方案(辅助主表)

样本量字码	样本量	接收质量限(AQL)																									
		0.010	0.015	0.025	0.040	0.065	0.10	0.15	0.25	0.40	0.65	1.0	1.5	2.5	4.0	6.5	10	15	25	40	65	100	150	250	400	650	1 000
		Ac Re	Ac Re	Ac Re	Ac Re	Ac Re	Ac Re	Ac Re	Ac Re	Ac Re	Ac Re	Ac Re	Ac Re	Ac Re	Ac Re	Ac Re	Ac Re	Ac Re	Ac Re	Ac Re	Ac Re	Ac Re	Ac Re	Ac Re	Ac Re	Ac Re	Ac Re
A	2	↓	↓	↓	↓	↓	↓	↓	↓	↓	↓	↓	↓	↓	↓	0 1	1/3	1/2	1 2	2 3	3 4	5 6	7 8	10 11	14 15	21 22	30 31
B	2	↓	↓	↓	↓	↓	↓	↓	↓	↓	↓	↓	↓	↓	0 1	1/5	1/3	1/2	1 2	2 3	3 4	5 6	7 8	10 11	14 15	21 22	30 31
C	2	↓	↓	↓	↓	↓	↓	↓	↓	↓	↓	↓	↓	0 1	1/5	1/3	1/2	1 2	2 3	3 4	5 6	6 7	8 9	10 11	14 15	21 22	↑
D	3	↓	↓	↓	↓	↓	↓	↓	↓	↓	↓	↓	0 1	1/5	1/3	1/2	1 2	2 3	3 4	5 6	6 7	8 9	10 11	14 15	21 22	↑	↑
E	5	↓	↓	↓	↓	↓	↓	↓	↓	↓	↓	0 1	1/5	1/3	1/2	1 2	2 3	3 4	5 6	6 7	8 9	10 11	14 15	21 22	↑	↑	↑
F	8	↓	↓	↓	↓	↓	↓	↓	↓	↓	0 1	1/5	1/3	1/2	1 2	2 3	3 4	4 5	6 7	8 9	10 11	↑	↑	↑	↑	↑	↑
G	13	↓	↓	↓	↓	↓	↓	↓	↓	0 1	1/5	1/3	1/2	1 2	2 3	3 4	4 5	6 7	8 9	10 11	↑	↑	↑	↑	↑	↑	↑
H	20	↓	↓	↓	↓	↓	↓	↓	0 1	1/5	1/3	1/2	1 2	2 3	3 4	4 5	6 7	8 9	10 11	↑	↑	↑	↑	↑	↑	↑	↑
J	32	↓	↓	↓	↓	↓	↓	0 1	1/5	1/3	1/2	1 2	2 3	3 4	4 5	6 7	8 9	10 11	↑	↑	↑	↑	↑	↑	↑	↑	↑
K	50	↓	↓	↓	↓	↓	0 1	1/5	1/3	1/2	1 2	2 3	3 4	4 5	6 7	8 9	10 11	↑	↑	↑	↑	↑	↑	↑	↑	↑	↑
L	80	↓	↓	↓	↓	0 1	1/5	1/3	1/2	1 2	2 3	3 4	4 5	6 7	8 9	10 11	↑	↑	↑	↑	↑	↑	↑	↑	↑	↑	↑
M	125	↓	↓	↓	0 1	1/5	1/3	1/2	1 2	2 3	3 4	4 5	6 7	8 9	10 11	↑	↑	↑	↑	↑	↑	↑	↑	↑	↑	↑	↑
N	200	↓	↓	0 1	1/5	1/3	1/2	1 2	2 3	3 4	4 5	6 7	8 9	10 11	↑	↑	↑	↑	↑	↑	↑	↑	↑	↑	↑	↑	↑
P	315	↓	0 1	1/5	1/3	1/2	1 2	2 3	3 4	4 5	6 7	8 9	10 11	↑	↑	↑	↑	↑	↑	↑	↑	↑	↑	↑	↑	↑	↑
Q	500	0 1	1/5	1/3	1/2	1 2	2 3	3 4	4 5	6 7	8 9	10 11	↑	↑	↑	↑	↑	↑	↑	↑	↑	↑	↑	↑	↑	↑	↑
R	800	1/5	1/3	1/2	1 2	2 3	3 4	4 5	6 7	8 9	10 11	↑	↑	↑	↑	↑	↑	↑	↑	↑	↑	↑	↑	↑	↑	↑	↑

↓——使用箭头下面的第一个抽样方案。如果样本量等于或超过批量,则执行100%检验。

↑——使用箭头上面的第一个抽样方案。

Ac——接收数。

Re——拒收数。

表 12 抽样计划的 OC 曲线(设计值)

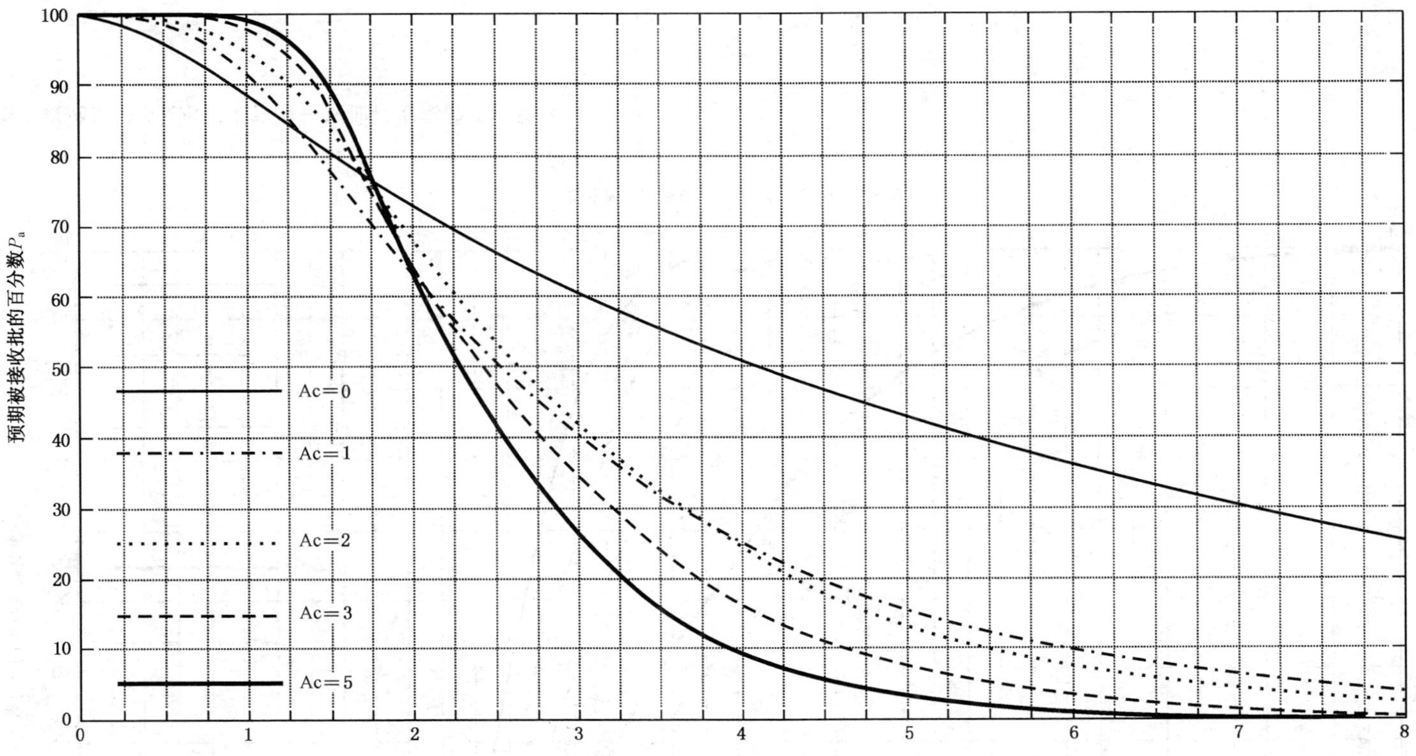

注:每条曲线处的 Ac 表示正常检验一次抽样方案的接收数。

表 12（续）

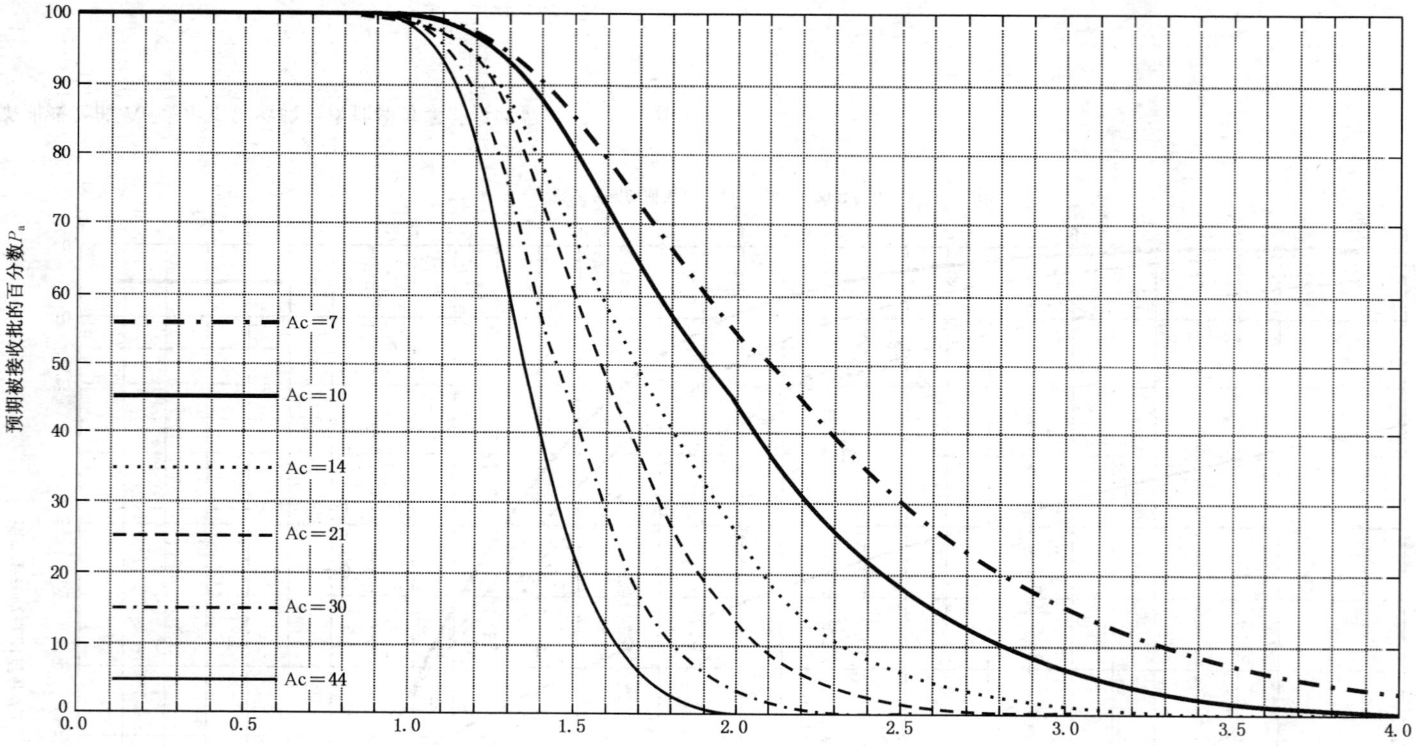

注：每条曲线处的 Ac 表示正常检验一次抽样方案的接收数。

附　录　A
（资料性附录）
不固定抽样方案的示例
（水平Ⅱ，AQL＝1.0（%））

批的序号	批量 N	样本量字码	样本量 n	给定的Ac	接收得分（检验前）	可使用的Ac	不合格品数 d	接收性	接收得分（检验后）	转移得分	下一批将执行的检验严格度
1	180	G	32	1/2	5	0	0	A	5	2	继续正常
2	200	G	32	1/2	10	1	1	A	0	4	继续正常
3	250	G	32	1/2	5	0	1	R	0	0	继续正常
4	450	H	50	1	7	1	1	A	0	2	继续正常
5	300	H	50	1	7	1	1	A	0	4	继续正常
6	80	E	13	0	0	0	1	R	0	0	转到加严
7	800	J	80	1	7	1	1	A	0	—	继续加严
8	300	H	50	1/2	5	0	0	A	5	—	继续加严
9	100	F	20	0	5	0	0	A	5	—	继续加严
10	600	J	80	1	12	1	0	A	12	—	继续加严
11	200	G	32	1/3	15	1	1	A	0*	—	恢复正常
12	250	G	32	1/2	5	0	0	A	5	2	继续正常
13	600	J	80	2	12	2	1	A	0	5	继续正常
14	80	E	13	0	0	0	0	A	0	7	继续正常
15	200	G	32	1/2	5	0	0	A	5	9	继续正常
16	500	H	50	1	12	1	0	A	12	11	继续正常
17	100	F	20	1/3	15	1	0	A	15	13	继续正常
18	120	F	20	1/3	18	1	0	A	18	15	继续正常
19	85	E	13	0	18	0	0	A	18	17	继续正常
20	300	H	50	1	25	1	1	A	0	19	继续正常
21	500	H	50	1	7	1	0	A	7	21	继续正常
22	700	J	80	2	14	2	1	A	0	24	继续正常
23	600	J	80	2	7	2	0	A	7	27	继续正常
24	550	J	80	2	14	2	0	A	0*	30	转到放宽
25	400	H	20	1/2	5	0	0	A	5	—	继续放宽

注：A 表示接收；R 表示不接收。
　　* 表示转移后的接收得分。

参 考 文 献

[1] GB/T 2828.10—2010 计数抽样检验程序 第10部分:GB/T 2828计数抽样检验系列标准导则.

[2] GB/T 2828.2—2008 计数抽样检验程序 第2部分:按极限质量(LQ)检索的孤立批检验抽样方案.

[3] GB/T 2828.11—2008 计数抽样检验程序 第11部分:小总体声称质量水平的评定程序.

[4] GB/T 6378.1—2008 计量抽样检验程序 第1部分:按接收质量限(AQL)检索的对单一质量特性和单个AQL的逐批检验的一次抽样方案.

[5] GB/T 19000—2008 质量管理体系 基础和术语.

ICS 01.040.17
L 85

中华人民共和国国家标准

GB/T 2900.89—2012/IEC 60050(300-312):2001

电工术语　电工电子测量和仪器仪表 第2部分:电测量的通用术语

Electrotechnical terminology—Electrical and electronic measurements and measuring instruments—Part 2:General terms relating to electrical measurements

(IEC 60050(300):2001,International Electrotechnical Vocabulary—Electrical and electronic measurements and measuring instruments—Part 312:General terms relating to electrical measurements,IDT)

2012-06-29 发布　　　　2012-09-01 实施

中华人民共和国国家质量监督检验检疫总局
中国国家标准化管理委员会　发布

前　言

本部分按照GB/T 1.1—2009给出的规则起草。

本部分为GB/T 2900的第89部分。

本部分等同采用IEC 60050(300-312):2001《国际电工词汇　电工电子测量和仪器仪表　第312部分:电测量的通用术语》。

本部分中的术语条目编号与IEC 60050(300-312):2001保持一致。

本部分与现行国家标准GB/T 2900.73—2008《电工术语　接地与电击防护》、GB/T 2900.13—2008《电工术语　可信性与服务质量》作了尽可能的协调。

与本部分中规范性引用的国际文件有一致性对应关系的我国文件如下:

——GB/T 2900.73—2008　电工术语　接地与电击防护(IEC 60050(195):1998,MOD)

本部分由全国电工术语标准化技术委员会提出并归口(SAC/TC 232)。

本部分起草单位:机械科学研究院、哈尔滨电工仪表所、中国电子标准化研究所、中国计量科学研究院。

本部分主要起草人:杨芙、陈波、黄英华、阮永顺、陆祖良、李桂芳。

电工术语　电工电子测量和仪器仪表 第2部分:电测量的通用术语

1　范围

本标准的本部分规定了用于电工电子测量和仪器仪表的电测量的通用术语和定义。

本部分适用于与电工电子测量和仪器仪表有关的技术领域。

2　规范性引用文件

下列文件对于本文件的应用是必不可少的。凡是注日期的引用文件,仅注日期的版本适用于本文件。凡是不注日期的引用文件,其最新版本(包括所有的修改单)适用于本文件。

GB/T 2900.13—2008　电工术语　可信性与服务质量(IEC 60050(191):1990,Amend. 1:1999 And A mend. 2:2002,IDT)

IEC 60050-195:1998　国际电工术语　第195部分:接地与电击防护(International electrotechnical vocabulary—Part 195:Earthing and protection against electric shock)

ISO,IEC et al.,1993　国际计量术语(VIM)(International vocabulary of basic and general terms in metrology (VIM))

3　术语和定义

3.1　基本术语

312-01-01

电流电路　current circuit

测量仪器仪表的电路,其中的电流等于或正比于接入测量仪器仪表电路的电流。

注:该电流可以是:

——直接参与测量的电流;

——由外加的电流互感器提供的正比电流;

——来自外部分流器。

312-01-02

电压电路　voltage circuit

测量仪器仪表的电路,其上施加测量仪器仪表所连接的电路的电压。

注:该电压可以是:

——直接加以测量的电压;

——由外部变压器或分压器提供的比例电压;

——通过外部串联电阻或阻抗分压得到。

312-01-03

共模电压　common mode voltage

存在于每个输入端子与参考点之间的各输入电压中幅值和相位或极性相同的部分。

注:参考点可以是底盘端、测量地端或一个不可触及的点。

312-01-04

串模电压　series mode voltage

输入电压中叠加在被测电压上的不需要的部分。

注：串模电压的典型例子是感应电压，又如直流电压信号上的纹波或热电动势。

3.2　仪表的分类

312-02-01

直接作用仪表　direct-acting instrument

仪表的指示或记录部件与可动元件机械连接并由其驱动。

312-02-02

间接作用仪表　indirect-acting instrument

仪表的指示或记录机构是作为被测量值的函数，由电动机或其他装置驱动。

312-02-03

压缩零位仪表　instrument with suppressed zero

当被测量值的绝对值低于某个极限值时，不指示被测量值的仪表。

注："压缩零位"对机械零位或电零位都适合。

312-02-04

扩展标度尺仪表　expanded scale instrument

用标度尺长度的较大部分表示较小测量范围的测量仪器仪表。

312-02-05

无定向仪表　astatic instrument

测量元件设计成不受外界均匀磁场影响的仪表。

312-02-06

可锁定仪表　instrument with locking device

能将可动部分在给定时刻锁定在所处位置上的仪表。

312-02-07

带触点仪表　instrument with contacts

在某些预定位置上可动元件使触点动作的仪表。

312-02-08

检测仪器仪表　detecting instrument

只用来检出某一量而不特别关注其值的仪器仪表。

注：有些仪表给出量的近似值和/或量的符号。

312-02-09

模拟[测量]仪表　analogue (measuring) instrument

模拟指示仪表　analogue indicating instrument

标示值是对应被测量的值或输入信号的值的连续函数的测量仪器仪表。

[VIM-1993，定义 4.10]

注：该术语与仪表的标示值表示方式有关，与仪表的工作原理无关。

312-02-10

数字[测量]仪表　digital (measuring) instrument

数字显示仪表　digital indicating instrument

以数字方式显示或输出的测量仪器仪表。

[VIM-1993，定义 4.11]

注：该术语与仪表的标示值表示方式有关，与仪表的工作原理无关。

312-02-11

记录仪　recording (measuring) instrument; recorder

将对应被测量值的信息记录在记录媒质上的测量仪表。

[VIM-1993,定义 4.7]

注 1：有些记录仪可以包括指示器件。

注 2：有些记录仪可以记录一个以上被测量的对应信息。

312-02-12

示波器　oscilloscope

以瞬间踪迹的形式显示量的瞬时值的仪器。

312-02-13

录波器　oscillograph

以永久踪迹方式记录量的瞬时值的仪器。

312-02-14

积分[测量]仪表　integrating (measuring) instrument

给出输入量对另一个量(通常是时间)的积分值的测量仪表。

[VIM-1993,定义 4.9]

312-02-15

[有电输出的]测量变换器　measuring transducer (with electrical output)

把被测量或从被测量转换来的量,依据给定规律以规定准确度转换为电量的装置。

[VIM-1993,定义 4.3]

注 1：如果输入量是电量,输入和输出量可以是不同种的,比如电压和电流。

注 2：在某些情况下,测量变换器根据其功能命名(譬如放大器、转换器、变压器、频率变送器等)。

312-02-16

遥测设备　telemeasuring equipment

使用电信技术,在离测量点一定距离处指示或记录被测量值的一组仪器仪表。

注：不使用术语"telemetering equipment"。

312-02-17

固定式[测量]仪器仪表　fixed (measuring) instrument

设计成固定安装、并用固定引线连接的仪器仪表。

312-02-18

便携式[测量]仪器仪表　portable (measuring) instrument

易于携带、由使用者连接及断开的测量仪器仪表。

312-02-19

单量限[测量]仪器仪表　single range (measuring) instrument

只有一个测量范围的测量仪器仪表。

312-02-20

多量限[测量]仪器仪表　multi-range (measuring) instrument

具有一个以上测量范围的测量仪器仪表。

312-02-21

多标度尺[测量]仪表　multi-scale (measuring) instrument

具有一个以上标度尺的测量仪表。

312-02-22

单功能[测量]仪器仪表　single function (measuring) instrument

只能测量一种量的测量仪器仪表。

312-02-23

多功能[测量]仪器仪表　multi-function (measuring) instrument

有单个指示器件,用于测量一种以上量的测量仪器仪表。

312-02-24

多用表　multimeter

万用表

测量电压、电流,有时还可以测量其他电量(如电阻)的多量限多功能测量仪表。

312-02-25

带电路控制器件的测量仪表　measuring instrument with circuit control devices

在被测量达到预定值时能给出电控制信号的仪表。

312-02-26

差值测量仪表　differential measuring instrument

测量不同电路中实际上同时存在的两个同种量值之差的仪表。

312-02-27

总和仪表　summation instrument

总加器　totalizer

用于测量不同电路中同时存在的同种量值的和的仪表。

312-02-28

比率表　ratio-meter;quotient-meter

测量两个量的值的比或商的仪表。

312-02-29

参考源　reference source

在规定允差或规定不确定度内产生供参考用的电量或磁量的装置。

312-02-30

[测量]电桥　(measuring) bridge

一种测量设备,它至少由四个支路(桥臂)或电路元件组(电阻器、电感器、电容器等)连接成四边形,其中一个对角线接电源,另一个对角线接零位检测仪或测量仪器仪表。

312-02-31

[测量]电位差计　(measuring) potentiometer

将被测电压与已知电压反向对接的电压测量仪器。

312-02-32

分压器　voltage divider

由电阻、电感、电容、变压器,或这些器件的组合构成的器件,在该设备的两个点间可以得到所需要的外加电压的分数值。

312-02-33

电热系仪表　thermal instrument;electrothermal instrument US

利用焦耳热效应工作的仪表。

312-02-34

双金属系仪表　bimetallic instrument

通过直接或间接由焦耳效应加热的双金属元件的变形来产生标示值的电热系仪表。

312-02-35

热偶式仪表　thermocouple instrument

利用电流的焦耳效应,加热一个或数个热电偶,在其接线端测量原电势的电热系仪表。

312-02-36

整流式仪表　rectifier instrument

与整流器件相连的通常用于测量交流电量的磁电系仪表。

312-02-37

振簧系仪表　vibrating reed instrument

测量频率的仪表，包括一组调谐的振动簧片，其中一个或多个簧片对通过一个或多个固定线圈的适当频率交流电流发生谐振。

312-02-38

频谱分析仪　spectrum analyzer

以频率的函数形式给出信号的振幅或功率分布的仪器。

312-02-39

波形分析仪　wave analyzer；tuned voltmeter

在规定的频率范围内可调谐的电压表，用于测量有限频带内的信号的幅值。

312-02-40

稳定电源　stabilized supply

当使用条件（包括负载和影响量）在规定范围内改变时，一个或多个输出量保持在规定范围内的供电装置。

312-02-41

信号发生器　signal generator (for measuring purposes)

电信号源，其特性（如波形、频率、电压等）可以选定，也可以控制在规定范围内。

312-02-42

比较仪　comparator

通过比较给出两个量值之间差值信息的器件。

312-02-43

反射计　reflectometer

测量光波反射的仪表，可单独地测量反射并以距离或位置的函数显示。

312-02-44

网络分析仪　network analyzer

通过在给定频率范围内激励响应的测试来测量线性网络的传输特性和(或)阻抗特性的仪器。

3.3 附件

312-03-01

附件(用于测量仪器仪表)　**accessory** (of a measuring instrument)

与测量仪表有关联的元件、元件组或器件，赋予测量仪表实现其规定的不同特性。

3.4 组成部件

312-04-01

电零位调节器　electrical zero adjuster

能够把电零位调到要求位置的器件。

312-04-02

可动元件　moving element

测量机构中的可动部分。

312-04-03

计度器(用于积分仪表) **register** (of an integrating instrument)

积分仪表的部件,它显示被测量的值。

3.5 物理特性

312-05-01

偏转力矩 deflecting torque

驱动力矩 driving torque

可动元件上由静电、电磁或其他效应产生的力矩。

312-05-02

反抗力矩 restoring torque

使可动元件回到仪表机械零位的力矩。

312-05-03

制动力矩(用于积分仪表) **braking torque** (of an integrating instrument)

由固定永磁体的磁场与其在积分仪表转子中的感应电流相互作用而产生的与转子的旋转方向相反的力矩。

312-05-04

阻尼力矩 damping torque

减弱可动元件的不希望有的机械振荡的力矩。

3.6 电特性

312-06-01

临界电阻 critical resistance

为了使永磁可动圈元件产生非周期运动,需跨接在其接线端的最大电阻值。

312-06-02

额定绝缘电压 rated insulation voltage

由仪器仪表厂家指定的描述其绝缘特性的工作电压。

312-06-03

绝缘试验电压 insulation test voltage

对仪器仪表进行绝缘试验的电压。

312-06-04

负载特性 load characteristic

对指定的负载或控制器的一个固定设置,输出电压和输出电流间的线性或非线性关系。

注1:负载可以是复数的和(或)非线性的。

注2:负载特性也能描述过载效应。

312-06-05

稳定 stabilization

当影响量和/或负载(如果有)在规定范围内变化时,使测量仪器仪表在规定时间内保持其校准示值或供给值的措施和方法。

312-06-06

衰减 attenuation

器件或系统中同种量的输入与输出值的比值。

注:当该比值小于1,通常改用其倒数—增益。

312-06-07

测量仪表的增益　gain of a measuring instrument

器件或系统中同种量的输出与输入值的比值。

注：当该比值小于1,通常改用其倒数—衰减。

312-06-08

非对称输入　asymmetrical input

公共端与其他两端之间的阻抗标称值不同的三端输入电路。

注：输入公共端和输出公共端不一定都是可触及的,也不必在相同的电位上。

312-06-09

非对称输出　asymmetrical output

公共端子与其他两端子中每一端子间的阻抗标称值不同的三端输出电路。

注：输入公共端和输出公共端不一定都是可触及的,也不必在相同的电位上。

312-06-10

对称输入　symmetrical input

平衡输入　balanced input

公共端子与其他两端子中每一端子间的阻抗标称值相等的三端输入电路。

注：输入公共端和输出公共端不一定都是可触及的,也不必在相同的电位上。

312-06-11

对称输出　symmetrical output

平衡输出　balanced output

公共端子与其他两端子中每一端子间的阻抗标称值相等的三端输出电路。

注：输入公共端和输出公共端不一定都是可触及的,也不必在相同的电位上。

312-06-12

差分输入电路　differential input circuit

有两组输入端的输入电路,用于测量加给它们的同种电量之间的差值。

312-06-13

接地输入电路　earthed input circuit;grounded input US

单端输入　single-ended input

有一个输入端直接接地的输入电路,该输入端通常是公共端。

312-06-14

接地输出电路　earthed output circuit;grounded output US

单端输出　single-ended output

有一个输出端直接接地的输出电路,该输出端通常是公共端。

312-06-15

浮置输入电路　floating input circuit

与底座、电源或任何外部可连接的电路端钮隔离的输入电路。

312-06-16

浮置输出电路　floating output circuit

与底座、电源及任何外部可连接的电路端钮隔离的输出电路。

312-06-17

有隔离公共点的输入和输出电路　input and output circuits with isolated common point

一个输入端和一个输出端连接在一起并与底座或电源电隔离的电路。

312-06-18

输入阻抗　input impedance

输入电路在工作状态下，在输入端子之间测得的阻抗。

注1：阻抗可以用导纳表示。

注2：在有些情况下，例如，采样器或自平衡电位差计，其阻抗与确定它的时刻有关，在测量时刻之前、之中或之后阻抗可不相等。

注3：当输入电路在规定的频率和电压条件下，流入输入端的电流瞬时值为输入电压瞬时值的非线性函数时，有时把能吸收同样的有功功率，且其中的电抗性电流等于真实输入电路中的基波电流的电阻和电抗的组合称为"等效输入阻抗"。

312-06-19

输出阻抗　output impedance

被测输出电路在工作状态下，在输出端之间测得的阻抗。

注1：阻抗可以用导纳表示。

注2：在有些情况下，例如，采样器或自平衡电位差计，其阻抗与确定它的时刻有关，在测量时刻之前、之中或之后测得的阻抗可不相等。

注3：当输出电路在规定的频率和电压条件下，流出输出端的电流瞬时值为输出电压瞬时值的非线性函数时，有时把能吸收同样的有功功率，且其中的电抗性电流等于真实输出电路中的基波电流的电阻和电抗的组合称为"等效输出阻抗"。

312-06-20

对地阻抗　impedance to earth; impedance to ground US

在给定频率，系统、设施或设备中的规定点与参考地之间的阻抗。

[GB/T 2900.73—2008，定义 195-01-17 MOD]

注1：在 GB/T 2900.73—2008 中定义了参考地。实际应用中，可用参考点如底座取代地。

注2：仪表共模抑制比取决于每个输入端对地的阻抗，每个阻抗均称为共模阻抗。

312-06-21

共模抑制比　common mode rejection ratio

CMRR（缩写词）　**CMRR**（abbreviation）

加在规定参考点和输入端（用规定电路连在一起时）之间的电压与为了产生相同输出而在输入端子间需加的电压之比。

注1：共模抑制比一般用分贝表示，可与频率、波形和测量方式有关。

注2：共模抑制比也可用于电压之外的其他量。

312-06-22

串模抑制比　series mode rejection ratio

SMRR（缩写词）　**SMRR**（abbreviation）

使输出信息发生规定变化的串模电压，与由被测量引起的能使输出产生相同变化的电压之比。

注1：串模抑制比一般用分贝表示，可与频率、波形和测量方式有关。

注2：串模抑制比也可用于电压之外的其他量。

3.7　性能

312-07-01

周期和/或随机偏移　periodic and/or random deviation

PARD（缩写词）　**PARD**（abbreviation）

测量仪器仪表标示值的周期性和（或）随机性的不希望有的偏移。

注1：这些偏移可由不同原因产生，不论有否输入和输出信号都可出现。

注2：交流声和纹波是周期性偏移，噪声和波动是随机偏移。

312-07-02

纹波　ripple

发生在与电网电源或某些确定的源(如斩波器)有关的频率上的,围绕被测量或供给量的一组不希望有的周期性偏移。

注:纹波是周期和(或)随机偏移(PARD)的一部分,规定条件下测定。

312-07-03

交流声　hum

出现在与电网电源有关的频率上的,围绕被测量或供给量的平均值的一组不希望有的周期偏移。

注:交流声是周期和(或)随机偏移(PARD)的一部分,在规定条件下测定。

312-07-04

噪声(关于测量仪表)　**noise** (for a measuring instrument)

关于被测量和供给量的不希望有的偏移,此偏移或多或少是随机发生的,通常具有宽的频谱。

注:噪声是周期和(或)随机偏移(PARD)的一部分,在规定条件下测定。

312-07-05

波动　fluctuations

围绕被测量或供给量的平均值的一组不希望有的相对长时间的非周期偏移,此偏移往往是随机发生的。

注:波动是周期或随机偏移的一部分,在规定条件下测定。

312-07-06

可靠性　reliability (performance)

产品在给定的条件下和给定的时间间隔内完成要求的功能的能力。

[GB/T 2900.13—2008,定义 191-02-06 MOD]

中 文 索 引

英 文 索 引

O

P

Q

R

S

T

V

W

ICS 01.040.17
L 85

中华人民共和国国家标准

GB/T 2900.90—2012/IEC 60050(300-314):2001

电工术语 电工电子测量和仪器仪表 第4部分:各类仪表的特殊术语

Electrotechnical terminology—Electrical and electronic measurements and measuring instruments—Part 4:Specific terms according to the type of instruments

(IEC 60050(300):2001,International Electrotechnical Vocabulary—Electrical and electronic measurementsand measuring instruments—Part 314:Specific terms according to the type of instruments,IDT)

2012-06-29 发布 2012-09-01 实施

中华人民共和国国家质量监督检验检疫总局
中国国家标准化管理委员会 发布

前　言

本部分按照GB/T 1.1—2009给出的规则起草。

本部分为GB/T 2900的第90部分。

本部分等同采用IEC 60050(300-314):2001《国际电工词汇　电工电子测量和仪器仪表　第314部分:各类仪表的特殊术语》。

本部分中的术语条目编号与IEC 60050(300-314):2001保持一致。

本部分与现行国家标准GB/T 2900.33—2004《电工术语　电力电子技术》、GB/T 14733.7—2008《电信术语　振荡、信号和相关器件》作了尽可能的协调。

本部分由全国电工术语标准化技术委员会提出并归口(SAC/TC 232)。

本部分起草单位:机械科学研究院、哈尔滨电工仪表所、中国电子标准化研究所、中国计量科学研究院。

本部分主要起草人:杨芙、陈波、黄英华、阮永顺、陆祖良、李桂芳。

电工术语　电工电子测量和仪器仪表 第4部分：各类仪表的特殊术语

1　范围

本标准的本部分规定了用于各类仪表的有关模拟式仪表、数字仪表、记录仪、变送器、稳定电源、示波器、电能表、信号发生器、测量电桥等方面的特殊术语和定义。

本部分适用于与电工电子测量和仪器仪表有关的技术领域。

2　规范性引用文件

下列文件对于本文件的应用是必不可少的。凡是注日期的引用文件，仅注日期的版本适用于本文件。凡是不注日期的引用文件，其最新版本(包括所有的修改单)适用于本文件。

GB/T 2900.33—2004　电工术语　电力电子技术(IEC 60050-551:1998,IDT)

GB/T 14733.7—2008　电信术语　振荡、信号和相关器件(IEC 60050(702):1992,IDT)

ISO,IEC et al.,1993　国际计量术语(VIM)(International vocabulary of basic and general terms in metrology (VIM))

3　术语和定义

3.1　模拟式仪表

314-01-01

指示器(用于示值装置的)　**index** (of an indicating device)

示值装置中的固定或可动部件(如指针、光点或窗口)，通过其相对于标度尺的位置可以确定被测量的值。

[VIM-1993,定义 4.16]

314-01-02

标度尺(用于模拟测量仪表的)　**scale** (of an analogue measuring instrument)

带有任意数字的一组有序标记，是示值器件的一部分。

[VIM-1993,定义 4.17]

314-01-03

标度盘　**dial**

带有一个或多个标度尺的示值装置的一部分。

[VIM-1993,定义 4.27]

注：通常标度盘上还有表征仪表其他的信息。

314-01-04

标度尺标志　**scale marking**

按适当规律分布在标度尺上的一系列标记或其他符号。

314-01-05

标度尺标记　**scale mark**

标度尺标志的标记或其他符号。

314-01-06

标度尺数码　scale numbering

标在指定标度尺标记上的有序数字。

[VIM-1993,定义 4.28]

314-01-07

标度尺长度　scale length

在起始标度尺标记和终点标度标记之间,经过所有最短标度标记中点连线的(弧线或直线的)长度。

[VIM-1993,定义 4.18]

注:标度尺用长度单位表示,不考虑被测量的单位或标度尺上标志的单位。

314-01-08

标度尺分度　scale division

任意两个相邻标度尺标记之间的标度尺部分。

[VIM-1993,定义 4.20]

314-01-09

[标度尺]间距　scale spacing;length of a scale division

沿标度尺长度的线上两个相邻标度尺标记之间的距离。

[VIM-1993,定义 4.21]

注:标度尺间距用长度单位表示,不考虑被测量的单位或标度尺上标志的单位。

314-01-10

标度尺分度值　scale interval

与两个相邻标度尺标记对应的被测量值的差。

[VIM-1993,定义 4.22]

314-01-11

指针式仪表　pointer instrument

一种指示仪表,其中指示器是在固定标度尺上移动的指针。

314-01-12

光标式仪表　instrument with optical index

由光标在标度尺上移动给出指示的仪表。标度尺可以是仪表的一部分或与仪表主体相分离。

314-01-13

动标度尺仪表　moving-scale instrument

标度尺相对于一个固定的指示器移动的指示仪表。

注:标度尺投影的仪表是动标度仪表的特殊型式。

314-01-14

影条式仪表　shadow column instrument

由一条阴影柱在有照明的标度尺上给出标示值的指示仪表。标度尺可以是仪表的一部分或是与仪表主体相分离。

314-01-15

静电系仪表　electrostatic instrument

由带电的固定和可动电极间的静电力工作的测量电位差的仪表。

314-01-16

磁电系仪表　(permanent magnet) moving-coil instrument

由可动线圈中的电流与固定永磁体磁场相互作用而工作的仪表。

注:为了测量电流的和或比值,可动部分可以有不止一个线圈。

314-01-17

动磁系仪表　moving magnet instrument

由可动永磁体磁场与一个或多个固定线圈中的电流的相互作用工作的仪表。

314-01-18

电磁系仪表　moving-iron instrument

由软磁材料可动铁心构成的仪表，此可动铁心或由一个固定线圈的电流驱动，或由一个或多个被固定线圈电流磁化的软磁材料固定铁心驱动。

314-01-19

电动系仪表　electrodynamic instrument

由一个或多个测量元件组成的仪表。通过一个或多个动圈中的电流和固定线圈中的电流的相互作用工作。

注：该术语一般保留用于磁路中没有铁磁材料的仪表。

314-01-20

铁磁电动系仪表　ferrodynamic instrument

由一个或多个可动线圈中的电流与一个或多个固定线圈中的电流相互作用工作的仪表，其磁路中包含软磁材料。

314-01-21

感应系仪表　induction instrument

由固定电磁铁产生的交流磁场与由其他电磁铁在可动导电元件中的感应电流的相互作用工作的仪表。

3.2 数字式仪表

314-02-01

模数转换(关于测量仪表)　**analogue to digital conversion** (for measuring instruments)

把被测量模拟信号表示形式转换为数字表示形式。

314-02-02

数模转换(关于测量仪表)　**digital to analogue conversion** (for measuring instruments)

把被测量数字表示形式转换为模拟信号表示形式。

314-02-03

[模数转换]定标　scaling (for analogue-to-digital conversion)

通常在模数转换之前，为了使输入信号与转换器匹配而对其进行放大或衰减的操作。

314-02-04

线性转换　linear conversion

每个输出值改变量与其相应输入值改变量的比值为常数的转换。

314-02-05

非线性转换　non-linear conversion

每个输出值改变量与其相应输入值改变量的比值不为常数的转换。

314-02-06

转换速率　conversion rate

在一定时间间隔内进行的模数或数模转换的次数与该时间间隔之比。

314-02-07

[总]转换时间　(total) conversion time

模拟到数字或数字到模拟的转换持续时间。

314-02-08

读出时间　readout time

在仪器连续操作时输出信号可读取的时间。

注：一般情况下，指在最大转换率时的读出时间。

314-02-09

溢出　overflow

当输出信息的数值超出能够显示或表示的最大值时所发生的状况。

314-02-10

输出状态　output state

在读出时间内可得到的一组电信息或可视信息。

314-02-11

表示单元值　representation unit

两个相邻输出状态间的最小差。

314-02-12

代码转换器　code converter；transcoder

把信息按照给定编码的表示转换为按照另一编码的表示的器件。

3.3　记录仪

314-03-01

记录　recording

以记录图表或通过改变适当媒质的状态来记入。

314-03-02

记录媒质　recording medium

记录被测量值的器件，如带、盘或纸张。

314-03-03

记录图表　recording chart

通常印有线和数字或没有数字的一般为纸的记录媒质。

3.4　变送器

314-04-01

变送器的测量元件　measuring element of a transducer

把被测量或其一部分转换为相应信号的变送器的单元或模块。

314-04-02

变换系数　conversion coefficient

被测量值与输出信号的对应值的关系。

314-04-03

[输出]量程　(output) span

输出信号高低标称值之间的代数差。

314-04-04

测量范围(关于变送器)　**measuring range** (of a transducer)

由输出信号的两个值定义的范围，在该范围内输出和输入信号的关系满足准确度的要求。

[VIM-1993，定义 5.4]

314-04-05

输入电流和电压的最大允许值　maximum permissible values of the input current and voltage

由生产厂指定的变送器能长时间无损坏承受的电流和电压值。

314-04-06

输出信号　output signal

变送器产生的被测量的模拟或数字形式的表示。

314-04-07

输出电流　output current

由变送器产生的为被测量模拟形式表示的电流。

314-04-08

反向输出电流　reversible output current

被测量的符号或方向改变时，反极性的输出电流。

314-04-09

输出电流的极限值　limiting value of the output current

设计中确定的在任何条件下都不能超出的输出电流上限值。

314-04-10

恒流制输出电压　compliance voltage

对于有电流输出的可变(输出)负载变送器，满足其准确度要求的输出电压值。

3.5　稳定电源

314-05-01

闭环稳定　closed loop stabilization

将输出值与参考值相比较，并利用其差值直接或间接维持输出量在所要求的具有给定不确定度的值上的一种运行方式。

314-05-02

开环稳定　open loop stabilization

利用外部方法将输出量调到所要求的值，而不考虑实际值与所要求值之间差值的一种运行方式。

314-05-03

从动运行　slave operation

稳定电源的通过单独设置“主”电源值来达到互连电源的协调控制的运行方式。

[GB/T 2900.33—2004，定义 551-19-12]

314-05-04

跟踪运行　slave tracking operation

将数个稳定电源互相连接，使这些从属电源的输出始终保持与“主”电源的输出相等或成比例的运行方式。

注：相对于公共输出端从动源与“主”源的极性相反的配置叫做“互补跟踪”。

314-05-05

并联运行　parallel operation

将各稳定电源中的所有相似输出端接在一起，使总负载由所有这些电源共同承担的运行方式。

[GB/T 2900.33—2004，定义 551-19-11]

314-05-06

串联运行　series operation

将各稳定电源中的输出端串联连接，使各电源输出电压相加的运行方式。

314-05-07

稳定负载特性 stabilized load characteristic

保持在规定限内的负载特性。

314-05-08

负载特性的交迭 crossover of load characteristic

从一个负载特性到另一个负载特性的转变,它们中至少有一个是稳定特性。

314-05-09

恒压到恒流的交迭 constant voltage to constant current crossover

当电流达到预设值时稳定电源的工作模式自动从稳压转为稳流的工况,或反之。

[GB/T 2900.33—2004,定义 551-19-08]

3.6 示波器

314-06-01

偏转系数 deflection coefficient

电压与由其产生的偏转量的比值。

314-06-02

时基 time base

根据特定的时间函数来产生光点位移的器件。

314-06-03

扫描 sweep

由时基生成的光点位移。

314-06-04

自激时基 free-running time base

即使没有信号也周期性运转的时基。

注:自由运转时基可以同步,也可以不同步。同步源可以是内部的或外部的。

314-06-05

触发时基 triggered time base

每次扫描均由触发信号启动,因而是一个具有静止位置的时基。

注 1:扫描的持续时间与观察量的周期无关。

注 2:重复不一定是周期性的。

314-06-06

触发释抑 trigger hold off

在光点回到它的静止位置,并且电路元件回到备用状态之前,能够防止再次触发扫描的一种时基内部电路。

314-06-07

单次扫描 single sweep operation

仅能触发一次扫描,在外界使时基复原之前,不进行扫描的时基运行方式。

314-06-08

扫描系数 sweep coefficient

光点移动一距离所需时间与该距离的比值。

314-06-09

扫描速率 sweep rate

扫描系数的倒数。

314-06-10

扫描扩展　sweep expansion

把显示的一部分扩展到覆盖全部标称水平偏转以提高扫描速率的方法。

314-06-11

同步扫描　synchronized sweep

自激时基的一种运行方式，使重复扫描同步，保持扫描周期等于被显示量周期或其倍数从而产生稳定显示。

注：正常情况下，对被观察量周期的微小改变能仍保持同步。

314-06-12

触发扫描　triggered sweep

触发时基的一种运行方式。它使每次扫描的起始点与被显示量的预定点相重合，从而在被显示量是周期量时得到稳定的显示。

注：用触发扫描方式，能产生与被显示量的下降沿或上升沿上任意预定值相对应的内部触发信号。

314-06-13

内触发　internal triggering

控制时基的信号由被观察量所作用的内部电路提供时所获得的触发。

314-06-14

内同步　internal synchronization

控制时基的信号由被观察量所作用的内部电路提供时所获得的同步。

314-06-15

外触发　external triggering

控制时基的信号由外部施加时所获得的触发。

314-06-16

外同步　external synchronization

控制时基的信号由外部施加时所获得的同步。

314-06-17

时基晃动　time base jitter

显示(或显示的一部分)的位置在平行于扫描方向上的一种不希望有的波动。

注：波动的来源有：

a) 触发信号延迟的不希望有的变化；

b) 扫描速率的不希望有的变化。

3.7 电能表

314-07-01

基本电流　basic current

确定直接接入的电能表相关特性的电流值。

314-07-02

额定电流　rated current

确定经互感器接入的电能表相关特性的电流值。

314-07-03

最大电流　maximum current

电能表能满足规定的准确度要求的电流最大值。

314-07-04

参比电压　reference voltage

确定电能表的相关特性的电压值。

314-07-05

参比频率　reference frequency

确定电能表的相关特性的频率值。

314-07-06

等级指数(关于电能表)　**class index** (of an energy meter)

电能表在参比条件(包括参比值的允差)下测试,电流值在规定范围内、功率因数为1(多相电能表带平衡负载)时,用百分数表示允许的相对误差绝对值的数字。

314-07-07

电能表型式　meter type

电度表型式

由某一生产厂专门设计制造的电能表,具有:

a)　相同的计量特性;

b)　确定这些特性的相一致的部件结构;

c)　最大电流和参比电流的比值相同。

注1:某一型式可以有数个参比电流和参比电压值。

注2:电能表由生产厂用一组或多组字母或数字或其组合命名,每个型式只有一个型号。

注3:电能表的某型式是由提交型式试验的样表体现的,其特性值(参比电流和参比电压)是从生产厂提供的表中选取的。

314-07-08

[电能表]常数　(meter) constant

表示电能表记录的有功电能值与对应测试输出值之间关系的值。

注:如果该值是脉冲数,则常数是每千瓦小时的脉冲数或每一脉冲的瓦时数。

314-07-09

计度器　register

能存储和显示表征被测电能信息的机电或电子器件。

注1:在静止式电能表中,计度器由存储器和显示器两者组成。

注2:单个显示器可与多个电子存储器一同使用构成多计度器。

314-07-10

存储器(用于静止式电能表)　**memory** (for static meters)

存储表征被测电能的数字信息的元件。

314-07-11

显示器(用于静止式电能表)　**display** (for static meters)

显示存储器内容的器件。

314-07-12

测试输出器件(用于电能表)　**test output device** (of an energy meter)

用来确定电能表误差的器件。

注:对机电式感应电能表,该器件可以是圆盘上的一个标记(通过外部光电器件检测该标记的移动)。对静止式电能表,该器件是在内部的脉冲发送器件。

314-07-13

工作指示器　operation indicator

给出电能表运行状态的可视信号的器件。

314-07-14

表底(用于电能表) **base** (of an energy meter)

通常用来固定表壳的底座,在其上装配测量元件、接线端子或端子座和表盖。

注:对于嵌装式电能表,表底可以包括表壳的侧面。

314-07-15

插座(用于电能表) **socket** (of an energy meter)

带夹口的座,用来插入可摘式电能表的接线端子,并具有与电源线连接的接线端子。

注:该插座可用于插入一个或多个仪表。

314-07-16

表盖(用于电能表) **cover** (of an energy meter)

电能表正面包封,由全透明材料或带窗口的不透明材料制成,通过该窗口可以看见工作指示器(如果装有)和读取显示数。

314-07-17

表壳(用于电能表) **case** (of an energy meter)

由表底和表盖组成。

314-07-18

端子座 **terminal block**

由绝缘材料制成的支持件,用于组装电能表的所有或部分接线端子。

314-07-19

端子盖 **terminal cover**

保护电能表接线端子和接于此端子的外部导线或电缆末端的盖。

314-07-20

室内电能表 **indoor meter**

室内电度表

在对各种环境影响有附加防护措施(如:室内或箱柜内)的场所中使用的电能表。

314-07-21

室外电能表 **outdoor meter**

室外电度表

在无附加防护措施的露天环境中使用的电能表。

3.8 信号发生器

314-08-01

调幅 **amplitude modulation**

使周期性载波振幅按照某一特定规律变化的过程。

[GB 14733.7—2008,定义 702-06-17]

注:该过程的结果是一个调幅信号。

314-08-02

调频 **frequency modulation**

使载波频率按照某一特定规律变化的过程。

[GB 14733.7—2008,定义 702-06-37]

注:该过程的结果是一个调频信号。

314-08-03

调相 **phase modulation**

使载波相位相对于参考正弦函数按照某一特定规律变化的过程。

[GB 14733.7—2008,定义 702-06-36]

注:该过程的结果是一个调相信号。

314-08-04

调幅因数　amplitude modulation factor

调幅时,最大振幅和最小振幅之差的一半与振幅平均值的比。

[GB 14733.7—2008,定义 702-06-19]

注:这个定义不适于非对称调制或过调制。

314-08-05

调幅信号包络　envelope of an amplitude modulated signal

当调制信号的相位连续变化 360°时,按时间画出的载波所扫过区域的上下边界线。

314-08-06

调幅失真　amplitude modulation distortion

与调制信号波形相比较时,调幅信号包络的变形。

314-08-07

[绝对]频偏　(absolute) frequency deviation

[绝对]频率偏差

频率调制波的瞬间频率和载波平均频率的最大偏差。

314-08-08

调频失真　frequency modulation distortion

与调制信号波形相比较时,瞬时频率和平均频率之差的波形的变形。

314-08-09

载波频率偏移　carrier frequency shift

调制引起的平均载波频率的改变。

314-08-10

频率范围　frequency range

频率的测量范围。

314-08-11

频段　frequency band

信号发生器频率范围中可以连续或步进调节的部分。

314-08-12

频段重叠　band overlap

频率范围中两个相邻频段的公共部分,由此保证了测量范围的连续性。

314-08-13

匹配输出电压　matched output voltage

在载波没有调制的情况下,当负载阻抗等于额定电源阻抗时仪器的规定输出端之间的电压。

注:对于正弦波该电压表示为 rms 值,而非正弦波的可表示为波峰到波谷的值。

314-08-14

源电动势　source e. m. f.

开路电压　open circuit voltage

匹配输出电压值的两倍。

314-08-15

最大输出功率　maximum output power

由信号发生器供给额定负载阻抗的最大功率。

3.9 测量电桥

314-09-01

量限转换器　range-changing device

转换开关或类似的器件，可用其将测量量限乘上一个适当的因数(例如：0，1)。

314-09-02

量限因数　range factor

测量仪器仪表的标示值乘上的因数。

314-09-03

测量盘　measuring dial

确定被测量值的读数盘，如果有的话，还应考虑量限因数。

314-09-04

标度盘示值　dial setting

电桥平衡后测量盘的置数，当确定测试电阻器阻值时，如果有的话，需乘上量限因数。

314-09-05

[电位端]连接电阻　connecting resistance (potential)

对四端子电桥，这是电桥电位端子连接到被测电阻器相应电位端子的导线电阻，加上被测电阻器内部的电位导线的电阻。

314-09-06

跨线电阻　link resistance (current)

对四端子电桥，这是电桥电流端连接到被测电阻器相应电流端的导线电阻，再加上被测电阻器内部的电流导线的电阻。

中 文 索 引

英 文 索 引

A

B

C

D

E

P

R

S

ICS 35.240.30
A 14

中华人民共和国国家标准

GB/T 2901—2012/ISO 2709:2008
代替 GB/T 2901—1992

信息与文献 信息交换格式

Information and documentation—Format for information exchange

(ISO 2709:2008, Information and documentation—Format for information exchange, IDT)

2012-07-31 发布 2012-11-01 实施

中华人民共和国国家质量监督检验检疫总局
中国国家标准化管理委员会 发布

前　言

本标准按照GB/T 1.1—2009给出的规则起草。

本标准代替GB/T 2901—1992《书目信息交换用磁带格式》。

本标准等同采用国际标准ISO 2709:2008《信息与文献　信息交换格式》。

本标准适应ISO/IEC 10646的要求,采用8位Unicode传输格式(UTF-8)进行编码。其结果是,不再采用字符作为长度单位,改用八位字节(octet)作为长度单位。

本标准由全国信息与文献标准化技术委员会提出。

本标准由中国标准化研究院归口。

本标准起草单位:中国国防科技信息中心、中国科学技术信息研究所。

本标准主要起草人:真溱、张兰、李秀锦、王莉、张志平。

本标准所代替标准的历次版本发布情况为:

——GB/T 2901—1982、GB/T 2901—1992。

信息与文献　信息交换格式

1　范围

本标准规定了一种通用的交换格式。

本标准适用于各种类型文献的书目记录以及其他类型记录。

本标准并不规定每个记录的长度或内容，也不赋予字段标识符、字段指示符或子字段标识符的具体含义，这些内容由执行格式规定。

本标准描述了一种通用的结构，这一框架结构不是作为系统内部的处理格式，而是作为数据处理系统之间的交换格式而设计的。

2　规范性引用文件

下列文件对于本文件的应用是比不可少的。凡是注日期的引用文件，仅注日期的版本适用于本文件。凡是不注日期的引用文件，其最新版本(包括所有的修改单)适用于本文件。

ISO/IEC 646:1991　信息技术　信息交换用 ISO 七位编码字符集(Information technology—ISO 7-bit coded character set for information interchange)

ISO/IEC 6429:1992　信息技术　编码字符集用的控制功能(Information technology—Control functions for coded character sets)

ISO/IEC 10646:2003　信息技术　通用多八位编码字符集(Information technology—Universal Multiple—Octet Coded Character Set (UCS))

3　术语和定义

下列术语和定义适用于本文件。

3.1

字符　character

用于组织、控制和表示数据的一组元素中的某个元素。

3.2

数据字段　data field

记录中记载描述性内容的字符。

3.3

目次区　directory

记录中字段位置的索引。

3.4

目次区说明　directory map

说明目次区内目次项结构的一组参数。

3.5

字段　field

记录中含有特定类型内容的可变长部分，位于目次区之后，并与目次区中的某个目次项对应。

注：一个字段可以包含一个或多个子字段。

3.6

字段分隔符　field separator

目次区、记录标识字段、参考字段和数据字段的终止控制符。

3.7

字段标识符　tag

与一个字段相关联的、用于标识该字段的3个八位字节。

3.8

字段指示符　indicator

如果有，则是该字段的首个数据元，为该字段内容、该字段与同一记录中其他字段的关系或某些数据处理操作提供附加信息。

3.9

八位字节　octet

一组连续的8个字位，可以是一个字符，也可以是一个字符的一部分。

3.10

记录　record

字段的集合，包括一个记录头标、一个目次区和数据。

注：如果需要，允许把若干个记录或记录的一部分连接到子记录中，并按具体交换格式中的规定执行。

3.11

记录标识字段　record identifier field

标识记录的字符串。

3.12

记录头标　record label

每个记录的起始部分，提供处理记录的有关参数。

3.13

记录分隔符　record separator

终止记录的控制字符。

3.14

参考字段　reference field

处理记录时可能需要的数据。

3.15

分隔字符　separating character

按照逻辑、某些情况下按照层次，分隔和限定数据单元的控制字符。

3.16

结构　structure

构成一个记录的各部分的安排。

3.17

子字段　subfield

字段的一部分，含有一个确定的信息单元。

3.18

子字段标识符　identifier

由一个或多个字符构成的、紧靠在子字段之前的、用于标识子字段的数据元素。

3.19

子记录　subrecord

记录中可作为一个实体处理的一组字段。

4　记录交换格式的结构

4.1　概要

记录的总体结构如图1所示，详细结构如图2所示。图2中包含了4种数据字段的可选结构。

记录头标
目次区
字段区
记录分隔符

图1　一般结构

一个记录包括下列固定长和可变长元素，次序如图2所示：

a)　记录头标(固定长)；

b)　目次区(可变长)；

c)　记录标识字段(可变长)；

d)　参考字段(可变长)；

e)　数据字段(可变长)；

f)　一个或多个字段分隔符；

g)　记录分隔符。

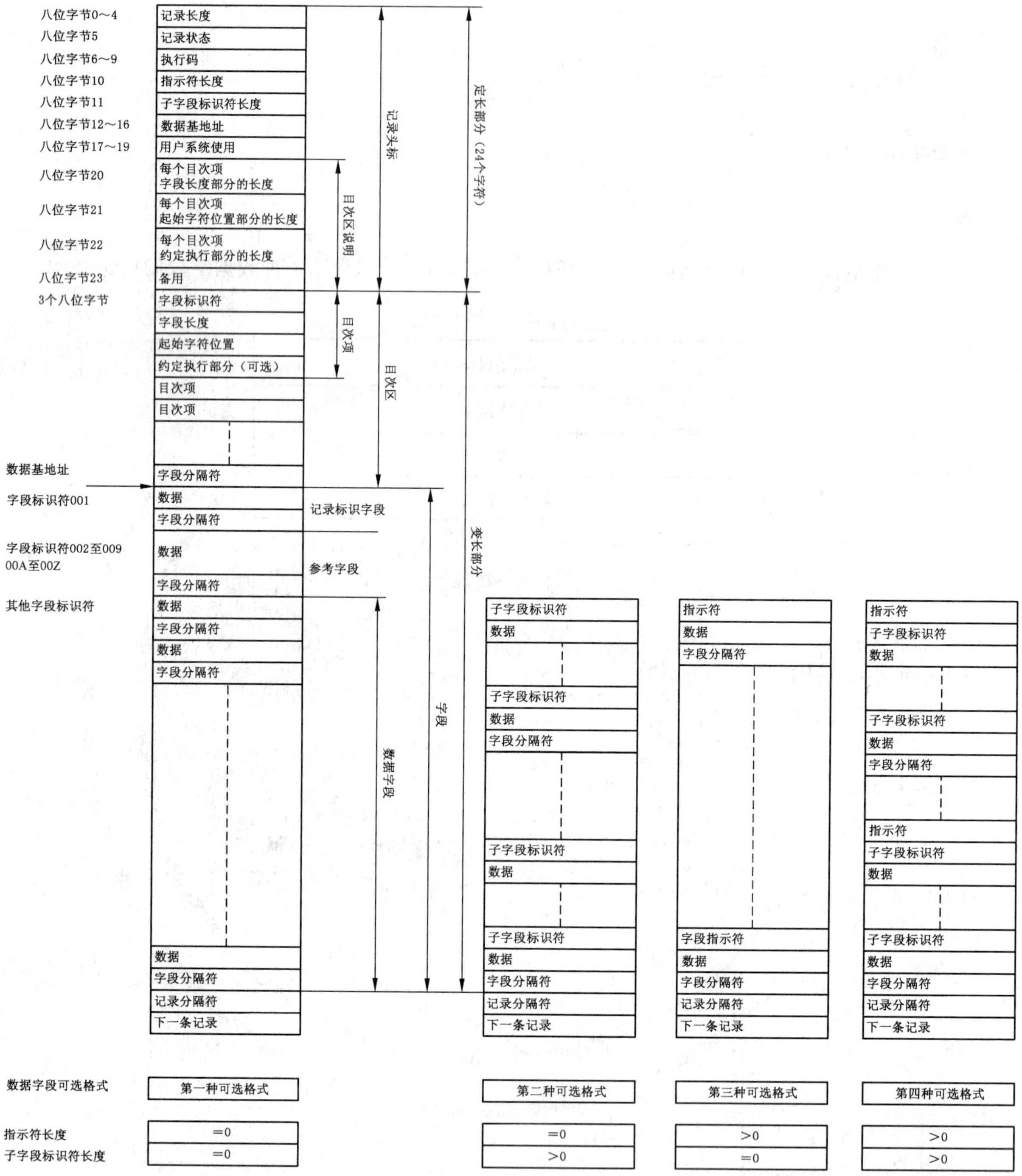

图 2　记录详细结构

4.2　基本字符编码

记录头标和目次区中的所有数据以及字段指示符、子字段标识符、字段分隔符和记录分隔符都应采自 ISO/IEC 646 的字符表，每个字符一个八位字节，遵循 ISO/IEC 646 或 ISO 10646，采用 UTF-8 编码。

4.3 记录头标

4.3.1 概要

如图 2 所示,记录头标应固定为 24 个八位字节,每个八位字节表示一个字符。这些八位字节根据其位置应分别在 4.3.2 至 4.3.9 中定义。

4.3.2 记录长度(八位字节 0～4)

应为包含记录头标、目次区、字段区和记录分隔符在内的一个记录的八位字节总数,用五位十进制数字表示,右对齐,不足五位时左边用零填充。

注: 这里所描述的记录长度是逻辑记录长度。在机器对数据进行处理的实际情况下,有时需要将信息划分为若干块。

4.3.3 记录状态(八位字节 5)

应为描述记录状态的单个字符,在执行性国际标准中具体定义,例如表示某个记录是新记录还是修改过的记录。如果缺少执行性国际标准,应由信息交换双方达成专门协议。

4.3.4 执行码(八位字节 6～9)

本标准不做具体定义,宜由信息交换双方达成专门协议。

4.3.5 字段指示符长度(八位字节 10)

应为字段指示符的八位字节数,用一位十进制数字表示。未使用字段指示符时应将字段指示符长度置零。

4.3.6 子字段标识符长度(八位字节 11)

应为子字段标识符的八位字节数,用一位十进制数字表示。子字段标识符的首字符或仅有的一个字符应总是 ISO/IEC 646 或 ISO/IEC 6429 的 IS1。未使用子字段标识符时应将子字段标识符长度置零。

4.3.7 数据基地址(八位字节 12～16)

应为记录头标和目次区(包括目次区结尾的字段分隔符)的字符总数,用五位十进制数字表示,右对齐,不足五位时左边用零填充。

4.3.8 由用户系统定义的位置(八位字节 17～19)

这些八位字节位置应由用户系统定义。

4.3.9 目次区说明

目次区说明根据其八位字节的位置应定义如下:

a) 八位字节 20:目次区中各目次项的字段长度部分的字符数,用一位十进制数字表示。
b) 八位字节 21:目次区中各目次项的起始字符位置部分的字符数,用一位十进制数字表示。
c) 八位字节 22:目次区中各目次项的执行约定部分的字符数,用一位十进制数字表示。
d) 八位字节 23:备用。

4.4 目次区

4.4.1 概要

目次区应由可变数量的目次项组成。每个目次项对应一个字段(记录标识字段、参考字段和数据字段)。目次区应以一个字段分隔符结束。

4.4.2 目次项

目次项由以下几个部分组成,并按此顺序排列:

a) 字段标识符;

b) 字段长度;

c) 起始字符位置;

d) 约定执行部分。

字段标识符的长度应为3个八位字节。每个目次项的其他3个部分的八位字节数,都应由目次区说明定义(记录头标的八位字节20~22)。同一目次区内的所有目次项结构都相同。

4.4.3 字段标识符

字段标识符应为用3个八位字节来表示相应字段的名称,这3个字符的含义由执行性国际标准定义。如果未使用国际标准,应由交换双方达成专门协议。

4.4.4 字段长度

字段长度有以下3种情况:

a) 由当前目次项字段标识符指定的字段的八位字节总数(包括字段指示符和字段分隔符);

b) 零,这表明一个字段的字符总数大于目次项中字段长度部分设定的最大十进制数(n)(见注释);

c) 情况b)中的字段的最后一个部分的八位字节数(包括字段分隔符)。

注:在情况b)中,该字段将分为若干部分。除最后一个部分外,其他各部分的长度都相同(n),每一部分都有相应的目次项,该目次项包含该字段的标识符和该部分数据的起始字符位置。长度"零"表示该目次项对应的字段部分不是最后一个部分,其长度当作(n)处理。

在b)、c)两种情况下,同一字段的各部分对应的目次项必须按顺序邻接。

4.4.5 起始字符位置

起始字符位置应包含一个十进制数,表示字段标识符指定的字段的第一个八位字节相对于数据基地址的位置(即,紧邻目次区的首个字段的起始字符位置是零)。

4.4.6 约定执行部分

如果目次项中有约定执行部分,则它包含有与本目次项所对应的字段相关的控制信息。

4.5 字段

4.5.1 概要

所有的字段均以一个字段分隔符结束,有3种类型的字段:

a) 记录标识字段:字段标识符为001(0表示零);

b) 参考字段:字段标识符为002至009,需要时可使用00A至00Z(字母字符可使用大写或小写字母);

c) 数据字段:字段标识符为 010 至 999,需要时可使用 0AA 至 ZZZ(字母字符可使用大写或小写字母;数字和字母字符允许任意组合。使用字母-数字型字段标识符时,不应从 00 开始,因只有参考字段是从 00 开始的)。

4.5.2 记录标识字段

标识记录的字符串,应由编制记录的机构分配。

注:记录标识字段不设字段指示符或子字段标识符。

4.5.3 参考字段

提供处理记录时可能需要的数据。

注:参考字段不设字段指示符或子字段标识符。

4.5.4 数据字段

每个数据字段都由一个或多个字段指示符(可选),一个或多个子字段标识符(可选),数据和一个字段分隔符组成。记录头标中定义的字段指示符长度和子字段标识符长度,确定了字段指示符或子字段标识符的存在与否以及它们的长度。一条记录中每个数据字段使用的字段指示符长度和子字段标识符长度应一致。

记录中的每个数据字段应按下列 4 种格式之一构成:

a) 数据:记录头标中的字段指示符长度和子字段标识符长度均置为零。见图 2 数据字段的第一种可选结构。

b) 子字段标识符和数据:记录头标中的字段指示符长度置零,而子字段标识符长度置为“1”或大于“1”的数。见图 2 数据字段的第二种可选结构。

c) 字段指示符和数据:记录头标中的字段指示符长度置为“1”或大于“1”的数,而子字段标识符长度置为零。见图 2 数据字段的第三种可选结构。

d) 字段指示符、子字段标识符和数据:记录头标中的字段指示符长度和子字段标识符的长度均置为“1”或大于“1”的数。见图 2 数据字段的第四种可选结构。

ICS 81.080
Q 42

中华人民共和国国家标准

GB/T 2988—2012
代替 GB/T 2988—2004

高 铝 砖

High alumina bricks

2012-11-05 发布 2013-05-01 实施

中华人民共和国国家质量监督检验检疫总局
中国国家标准化管理委员会 发布

前　言

本标准按照 GB/T 1.1—2009 给出的规则起草。

本标准代替 GB/T 2988—2004《高铝砖》,与 GB/T 2988—2004 相比,主要技术变化如下:

——对 YB/T 5015—1993《高炉用高铝砖》、YB/T 5016—2000《热风炉用高铝砖》、YB/T 5017—2000《炼钢电炉顶用高铝砖》、YB/T 5020—2002《盛钢桶用高铝砖》和 GB/T 2988—2004《高铝砖》标准进行统一整合修订;

——增加了低蠕变格子砖系列指标;

——高铝砖牌号统一为 LZ;

——增加了 LZ-70、LZ-75G、LZ-65G、LZ-55G 牌号;

——修改了显气孔率、加热永久线变化、荷重软化温度、常温耐压强度等指标;

——增加了格子砖的尺寸允许偏差及外观要求;

——修订了部分尺寸及外观要求;

——界定了产品理化质量特性指标的统计学意义,引入了合格质量批均值和标准偏差。

本标准由全国耐火材料标准化技术委员会(SAC/TC 193)提出并归口。

本标准起草单位:中钢集团耐火材料有限公司、郑州安耐克实业有限公司、山东耐火材料集团有限公司、郑州东方科技耐火材料有限公司、山西阳泉华岭耐火材料有限公司、山西圣火炉料有限公司、郑州宏瑞耐火材料有限公司、阳泉市下千耐火材料有限公司、郑州方圆耐火材料有限公司、郑州凯翔耐火材料有限公司。

本标准主要起草人:吴艳霞、李愿、王建武、李富朝、刘伟、蔡国庆、李建涛、樊石头、史永济、史通昭、杨喜财、张红卫、李三来、刘辉凯。

本标准所代替标准的历次版本发布情况:

——GB/T 2988—1982、GB/T 2988—1987、GB/T 2988—2004。

高　铝　砖

1 范围

本标准规定了高铝砖的分类、形状尺寸、技术要求、试验方法、质量评定程序、包装、标志、运输、储存及质量证明书。

本标准适用于高温窑炉用普通高铝砖和低蠕变高铝砖。

2 规范性引用文件

下列文件对于本文件的应用是必不可少的。凡是注日期的引用文件，仅注日期的版本适用于本文件。凡是不注日期的引用文件，其最新版本(包括所有的修改单)适用于本文件。

GB/T 2992.1　耐火砖形状尺寸　第1部分:通用砖

GB/T 2997　致密定形耐火制品　体积密度、显气孔率和真气孔率试验方法

GB/T 5072　耐火材料　常温耐压强度试验方法

GB/T 5073　耐火材料　压蠕变试验方法

GB/T 5988　耐火材料　加热永久线变化试验方法

GB/T 6900　铝硅系耐火材料化学分析方法

GB/T 7321　定形耐火制品试样制备方法

GB/T 10325　定形耐火制品验收抽样检验规则

GB/T 10326　定形耐火制品尺寸、外观及断面的检查方法

GB/T 16546　定形耐火制品包装、标志、运输和储存

GB/T 20511　耐火制品分型规则

YB/T 370　耐火制品荷重软化温度试验方法(非示差-升温法)

YB/T 376.1　耐火制品抗热震性试验方法(水急冷法)

YB/T 2217　电炉用球顶砖形状尺寸

YB/T 4198　钢包用耐火砖形状尺寸

YB/T 5012　高炉及热风炉用耐火砖形状尺寸

YB/T 5018　炼钢电炉顶用砖形状尺寸

3 术语和定义

GB/T 10325 界定的以及下列术语和定义适用于本文件。

3.1

普通高铝砖　common high alumina brick

是指以煅烧矾土为主要原料烧成的普通高铝制品。

3.2

低蠕变高铝砖　low creep high alumina brick

是蠕变率较低的烧成高铝制品。

4 分类及形状尺寸

4.1 高铝砖分为普通高铝砖和低蠕变高铝砖两大类。

4.2 普通高铝砖按理化指标分为：LZ-48、LZ-55、LZ-65、LZ-70、LZ-75、LZ-80、LZ-55G、LZ-65G、LZ-75G 九个牌号。牌号中 L、Z 为铝、砖的汉语拼音首字母，数字为氧化铝质量分数，其后的 G 代表高炉用砖。

4.3 低蠕变高铝砖按理化指标分为：DRL-155、DRL-150、DRL-145、DRL-140、DRL-135、DRL-130、DRL-127 七个牌号。牌号中 D、R、L 为低、蠕、铝的汉语拼音首字母，数字为蠕变率试验温度的 1/10。

4.4 砖的形状尺寸应符合 GB/T 2992.1、GB/T 20511、YB/T 2217、YB/T 4198、YB/T 5012 和 YB/T 5018 的规定，亦可按需方提供的图纸进行生产。

5 技术要求

5.1 普通高铝砖的理化指标应符合表 1 的规定。

5.2 低蠕变高铝砖的理化指标应符合表 2 的规定。

5.3 砖的尺寸允许偏差及外观应符合表 3 的规定。

表 1 普通高铝砖的理化指标

项目		指标								
		LZ-80	LZ-75	LZ-70	LZ-65	LZ-55	LZ-48	LZ-75G	LZ-65G	LZ-55G
$w(Al_2O_3)$/%	$\mu_0 \geqslant$	80	75	70	65	55	48	75	65	55
	σ	1.5								
显气孔率/%	$\mu_0 \leqslant$	21(23)	24(26)	24(26)	24(26)	22(24)	22(24)	19	19	19
	σ	1.5								
常温耐压强度[a]/MPa	$\mu_0 \geqslant$	70(60)	60(50)	55(45)	50(40)	45(40)	40(35)	65	60	50
	X_{min}	60(50)	50(40)	45(35)	40(30)	35(30)	30(35)	55	50	40
	σ	15								
0.2 MPa 荷重软化开始温度/℃	$\mu_0 \geqslant$	1 530	1 520	1 510	1 500	1 450	1 420	1 520	1 500	1 470
	σ	13								
加热永久线变化/%	X_{min} X_{max}	1 500 ℃×2 h −0.4～0.2	1 450 ℃×2 h −0.4～0.1					1 500 ℃×2 h −0.2～0.1	1 450 ℃×2 h −0.2～0	

注 1：括号内数值为格子砖和超特异型砖的指标。

注 2：热震稳定性可根据用户需求进行检测。

[a] 耐压强度所测单值均应大于 X_{min} 规定值。

表 2 低蠕变高铝砖的理化指标

项目		指标						
		DRL-155	DRL-150	DRL-145	DRL-140	DRL-135	DRL-130	DRL-127
$w(Al_2O_3)$/%	$\mu_0 \geqslant$	75	75	65	65	65	60	50
	σ	1.5						
显气孔率/%	$\mu_0 \leqslant$	20	21	21(23)	22(24)	22(24)	22(24)	23(25)
	σ	1.5						
体积密度[a]/(g/cm^3)		2.60～2.85	2.60～2.85	2.50～2.70	2.40～2.60	2.35～2.55	2.30～2.50	2.30～2.50
常温耐压强度[b]/MPa	$\mu_0 \geqslant$	60	60	60(50)	55(45)	55(45)	55(45)	50(40)
	X_{min}	50	50	50(40)	45(35)	45(35)	45(35)	40(30)
	σ	15						
0.2 MPa 蠕变率/% 50 h	$\mu_0 \leqslant$	1 550 ℃ 0.8	1 500 ℃ 0.8	1 450 ℃ 0.8	1 400 ℃ 0.8	1 350 ℃ 0.8	1 300 ℃ 0.8	1 270 ℃ 0.8
	σ	0.1						
加热永久线变化/%	X_{min} X_{max}	1 500 ℃×2 h −0.2～0.2			1 450 ℃×2 h −0.2～0.2	1 450 ℃×2 h −0.3～0.2		

注 1：括号内为格子砖的指标。

注 2：抗热震性可根据用户需求进行检测。

[a] 体积密度为设计用砖量的参考指标。

[b] 耐压强度所测单值应均大于 X_{min} 规定值。

表 3 砖的尺寸允许偏差及外观

单位为毫米

<table>
<tr><td colspan="3" rowspan="2">项目</td><td colspan="8">指标</td></tr>
<tr><td colspan="3">高炉用高铝砖</td><td colspan="3">其他砖</td><td colspan="2">格子砖</td></tr>
<tr><td colspan="3" rowspan="4">尺寸允许偏差</td><td rowspan="2">长度</td><td>炉底砖</td><td>±2</td><td colspan="2">尺寸≤150</td><td>±2</td><td rowspan="2">长度(宽度)</td><td rowspan="2">+1
−3</td></tr>
<tr><td>其他砖</td><td>±1.5%</td><td colspan="2" rowspan="2">尺寸 151～345</td><td rowspan="2">±3</td></tr>
<tr><td colspan="2">宽度</td><td>±2</td><td>高度(厚度)</td><td>±3</td></tr>
<tr><td colspan="2">厚度</td><td>±2</td><td colspan="2">尺寸>345</td><td>±4</td><td>同一面上相邻孔的间距</td><td>±1</td></tr>
<tr><td colspan="3" rowspan="2">扭曲</td><td>炉底砖</td><td rowspan="2">≤</td><td>1.0</td><td>长度≤345</td><td rowspan="2">≤</td><td>1.0</td><td colspan="2" rowspan="2">—</td></tr>
<tr><td>其他砖</td><td>1.5</td><td>长度>345</td><td>1.5</td></tr>
<tr><td colspan="2">缺角长度 ($a+b+c$)</td><td rowspan="4">≤</td><td colspan="8">40</td></tr>
<tr><td colspan="2">缺棱长度 ($e+f+g$)</td><td colspan="6">60</td><td colspan="2">40</td></tr>
<tr><td rowspan="2">熔洞直径</td><td>工作面</td><td colspan="8">6</td></tr>
<tr><td>非工作面</td><td colspan="8">8</td></tr>
</table>

表 3（续）　　单位为毫米

项　　目			指　　标		
			高炉用高铝砖	其他砖	格子砖
裂纹长度	宽度≤0.1	≤	不限制		
	宽度 0.1～0.25		不限制(70[a])		
	宽度 0.26～0.5		15	40	30
	宽度>0.5		不准有		
厚度相对边差			1		

注 1：根据用户需求可对砖的一个主要尺寸进行分档，格子砖按高度(厚度)尺寸进行分档。

注 2：格子砖长度(宽度)≥250 mm 及高度(厚度)≥150 mm 时，尺寸允许偏差供需双方协商。

对于格子砖，只要 10 块砖上、下相叠加即成为坚固柱子时，即使有凸起、挠曲、斜度等均为允许。

注 3：缺角缺棱长度，同一块砖工作面上出现 2 处及以上缺陷时，单处缺陷按表中指标的 0.7 倍计算。

[a] 括号内裂纹的判定仅限于焦炉炭化室炉头及燃烧室炉头用高铝砖。

6　试验方法

6.1　砖的检验制样按 GB/T 7321 进行。

6.2　化学成分的测定按 GB/T 6900 进行。

6.3　体积密度、显气孔率的检验按 GB/T 2997 进行。

6.4　常温耐压强度的检验按 GB/T 5072 进行。

6.5　荷重软化开始温度的检验按 YB/T 370 进行。

6.6　加热永久线变化的检验按 GB/T 5988 进行。

6.7　蠕变率的检验按 GB/T 5073 进行。

6.8　抗热震性的检验按 YB/T 376.1 进行。

6.9　砖的尺寸、外观的检验按 GB/T 10326 进行。

7　质量评定程序

7.1　组批

产品按同一牌号编批，每批不大于 500 t。

7.2　抽样及合格判定规则

抽样、验收按 GB/T 10325 进行。理化质量特性的验收抽样检验，普通高铝砖：显气孔率、耐压强度、荷重软化温度为验收项目；低蠕变高铝砖：显气孔率、耐压强度、蠕变率为验收项目。当加热永久线变化作为验收指标时，其判定形式为：单值在最大值及最小值范围内，判为合格，否则为不合格。

8 包装、标志、运输、储存及质量证明书

8.1 砖用托盘或根据用户要求进行包装。

8.2 砖的包装、标志、运输、储存按 GB/T 16546 规定进行。

8.3 砖发出时应附有供方质量部门签发的质量证明书，载明供方名称或厂标、需方名称、发货日期、合同号、标准编号、产品名称、牌号、砖号、批号及相应的理化检验结果。